saur

INTERNATIONAL COUNCIL
ON ARCHIVES

Guides to the Sources
for the History of the Nations

3rd Series:
North Africa, Asia and Oceania

Volume 6:
Sources of the History
of North Africa, Asia and Ozeania
in the Federal Republic of Germany

INTERNATIONALER
ARCHIVRAT

Quellenführer
zur Geschichte der Nationen

3. Reihe:
Nordafrika, Asien und Ozeanien

Band 6:
Quellen zur Geschichte
Nordafrikas, Asiens und Ozeaniens
in der Bundesrepublik Deutschland

Quellen zur Geschichte Nordafrikas, Asiens und Ozeaniens in der Bundesrepublik Deutschland bis 1945

Bearbeitet von Ernst Ritter

K·G·Saur
München · New York · London · Paris 1984

CIP-Kurztitelaufnahme der Deutschen Bibliothek

Quellen zur Geschichte Nordafrikas, Asiens und Ozeaniens in der Bundesrepublik Deutschland bis 1945 / bearb. von Ernst Ritter. —
München ; New York ; London ; Paris : Saur,
1984.
(Quellenführer zur Geschichte der Nationen :
Reihe 3, Nordafrika, Asien und Ozeanien ;
Bd. 6)
ISBN 3-598-21480-4

NE: Ritter, Ernst [Bearb.]; Guides to the sources for the history of the nations / 03

Printed in the Federal Republic of Germany

Phototypesetting by Fotosatz Herbert Buck, 8300 Kumhausen
Printed by Weihert-Druck, Darmstadt
Bound by Thomas Buchbinderei, Augsburg

ISBN 3-598-21480-4

INHALT

VORBEMERKUNG

Das vorliegende Inventar steht im Rahmen eines vom Internationalen Archivrat, Paris, seit 1958 verfolgten Arbeitsvorhabens, das vorsieht, nicht gedruckte Quellen, vor allem zur politischen, wirtschaftlichen, sozialen und kulturellen Entwicklung, aber unter Ausschluß von Überlieferungen rein religiösen, künstlerischen und wissenschaftlichen Inhalts über die Länder außerhalb Europas, Nordamerikas und der Sowjetunion systematisch nachzuweisen und so der allgemeinen Forschung zugänglicher als bisher zu machen. In diesem Zusammenhang sind für die Bundesrepublik Deutschland schon erschienen Quellenführer zur Geschichte Afrikas südlich der Sahara bis 1945[1] und für Lateinamerika bis 1918[2]. Hier ist nun geographisch der gesamte übrige, in sich kaum verbundene und unterschiedlichste Kulturkreise umfassende Raum von Marokko bis zu den pazifischen Inseln abgedeckt; damit ist der westdeutsche Beitrag zu diesem Projekt abgeschlossen. Die Vorbereitungen zu diesem Inventar gehen zurück bis auf das Frühjahr 1967, als ein Arbeitsausschuß des Internationalen Archivrates in Aix -en- Provence erste Vorbesprechungen für die europäischen Partnerländer führte[3]. Beauftragter für die Bundesrepublik Deutschland war der damalige Oberarchivrat, spätere Archivdirektor Dr. Hans Philippi vom Staatsarchiv Marburg/Lahn; noch am Ende desselben Jahres arbeitete er einen Fragebogen aus, der an rund 150 Archive, Bibliotheken und wissenschaftliche Einrichtungen verschiedenster Art versandt wurde, dessen Ergebnis allerdings wenig befriedigen konnte; nur etwa 40 % der angeschriebenen Institutionen antwortete mit positiven Angaben oder weiterführenden Hinweisen, die zudem meist noch, wie sich erweisen sollte, unvollständig waren oder auf Mißverständnissen beruhten. Zu umfassender Hilfe bei der Aufnahme von Einzeltiteln fanden sich nur wenige bereit. Es zeigte sich, daß keineswegs nur in nebenamtlich verwalteten privaten, sondern zumeist auch in über routiniertes Fachpersonal verfügenden staatlichen Archiven systematische Nachforschungen an Ort und Stelle durch eigene Bearbeiter unumgänglich waren; zwar wurden die dafür anfallenden Sach- und Reisekosten 1969 von der Stiftung Volkswagenwerk übernommen, doch war es nicht möglich, eine dem Projekt hauptamtlich zur Verfügung stehende, wissenschaftlich qualifizierte Kraft zu gewinnen wie noch bei den vorhergehenden Quellenführern. Weder Dr. Philippi noch der 1969 als Mitbearbeiter hinzutretende Archivdirektor, jetzt Leitende Archivdirektor am Bundesarchiv Professor Dr. Friedrich P. Kahlenberg konnten aber auf Dau-

1 Quellen zur Geschichte Afrikas südlich der Sahara in den Archiven der Bundesrepublik Deutschland; Zug (Schweiz) 1970.

2 Renate Hauschild-Thiessen, Elfriede Bachmann (Bearb.): Führer durch die Quellen zur Geschichte Lateinamerikas in der Bundesrepublik Deutschland. Voröffentlichungen aus dem Staatsarchiv der Freien Hansestadt Bremen, Band 38; Bremen 1972.

3 Friedrich Peter Kahlenberg: Quellen zur Geschichte Asiens in Archiven der Bundesrepublik Deutschland. Ein Zwischenbericht über die Vorbereitungen eines Inventars im Auftrag des Internationalen Archivrats. In: Gesellschaft und Politik in Süd- und Südostasien, herausgegeben von Manfred Turlach, Schriftenreihe der Forschungsinstitute der Friedrich-Ebert-Stiftung, Band 93; Bonn- Bad Godesberg 1972.

er neben ihrer dienstlichen Beanspruchung den dafür notwendigen Zeitaufwand erbringen. 1976 wurde daher die ins Stocken geratene Arbeit dem Unterzeichneten als nunmehr alleinigem Bearbeiter übertragen[4]. Unerwartet langwierige Recherchen an schon bekannter, zahlreiche Funde an neuer, unerwarteter Stelle ebenso wie die vollständige redaktionelle Überarbeitung und Klassifikation nach dem im Folgenden erläuterten, selbst erarbeiteten Schema, nicht minder aber auch die dienstlichen Verpflichtungen des Unterzeichneten als Archivoberrat am Bundesarchiv haben dann die Fertigstellung bis zum gegenwärtigen Zeitpunkt weiter verzögert.
Die Beziehungen Deutschlands zum südlichen Mittelmeerraum, zu Asien und Ozeanien waren seit dem Einsetzen der hier nachzuweisenden schriftlichen Überlieferungen bis in das 19. Jahrhundert hinein insgesamt weniger entwickelt als bei den west- und südeuropäischen Nachbarländern. Das Fehlen einer starken politischen Zentralgewalt, die vergleichsweise wirtschaftliche Schwäche und die geringe Hochseeschiffahrt wirkten sich unübersehbar nachteilig aus; die jahrhundertelangen Auseinandersetzungen mit der Türkei beschränkten sich auf den Donauraum und den Balkan, und einige Versuche in Norddeutschland, überseeische Handelskompanien zu errichten, scheiterten auch. Die entscheidenden Initiativen gingen aus von — auf sich selbst gestellten oder in fremden Diensten stehenden — Einzelreisenden, Missionaren, Wissenschaftlern, Kaufleuten und Soldaten, deren schriftliche Aufzeichnungen, soweit sie überhaupt angefertigt wurden, im Laufe der Zeit vielfach verloren gingen oder ihrem Ursprungsland entfremdet wurden[5]. Erst mit dem politischen und wirtschaftlichen Erstarken der Staaten des deutschen Zollvereins und vor allem der Hansestädte Hamburg und Bremen verdichteten sich diese Unternehmungen. Um die Mitte des 19. Jahrhunderts wurden sie gesichert durch Handels-, Schiffahrts- und Freundschaftsverträge mit den meisten damals noch selbständigen Staaten Asiens, gefolgt vom Austausch diplomatischer Vertretungen. Ihre größte Intensität erreichten die wechselseitigen Beziehungen dann in der Zeit des 2. deutschen Kaiserreiches. Die Einschaltung in den „imperialistisch"-hegemonialen Wettbewerb der Kolonialmächte führte zur Übernahme von „Schutzgebieten" in der Südsee und des Pachtgebietes Kiautschou und zur Präsenz der kaiserlichen Marine in allen Weltmeeren, in etwas verdeckterer Form zur Einflußnahme auf politisch geschwächte Staaten wie das Osmanische Reich und China, aber auch zu Formen einer auch aus heutiger Sicht konstruktiven partnerschaftlichen Entwicklungshilfe etwa in Japan, Siam und Persien. Für diese Epoche bis hin zu den militärischen Aktionen des 1. Weltkrieges steht das umfangreichste und inhaltlich geschlossenste Material überhaupt zur Verfügung. Nach 1918 treten im engeren Sinne außenpolitische Interessen — außer denen der Wiederherstellung eines status quo ante — wieder in den Hintergrund, um sich dann zur Zeit des Nationalsozialismus auf dem Ge-

4 Ernst Ritter: Archives in the Federal Republic of Germany and sources of Indian history. In: The Indian Archives vol. XXVI, 1977, p. 32-41.

5 Ein bezeichnendes Beispiel dafür ist der Nachlaß des aus Lippe stammenden Arztes Engelbert Kaempfer (1651-1716), der ganz Asien und insbesondere Japan bereiste und erforschte; seine wissenschaftlichen Arbeiten über Japan bestimmten das Bild dieses Landes in Europa bis zur Mitte des 19. Jahrhunderts. Seine gesamten schriftlichen Hinterlassenschaften wurden von seinen Erben an das Britische Museum verkauft und befinden sich dort — unveröffentlicht — noch heute.

biet wirtschafts- und rechtspolitischer Reglementierungen wieder zu verstärken und in den Operationen des 2. Weltkrieges in Nordafrika und punktuell dem Vorderen Orient ihr vorläufiges Ende zu finden.
In dieser zeitlichen Schlußphase des Inventars sind auch die bislang erheblichsten Überlieferungsverluste überhaupt eingetreten; die alliierten Luftangriffe vernichteten historische Quellen in einem solchen Umfang, daß seitdem von einer auch für zurückliegende Epochen grundsätzlich lückenhaften Überlieferung ausgegangen werden muß. Zu weiteren Störungen führten die Folgen der Teilung Deutschlands, die Besitzverhältnisse an Schriftgut, das zum Schutz vor Kriegseinwirkungen ausgelagert war, von den Zufälligkeiten der Grenzziehung zwischen den westlichen und der sowjetischen Besatzungszone abhängig machte. Bis zum gegenwärtigen Zeitpunkt ist es zu einem systematischen, umfangreicheren Austausch von Archivalien zwischen der Bundesrepublik Deutschland und der DDR noch nicht gekommen. Es bleibt zu hoffen, daß das zu den Archivbeständen in der DDR zu erwartende korrespondierende Inventar im einzelnen Ergänzungen und Verzahnungen wenigstens auf dem Papier erkennbar werden läßt.
Wie andere historische Quellen auch, dürfen die hier nachgewiesenen Unterlagen keinesfalls unkritisch als gesicherte Tatsachenfeststellungen ausgewertet werden; sie können strenggenommen nur Aufschluß über den wissenschaftlichen Forschungsstand, die kulturelle Rezeption, die wirtschaftliche und außenpolitische Interessenlage Deutschlands oder einzelner Deutscher gegenüber den jeweiligen Partnerländern geben und finden auch dann, wenn eine möglichst objektive Darstellung angestrebt ist, ihre Grenze immer an der speziellen Vorbildung, Beobachtungsgabe, Sorgfalt und der Qualität der Kontakte des einzelnen Autors. Dennoch haben diese Überlieferungen eine umso größere Bedeutung, als Entsprechungen in den Partnerländern vielfach nicht vorhanden sind, sei es wegen des Fehlens einer Verwaltungs- und Archivierungstradition, zuweilen von Schriftzeugnissen in historischer Zeit überhaupt, sei es durch Verluste infolge von Naturkatastrophen, Kriegen und inneren Unruhen (China), sei es durch Einwirkungen des Klimas und von Insekten in den Tropen. Gerade wenn aber deutsche Quellen die einzige schriftliche Überlieferung zu bestimmten Ereignissen darstellen, ist für jeden, auch den ausländischen Benutzer der Erwerb nicht nur fundierter Kenntnisse der deutschen Sprache erforderlich, sondern sind nicht minder solche in historischen Hilfswissenschaften, insbesondere der „deutschen" Schreibschrift, der Akten- und Formenkunde und in deutscher Verwaltungsgeschichte unerläßlich. Die Arbeit mit diesen Materialien kann nicht am Anfang, sie muß am Ende wissenschaftlicher Untersuchungen stehen und setzt die vorherige Ausschöpfung der gesamten einschlägigen Literatur voraus.
Die in diesem Führer erfaßten Quellen verteilen sich auf insgesamt 130 Archive und Verwahrstellen verschiedenster Träger, Rechtstellung, Organisationsform, Benutzungsbedingungen, Größe, personeller und materieller Ausstattung. Sie alle sind in ihrer Aufgabenstellung und Arbeitsweise bestimmt von zwei Grundsätzen: dem Eigentumsrecht, das — mit wenigen Einschränkungen für klassifiziertes „Kulturgut" — jedem Produzenten von Schriftgut oder heutigen Eigentümer historischer Quellen die Verfügungsgewalt über seine Unterlagen beläßt, und dem Provenienzprinzip, das sich seit etwa 100 Jahren allgemein durchgesetzt hat und besagt, daß archivalische Überlieferungen aus wissenschaftsmethodischen ebenso

wie aus arbeitspraktischen Gründen in ihrem Entstehungszusammenhang zu belassen sind und nicht physisch, sondern nur in ergänzenden Verzeichnungsmaßnahmen nach Sachbetreffen (Pertinenzen) neu geordnet werden dürfen, wie das Dokumentationsstellen bei vervielfältigtem Material tun. Die Zuständigkeitsabgrenzung zwischen Archiven und den sonstigen Einrichtungen, die Archivalien verwalten, kann allerdings vielfach nicht logisch-systematisch erschlossen werden und ist nicht nur für den Außenstehenden unübersichtlich. In der Bundesrepublik arbeitet auf zentraler staatlicher Ebene das Bundesarchiv Koblenz, das für die militärischen Aktenüberlieferungen über eine Abteilung in Freiburg verfügt, doch unterhält daneben das Auswärtige Amt in Bonn ein eigenes Behördenarchiv. Das bei der föderativen Tradition Deutschlands auch für die Außenbeziehungen besonders reichhaltige Schriftgut der Länder befindet sich heute in (Haupt)-Staatsarchiven, auch Landes(haupt)archive genannt; schließlich verfügen auch die meisten Städte und Kreise über eigene Archiveinrichtungen. Im nichtstaatlichen Bereich haben im vorgegebenen Zusammenhang vor allem die Archive der evangelischen und katholischen Kirche, von Wirtschaftsunternehmen einschließlich ihrer Körperschaften und von Familienverbänden — in der Regel solcher des Adels — Bedeutung, doch ist Schriftgut solcher Herkunft vielfach auch staatlichen Archiven übereignet oder dort hinterlegt worden. Vor allem für wissenschaftliche Nachlässe, aber vereinzelt auch für Aktenregistraturen von Forschungseinrichtungen üben schließlich auch die Handschriften-Abteilungen von Bibliotheken und von Völkerkundemuseen archivische Funktionen aus.

Entsprechend den unterschiedlichen Voraussetzungen ist auch die inhaltliche Erschließung der von diesen Stellen verwalteten Quellen ganz unterschiedlich. In der Regel verfügen nur staatliche Archive — aber auch diese nur teilweise — über gedruckte Übersichten zu ihren Beständen; Art und Ergiebigkeit der weiterführenden Hilfsmittel, soweit solche überhaupt vorhanden sind, schwanken außerordentlich. Die Angaben in Abschnitt C dieses Inventars, wo in alphabetischer Ortsfolge die einzelnen Archive aufgeführt sind, können nur hinweisenden Charakter haben. In jedem Fall, auch bei einem geplanten persönlichen Besuch, ist eine vorherige schriftliche Anfrage mit präzisen Angaben des Zwecks und des Themas der Benutzung erforderlich; bei Einrichtungen, bei denen auf eine nur „beschränkte Benutzungsmöglichkeit" hingewiesen wird, ist ein ablehnender Bescheid auch ohne Angabe von Gründen möglich. Die Hinweise auf weiterführende Angaben in den gängigen Nachschlagewerken und auf Literatur werden in der Regel ergänzt werden können durch gezielte und aktualisierte Auskünfte und Ratschläge des zuständigen Archivars, der zumindest bei Beginn einer Benutzung zu einem Gespräch zur Verfügung stehen wird.

Dem Bearbeiter schien es nicht sinnvoll, diese Organisationsstrukturen, über die Informationsmöglichkeiten noch am ehesten verfügbar sind, in der Aufgliederung der Einzelnachweise zu wiederholen, obgleich dies bislang so üblich war. Zielsetzung dieser Arbeit war es vielmehr, möglichst unmittelbare Antworten auf die Fragestellung der Benutzer zu geben und ihnen innerhalb dieses Inventars vermeidbaren Suchaufwand in einem Index zu ersparen, der zwangsläufig sehr differenziert und kompliziert hätte werden müssen, ohne daß damit irgendein weiterer Erkenntnisgewinn verbunden gewesen wäre. In Anlehnung an dokumentarische Methoden hat der Unterzeichnete daher eine je zweigliedrige geo-

graphische und sachthematische Klassifikation erarbeitet und den gesamten Stoff in dieser Form nach Pertinenzen rubriziert.
Bei der Gliederung nach territorialen Einheiten wurde der jeweilige historische Gebietsstand, im Zweifelsfall der von 1945 zugrunde gelegt. Das bedeutet, daß episodenhafte Gebilde wie das deutsche Pachtgebiet Kiautschou oder Mandschukuo, zu denen verhältnismäßig umfangreiche Überlieferungen nachgewiesen werden können, gesondert aufgeführt sind, andererseits aber etwa Material über das heutige Pakistan und Bangladesch noch unter Britisch-Indien subsumiert ist. Ebenso maßgebend blieb die zeitgenössische Namensgebung (so Niederländisch-Indien statt Indonesien oder bis 1923 Konstantinopel, seitdem Istanbul). Auch wurden deutsche Namensformen bevorzugt, wie sie in den erfaßten Quellen angewandt werden (Kalkutta statt Calcutta, Singapur statt Singapore). Länderübergreifende Titel wurden jeweils in einer Obergruppe zusammengefaßt: zu Beginn unter 10 diejenigen Nachweise, die überhaupt nicht geographisch einzuengen waren, danach unter 11—13 solche zu den britischen, französischen und portugiesischen Besitzungen, die sich auf eine Mehrzahl von Gebieten im Bereich des Inventars erstrecken; Betreffe zum Gesamtbereich der deutschen, niederländischen, spanischen und italienischen Kolonien wurden jeweils dem einzigen in diesem Inventar betroffenen Territorium zugeordnet. Es folgt von 20—70 eine Gliederung nach Großräumen, wobei im Einzelfall (z.B. Birma) Überschneidungen unvermeidlich waren; sie wurden gegebenenfalls durch Querverweise deutlich gemacht. Nur in einem Fall, dem der Türkei, war die territoriale Änderung und der Kontinuitätsbruch so erheblich, daß mit der geographischen auch eine zeitliche Eingrenzung verbunden wurde; Ziffer 30 umfaßt auch alle Betreffe, die sich auf das Gebiet der Türkei in den Grenzen von 1923/39 beschränken, aber bereits in der Zeit des Osmanischen Reiches abgeschlossen wurden.
Die Sachgliederung in der 3. und 4. Dezimalstelle der Klassifikation erfolgte ebenfalls nach pragmatischen Gesichtspunkten und hat sich am Inhalt des vorhandenen Materials ebenso orientiert wie an den daran herangetragenen Fragestellungen. Auch hier wurde eine möglichst präzise Eingrenzung und Beschreibung versucht; doch mußte da, wo dies nicht möglich war, auf neutrale und zwangsläufig nichtssagende Begriffe („Allgemeines") ausgewichen werden. Gerade diese Unterlagen,unter die sämtliche chronologische Serienakten fallen, wie die der Zentrale des Auswärtigen Amts bis zur Registraturumstellung im Jahre 1920, sind aber meist von ausschlaggebender Bedeutung und können auch Material für sehr spezielle Einzelfälle enthalten. Sie sollten daher vorsorglich auch bei begrenzter Fragestellung in jedem Fall zusätzlich herangezogen werden.
Im Textteil sind unter der vierstelligen Kombination von geographischem und Sachbetreff jeweils sämtliche anfallenden Titel in chronologischer Folge verzeichnet. Sie enthalten zunächst eine kurze Angabe zum Inhalt, danach die zeitliche Eingrenzung, gefolgt von der (eingeklammerten) Zahl der dazu vorliegenden Archivalieneinheiten, soweit es sich um mehr als eine handelt, weiterhin das in Teil C aufgelöste Buchstabenkürzel für das Archiv bzw. die sonstige Verwahrstelle und schließlich die dort vergebene Signatur, unter der das Material zu bestellen und zu zitieren ist.
Eine vollkommen selbständige Titelaufnahme des Bearbeiters konnte nur in Ausnahmefällen erfolgen. Bei den gegebenen Arbeitsbedingungen mußte sie sich

weitgehend stützen auf bereits verfügbare Angaben. So bleibt einerseits die traditionelle und auch jetzt noch bestehende Methodenvielfalt in Aktenführung und Archivierung anschaulich, konnte aber andererseits auch die unterschiedliche Intensität und Qualität der Erschließung nicht in wünschenswertem Umfang ausgeglichen werden. In einigen Fällen waren überhaupt nur allgemeine Hinweise möglich, die lediglich einen Ansatzpunkt für weitere Nachforschungen bieten.
Allen Ansprechpartnern und Kollegen, die zum Gelingen dieser Veröffentlichung beigetragen haben, sei ebenso gedankt wie der Stiftung Volkswagenwerk für ihre finanzielle Unterstützung.
Wenn dieses Inventar in seiner Genauigkeit und Vollständigkeit nur Annäherungswerte erreicht, so ist das in Anbetracht der geschilderten Voraussetzungen vielleicht begreiflich. Sein Zweck wäre schon erreicht, wenn die Aufmerksamkeit interessierter Benutzer auf für sie bis dahin unbekannte Fundstellen und übersehene Verbindungslinien gelenkt würde. Zugleich sollten aber die hier vermittelten Angaben so kritisch überprüft und weitergeführt werden, daß ein Arbeitsmittel wie dieses in künftig vervollkommneter Form vorgelegt werden kann.

Aachen, im April 1984 Ernst Ritter

ABKÜRZUNGEN

siehe auch unter BON. Ländernamen sind, wenn sie bei der betreffenden Gliederungs-Ziffer auftauchen, bis zu ihrem Anfangsbuchstaben abgekürzt.

AA	Auswärtiges Amt
allg.	allgemein
Ang.	Angelegenheiten
Bat.	Bataillon
bearb.	bearbeitet
brit.	britisch
Btl.	Bataillon
bzw.	beziehungsweise
D	Deutschland
D R	Deutsches Reich
dt.	deutsch
evang.	evangelisch
ff.	folgende Seiten
frz.	französisch
hg.	herausgegeben
GHH	Gutehoffnungshütte
IHK	Industrie- und Handelskammer
insbes.	insbesondere
kath.	katholisch
LS	Legationssekrektär
Lt.	Leutnant
NL	Nachlaß
ns.	nationalsozialistisch
o.D., o.Dat.	ohne Datum
o. Sign.	ohne Signatur
OTL	Oberstleutnant
Ref.	Referendar
Reg.	Regierung; Regiment
RFSS	Reichsführer SS
Rgt.	Regiment
RM	Reichsminister(ium)
s.a.	siehe auch
StS	Staatssekretär
u.a.	unter anderem
UStS	Unterstaatssekretär
vgl.	vergleiche
z. S.	zur See

A GEOGRAPHISCHE GLIEDERUNG

10 Territorial übergreifende Titel
11 Britische Kolonien und Mandate insgesamt
12 Französische Kolonien und Mandate insgesamt
13 Portugiesische Kolonien insgesamt
20 Nordafrika insgesamt
21 Marokko insgesamt; ab 1912: französischer Teil
22 Marokko, spanischer Teil
23 Marokko, internationale Zone Tanger
24 Algerien (auch: Algier)
25 Tunesien (auch: Tunis)
26 Libyen (auch: Tripolis, Tripolitanien, Cyrenaika)
27 Ägypten (auch: Egypten)
30 Vorderasien insgesamt, Osmanisches Reich
31 Türkei ab 1918/23
32 Zypern (auch: Cypern)
33 Syrien und Libanon
34 Palästina und Transjordanien
35 Arabische Halbinsel insgesamt, Saudi-Arabien (bis 1932 auch: Hedschas, Nedjd)
36 Jemen (auch: Yemen) und brit. Protektorat Aden
37 Kuweit, Maskat und Oman
38 Irak (auch: Mesopotamien)
39 Iran (bis 1935: Persien)
40 Vorderindien, Britisch-Indien
41 Birma (auch: Burma)
42 Ceylon, Malediven
43 Frz. Besitzungen in Indien
44 Portugiesische Besitzungen in Indien
45 Nepal
46 Afghanistan
50 Ostasien insgesamt
51 Japan
52 Korea
53 China
54 Mandschukuo (bis 1932: Mandschurei)
55 Formosa
56 Macao
57 Hongkong
58 Kiautschou, dt. Pachtgebiet 1899—1914
59 Zentralasien: Tibet, Sinkiang (auch Hsinkiang; Chinesisch-Turkestan), Mongolei
60 Hinterindien, Südostasien insgesamt
61 Thailand (bis 1939: Siam)
62 Frz.-Indochina (Tongking, Annam, Cochinchina, Kambodscha, Laos)
63 Straits Settlements (Singapur, Malakka, Penang), Brit.-Malaya, Sarawak, Brunei, Brit.-Nordborneo
64 Niederländisch-Indien
65 Philippinen
66 Portugiesisch-Timor
70 Australien und Ozeanien insgesamt
71 Australien
72 Neuseeland
73 Britisch-Ozeanien
74 Frz.-Ozeanien
75 Amerikanisch-Ozeanien einschl. Hawaii (auch: Sandwich-Inseln)
76 Dt. Schutzgebiete und deren Nachfolgemandate in der Südsee insgesamt
77 Dt.-Neuguinea (Kaiser-Wilhelm-Land, Bismarck-archipel)
78 West-Samoa
79 Marianen, Karolinen, Palau —, Marshall-Inseln, Nauru

B SACHLICHE GLIEDERUNG

1 Allgemeine Landeskunde, Zustandsbeschreibungen

10 Allgemeines
11 Aufzeichnungen, Reiseberichte, Briefwechsel von Privatpersonen
12 Allgemeine amtliche Berichterstattung
13 Private Aufzeichnungen amtlicher deutscher Geschäftsträger
14 Staatsverfassung, Staatsgebiet, Staatssymbole; internationalisierte und autonome Gebiete
15 Staatsoberhaupt
16 Regierung, Staatsmänner und Persönlichkeiten des öffentlichen Lebens
17 Einsatz deutscher Berater (vgl. 35, 65, 67, 69, 73)
18 Ordensverleihungen

2 Außenpolitik

20 Allgemeines (vgl. 12)
21 Staatsverträge mit Deutschland
22 Allgemeine politische Beziehungen zu Deutschland
23 Beziehungen zu sonstigen Staaten
24 Ausländische diplomatische Vertretungen
25 Diplomatische Vertretungen im Ausland
26 Wechselseitige Staatsbesuche und sonstige Besuche offiziellen Charakters
27 Zwischenstaatliche Gesellschaften (Handelskammern: 83)
28 Amtliche Informationsarbeit des Auslands und im Ausland, Ausstellungen (vgl. 67, 68)
29 Geheimdienste des Auslands und im Ausland

3 Streitkräfte, Kriegführung im allgemeinen

30 Allgemeines
31 Heer
32 Marine
33 Luftwaffe
34 Logistik; Lazarettwesen
35 Militärische Ausbildung und Beratung durch Ausländer, meist Deutsche
36 Einzelne militärische Einsätze, Kriege
37 Fremde, meist deutsche Kriegsgefangene im Inland
38 Kriegsgefangene im Ausland, meist in Deutschland; Kriegsgefangenenaustausch
39 Kriegsgräber

4 Recht

40 Rechtspflege im allgemeinen
41 Gesetzgebung
42 Gerichtswesen, auch internationale Gerichte
43 Strafrecht
44 Zivilrecht
45 Urheberrecht, gewerblicher Rechtsschutz, Patente; Handelsrecht
46 Rechtsbeziehungen zum Ausland, Rechtsverhältnisse von Ausländern und im Ausland

47 Völkerrecht, Kriegsrecht
48 Behandlung der Rechte von Ausländern, insbesondere feindlichen Vermögens im Krieg, Entschädigungen
49 Behandlung eigener Rechte im Ausland im Krieg, Entschädigungen

5 Innenpolitik und allgemeine innere Verwaltung

50 Allgemeines; innere Sicherheit
51 Ethnische und religiöse Sondergruppen
52 Religion
53 Politische und gesellschaftliche Bewegungen, Parteien, Organisationen
54 Innere Verwaltung
55 Gesundheit, Sport
56 Soziale Verhältnisse, Sozialpolitik
57 Bodenreform, Siedlungswesen, Kommunalpolitik
58 Soziale Fürsorge, karitative Einrichtungen
59 Christliche Missionen und Einrichtungen

6 Presse, Erziehung, Wissenschaft, Kultur

60 Allgemeines
61 Presse
62 Rundfunk
63 Schulen, Ausbildung im Inland
64 Hochschulen, wissenschaftliche Einrichtungen, Kongresse (Medizin: vgl. 55)
65 wissenschaftliche Forschung, insbesondere zur Landeskunde und Philologie
66 Kunst, Kultur, Sammlungen und Museen
67 Deutsche Kulturpolitik (vgl. 28)
68 Kulturelle Wirkungen, Sprachunterricht in Deutschland (vgl. 27, 28)
69 Ausbildung in Deutschland

7 Wirtschaft und Finanzen

70 Wirtschaft im allgemeinen
71 Landwirtschaft, Ernährung und Forsten
72 Gewinnung von Rohstoffen, Handwerk und Industrie, Dienstleistungen und Fremdenverkehr
73 Ausländische Investitionen
74 Finanzen im allgemeinen
75 Währung, Devisen
76 Steuern
77 Zölle (vgl. 24)
78 Banken und Versicherungen
79 Anleihen und Kredite
80 Handel im allgemeinen
81 Einfuhren
82 Ausfuhren
83 Zwischenstaatliche Handelskammern; Geschäftsbeziehungen zu und Vertretungen von ausländischen Firmen
84 Verkehr im allgemeinen
85 Schiffahrt, Fischfang, Häfen
86 Wege, Straßen, Kraftfahrzeuge
87 Eisenbahnen
88 Luftfahrt
89 Post, Fernmeldewesen

9 Aus- und Einwanderung, Fremdenniederlassungen

90 Allgemeines, Staatsangehörigkeit
91 Auswanderung, insbesondere nach Deutschland und Aufenthalt dort
92 Diskriminierung, Internierung, Ausweisung insbesondere aus Deutschland, Rückwanderung
93 Einwanderung, insbesondere aus Deutschland
94 Deutsche Niederlassungen bzw. Volksgruppe im allgemeinen
95 Deutsche Zusammenschlüsse und Einrichtungen (vgl. 27, 58, 59, 63, 64, 83)
96 Zivile Rechtsverhältnisse, Unterstützung von einzelnen Deutschen
97 Diskriminierung, Internierung von Deutschen
98 Ausweisung, Wegzug von Deutschen

C Archive und Verwahrstellen

Nachschlagewerke:

A Minerva-Handbücher. Archive im deutschsprachigen Raum. 2. Auflage, 2 Bände; Berlin/New York 1974

— Archive und Archivare in der Bundesrepublik Deutschland, Österreich und der Schweiz. Hg. vom Verein dt. Archivare, 13. Ausgabe, Darmstadt/München 1982

B Jahrbuch der dt. Bibliotheken, hg. vom Verein Dt. Bibliothekare, bearb. an der Bayerischen Staatsbibliothek von Manfred Hank, Band 49, Wiesbaden 1981

E Handbuch des Kirchlichen Archivwesens. I: Die Zentralen Archive der evangelischen Kirche. Bearbeitet von Karlheinrich Dumrath, Wolfgang Eger, Hans Steinberg. 2. Aufl., Neustadt a.d. Aisch 1977

K Führer durch die Bistumsarchive der katholischen Kirche in der Bundesrepublik Deutschland und in Westberlin. Herausgegeben von der Bischöflichen Fachkommission für die kirchlichen Archive in Deutschland; München / Zürich 1977

M Handbuch der Museen. Hg. von Gudrun B. Kloster. Band 1 Bundesrepublik Deutschland, München-Pullach / Berlin 1971

— Deutsche Wirtschaftsarchive. Nachweis historischer Quellen in Unternehmen, Kammern und Verbänden der Bundesrepublik Deutschland, hg. von Klara von Eyll u.a., Wiesbaden 1978 ff. (Loseblattsammlung).

Angaben zur Verwaltung und Organisation

H Hauptamtlich geleitet

N Nebenamtlich geleitet

Be Beschränkte Benutzungsmöglichkeit; Auskunft über die Einschränkungen und Auflagen im Einzelfall erteilt das Archiv selber

L Literatur, insbesondere zur Archivgeschichte und den Beständen, soweit in den vorgenannten Nachschlagwerken nicht nachgewiesen

AAC 5100 Aachen Stadtarchiv Fischmarkt 3 H. A, S. 3—4
Bestand Schmitz-Kesselkaul
Bestand Pastor-Seyler

AMB 8450 Amberg Bayerisches Staatsarchiv Archivstr. 3 H. A, S. 22—27
Reg.K.d.I.: Regierung der Oberpfalz, Kammern des Innern

AUB 8900 Augsburg Staats- und Stadtbibliothek Postfach 111909, Schaezlerstr. 25 H. B, S. 9—10
Nachlaß Konrad Peutinger

AUM 8900 Augsburg 1 Maschinenfabrik Augsburg-Nürnberg AG
Postfach 100080, Stadtbachstr. 1 H. Be.
Allgemeine Registratur
Nachlaß Buz
Nachlaß Guggenheimer

AUR 2960 Aurich Niedersächsisches Staatsarchiv Georgstr. 50 H. A, S. 52—54
L: Günther Möhlmann, Joseph König: Geschichte und Bestände des Niedersächsischen Staatsarchivs in Aurich; Göttingen 1955
Rep 1: Große Urkundensammlung
Rep 4: Älteres ostfriesisches (fürstliches) Archiv
Rep 21 a: Landdrostei Aurich
Rep 28: Landratsamt Emden

BAA 8600 Bamberg Staatsarchiv Hainstr. 39 H. A, S. 58—61
Rep. C 18/I: Markgrafschaft Bayreuth, Plassenburger Archiv, Collectaneen Sauerwein
Rep C 23: Markgrafschaft Bayreuth, Geheimer Rat

BAS 8600 Bamberg 3 Stadtarchiv Franz-Ludwig-Str. 7c H. A, S. 61
Nachlaß Schedel

BEA 1000 Berlin 33 Geheimes Staatsarchiv — Preußischer Kulturbesitz — Archivstr. 12—14 H. A, S. 72—75
L: Hans Branig, Winfried Bliß, Werner Petermann: Übersicht über die Bestände des Geheimen Staatsarchivs in Berlin-Dahlem, Teil II; Köln und Berlin 1967
I. Hauptabteilung
Rep 92: Nachlaß Schnee
Nachlaß Lüttichau
Nachlaß v. Vincke
Rep 94 II: Kleine Erwerbungen, „Persönlichkeiten“
Rep 109: Seehandlung (Preußische Staatsbank)
Rep 208 A: Seminar für orientalische Sprachen
III. Hauptabteilung
Auswärtiges Amt
VIII. Hauptabteilung
Familiengeschichtliche Sammlungen
XX. Hauptabteilung
Rep 2: Oberpräsidium Königsberg

BEB 1000 Berlin 30 Staatsbibliothek — Preußischer Kulturbesitz
Postfach 1407, Potsdamer Str. 33 H. B, S. 15—18
Nachlaß Buschmann
Nachlaß Du Bois Reymond
Nachlaß Ebers
Nachlaß Francke
Nachlaß Juelg
Nachlaß Lenz, Oskar

Nachlaß Moellendorf
Nachlaß Nachtigall
Nachlaß Rückert
Nachlaß Schönborn
Nachlaß Sprenger
Nachlaß Wegener
Nachlaß Wetzstein

BEG 1000 Berlin 41 Gossner-Mission Handjerystr. 19—20 N.
L: Martin Seeberg: Die evangelisch-lutherische Gossner-Kirche von Chotanagapur und Assam. Ihre Geschichte von 1919—1969. Masch. Vervielfältigung, o. Dat.

BEI 1000 Berlin 33 Deutsches Archäologisches Institut — Zentraldirektion — Podbielskiallee 69—71 N.
L: Herta Simon (Bearb.): Gelehrtenbriefe im Archiv des Deutschen Archäologischen Instituts; Berlin 1973

BEL 1000 Berlin 30 Landesarchiv Kalckreuther Straße 1/2 H. A, S. 75—76
L: Jürgen Wetzel (Bearb.): Das Landesarchiv Berlin und seine Bestände; Berlin 1982

BEV 1000 Berlin 33 Museum für Völkerkunde, Museum für Islamische Kunst, Museum für Indische Kunst, Museum für Ostasiatische Kunst Arnimallee 23—27 bzw. Takustr. 40 H. M, S. 66—70

BEZ 1000 Berlin 12 Evangelisches Zentralarchiv Jebensstr. 3 H. A, S. 79; E, S. 47—49, 136—140

BOB 4630 Bochum Deutsches Bergbau-Museum — Bergbau-Archiv Vödestr. 28 H., Be
L: Evelyn Kroker: Das Bergbau-Archiv und seine Bestände; Bochum 1977

15:	Wirtschaftsgruppe Bergbau
33:	Rheinisch-Westfälisches Kohlensyndikat
55:	Gelsenkirchener Bergwerks-Aktiengesellschaft

BOC 4630 Bochum Ostasienabteilung der Ruhr-Universität Postfach 102148, Universitätsstraße 150 N.
L: Eberhard Friese: Philipp Franz von Siebold (1796—1866) und der in Bochum befindliche Teil seines Nachlasses, Teil 1 (=Bochumer Jahrbuch zur Ostasienforschung), 1980

BOK 4630 Bochum 1 Fried. Krupp Hüttenwerke AG — Werk Bochum — Postfach 101370, Bessemerstr. 30 N, Be 56 Bochumer Verein, Ausländische Vertretungen

BON 5300 Bonn Auswärtiges Amt Postfach, Adenauerallee 99—103 H., A, S. 118
L: A Catalogue of Files and Microfilms of the German Foreign Ministry Archives 1867—1920; Oxford 1959
A Catalog of Files and Microfilms of the German Foreign Ministry Archives 1920—1945, compiled and edited by George O. Kent; vol I—IV, Stanford, Ca. 1962—72

I. Überlieferungen bis 1920

Afghanistan 1
Ägypten 1—14
Annam 1
Asien Generalia 1—3, 5 secr.
Belgien 67, 68
Birma 1
Ceylon 1
China 1—37
Deutschland, in 121—141
England 93, 94
Engl. Besitzungen in Asien 1: Straits Settlements
Engl. Besitzungen in Asien 2: Britisch-Indien
Engl. Besitzungen in Asien 3: Bes. auf den Sunda-Inseln
Engl. Besitzungen in Asien 4: Aden
Engl. Besitzungen in Asien 5: Hongkong
Engl. Besitzungen in Ost-Afrika 2: Sokotra
Europa Generalia 36, 43, 82 Nr. 21
Frankreich 102
Frz. Besitzungen in Asien 1: Tonkin
Frz. Besitzungen in Asien 2: Cochinchina
Frz. Besitzungen in Asien 3: Indien
Hinter-Indien Gen. 1
Italien 90, 93, 97
Japan 1—24
Kambodscha 1
Korea 1—10
Marokko 1—4
Nepal 1
Niederlande 62, 66
Niederländische Besitzungen in Asien 1—3
Orientalia Generalia 9, 13
Österreich 80, 111
Persien 1—24
Philippinen 1—2
Portugiesische Besitzungen in Asien 1
Preußen 1 Nr. 2—4
Rußland 58, 59, 94, 97
Sachalin 1
Schweiz 69
Siam 1—4
Spanien 68
Spanische Besitzungen in Asien 1—2
Sulu-Archipel 1
Tunis 1—5
Vorder-Indien 1

II. Abkürzungen von Aktengruppen für Überlieferungen ab 1920

A	Allgemeines	Abteilung W
Al	Auslieferung	Abteilung P
ArbD	Reichsarbeitsdienst	Abteilung P
As	Ausstellungswesen	Abteilung W
Aw	Auswanderung	Abteilung W
BCh	Deutsche Botschaft in China	
Büro RAM	Büro Reichsaußenminister	
Büro StS	Büro Staatssekretär	
Büro UStS	Büro Unterstaatssekretär	
Dtm	Deutschtum im Ausland	Abteilung Kultur
E	Eisenbahnwesen	Abteilung W
F	Finanzwesen	Abteilung W
Fs	Fischereiwesen	Abteilung W
H	Handel	Abteilung W
Ha Pol	Handelspolitische Abteilung	
Hr	Handelsrecht	Abteilung W
G	Gesundheitswesen	Abteilung W
geh	geheim	
I	Industrie	Abteilung W
Inn Vw	Innere Verwaltung	Abteilung P
K	Kultur	
Kf	Kraftfahrwesen	Abteilung W
Kr	Kriegsrecht	Abteilung P
Kriegsgr.	Kriegsgräber	Abteilung P
KW	Kunst und Wissenschaft	Abteilung P
La	Landwirtschaft	Abteilung W
Lu	Luftschiffahrt	Abteilung P
M	Militär	Abteilung P
P, Po, Pol	Politik	Abteilung P
Post	Postwesen	Abteilung W
Prot	Protokoll	
R	Rechtswesen	Abteilung R
RW	Rohstoffe und Waren	Abteilung W
Sf	Schiffahrtswesen	Abteilung W
S	Sozialpolitik	Abteilung P
Sozialvers.	Sozialversicherung	Abteilung P
Sta	Staatsangehörigkeit	Abteilung P
Staatsvertr.	Staatsverträge	Abteilung P
Steu	Steuerwesen	Abteilung W
Str	Strafrecht	Abteilung P
V, Vertr	Verträge	Abteilung P
Vk	Verkehrswesen	Abteilung W
Vö	Völkerbund	Abteilung P
Vt	Veterinärwesen	Abteilung W
VV	Versailler Vertrag	Abteilung P

Vw	Innere Verwaltung	Abteilung P
W	Wirtschaft	Abteilung W
We	Weltkrieg	Abteilung P
WS	Wege und Straßenwesen	Abteilung W
Z	Zollwesen	Abteilung W
III	Sonderakten	
III	Versch(iedenes)	
III	O.-Z.f.A	Orient, Zentralstelle für Außenhandel

III. Akten von Botschaften und Gesandtschaften

Ankara
Athen
Bern
China (Peking, Nanking, Tschungking)
Lissabon
London
Madrid
Paris
Rom Quirinal
Rom Vatikan
Teheran
Tokio
Wien

Bei Konsulatsakten ist gleichfalls lediglich der Dienstsitz des Konsulats angegeben.

IV. Handakten

Clodius
Davidsen (VLR)
Eisenlohr
Hemmen (VLR)
Kamphoevener
v. Maltzahn
Mey (LS)
Ritter
Schnurre
Wiehl
Willnow (KS)
Windel (VLR)

V. Nachlässe

Asmis, Rudolf
Betz, Heinrich
Blau, Otto
Blücher, Wipert von
Borch, Herbert von
Brandt, Max
Busch, Klemens August
Czibulinski, Alfred
Dirksen, Herbert von
Eckhardt, Heinrich Julius
Ettel, Erwin
Hintze, Paul von
Gipperich, Hermann
Holzhausen, Rudolf Hermann Johannes
Kempe, Richard
Kiep, Otto
Litten, Wilhelm
Miquel, Hans von
Müller, Oskar
Nadolny, Rudolf
Noebel, Willy
Radowitz, Josef Maria von
Rahn, Rudolf
Riess, Ludwig
Rößler, Walter
Schabinger von Schowingen, Karl Emil
Schroetter, Erich
Schuenemann, M. O.
Schwager, Josef
Seelmann-Eggebert, Paul
Solf, Wilhelm
Trautmann, Oskar

Trautz, Friedrich	Weitz, Paul
Twardowski, Fritz von	Weyers, Leopold
Wangenheim, Hans Freiherr von	Zechlin, Walter
Wassmuss, Wilhelm	Zoelch, Josef

BOS 5300 Bonn Ostasienseminar der Rheinischen Friedrich-Wilhelms-Universität Am Hof N.

BOU 5300 Bonn 1 Universitätsbibliothek Postfach 2460, Adenauerallee 39—41 H., B, S. 50—52

BRA 3300 Braunschweig Stadtarchiv Steintorwall 15 H. A, S. 134—136
G IX 23: Nachlaß Gerstäcker

BRAL 3300 Braunschweig Braunschweigisches Landesmuseum für Geschichte und Volkstum Mönchstr. 1 H. M, S. 108
(Teil-)Nachlaß Wassmuss

BRAM 2257 Breklum Nordelbisches Missions-Zentrum Kirchenstr. 4 N.
L: E. Heuschen: 100 Jahre Mission unter der Losung Jesus allein. Eine Breklumer Chronik; Breklum 1976
Missionsgebiete Indien: Jeypore
Missionsgebiete China: Pakhoi

BRB 2800 Bremen 33 Bibliothek der Universität Postfach 330160, Bibliotheksstr. H., B, S. 66—67
Nachlaß Bastian
Nachlaß Erman
Nachlaß Zimmer

BRE 2800 Bremen, Staatsarchiv, Präsident-Kennedy-Platz 2 H. A, S. 142—147
L: Klaus Schwarz (Bearb.): Übersicht über die Bestände des Staatsarchivs der Freien Hansestadt Bremen (Veröffentlichungen aus dem Staatsarchiv der Freien Hansestadt Bremen Bd 48); Bremen 1982
Dieter Glade: Bremen und der Ferne Osten; Bremen 1966

2. Ratsarchiv	C. Hanseatica
B. Hanseatica	4. England
9. Portugal	9. Türkei
10. Frankreich	24. China
11. Preußen	25. Persien
14. Niederlande	33. Siam
	34. Japan
	35. Sarawak

D.d.:	Verhältnisse zu auswärtigen Staaten: Allgemein, Siam, Japan
M.6.:	Verhältnisse zu dritten Staaten (Zollverhältnisse, Konsulatswesen, Verträge, Kolonialwesen
P. 1.:	Heineken-Chronik

P. 7:	Agenten und Konsuln im Ausland
P. 8.:	Bürgerrechtssachen bei Auswanderung
R.11:	Schiffahrt zur See (Norddeutscher Lloyd, aufgebrachte Schiffe der Barbaresken etc.)
S.7.:	Pest, Epedemien, Gelbfieber etc.
Ss.2:	Tabellen des bremischen Warenhandels (Angabebücher, Reis)
ad Ss.2:	Warenzertifikate

3. Senatsregistratur

A. 3.:	Auswärtige Angelegenheiten
A. 4.:	Auswanderungssachen
B.16.:	Besuche von Regierungsvertretern etc. in Bremen
C. 4.:	Konsulatswesen und Gesandtschaften
E. 8.:	Empfehlung von Personen bei Behörden und Konsulaten
H. 1:	Handels- und Wirtschaftssachen
H. 8.	Hanseatische Gesandtschaften
P. 3.:	Postsachen
R. 1.:	Deutsche Kolonien (Schutzgebiete)
S. 2.:	Schiffahrtssachen
S.18.:	Staatsverträge
4,8:	Senatskommission für Zollangelegenheiten
4,20:	Bremisches Amt Bremerhaven
4,21:	Gesundheitsrat
4,40:	Zolldirektion
4,49:	Bremische Gesandtschaft Berlin
4,69:	Handelsregister
4,70	Hanseatische Gesandtschaft Berlin
4,75, 5:	AG Bremen
4,119:	Zoll
5, 1:	Oberpostdirektion Bremen
5,1/2:	Oberpostdirektion Bremen — Regis-Akten —
6,40	Bremische Bürgerschaft
7, 8:	Nachlaß Firle
7,114:	Nachlaß Carl August Schütte
7,116:	Nachlaß H. H. Meier
7,134:	Nachlaß Agatz
7,1025:	Norddeutsche Missionsgesellschaft
7,2010:	Norddeutscher Lloyd
7,2017:	Deutsche Südseephosphat A.G. Phönix Handel en Cultur Maatschappij
7,2050:	Warenhandlungsbücher (D.H. Wätjen, Papendiek)
7,2100:	Deutsche Dampfschiffahrtsgesellschaft Hansa
7,2101:	Reederei F. A. Finnen & Co.

BRF 2800 Bremen 1 Archiv der Fa. Freudenberg & Co. — GmbH & Co. — Postfach 105649, Am Wall 162/163 N, Be
L: E. Schwartze: Der Gang nach Ceylon. Die Gründung des Hauses Freudenberg & Co. und ihre geschichtlichen Voraussetzungen; in: Bremer Jahrbuch, 42. Band, 1947
Geschäftsakten
Nachlaß Konsul Reinhart Freudenberg

BRK 2800 Bremen 1 Archiv der Handelskammer, Haus Schütting Postfach 73 H.

A:	Auswanderung
G:	Geld-, Bank- und Kreditwesen
Ha:	Handelskammern
Hf:	Häfen
Hp:	Handelspolitik, Außenhandel
I:	Industrie und Gewerbe
K:	Konsulate und Gesandtschaften
Ko:	Kolonien
M:	Militär und Marine, Friede (von 1919) und Kriegsfolgen
Pr:	Propaganda und Presse
S:	Seeschiffahrt
W:	Warenhandel
Z:	Zölle und Steuern

BRL 2800 Bremen 1 Hapag-Lloyd AG, Postfach 107947, Gustav-Deetjen-Allee 2/6 N, Be

BRÜ 2800 Bremen 1 Überseemuseum Bahnhofsplatz 13 H. M, S. 112

BRV 2820 Bremen 77 Heimat- und Museumsverein für Vegesack und Umgebung Schloß Schönebeck N. M, S. 115
Nachlaß Rohlfs
Nachlaß Dallmann

COB 8630 Coburg Stadtarchiv Postfach 684 H. A, S. 179—180
L: Otto Mutzbauer: Stadtarchiv Coburg (=Bayerische Archivinventare 16); München 1960

A 3139, 3143, 3145:	II Abteilung Akten, Außenhandel

DAR 6100 Darmstadt Hessisches Staatsarchiv Schloß H., A, S. 186—189
L: Albrecht Eckhardt u.a.: Hessisches Staatsarchiv und Stadtarchiv Darmstadt, Übersicht über die Bestände; Darmstadt 1975

Abt.: C 1:	Handschriftenabteilung
Abt.: D:	Großherzogliches Haus- und Familienarchiv
Abt. G 1:	Staatsministerium, Ministerium der Auswärtigen Angelegenheiten
	Nachlaß v. Harnier
	Nachlaß v. Ploennies

4930 Detmold Staatsarchiv Willi-Hofmannstr. 2 H. A, S. 194—196
L: Die Bestände des Nordrhein-Westfälischen Staatsarchivs Detmold

	und des Personenstandarchivs Westfalen-Lippe. Kurzübersicht, erweiterte Neubearbeitung; Detmold 1980	
	L 75:	Kabinettsministerium, Staatsministerium, Landespräsidium von Lippe
	L 80, I a:	Lippische Regierung, Abteilung des Innern
	L 92 Z:	Lippische Kammer- und Amtsrechnungen
	M 1:	Regierung Minden
DIL	8880 Dillingen Fürstlich und Gräflich Fuggersches Familien- und Stiftungs-Archiv Ziegelstr. 29 H, Be A, S. 200	
DOR	4600 Dortmund Stiftung Westfälisches Wirtschaftsarchiv Märkische Str. 120, Postfach 871 H. A, S. 209	
	L: Otfried Dascher: Das Westfälische Wirtschaftsarchiv in Dortmund, Einrichtung, Aufgaben, Bestände; in: Ruhrwirtschaft Heft 9, 1970	
	E:	Außenhandel und Zollwesen
	K 1:	Industrie- und Handelskammer Dortmund
	K 2:	Industrie- und Handelskammer Bochum
	K 3:	Industrie- und Handelskammer Ostwestfalen zu Bielefeld
	K 4:	Industrie- und Handelskammer Minden
	K 5:	Industrie- und Handelskammer Münster
DÜA	4000 Düsseldorf 30 Nordrhein-Westfälisches Hauptstaatsarchiv Mauerstr. 55 H. A, S. 221—226	
	L: Die Bestände des Hauptstaatsarchivs Düsseldorf. Kurzübersicht; Düsseldorf 1974	
	Friedrich-Wilhelm Oediger: Das Staatsarchiv Düsseldorf und seine Bestände, Bd 1: Landes- und Gerichtsarchive von Jülich-Berg, Kleve-Mark, Moers und Geldern; Siegburg 1957	
		Bestand Jülich Berg II
	211:	Regierung Aachen
	212:	Regierung Düsseldorf
	214:	Regierung Köln
	RW 27:	Außenhandelsstelle Essen
DÜF	4000 Düsseldorf 31 Fliednerarchiv Postfach 310186, Alte Landstr. 121 H. A, S. 230	
	L: Berichte über die Diakonissen-Stationen Morgenland, ab 1901: Dank- und Denkblätter; (Düsseldorf-)Kaiserswerth 1851—1945	
DÜM	4000 Düsseldorf 1 Archiv der Mannesmann AG Mannesmannufer 2, Postfach 5501, H, Be	
	M:	Mannesmann AG
	P:	Phoenix AG für Bergbau und Hüttenbetrieb
	R:	Düsseldorfer Röhren- und Eisenwalzwerke (bis 1910); Phoenix AG, Abt. Düsseldorf (ab 1910)
DUT	4100 Duisburg 11 Thyssen AG Postfach 110067, Kaiser-Wilhelm-Str. 100 H, Be.	

EIC 8833 Eichstätt Bischöfliches Ordinariatsarchiv Postfach, Luitpoldstr. 2 H. A, S. 240; K, S. 39—42

ELM 6491 Burg Brandenstein bei Elm, Archiv des von Brandensteinschen Familienverbandes N, Be, A, S. 133
Nachlaß v. Siebold

EMD 2970 Emden Stadtarchiv Rathaus am Delft H. A, S. 254

ESK 4300 Essen 1 Historisches Archiv der Fried. Krupp GmbH, Villa Hügel, Postfach 102252 H, Be, A, S. 271—272
FAH: Familienarchiv Hügel
WA: Werksarchiv

FFA 6000 Frankfurt am Main 1 Stadtarchiv Karmelitergasse 5 H. A, S. 285—288

FFB 6000 Frankfurt am Main 1 Bundesarchiv (Außenstelle) Seckbächer Gasse 4 H. A, S. 505 f.
L: s. KOB
DB 1: Bundeskanzleidirektion
FN 7: Nachlaß Friedrich von Gagern
FN 8: Nachlaß Karl Alexander Anselm Reichsfreiherr von Hügel

FFD 6000 Frankfurt am Main 1 Historisches Archiv der Deutschen Bank AG, Goetheplatz 1—3 H, Be.

FFH 6230 Frankfurt am Main 80 Archiv der Farbwerke Hoechst AG Postfach 800 320 H, Be.

FFV 6000 Frankfurt a.M. 70 Museum für Völkerkunde Schaumainkai 29 H. M, S. 198—199
Nachlaß Bernhard Hagen
Nachlaß Anna Hagen (Gattin von Bernhard H.)

FRB 7800 Freiburg im Breisgau Bundesarchiv (Abt. IV, Militärarchiv) Wiesentalstr. 10 H. A, S. 504
L: s. KOB
MSg 1/228—231: Nachlaß Serno, Erich
MSg 101: Ostasiatisches Expeditionskorps
MSg 102: Nachlaß Schäfer, Theodor
N 2: Thoma, Wilhelm Ritter v.
N 7: Lüttichau, Philipp Theodor Graf v.
N 16: Moltke, Helmuth Graf von (1800—91)
N 27: Fulda, Otto
N 38: Lequis, Arnold
N 40: Mittelberger, Hilmar Ritter v.
N 42: Schleicher Kurt v.
N 46: Groener, Wilhelm
N 52: Blomberg, Werner v.
N 54: Keitel, Wilhelm
N 61: Arnim, Hans-Jürgen v.

N 62:	Rabenau, Friedrich v.
N 65:	Kaehler-Pascha, Otto
N 69:	Jodl, Alfred
N 78:	Moltke, Helmuth Graf v. (1848—1916)
N 103:	Lettow-Vorbeck, Paul v.
N 117:	Rommel, Erwin
N 122:	Niedermayer, Oskar Ritter v.
N 131:	Ritter, Hellmut
N 138:	Wolffskeel v. Reichenberg, Eberhard Graf
N 151:	Richelot, Theodor
N 155:	Firle, Rudolph
N 156:	Souchon, Wilhelm
N 159:	Müller, Georg v.
N 160:	Senden-Bibran, Gustav Frhr. v.
N 164:	Michaelis, William
N 165:	Groos, Otto
N 166:	Wülfing v. Ditten, Paul
N 173:	Behncke, Paul
N 182:	Waldersee, Grafen v.
N 218:	Starke, Hermann
N 224:	Truppel, Oskar v.
N 227:	Morgen, Curt v.
N 236:	Dönitz, Karl
N 241:	Meier-Welcker, Hans
N 242:	Mertz v. Quirnheim, Hermann Ritter
N 246:	Falkenhausen, Alexander v.
N 247:	Seeckt, Hans v.
N 253:	Tirpitz, Alfred v.
N 255:	Diederichs, Otto v.
N 267:	Menny, Erwin
N 269:	Leim, Paul
N 284:	Taegert, Wilhelm
N 309:	Hammerstein-Gesmold, Frithjof Frhr. v.
N 316:	Weichold, Eberhard
N 326:	Hopmann, Albert
N 328:	Förste, Erich
N 378:	Fauth, Friedrich
N 383:	Förster, Sigismund v.
N 387:	Lindemann, Fritz
N 406:	Seidemann, Hans
N 438:	Böcking, Kurt
N 501:	Schäfer, Theobald v.
N 508:	Trautz, Friedrich
N 522:	Kretschmar, Ernst
N 536:	Hintze, Paul v.
N 561:	Wangenheim, Hans-Ulrich Frhr. v.
N 570:	Eplinius, Walter

PH 5 I:	Heeresgruppe Jilderim
PH 10 II:	2. Ostasiatisches Infanterieregiment
RH 2:	OKH/Generalstab des Heeres
RH 5:	OKH/Chef des Kriegskarten- und Vermessungswesens
RH 19:	Oberkommandos der Heeresgruppen (Afrika)
RH 21:	Panzerarmeeoberkommandos
RH 24:	Generalkommandos
RH 26:	Infanteriedivisionen
RH 27:	Panzerdivisionen
RH 31:	Verbindungskommandos und -stäbe
RL 2 II:	Luftwaffenführungsstab
RL 2 III:	Generalquartiermeister
RL 2 V:	Generalnachrichtenführer
RL 2 VII:	Attachégruppe
RL 6:	Chef der Luftfahrt
RL 7:	Oberste Truppenkommandobehörden der Luftwaffe
RL 9:	Befehlshaber und Missionen in besetzten und verbündeten Staaten (Italien, Griechenland)
RL 19:	Territoriale Kommandobehörden (Luftgaukommando z.b.V. Afrika)
RL 20:	Flughafenbereichskommandos
RL 21:	Fliegerhorstkommandanturen und Flugplatzkommandos (in Afrika)
RM 1:	Kaiserliche Admiralität
RM 2:	Kaiserliches Marinekabinett
RM 3:	Reichsmarineamt
RM 4:	Kaiserliches Oberkommando der Marine
RM 5:	Admiralstab der Marine
RM 6:	Oberbefehlshaber der Kriegsmarine
RM 7:	Seekriegsleitung
RM 8:	Kriegswissenschaftliche Abteilung
RM 9:	Völkerbundesgruppe Marine
RM 12:	Marineattachés
RM 16:	Gouvernement des Schutzgebietes Kiautschou
RM 20:	Marinekommandoamt Kiautschou
RM 23:	Marineverwaltungsamt
RM 36:	Dt. Marinekommando Italien
RM 37:	Marineverbindungsstäbe in verbündeten Staaten
RM 39:	Atlantische und pazifische Auslandsstationen
RM 40:	Dienst- und Kommandostellen der Kaiserlichen Marine im Mittelmeer und im Osmanischen Reich
RM 74:	Unterseebootjagdflottillen
RM 90:	Unterseebootsflottillen und -halbflottillen der Kaiserlichen Marine

RM 121:	Landstreitkräfte der Kaiserlichen Marine
RW 4:	OKW/Wehrmachtführungsstab
RW 5:	OKW/Amt Ausland, Abwehr
RW 6:	OKW/Allgemeines Wehrmachtamt
RW 10:	OKW/Sonderstäbe
RW 19:	OKW/Wehrwirtschafts- und Rüstungsamt
RW 33:	Militärattachés
RW 34:	Dt. Waffenstillstandskommission
RW 46—55:	Dt. Wirtschaftsstab beim Oberbefehlshaber Tunesien

FRD 7290 Freudenstadt Stadtarchiv, Bürgermeisteramt Postfach 140 N. A, S. 302
Nachlaß Julius Euting

GLÜ 2392 Glücksburg Herzoglich Holstein-Glücksburgisches Schloßarchiv Schloß N. A, S. 328
Nachlaß Landgraf Karl von Hessen-Kassel

GÖB 3400 Göttingen Niedersächsische Staats- und Universitätsbibliothek Postfach 318, Prinzenstr. 1 H. B, S. 121—124

GÖI 3400 Göttingen Indologisches Seminar der Georg-August-Universität Hainbundstr. 21 N.
Nachlaß Schiefner
Nachlaß Lüders
Nachlaß Sieg
Nachlaß Fick
Nachlaß Siegling
Nachlaß Deuser

HMA 2000 Hamburg 36 Staatsarchiv ABC-Str. 19 H. A, S. 391—396
L: Hans-Dieter Loose (Bearb.): Bestände des Staatsarchivs der Freien und Hansestadt Hamburg. Kurzübersicht; Hamburg 1973

111-1 Cl. I:	Senat; Reichs- bzw. Bundesangelegenheiten
111-1 Cl. II:	Senat; Beziehungen zu Dänemark und Holstein
111-1 Cl. VI:	Hanseatica; Auswärtige Angelegenheiten
131-1:	Senatskanzlei; Gesamtregistratur
131-3:	Senatskanzlei; Verwaltungsabteilung
132-1:	Senatskommission für die Reichs- und auswärtigen Angelegenheiten
132-5:	Hanseatische und hamburgische diplomatische Vertretungen
132-6:	Hanseatische und hamburgische konsularische Vertretungen
135-1:	Staatliche Pressestelle
314-1:	Zoll- und Akzisewesen, Handelsstatistik
364-6:	Kolonialinstitut
364-7:	Professuren des Kolonialinstituts für Sprachen und Kulturen Ostasiens, Indiens usw.

	364-8:	Weltwirtschaftsarchiv
	371-8:	Deputation für Handel, Schiffahrt und Gewerbe
	373-7 I:	Auswanderungsamt I
	374-6 I:	Oberpostdirektion I
	621-1:	Firmenarchive
	622-1:	Familienarchive

HMB 2000 Hamburg 13 Staats- und Universitätsbibliothek, Handschriftenabteilung Moorweidenstr. 40 H. B, S. 126—128
Nachlaß Barth
Nachlaß Dempwolff
Nachlaß Klopstock (Briefsammlung Alexander v. Rössing)
Nachlaß Mordtmann
Nachlaß Oppert
Nachlaß Schaade
Nachlaß Tizk

HMF 2000 Hamburg 13 Forschungsstelle für die Geschichte des Nationalsozialismus Rothenbaumchaussee 5

HMH 2000 Hamburg 1 Hapag-Lloyd AG Postfach 102626, Ballindamm 25

HMK 2000 Hamburg 11 Archiv der Handelskammer, Börse H. A, S. 399
Aktenabteilung 95: B Afrika
D Asien
E Australien

HMV 2000 Hamburg 13 Hamburgisches Museum für Völkerkunde Binderstr. 14 H. M. S. 241—242
L: Georg Thilenius: Das Hamburgische Museum für Völkerkunde; Berlin 1916

HNA 3000 Hannover 1 Niedersächsisches Hauptstaatsarchiv Am Archive 1 H. A, S. 403—405
L: Carl Haase, Walter Deeters: Übersicht über die Bestände des Niedersächsischen Staatsarchivs in Hannover, Erster Band; Göttingen 1965
Ernst Pitz: dgl., Zweiter Band; Göttingen 1968

Cal.Br.24:	Fürstentum Calenberg, Akten betr. Äußere Angelegenheiten 1461—1866
Hann 9 a — h:	Geheime Registratur, Auswärtiges 1682—1825
10:	Geheime Registratur, Staatsverträge 1693—1866
26 a:	Justizministerium 1649—1891
38 C:	Ostindische Regimenter 1781—92
39:	Ministerium der auswärtigen Angelegenheiten betr. den Bundestag in Militärsachen 1815—66
40:	Ministerium der auswärtigen Angelegenheiten betr. die Reichskriegsflotte 1848—66

	41:	Generalkommando und Militärakten der Londoner Kanzlei 1629—1864
	47:	Kriegskanzlei 1610—1831
	80:	Landdrosteien und Regierungen
	92:	Dt. Kanzlei in London 1617—1844
	122 a:	Oberpräsidium Hannover 1809—1945
	146 A:	Technische Hochschule Hannover 1831—1911
	200:	Oberpostdirektion 1816—1947
	Abt. VI:	Kleine Erwerbungen

HNB 3000 Hannover 1 Niedersächsische Landesbibliothek Waterloostr. 8 H. B, S. 140—142

HER 3102 Hermannsburg Missionsanstalt Georg-Haccius-Str. 9 N.

KAG 7500 Karlsruhe Badisches Generallandesarchiv Nördliche Hildapromenade 2 H., A, S. 475—479
L: Manfred Krebs: Gesamtübersicht der Bestände des Generalarchivs Karlsruhe, I. Teil (bis Abt. 150) Stuttgart 1954, II. Teil (Abt. 151—468) Stuttgart 1957

Abteilung 46—52:	Haus- und Staatsarchiv
Abteilung 60:	Geheimes Kabinett
Abteilung 65:	Handschriften
Abteilung 233:	Staatsministerium
Abteilung 234:	Justizministerium
Abteilung 235:	Kultusministerium
Abteilung 237:	Finanzministerium

KAL 7500 Karlsruhe Badische Landesbibliothek Postfach 1451, Lammstr. 16 H. B, S. 157—158
Nachlaß Degenfeld
Nachlaß Gysels

KAS 3500 Kassel Gesamthochschul-Bibliothek, Handschriftenabteilung Heinrich-Plett-Str. 40, Postfach 101380 H. B, S. 162—164
Nachlaß Kauffmann

KIB 2300 Kiel 1 Universitäts-Bibliothek Olshausenstr. 29 H. B, S. 166—167

KOB 5400 Koblenz Bundesarchiv Postfach 320, Am Wöllershof 12 H. A, S. 501—505
L: Das Bundesarchiv und seine Bestände. 3. Auflage, bearbeitet von G. Granier, J. Henke, K. Oldenhage; Boppard 1977 (Schriften des Bundesarchivs 10)
Aus der Arbeit des Bundesarchivs. Hrsg. von H. Boberach und H. Booms. Beiträge zum Archivwesen, zur Quellenkunde und zur Zeitgeschichte; Boppard 1978 (Schriften des Bundesarchivs 25)

GAR:	Gesamtarchiv Anhalt
Stadtarchiv Reval	
Kl.Erw. 28:	Nachlaß Freund
Kl.Erw. 43:	Nachlaß v. Carlowitz

Kl.Erw. 56:	Nachlaß Nimz
Kl.Erw. 86:	Sammlung von Manuskripten zur Geschichte des Deutschtums in China
Kl.Erw. 110:	Nachlaß A. J. Ewald Krüger
Kl.Erw. 126:	Interessenverband Übersee e.V.
Kl.Erw. 214:	Nachlaß Mehnert (1906)
Kl.Erw. 248:	Handakten Lutz Graf Schwerin von Krosigk
Kl.Erw. 372:	Deutsche Luft-Hansa, Berlin
Kl.Erw. 411:	Nachlaß Haber
Kl.Erw. 431:	Samoanisches Dekret
Kl.Erw. 475:	Materialsammlung Dr. Georg Tessin
Kl.Erw. 483:	Nachlaß Pferdekämper
Kl.Erw. 623:	Schantung Handels AG, Berlin
Kl.Erw. 624:	Bank der Tempelgesellschaft, Jerusalem
Kl.Erw. 637:	Amtsdrucksachen Britisch-Neuguinea und Papua
Kl.Erw. 651:	Nachlaß Rieß
Kl.Erw. 740:	Nachlaß Schlegel
Kl.Erw. 746:	Nachlaß Ulrich
NL 22:	Nachlaß Bauer
NL 37:	Nachlaß Hintrager
NL 53:	Nachlaß Solf
NL 101:	Nachlaß Ritter von Epp
NL 122:	Nachlaß Haushofer
NL 131:	Nachlaß Hauer
NL 135:	Nachlaß Jaenicke
NL 169:	Nachlaß Rüstow
NS 10:	Persönliche Adjutantur des Führers und Reichskanzlers
NS 12:	Hauptamt für Erzieher/Reichswaltung des Nationalsozialistischen Lehrerbundes
NS 18:	Reichspropagandaleiter der NSDAP
NS 19:	Persönlicher Stab Reichsführer SS
NS 21:	Lehr- und Forschungsgemeinschaft Das Ahnenerbe
NS 26:	Hauptarchiv der NSDAP
NS 42:	Reichspressechef der NSDAP
NS 43:	Außenpolitisches Amt der NSDAP
R 2:	Reichsschatzamt/Reichsfinanzministerium
R 3:	Reichsministerium für Rüstung und Kriegsproduktion
R 7:	Reichswirtschaftsministerium
R 8 I:	Reichsstelle für Textilwirtschaft
R 8 VIII:	Reichsstelle für Chemie
R 8 XII:	Reichsstelle für Tabak und Kaffee
R 9 I:	Reichsstelle für den Außenhandel

R 9 IV:	Prüfungsstelle Bekleidungsindustrie
R 9 VII:	Prüfungsstelle Keramische Industrie
R 9 VIII:	Prüfungsstelle Maschinenbau
R 9 X:	Prüfungsstelle Feinmechanik und Optik
R 9 XI:	Prüfungsstelle Eisenschaffende Industrie
R 9 XV:	Prüfungsstelle Glasindustrie
R 9 XVI:	Prüfungsstelle Gießereiindustrie
R 11:	Reichswirtschaftskammer
R 12 I:	Reichsgruppe Industrie
R 13 I:	Wirtschaftsgruppe Eisenschaffende Industrie
R 18:	Reichsministerium des Innern
R 19:	Hauptamt Ordnungspolizei
R 21:	Reichsministerium für Erziehung, Wissenschaft und Volksbildung
R 22:	Reichsjustizministerium
R 24:	Statistisches Reichsamt
R 25:	Reichsamt für Wirtschaftsausbau
R 28:	Dienststellen der Deutschen Reichsbank
R 32:	Reichskunstwart
R 34:	Deutsches Nachrichtenbüro
R 38:	Reichsministerium für Wiederaufbau
R 41:	Reichsarbeitsministerium
R 43:	Reichskanzlei
R 51:	Deutsche Akademie
R 54:	Präsidialkanzlei
R 55:	Reichsministerium für Volksaufklärung und Propaganda
R 56:	Reichskulturkammer
R 57:	Deutsches Ausland-Institut
R 58:	Reichssicherheitshauptamt
R 63:	Südosteuropagesellschaft
R 64 IV:	Deutsch-Japanische Gesellschaft
R 71:	Reichsamt für Bodenforschung
R 73:	Deutsche Forschungsgemeinschaft
R 74:	Sonderdienst Seehaus der Deutschen Auslandsrundfunkgesellschaft Interradio AG
R 78:	Reichsrundfunkgesellschaft
R 85:	Auswärtiges Amt (Handelspolitische und Rechtsabteilung)
R 87:	Reichskommissar für die Behandlung feindlichen Vermögens
R 101:	Reichskolonialverwaltung
R 113:	Reichsstelle für Raumordnung
R 131:	Reichspatentamt
R 135:	Sven-Hedin-Institut für Innerasienforschung
R 157:	Auswärtige Vertretungen des Deutschen Reichs

KOL 5400 Koblenz Landeshauptarchiv Karmeliterstr. 1—3 H. A, S. 506—510
L: Übersicht über die Bestände des Königlichen Staatsarchivs zu Coblenz, bearbeitet von E. Ausfeld, 1903
Verzeichnis der Bestände des Landeshauptarchivs Koblenz, Teil 2 (Bestände Nr. 401—954), Koblenz 1975
Inventar der Quellen zur Geschichte der Auswanderung 1500—1914 in den staatlichen Archiven von Rheinland-Pfalz und dem Saarland, bearbeitet von P. Brommer, K. H. Debus, H.-W. Herrmann; Koblenz 1976

Bestand 386:	Der Landgräflich Hessische Geheime Rat zu Homburg (1817—66)
Bestand 393:	Regierung zu Birkenfeld
Bestand 403:	Oberpräsidium der Rheinprovinz
Bestand 441:	Bezirksregierung Koblenz
Bestand 442:	Bezirksregierung Trier
Bestand 642:	Stadt Sobernheim
Bestand 655,80:	Gemeinde Enkirch
Bestand 655,117:	Gemeinde Lutzerath
Bestand 700,124:	NL Hartung

KÖA 5000 Köln 1 Historisches Archiv der Stadt Severinstr. 222—228 H. A, S. 512—514
L: Hugo Stehkämper: Nachlässe und Sammlungen, Verbands- und Vereins-, Familien- und Firmenarchive im Stadtarchiv Köln; Köln 1963
Hildegard Thierfelder: Der Nachlaß Ludolf Camphausen im Kölner Stadtarchiv; Köln 1964

Bestand 1006:	Nachlaß Bachem
Bestand 1023:	Nachlaß Camphausen
Bestand 1084:	Nachlaß Renard
Bestand 1143:	Nachlaß Brunhuber
Handschriften W 242:	Korrespondenz Sebastian Scheben

KÖD 5000 Köln 80 Klöckner-Humboldt-Deutz AG Postfach 800509; Deutz-Mülheimer Straße 111 H, Be.

KÖF 5000 Köln 80 Archiv der Felten & Guilleaume Carlswerk AG, Schanzenstr. 24 N.
L: Wilfried Feldenkirchen: Fernostgeschäfte der F. & G. C. AG bis zum Beginn des Zweiten Weltkrieges; in: Zeitschrift für Unternehmensgeschichte 22, 1977, S. 91—108, 161—182

KÖJ 5000 Köln 1 Archiv der Norddeutschen Provinz der Gesellschaft Jesu Stolzestr. 1a N.
L: Anton Huonder S.J.: Deutsche Jesuitenmissionäre des 17. und 18. Jahrhunderts; Freiburg 1899 (Quellennachweise)

KÖL 5000 Köln 21 Deutsche Lufthansa AG Von-Gablenz-Str. 2—6 N.
Sammlung „Eurasia Aviation Corp.“

KÖM	5000 Köln 1 Museum für Ostasiatische Kunst Universitätsstr. 100 N. M, S. 325	
		Tagebücher Fischer
KÖW	5000 Köln 1 Rheinisch-Westfälisches Wirtschaftsarchiv zu Köln e.V. Unter Sachsenhausen 10—26 H	
	Abt. 1:	Industrie- und Handelskammer zu Köln
	Abt. 3:	Industrie- und Handelskammer Koblenz
	Abt. 5:	Handelskammer Münster
	Abt. 201:	Industrie- und Handelskammer Duisburg
KRO	8941 Kronburg Schloßarchiv der Freiherren von Vequel-Westernach Schloß Kronburg N, A, S. 526	
LAH	7630 Lahr Industrie- und Handelskammer Südlicher Oberrhein Postfach 1547, Lotzbachstr. 31 N	
LAN	6740 Landau in der Pfalz Stadtarchiv Postfach, Marienring 8 H. A, S. 533—534	
		Nachlaß Kohl-Larsen (1884—1969)
LEV	5090 Leverkusen Bayer AG, Archiv Bayerwerk H	
	9 K 1.1:	Originalurkunden (Handelsregistereintragungen) sowie Korrespondenz der Pharma-Auslandsorganisation 82/Irak, Japan, China 83/Australien
	191/2:	Reiseberichte Carl Duisberg
LIE	7263 Bad Liebenzell Liebenzeller Mission GmbH und e.V. Postfach 1240 N	
LUH	6700 Ludwigshafen Archiv der BASF AG H.	
		Verkauf Vertretungen Marktentwicklung Marktforschung Handelspolitik, Zölle Konventionen
LÜH	2400 Lübeck Industrie- und Handelskammer Postfach, Breite Str. 6—8 N	
LÜK	2400 Lübeck Archiv der Nordelbischen evangelisch-lutherischen Kirche H. E, S. 87—89	
		Nachlaß Meyer
MAL	7142 Marbach am Neckar Deutsches Literaturarchiv — Handschriftenabteilung — Postfach 57 H. A, S. 605—606	
		Nachlaß Ebers Nachlaß Eyth

MAR 3550 Marburg an der Lahn Hessisches Staatsarchiv Friedrichsplatz 15 H, A. 606—615
L: Kurt Dülfer: Gesamt-Übersicht über die Bestände des Staatsarchivs Marburg, Bd I—III; als Manuskript vervielfältigt, Marburg 1952
Johannes Papritz u.a.: Liste der Bestände des Staatsarchivs Marburg mit Angabe ihres Umfangs; Marburg 1963

Bestand 4 f:	Politische Akten der Landgrafschaft Hessen 1567—1827, Staatenabteilung
Bestand 27:	Handel und Gewerbe
Bestand 150:	Oberpräsidium der Provinz Hessen-Nassau
Bestand 165:	Regierung Kassel
Bestand 180:	Landratsamt Hanau
	Nachlaß Herrfohrdt

MBZ 7951 Mittelbiberach Archiv der Grafen von Brandenstein — Zeppelin Schloß N, Be

	Nachlaß Siebold
	Nachlaß Trautz

MCA 8000 München 22 Bayerisches Hauptstaatsarchiv Postfach 240, Schönfeldstr. 3 H, A, S. 663—677
L: Nachrichten aus den Staatlichen Archiven Bayerns Nr. 17, München 1979

Fürstensachen	
GL:	Gerichtsliteralien
GR:	Generalregistratur
Jesuitica	
KL:	Klosterliteralien
MH:	Ministerium des Handels
MInn:	Ministerium des Innern
MK:	Ministerium des Unterrichts und Kultus
MWi:	Ministerium der Wirtschaft
StV:	Staatsverwaltung

MCG 8000 München 22 Bayerisches Hauptstaatsarchiv, Abt. III Geheimes Hausarchiv Postfach, Ludwigstr. 14
Nachlaß Prinz Arnulf von Bayern

MCK 8000 München 19 Bayerisches Hauptstaatsarchiv, Abt. IV Kriegsarchiv Leonrodstr. 57 H. A, S. 674 f.

	Generalstab
MKr:	Kriegsministerium
	B-Akten, Alter Bestand
	Handschriftensammlung:
IV dd 1:	Täubler
IV dd 4:	Denzer
	Nachlaß Niedermayer, Oskar Ritter von

MCL 8000 München 22 Missio — Ludwigs-Missionsverein Pettenkoferstr. 28 N

MCM 8000 München 22 Staatsarchiv München, Schönfeldstr. 3 H, A, S. 677—680
RA — Regierungsabgaben (der Regierung von Oberbayern)
Nachlaß Escherich

MCO 8000 München 2 Archiv der Industrie- und Handelskammer für München und Oberbayern Max-Joseph-Str. 2
Bestand III: IHK München und Oberbayern

MCS 8000 München 22 Bayerische Staatsbibliothek Postfach 150, Ludwigstr. 16 H. B, S. 202—205
L: Karl Dachs: Die schriftlichen Nachlässe in der Bayerischen Staatsbibliothek München; Wiesbaden 1970 (maschinenschriftlich vervielfältigte Ergänzung 1976)
Nachlaß Bartholomae
Nachlaß Fallmerayer
Nachlaß Gratzl
Nachlaß Jolly
Nachlaß Merzbacher, Gottfried
Nachlaß Müller
Nachlaß Rauwolff
Nachlaß Scherer, Joseph
Nachlaß Schlagintweit, Hermann, Adolf und Gottfried

MCT 8000 München 26 Deutsches Museum Postfach N. M, S. 408—409
Nachlaß Reuleaux

MCU 8000 München 22 Universitätsbibliothek Geschwister-Scholl-Platz H. B, S. 205—206
Nachlaß Kuhn

MCV 8000 München 22 Staatliches Museum für Völkerkunde Maximilianstr. 42 N. M, S. 414
Nachlaß Krause
Nachlaß Schermann

MCW 8000 München 2 Werner-von-Siemens-Institut für Geschichte des Hauses Siemens Prannerstr. 10 H, A, S. 687—688

MCZ 8000 München 19 Institut für Zeitgeschichte Leonrodstr. 46 b H.
Nachlaß Kordt
Nachlaß Lazarus
Nachlaß Ott

MSA 4400 Münster Staatsarchiv Bohlweg 2 H, A, S. 689—692
L: H. J. Behr u.a.: Die Bestände des Nordrhein-Westfälischen Staatsarchivs Münster. Kurzübersicht, erweiterte Neubearbeitung; Münster 1979
Oberpräsidium der Provinz Westfalen
Regierung Arnsberg
Regierung Münster

MSB 4400 Münster Universitätsbibliothek Postfach 1521, Postfach 8029, Krummer Timpen 3—5 H. B, S. 225—226
Nachlaß Baumstark
Nachlaß Grimme
Nachlaß Schmidt

MSG 4400 Münster Bistumsarchiv Postfach 1366, Georgskommende 19 H. K, S. 66—71
Nachlaß Bierbaum

MSH 4400 Münster Herz Jesu Mission (MSC) Warendorfer Str. 14 N.

MSK 4400 Münster Kapuziner-Mission Kapuzinerstr. 27—29 N.
L: P. Callistus Lopinot O.F.M. Cap.: Die Karolinenmission der spanischen und deutschen Kapuziner 1886—1916; Rom 1964

NEB 8858 Neuburg an der Donau Staatsarchiv Postfach 1128 H. A, S. 708—710
BA Neuburg

NEU 8806 Neuendettelsau Missionswerk der evangelisch-lutherischen Kirche in Bayern — Archiv —, Postfach 68 N

NÜA 8500 Nürnberg Staatsarchiv Archivstr. 17 H, A, S. 726—730
Reichsstadt Nürnberg
Rep 270 Regierung Mittelfranken, Kammer des Innern
Rep D 4 Industrie- und Handelskammer Nürnberg
Nachlaß Fallmerayer
Nachlaß Thomas
Nachlaß Gräfin Maria von Crailsheim

NÜG 8500 Nürnberg Germanisches Nationalmuseum — Archiv für Bildende Kunst — Postfach 9580, Kartäusergasse 1 H. M, S. 451—452
Nachlaß Janssen

NÜS 8500 Nürnberg Stadtarchiv Egidienplatz 23 A, S. 730—731
L: Werner Schultheiß, Gerhard Hirschmann: Stadtarchiv Nürnberg 1865—1965. Festschrift zur Hundertjahrfeier; Nürnberg 1964
E 8: Handelsvorstand
E 11: Familienarchiv Frhr. von Behaim
E 12: Familienarchiv von Fürer

NÜW 8500 Nürnberg Maschinenfabrik Augsburg-Nürnberg — Werkarchiv — Postfach, Katzwanger Str. 101
Lieferlisten Türkei

OBG 4200 Oberhausen Historisches Archiv der Gutehoffnungshütte Essener Str. 55 H. A, S. 738

OLA 2900 Oldenburg in Oldenburg Niedersächsisches Staatsarchiv Damm 43 H. A, S. 749—753
L: Hermann Lübbing: Die Bestände des Staatsarchivs Oldenburg; Oldenburg 1943
Bestand 31: Kabinettsregierung Oldenburg
Bestand 35: Staatsverträge
Bestand 45: Gesandtschaft in Berlin

	Bestand 48:	Oldenburgische Konsulate
	Bestand 132:	Ministerium des Großherzoglichen Hauses und des Auswärtigen
	Bestand 136:	Ministerium des Inneren
	Bestand 191:	Oberpostdirektion Oldenburg
OLB	2900 Oldenburg in Oldenburg Landesbibliothek Postfach 3480 H. B, S. 235—236	
		Nachlaß Seetzen
		Nachlaß Jasper
OSN	4500 Osnabrück Niedersächsisches Staatsarchiv Schloßstr. 29 H. A, S. 761—763 L: Übersicht über die Bestände des Niedersächsischen Staatsarchivs Osnabrück (= Veröffentlichungen der Niedersächsischen Archivverwaltung 36); Göttingen 1978	
	Dep. 58[d]:	Ratsgymnasium Osnabrück
REG	8400 Regensburg II Fürst Thurn und Taxis-Zentralarchiv; Postfach 211, Emmeransplatz 5 H. A, S. 822—823	
		Postakten
SAB	6600 Saarbrücken Landesarchiv Saarbrücken Scheidter Str. 114 H. A, S. 856—858 L: Inventar der Quellen zur Geschichte der Auswanderung 1500—1914 in den staatlichen Archiven von Rheinland-Pfalz und dem Saarland, bearbeitet von P. Brommer, K. H. Debus, H.-W. Herrmann, Koblenz 1976	
		Bestand Landratsamt St. Ingbert
		Depositum Stadt Merzig
		Depositum Bürgermeisterei Eppelborn
		Depositum Bürgermeisterei Illingen
SAG	5205 St. Augustin 1 Steyler Missionswissenschaftliches Institut e.V. Arnold-Janssen-Str. 24 N	
SCH	2380 Schleswig Schleswig-Holsteinisches Landesarchiv Schloß Gottorf H. A, S. 887—890 L: G. E. Hoffmann, W. Suhr, K. Hector: Übersicht über die Bestände des Schleswig-Holsteinischen Landesarchives in Schleswig; Schleswig 1953	
	Abteilung 7	Herzogtum Schleswig-Holstein-Gottorf (bis 1712)
	Abteilung 10	Königliche Statthalterschaft
	Abteilung 11	Regierungskanzlei Glückstadt
	Abteilung 19	Regierungskanzlei
	Abteilung 42	Sanitätsbehörden
	Abteilung 49	Regierung Gottorf
	Abteilung 65	Kanzlei Kopenhagen
	Abteilung 66	Rentekammer Kopenhagen
	Abteilung 68	Generalzollkammer und Kommerzkollegium

	Abteilung 400	Handschriften
	Gutsarchiv Gelting:	Nachlaß Ingwersen, Sönke Nachlaß Kamphövener-Pascha
SIG	7480 Sigmaringen Staatsarchiv Karlstr. 1 H. A, S. 922—924	
		Oberamt Laupheim
SPA	6720 Speyer Landesarchiv Domplatz 6 H. A, S. 939—941 L: Verzeichnis der Bestände des Landesarchivs Speyer. Teil 2, Abteilungen H—S: Behörden nach 1815; Koblenz 1975 Inventar der Quellen zur Geschichte der Auswanderung 1500—1914 in den staatlichen Archiven von Rheinland-Pfalz und dem Saarland, bearbeitet von P. Brommer, K. H. Debus, H.-W. Herrmann; Koblenz 1976	
	A 2:	Kurpfalz, Akten
	B 2:	Herzogtum Pfalz-Zweibrücken, Akten
	C 38:	Nassau-Weilburg, Akten
	C 47:	Scharfeneck (v. Löwenstein), Akten
	F 11:	Ausfautei Billigheim
	F 12:	Ausfautei Dahn
	F 17:	Ausfautei Guttenberg (Kandel)
	H 1:	Regierung der Pfalz, Präsidialakten
	H 3:	Regierung der Pfalz, Kammer des Innern und der Finanzen
	H 31:	Bezirks- bzw. Landratsamt Bergzabern
	H 32:	Bezirks- bzw. Landratsamt Dürkheim
	H 33:	Bezirks- bzw. Landratsamt Frankenthal
	H 34:	Bezirks- bzw. Landratsamt Germersheim
	H 35:	Bezirks- bzw. Landratsamt Homburg
	H 36:	Bezirks- bzw. Landratsamt Kaiserslautern
	H 37:	Bezirks- bzw. Landratsamt Kirchheimbolanden
	H 38:	Bezirks- bzw. Landratsamt Kusel
	H 42:	Bezirks- bzw. Landratsamt Pirmasens
	H 43:	Bezirks- bzw. Landratsamt Rockenhausen
	H 45:	Bezirks- bzw. Landratsamt Speyer
	H 46:	Bezirks- bzw. Landratsamt Zweibrücken
	H 51:	Kreis- bzw. Landratsamt Alzey
	U 175:	Gemeindearchiv Hatzenbühl
	U 187:	Gemeindearchiv Guntersblum
	U 199:	Gemeindearchiv Nackenheim
	U 207:	Gemeindearchiv Harxheim bei Mainz
	U 218:	Gemeindearchiv Wackernheim
SPK	6720 Speyer Protestantisches Landeskirchenarchiv der Pfalz, Domplatz 5 H. A, S. 944—945; E, S. 98—105	
		Dt. Ostasienmission
STA	2160 Stade Niedersächsisches Staatsarchiv Am Sande 4 c H. A, S. 948	

L: Erich Weise: Geschichte des Niedersächsischen Staatsarchives in Stade nebst Übersicht seiner Bestände (=Veröffentlichungen der Niedersächsischen Archivverwaltung 18); Göttingen 1964

Bestand 80: Landdrostei Stade
darin: N: Schiffahrtsabteilung
P: Polizeiabteilung

STH 7000 Stuttgart Hauptstaatsarchiv Konrad-Adenauer Str. 4 H. A, S. 964—969

L: Übersicht über die Bestände des Hauptstaatsarchivs
Altwürttembergisches Archiv (A-Bestände), bearbeitet von Hans-Martin Maurer
Ministerialbestände bis 1945 (E-Bestände), bearbeitet von Paul Sauer (=Veröffentlichungen der Staatlichen Archivverwaltung Baden-Württemberg, Bände 32—33); Stuttgart 1975
Günter Haselier: Nachlässe in baden-württembergischen Staatsarchiven; in: Zeitschrift für württembergische Landesgeschichte XXXII, 1973, S. 214—239

A 33: Württembergisches Kapregiment (1785—1808)
A 48: Politische Kriminalprozesse (1605—1795)
E 9: Ministerium der Auswärtigen Angelegenheiten
E 14—16: Königliches Kabinett (1817—1918)
E 33—34: Königlicher Geheimer Rat (1806—1912)
E 36—39,
E 41—45,
E 46—48,
E 49—51: Ministerium der Auswärtigen Angelegenheiten (1806—1920)
E 65—68: Deutscher Bund (1815—1869)
E 100: Neuere Staatsverträge (1806—1931)
E 130 I, IV: Staatsministerium (1876—1945)
E 146, E 150: Ministerium des Innern (1806—1920)

STK 7000 Stuttgart Hauptstaatsarchiv, Militärarchiv Gutenbergstr. 109 H. A, S. 968—969

Übersicht über die Bestände des Hauptstaatsarchivs Stuttgart. Militärarchiv; M-Bestände 1871—1922 (1945); bearbeitet von Joachim Fischer in Zusammenarbeit mit Gregor Richter (=Veröffentlichungen der Staatlichen Archivverwaltung Baden-Württemberg Band 31); Stuttgart 1974

	220 N:	Nachlaß Hoffmeister Nachlaß Schrader Nachlaß Mackensen
WOB	3340 Wolfenbüttel Herzog-August-Bibliothek — Handschriftensammlung — Postfach 227 Lessingplatz 1 H. B, S. 278—280	
WÜA	8700 Würzburg Staatsarchiv Residenz, Nordflügel H. A, S. 1120—1123	
		Gebrechenamts-Akten IV, VII Regierung Unterfranken, Abgabe 43/45
WÜB	8700 Würzburg Universitätsbibliothek Domerschulgasse 16 H. B, S. 281—282	
WUP	5600 Wuppertal 2 Vereinigte Evangelische Mission Rudolfstr. 137—139 Postfach 201233	
		Überlieferungen aus den folgenden Arbeitsgebieten der Rheinischen Mission: Borneo 1836—1925 Sumatra 1861—1940 Nias 1865—1940 Mentawei 1901—40 Nordost-Neuguinea 1887—1932 Provinz Kwantung (China) 1847—1951

	M 1/2:	Sonderakten des württembergischen Kriegsministers und seines Adjutanten, 1861—1919
	M 1/4:	Abteilung des württ. Kriegsministeriums für allgemeine Armee- und für persönliche Angelegenheiten (A), 1871—1920
	M 1/6:	Verwaltungsabteilung des württ. Kriegsministeriums (B), 1821—1924
	M 1/11:	Kriegsarchiv
	M 660:	Nachlaß Bopp
		Nachlaß Fritz
		Nachlaß Gleich
		Nachlaß Lauffer

STL 7000 Stuttgart Landeskirchliches Archiv Gänseheidestr. 4 H. A, S. 970; E, S. 119—123
L: Landeskirchliches Archiv in Stuttgart. Übersicht über die Bestände und Inventar der Allgemeinen Kirchenakten; bearbeitet von Gerhard Schäfer; Stuttgart 1972

A 26:	Allgemeine Kirchenakten des Evangelischen Oberkirchenrats

7400 Tübingen Universitätsbibliothek Postfach 2620, Wilhelmstr. 32 H. B, S. 269—271

Nachlaß Euting
Nachlaß Gerlach
Nachlaß Kopp
Nachlaß von Mohl
Nachlaß Roth

ULM 7900 Ulm Stadtarchiv Postfach 3940, Weinhof 12 H. M, S. 1001—1002

Nachlaß Haßler (1803—73)

WIE 6200 Wiesbaden Hessisches Hauptstaatsarchiv Mainzer Str. 80 H. A, S. 1095—1098
L: Übersicht über die Bestände des Hessischen Hauptstaatsarchivs Wiesbaden; Wiesbaden 1970

Abteilung 210:	Nassauisches Staatsministerium

WOA 3340 Wolfenbüttel Niedersächsisches Staatsarchiv Forstweg 2 H. A, S. 1111—1113
L: Hermann Kleinau: Geschichte des Niedersächsischen Staatsarchivs in Wolfenbüttel; Göttingen 1953
Joseph König: Kurzübersicht über die Bestände des Niedersächsischen Staatsarchivs in Wolfenbüttel; Göttingen 1977

1 Alt 22:	Personalien, Haus- und Regierungssachen des Herzogtums Braunschweig 1500—1815
2 Alt:	Kanzlei, Geheime Ratsstube
3 Alt 559:	Bestallungen

Bestände

10 Territorial übergreifende Titel

1010 Karte: Asia secundum legitimas projectionis stereographicae regulas (kolorierter Kupferstich, J. Matth. Hasius, Homannsche Erben, lat. u. frz., ca. 1 : 25 000 000) 1744 DEA D 73 Tit. 4 Nr. 103

1011 H. Büttners Beschreibung der Geographie Asiens (lateinisch), 17. Jhdt. HNB Handschriften 1803

Carsten Niebuhrs Reise, vor allem durch Ägypten, den Jemen, Arabien, Persien und Indien (Journale), Briefe und andere Unterlagen, darunter astronomische Beobachtungen, Karten, u.a. Skizzen 1762 - 67 (8) KIB KB 314

Briefe des Ethnologen Adolf Bastian an seinen Verleger Castenoble, u.a. aus Hinterindien und Ostasien (1861 - 65) sowie Indien und Ozeanien (1878 - 80) 1860 - 80 (135) BRB

Reise des Forschers und Politikers Robert Brunhuber (1878 - 1909) durch Vorder- und Hinterindien, China und Tibet und seine Ermordung in China 1908 - 09 KÖA 1143

1012 Allg. Berichterstattung 1885 - 1908 (2) BON London 256 - 257

dgl. 1911 38 (2) DON Wien AS

1020 Interessen Englands und Rußlands in Zentralasien 1865 - 1904 (54) BON I.B.10 (Asien); I. B 10 Beiakten

1024 Auslandsbezüge der dt. Beamten des auswärtigen Dienstes in Asien 1941 - 44 KOB R 2/11528

1026 Reise des dt. Kronprinzen nach Indien und Ostasien 1910 - 11 (10) BON Preußen 1 Nr. 1 g Nr. 2

dgl. FRB RM 5/6241

1029 Dt. Maßnahmen gegen spionageverdächtige Asiaten 1914 - 15 (2) KOB R 85/2397, 2424

1034 Russische Kohlenstationen in asiatischen Gewässern 1893 - 190
BON Asien Generalia 3

1035 Kommandierungen dt. Militärs 1929 - 33 BON Abt II F - Mi K 6

s. a. 1096

1052 Islam 1887 - 1920 (9) BON Orientalia Generalia 9

dgl. 1925 - 39 (4) BON Islam Pol 16 A

vgl. 1061

Buddhismus 1890 BON Asien Generalia 2

1059 Gesellschaft zur Verbreitung des Glaubens und zur Unterstützung der auswärtigen katholischen Missionen in Asien 1832 - 1912 DÜA Reg Aachen 1247

Annalen der Verbreitung des Glaubens zum Vorteil der Missionen hrsg. durch den Ludwigs-Missionsverein, München 1832 - 1917 (85) MCL

Sitzungsprotokolle der Zentraldirektion des Ludwigs-Missions-Vereins, Budgetaufstellung 1839 - 1945 (27) MCL

1060 Studienplan des Hamburger Kolonialinstituts für Kaufleute für die Gebiete Afrika, Orient, Ostasien 1912 - 20 HMK 30.G.1.8

Geplantes Asien-Institut der SS 1939 KOB NS 19/1367

1061 Islamische Presse. Allgemeines. 1 Anlage zu Bd. 1 1906 - 19 (8) BON Orientalia Generalia 9 Nr. 2

1062 Themen zu dt. Rundfunksendungen über Asien 1924 - 31 BRK P II 10

Sendungen des dt. Rundfunks für Asien (Manuskripte in englischer Sprache) 1940 - 41 (21) KOB R 78/1827 - 1844, 2358 - 2360

1066 Erwerbung ethnologischer Gegenstände aus Asien (chronologische Serie) 1831 - 1945 (141) BEV IB

1068 Seminar für orientalische Sprachen, Berlin 1887 - 1942 BEA Rep. 208 A

dgl. o.Dat. KOB R 57/1048 - 5

Unterricht in asiatischen Sprachen 1911 - 13 HMA 364 - 6, C I a 6 f

Verein für orientalische Sprachen, Frankfurt a.M. o.Dat. KOB R 57/1023 - 42

1070 Wirtschaftsberichte aus Asien 1926 KAG Abt. 233/13116

1075 Währungsfragen in Asien 1934 - 44 KOB in R 2/222

Durchführung des Gesetzes über die Ablösung öffentlicher Anleihen vom 16.7.1925 im Ausland in Asien 1925 - 27 KOB R 2/2280

Kredithilfe für den dt. Export, Allgemeines und Einzelfälle 1930 - 45 (200) KOB R 2/13154 - 13359

Gewährung von Reichsgarantien für Einfuhrgeschäfte 1939 - 44 (4) KOB R 2/13140 - 13143

1080 Asiatische und Levantinische Handelskompagnie in Emden 1755 - 64 AUR Rep 28/135

Statistik des Schiffs- und Warenverkehrs, insbes. spezielle Nachweisungen des bremischen Handels und Schiffsverkehrs, chronologisch geordnet 1849 - 1924 (308) BRE 4, 119 - III f 3

Hamburgs Handelsbeziehungen mit Asien 1869 HMA in: 314 - 1, B VI c 12, I

Handels- und Schiffahrtsbeziehungen 1882 - 1913 STA 80 N, Titel 121, Nr. 24

Dt. Wirtschaftsbeziehungen des D R zu Ost- und Südostasien, Australien und Ozeanien 1933 - 36 HMK 76.160

Handelspolitik 1928 ff. BRK Hp II 95

Zahlenübersichten über den Außenhandel 1937 - 38 KOB R 24/14

1081 Ausfuhr von Bunkerkohle nach Asien 1936 HMK 11.B.88.5.3

1083 Handelsregister des Amtsgerichts Bremen 1861 - 1945 BRE 4, 75/5

noch
1083 Informationsreise Gusmann nach Australien, Java, Siam, Indien, China und Japan 1913 - 14 OBG 3000030/24

1085 Schiffsregister der dt. Dampf- und Motorschiffahrt 1840 - 1953 (Zusammenstellung von Georg Tessin) KOB Kl. Erw. 475

Fa. D. H. Wätjen, Papendiek (Warenhandlungsbücher) 1851 - 1913 (16) BRE 7, 2050

Oldenburger Ostindische Reederei-Gesellschaft zwischen 1858 - 69 OLA 31 - XV/44 - 255

Dt. Dampfschiffahrtsgesellschaft Hansa (Tripolis, Rotes Meer, Persischer Golf, Vorderindien) 1881 - 1939 BRE 7, 2100

Norddt. Lloyd; Roland-Linie AG 1881 - 1939 BRE 7, 116; 7, 2010; BRL

Dt. Levante-Linie 1892 - 1916, 1926 - 38 (7) HMA 371 - 8 II, XXI A 15 a.20; A 18.52.22, 25, 33, 36; C 2.4.8; D 1.11.2

Osmanischer Lloyd o.Dat. (3) FFD Or. 329 - 331

Reederei R. Ludolphs (skandinavische Ostasienlinien) 1919 - HMA 373 - 7 I, IV E I 55

Reederei Olivier & Co. (Mittelmeer u. Levante) 1919 - 20 HMA 373 - 7 I, IV E I 68

Reederei Gellathy, Hankey & Co. (Brit. Indien u. Fernost) 1919 HMA 373 - 7 I, IV E I 49

Reederei H. W. Pott & Kömer (Vertreter der niederländischen Ostasien- u. Afrika-Linie) 1919 - 20 HMA 373 - 7 I, IV E I 72

Reederei Siebert & Co. (Ferner Osten) 1920 HMA 373 - 7 I, IV E I 83

Reederei Ernst Röbken (Ägypten) 1920 HMA 373 - 7 I, IV E I 93

Dampfer Kourousse nach Afrika und Indien 1932 - 33 HMA 373 - 7 I, IV E I 93

Reorganisation des Levante-Dienstes und Neugründung einer Bremer Levante-Linie 1934 - 42 BRE 4, 35 - 1122; 4, 49 - 1354/69

noch 1085 Atlas Levante-Linie AG 1935 - 43 BRE 4, 75/5 HRB 153

dgl. BRK S V 4

1088 Anträge auf Erteilung von Genehmigungen von Flügen aus D nach Asien und Australien 1924 - 33 (7) BON Anträge, Anträge Beinhorn, Bertram, Mohamed El Gibris, Gothe, Hirth, Koennecke, Wentscher

1089 Postdampfersubventionen durch Hamburg 1883 - 97, 1913 (2) HMA 314 - 1, B VI c 14

Versendungsgelegenheiten aus englischen und französischen Häfen nach Afrika, Asien und Australien (Druck) 1861 - 62 REG Postakten/136 - 138, 294

Postverkehr, insbes. mit D 1914 - 19 (4) KOB R 85/426 - 429

dgl. 1926 - 39 (2) BRE 5, 1/2 - 2215 - 2, 2463 - 2

Telegrafie, insbes. Ausbau von Kabelverbindungen und Verkehr mit D 1907 - 21 (21) KOB R 2/739, 763 - 764, 773 - 776, 832 - 833, 850 - 861

1093 Auswanderung nach Asien 1873 KAG Abt. 233/11433

1096 Unterstützung in Asien lebender bedürftiger Angehöriger dt. Militärs durch das D R 1915 - 18 KOB R 85/2805

1098 Bestellung von Ärzten zur Untersuchung deutscher Militärpflichtiger in Asien 1914 KOB R 85/1673

11 Britische Kolonien und Mandate insgesamt

1112 Allg. Berichterstattung 1875 - 1937 (300) BRE 3 - A 3 G 2; 4, 49 - 53/13, 54/13, 55/14; 273/55

dgl. 1906 - 15 (2) FRB RM 3/6851 - 6852

dgl. 1907 - 16 (5) FRB RM 5/5684 - 5688

dgl. 1940 - 42 (3) KOB R 57/348, 806, 878

1123 Beziehungen zu China 1922 - 44 BON B Ch Pol 5 - 10

1124 Hanseatische Konsuln und Agenten 1857 BRE 2 - C.4.b.6. c.o

dgl., des D R 1868 ff. BRE 2 - M.6.b.4.d.4.9

Besteuerung von Mitgliedern der diplomatischen und konsularischen Vertretungen BON Steuern 11

1131 Anwerbung preußischer Staatsangehöriger für die britische Fremdenlegion 1855 - 56 MSA Reg Münster/1081

1137 Lager für dt. Kriegsgefangene und Zivilinternierte 1914 - 19 (3) KOB in R 67

Unterstützung dt. Gefangener und Internierter 1915 - 20 (8) KOB R 85/3857 - 3864

dgl. 1920 - 23 BON Kriegsgef. 1

Dt. und andere Kriegsgefangene 1939 - 44 (8) BON Kriegsrecht 27, 27 a, 27 Nr 6, 13 - 16, 19

vgl. 1189

1138 Kriegsgefangene in D 1941 BON Völkerrecht - Kriegsrecht 26 Nr 16

1145 Patent-, Marken- und Musterschutz 1913 - 20 KOB R 85/1138

dgl. 1920 - 41 (2) BON Patente Nr 7

Urheberrecht 1920 - 33 (2) BON Literatur Nr 13

1146 Auslieferungsverträge mit dem D R 1927 - 36 BON Auslief. 24 a

1147 Regelung von Gütern, Rechten und Interessen durch den Versailler Vertrag 1939 BON V.V. Wirtsch. Nr. 2

noch 1147 Private Rechte im Krieg 1941 BON Kriegsrecht 3

1148 Behandlung dt. Vermögens 1939 - 44 (3) BON Kriegsrecht 2

Ansprüche des D R auf Ersatz von Kriegsschäden 1939 - 43 (2) BON Kriegsrecht 31, 31 Nr 1

1149 Behandlung des Privateigentums im D R 1939 - 44 BON Kriegsrecht 20

1170 Wirtschaftliche und handelspolitische Lage, Zoll- und Steuerverhältnisse 1930 - 39 (2) KOB R 2/9910 b, 9969

1176 Steuergesetzgebung 1931 - 43 BON Steuern Nr 5

Besteuerung im D R und umgekehrt 1930 - 43 BON Steuern Nr.

Regelung der Doppelbesteuerung mit dem D R 1930 - 43 BON Steuern Nr. 14

1177 Zollvergünstigungen 1922 - 32 BON Generalia 370

1180 Handels- und Schiffahrtsbeziehungen o.Dat. STA 80 N, Titel 121, Nr. 10

Waffenhandel und Waffenschmuggel 1911 - 14 KOB in R 85/6604

1189 Postverkehr mit D 1912 - 20 KOB in R 85/704

dgl., Postpaketverkehr 1927 - 37 BRE 5, 1/2 - 2215 - 2

Kriegsgefangenenpost mit D 1915 - 21 (8) KOB R 85/381 - 388

dgl. 1941 BON Kriegsrecht 26 Nr. 16

1191 Einbürgerungen in das D R 1935 - 37 DÜA Reg Düsseldorf/52064

1192 Zivilgefangene im D R 1940 - 43 (2) BON Kriegsrecht 28; 28 Austausch

1197 Behandlung dt. Zivilinternierter 1915 - 20 (17) KOB R 85/3006 - 3021, 4058

dgl. 1939 - 45 (21) BON Kriegsrecht 10, 27, 29, 29, 29 Nr. 6

12 Französische Kolonien und Mandate insgesamt

1212 Allg. Berichterstattung 1875 - 1928 (100) BRE 3 - A 3 F 1

dgl. 1903 - 14 (2) FRB RM 3/6841 - 6842

dgl. 1920 - 39 (39) BON Paris 582 a - 584, 842 - 846, 852 - 855

dgl. 1939 - 44 (6) BON Paris 1323 - 1327, 2407

dgl. 1940 - 42 (4) KOB R 57/830, 895, 896, 940

1222 Geheime R-Angelegenheiten 1896 - 97 FRB RM 5/5921

1224 Dt. konsularische Vertretungen 1868 ff. BRE 2 - M.6.b.4. d.4.m

1237 Lager für dt. Kriegsgefangene und Zivilinternierte 1914 - 19 (25) KOB in R 67

dgl. 1915 - 16 (2) KOB R 85/3838 - 3839

Unterstützung dt. Gefangener und Internierter 1915 -18 (2) KOB R 85/3872 - 3873

Dt. Kriegsgefangene 1942 BON Kriegsrecht 27

1245 Patentwesen o.Dat. (2) KOB R 131/726, 729

1247 Kriegsrecht 1943 BON Kriegsrecht 1

1248 Behandlung dt. Vermögens 1939 - 44 BON Kriegsrecht 21

Ansprüche des D R auf Ersatz von Kriegsschäden 1943 BON Kriegsrecht 31

1249 Behandlung des Privateigentums im D R 1939 - 42 BON Kriegsrecht 20

1270 Allg. wirtschaftliche Lage 1920 - 21 BON W 1 A

dgl. (auch Zoll- und Steuerverhältnisse) 1929 - 40 (2) KOB in R 2/9909, 9979

dgl. 1939 - 44 KOB R 9 I Rep/1216, 1217

1275 Devisenverkehr mit dem D R 1939 - 40 KOB in R 7/164

1276 Besteuerung im D R und umgekehrt 1939 BON Steuern Nr 9

1280 Warenverkehr mit D 1941 - 44 KOB R 11/1334

1283 Handelsvertretungen der Deutz-Motoren-Gesellschaft 1920, 1922 KÖD III 5/7; III 13 c

1289 Postverkehr 1912 - 20 KOB in R 85/704

Seekabelverbindungen 1906 - 15 KOB in R 85/830

1297 Behandlung dt. Zivilinternierter 1915 - 16 (9) KOB R 85/3205 - 3213

Dt. Zivilgefangene 1939 - 45 (10) BON Kriegsrecht 29, 29 Nr 13, 13 a, 15, 16, 19, 21

13 Portugiesische Kolonien insgesamt

1312 Allg. Berichterstattung 1879 - 1921 (5) BRE 3 - A 3 P 3

dgl. 1886 - 1918 (7) BON Portug. Bes. in Asien 1

dgl. 1904 - 08 FRB RM 5/5846

dgl. 1909 - 14 BON Lissabon Pol 6

dgl. 1920 - 36 (4) BON P

dgl. (Jahresübersichten der dt. Auslandsvertretungen) 1929 - 36 BON A

dgl., Verkehr, Recht (allg. soziale Lage) 1939 - 40 KOB R 9 I Rep/1060, 1116, 1219, 1220

dgl. 1940 - 42 KOB R 57/846, 911, 948

1324 Dt. konsularische Vertretungen 1868 ff. BRE 2 - M 6 b 4 d 4 bb

1337 Dt. Kriegsgefangene und Zivilinternierte 1914 - 20 (5) KOB R 85/35332 - 3536, 3878

1340 Rechtssachen (Allg. und Einzelfälle) 1920 - 35 (4) BON R

1348 Regelung der dt. Vorkriegsforderungen 1920 - 25 HMK 44.H.7.14

Beschlagnahme dt. Eigentums 1920 - 32 (4) BON R 19 Nr 1

Behandlung des dt. Eigentums 1920 - 37 HMK 44.H.5.18

1350 Unruhen in Timor und Goa 1910 - 12 BON London 386

1354 Innere Verwaltung 1920 - 35 (2) BON Inn Vw

1356 Sozialpolitik 1921 -30 BON S

1360 Kunst und Wissenschaft 1920 - 35 BON KW

1375 Devisenbewirtschaftung; Warenaustausch- und Kompensationsverkehr 1925 - 38 HMK 29.K.14.58.1, 2; 58 a

1380 Waffenschmuggel 1889 - 1910 KOB R 85/6614

Handelsbeziehungen mit Belgien 1941 BON Ha Pol II a, H 12

1387 Eisenbahnen 1914 - 20 KOB in R 85/158

1389 Drahtlose Telegraphie 1912 - 20 KOB R 85/801

1393 Beschäftigung dt. Angestellter 1933 HMK 25.B.9 c.1

1397 Dt. Zivilgefangene 1943 BON Kriegsrecht 29 Nr. 29

20 Nordafrika insgesamt

2012 Allg. Lage 1940 - 42 KOB R 57/791, 870, 935

Allg. polit. Berichterstattung 1878 - 1911 BON Wien U/Allg

dgl. 1880 - 1931 DEA L 75 Abt. X Gr. 7 a Nr. 29

dgl. 1881 - 87 (3) BON Paris 23 b, 293 - 294

dgl. 1887 - 1938 (3) BON Vatikan 908 - 910

dgl. 1940 ff. (4) KOB R 57/830, 896, 935, 940

dgl. 1942 - 44 (5) BON Paris 2459, 2461, 2466, 2478, 2479

dgl. 1942 - 43 (2) BON Büro UStS

Lageberichte, vorwiegend vom Generalkonsulat Tanger 1943 - 44 (4) BON Paris 1156 a, b, 1164

Schutzmacht Nordafrika 1942 - 45 BON Madrid

2021 Gutachten der Königsberger Kaufleute.- Freundschaftsverträge mi den Barbareskenstaaten 1815 BEA Rep 2 Tit 15/23

2022 Diplomatische und Handelsbeziehungen zwischen den Barbaresken-Regierungen und Hannover 1818 - 30 (10) HNA Hann 92/ XXX - IV - 4, 1 - 10

2024 Dt. konsular. Vertretungen 1898 - 1915 HMA 132 - 1/I/ A III d 6

2025 Konsulate des Islamischen Nordafrika in Norddeutschland 1905 - 33 (2) DEA L 75 Abt.X Gr.10 Nr.20; L 80 I a Gr. I Titel 4 Nr.8

2028 Dt. Propagandamaterial in arabischer Sprache 1941 - 42 BON Paris 1204

2029 Dt. Abwehr 1941 (2) BON M - 6 R 2; Politik 15 g

2036 Aufgaben Italiens im Mittelmeer.- Unterlagen für die Besprechung des ObdM mit dem ital. Admiral Cavagnari in Friedrichshafen am 20. - 21.6.1939 FRB in: RM 6/67

Fall "Felix".- Geplante Maßnahmen im Zusammenhang mit einem Angriff auf Gibraltar Nov. 1940 (4) FRB RW 4/518, 519, 580, 588

"Kriegsschauplatz Nordafrika" (Unterlagen des Wehrmachtsführungsstabs) 1940 - 43 (5) FRB RW 6/656 - 660

noch 2036 Kontrollinspektion Afrika der dt. Waffenstillstandskommission 1940 - 43 (93) FRB RW 34/1, 9, 115 - 205

Alliierte Kriegführung in Nordafrika 1940 - 43 (7) FRB RW 5/120, 121, 488 - 489, 620 K - 621 K, 675

Allg. militärische Lage 1940 - 41 FRB RW 4/572
dgl. 1940 - 43 (31) FRB in RH 2
dgl. 1941 (2) RL 2 II/38, 461
Unternehmen "Sonnenblume" (Unterstützung der italienischen Streitkräfte) Febr. 1941 (3) FRB RW 4/593 - 595

Allg. militärische Lage 1941 (2) FRB RW 4/90, 657

dgl. 1942 - 43 FRB RW 4/324

dgl. 1942 - 44 (7) FRB RH 31 VII/6 - 12

dgl. 1942 - 43 BON Büro StS

dgl. 1943 (10) FRB R 31/VIII/1 - 10

General Rommel und der Feldzug in Nordafrika.- Sammlung von Zeitungsausschnitten 1942 (7) KOB R 55/469 - 475

Oberkommando der Heeresgruppe Afrika 1941 - 43 (337) FRB RH 19 VIII

Aufzeichnungen des Generalfeldmarschalls Erwin Rommel 1941 - 43 (11) FRB N 117/7 - 12, 19 - 23

Dt. Afrikakorps 1941 - 43 (117) FRB RH 24 - 200

Panzer-Armee 5 1942 - 43 (45) FRB RH 21 - 5

Kriegsgliederung Pz. AOK 5 und Zustandsberichte von Divisionen 1943 FRB RW 4/660

Aufzeichnungen des Generalobersten v. Arnim aus seiner Tätigkeit als Oberbefehlshaber der Heeresgruppe Afrika (5. Panzerarmee) 1942 - 43 (2) FRB N 61/4 - 5

15. Panzerdivision 1942 (63) FRB RH 27 - 15

21. Panzerdivision 1942 (45) FRB RH 27 - 21

90. Leichte Afrika-Division 1942 - 43 (52) FRB RH 26 - 90

164. Leichte Afrika-Division (32) (32) FRB RH 26 - 164

Aufzeichnungen des Dt. Admirals beim Admiralstab der italienischen Marine, Weichold, über Seekriegsoperationen 1941 - 43 FRB in N 316

noch 2036 Luftgaustab z.b.V. Afrika, später Feld-Luftgaukommando Tunis 1941 - 43 (18) FRB RL 19

Luftkriegführung Mittelmeerraum 1941, 1945 (2) FRB RL 2 II/38 - 39

dgl. der italienischen Luftwaffe im südlichen Abschnitt FRB RL 9/52

Flughafenbereichskommandos in Tobruk, Bengasi, Misurata, Tunis 1941 - 43 FRB RL 20/1 - 6

Fliegerhorstkommandantur (E) 6/IV 1943 FRB RL 21/136 - 137

Dt. Luftwaffeneinsatz in Afrika.- Aufzeichnungen und Schriftwechsel des Generals der Flieger Hans Seidemann (1902 - 67) 1941 - 48 (12) FRB N 406/17 - 18, 20 - 22, 24 - 30 K

Nachschub für dt. Truppen 1941 - 42 FRB RL 2 II/346

2037 Sammlung zum Loskauf zweier in der Sklaverei in Afrika sich befindender würzburgischer Landeskinder 1779 WÜA Gebrechenamts-Akten VII W 467

Verbringung der dt. Gefangenen aus afrikanischen Lagern nach Frankreich bzw. der Schweiz 1916 - 17 KOB R 85/4750 - 4752

Tagebücher des Gen.d. Panzertruppen Ritter von Thoma zur Zeit seiner Gefangenschaft in Afrika 1942 - 46 FRB N 2/3

Dt. und andere Kriegsgefangene 1943 - 44 (41) BON Kriegsrecht 27, 27 a, 27 Nr 9, 10 - 29

Behandlung dt. Kriegsgefangener in US-amerikanischen Lagern in Nordafrika 1943 - 45 (4) FRB RW 2/103, 104, 110, 11

2038 Kriegsgefangene in D 1942 - 44 (2) BON Kriegsrecht 26 Nr 16

2047 Angebliche Völkerrechtsverletzungen deutscher Wehrmachtsangehöriger 1943 FRB RW 2/50

2048 Ansprüche des D R auf Ersatz von Kriegsschäden 1943 BON Kriegsrecht 31

2055 Die an den afrikanischen Küsten grassierende Pest 1747 - 50 SCH Abt. 11 A III/711

noch 2055 Epidemische Krankheiten 2. Hälfte 18. Jhdt. (2) BRE S.7.a.13.h.2.b.3; S.7.a.13.a.3

2061 Presse im Maghreb 1942 BON Paris 1232

2062 Sendungen des dt. Rundfunks für Afrika.- Manuskripte in dt. Sprache (40) KOB 1940 - 41 R 78/1956 - 1995

Rundfunksendungen im Maghreb 1942 - 44 (2) BON Paris 1116 c, 1267

2065 Aufzeichnungen des Geographen Heinrich Barth (1821 - 65) von seinen Reisen durch Nordafrika Mitte 19. Jahrh. (30) HMB NL Barth

Forschungsexpeditionen von Gerhard Rohlfs in Nordafrika. 4000 Briefe, handgezeichnete Karten, Fotografien 1863 - 96 BRV

Tagebücher, Aufzeichnungen und Briefe des Forschungsreisenden Oskar Lenz (1848 - 1925) BEB

Aufzeichnungen des Münchener Orientalisten Emil Gratzl (1877 - 1957), insbes. über seine Reisen durch Tunesien und Algerien (1905) sowie Ägypten (1914) MCS

Tätigkeit der Wetterdienststellen im Bereich Nordafrika 1941 - 43 (6) FRB RL 9/12 - 17

Forschungen über Zusammenhänge von europäischen und nordafrikanischen Menschenrassendarstellungen der "Fettvenus" 1941 - 42 KOB NS 19/509

2070 Allg. Lage in Wirtschaft, Landwirtschaft und Industrie 1895 - 1911 HMA 132 - 1/I/C I d/133

dgl. 1934 - 40 (2) R 9 I/726, 727

dgl. 1942 (3) FRB in RW 19

2072 Rohstoffbilanz Nordafrikas 1941 KOB in R 3/1942

2080 Warenaustausch- und Kompensationsverkehr von Frz.-Nordafrika mit D 1920 - 37 (5) HMK 29.K.14.25, 1 - 5

Außenhandelsstatistik 1937 - 38 KOB R 24/14

2082 Ausfuhr von Kamelen nach D 1925 - 33 HMK 32.B.23.a.5

2084 Verkehr und Transport in Frz.-Nordafrika 1934 - 40 KOB in R 9 I/727

2085 Behinderung der hanseatischen Seefahrt durch die Barbaresken 1578 - 1838 (17) BRE 2 - R 11 ee 5

noch 2085 Seeräubereien der Barbaresken; Unterdrückung auf Antrag der Hansestädte; Antipiratischer Verein Hamburg 1817 (2) FFB DB 1/I 445, 479

dgl. 1817 DAR Konv 38, Fasz 15

Dampfschiffverbindungen mit D 1890 - 1913 (2) HMA 374 - 6 I, B III a 41

2086 Die Saharastraßen. Von Henri Menjaud (Übersetzung) 1942 FRB RH 5/121

2089 Postverkehr mit D 1927 - 38 BRE 5, 1/2 - 2215 - 2, 2463 - 2

2093 Dt. politische Flüchtlinge bei den freien französischen Verbänden Juni 1942 FRB in RW 4/659

2097 Dt. Zivilgefangene 1943 - 44 (10) BON Kriegsrecht 29, 29 a, 29 Nr. 5, 13, 13 a, 15, 16, 19, 20, 25

21 Marokko insgesamt; ab 1912: französischer Teil

2110 Unterlagen zur Landeskunde 1941 - 42 (4) FRB RH 5/ 122 - 124, 154

2111 Schriftwechsel Heinrich Barths mit britischen Konsuln 1864 - 65 HMA 622 - 2/I a 9

2112 Allg. polit. Berichterstattung 1873 - 76 (4) BON I.B.13

dgl., durch die dt. Gesandten in Tanger bzw. Marokko und Paris 1875 - 1900 (4) BEA III.Hauptabt., II/981, 1023, 1086 - 1087

dgl. 1876 - 1931 (65) BRE 3 - A 3 M 1; 4, 49 - 97/27

dgl. 1878 - 1914 (17) BON Quirinal Paket 244 g, 8, 330 - 336, 14

dgl. 1879 - 1918 (35) BON Marokko 1

dgl. 1879 - 1914 (52) BON Paris/25 b, 293 - 294, 298 - 328 b

dgl. 1887 - 1927 (36) BON London/378, 520 - 554

dgl. 1888 - 1915 (8) BON Lissabon, Pol. Akten 46, 72, 117, 121, 123, 125, 130, Pol 18

dgl. 1891 - 1907 BON Wien, Geh. VI

dgl. 1905 - 12 (3) WOA 12 A neu Fb 5/149 - 150; 19 B neu/vorl. 206

dgl. 1920 - 39 (12) BON Paris/454 a - 456

dgl. 1921 - 39 BON Quirinal Paket 748

dgl. 1937 - 38 FRB RW 19/21

dgl. 1940 - 44 (2) BON Büro StS

dgl. 1940 - 41 (3) KOB R 57/801, 830, 925

dgl., Schutzmacht Marokko 1942 - 45 BON Madrid

dgl., geheimdienstliche Meldungen Schellenbergs 1942 - 43 (3) KOB NS 19/272, 2539 - 2540

2113 Aufzeichnungen von Karl Emil Schabinger Frhr. von Schowingen (1877 - 1967) über seine Zeit im dt. auswärtigen Dienst in Tanger, Casablanca, Fez 1902 - 14 BON NL Schabinger von Schowingen noch 2113 Aufzeichnungen des Gesandten Dr. Hans von Miquel (1871 - 1917) über die Marokkokrise 1904 - 08 BON in NL Miquel

Aufzeichnungen und Briefwechsel von Hans Frhr. von Wangenheim (1859 - 1915) aus seiner Tätigkeit bei der dt. Gesandtschaft i Tanger 1908 - 09 BON NL Wangenheim/1 - 3

Erinnerungen Wiperts v. Blücher an seine Zeit in M. o.Dat. BON NL v. Blücher

2114 Schutzverhältnisse in M. 1880 - 1912 KAG Abt. 233/ 14172 - 75

Konvention über die Ausübung des Schutzrechts durch die fremden Vertreter 1881 -1913 OLA 132 - 33

Denkschrift der Deutschen Kongo-Liga zum Marokko/Kongo-Abkomme 1911 DOR K 1/114

Staatsrecht 1926 - 27 BON R 4

2115 Das Staatsoberhaupt und seine Familie 1920 - 23 BON P 11 Nr 1

Früher regierende Familien 1920 - 25 BON P 11 Nr 2

2116 Personalien von Staatsmännern und Mitgliedern der diplomatischen und konsularischen Auslandsvertretungen 1920 - 31 BON P 11 Nr 3

2120 Politik auswärtiger Mächte ("Die marokkanische Frage") 1887 - 1905 (75) BON Marokko 4

"Marokkofrage" 1911 FRB RM 5/1253

Verhandlungen zwischen D und Frankreich über Kompensationen aus Anlaß des Vorgehens Frankreichs in M. 1907 - 20 (19) BON Frankreich 102 Nr. 8 secr.

Abwicklung von Ang. des 1. Weltkriegs 1920 BON We

Auswärtige Politik im allg. 1920 - 30 BON P 1

Politische Beziehungen zu Frankreich 1934 BON Geh Frankreich P 3

dgl. o.Dat. BON Vatikan P 3

2121 Handelsvertrag mit D 1887 HMK 95.B.6.1

dgl. 1890 - 91 KAG Abt 233/13086

dgl. 1890 KOB R 2/1508

Staatsverträge mit D 1891 - 1914 STA E 130 IV/1115

dgl. 1938 - 44 BON Völkerrecht, Staatsvertr. Nr. 1

2122 Beziehungen zu D 1886 HMA 132 - 5/4, III 4

dgl. 1887 - 1920 (16) BON Marokko 2

dgl. 1895 - 1908 BON Marokko 2 secr.

dgl. 1920 - 36 BON P 2

dgl. 1934 BON Frankreich (Kolonien) P 2 Geh

dgl. 1935 KOB in R 43 I/43

2123 Konflikt mit Spanien 1846 - 65 FFB DB 1/I 450

dgl. 1859 - 60 OLA 31 - XV/7, 14

Politische Beziehungen zu Brasilien 1890 - 1918 BON Brasilien 20

dgl. zur Schweiz 1920 - 21 BON P 3

dgl., zu Ägypten 1925 - 36 BON Ägypten Pol 3

2124 Diplomatisches Korps in Tanger 1887 - 1915 (7) BON Marokko 3

Dt. diplomatische und konsularische Vertretungen 1868 ff. BRE 2 - M 6.b.4.d.4.W

dgl. 1896 - 1910 HMA 132 - 1/I/A III d 15

dgl. 1920 - 35 (2) BON P 10

Konsulargerichtsbarkeit 1938 - 43 BON Völkerrecht, Allg. Kons.Nr.4

Dt. Generalkonsulat bzw. dt. Gesandtschaft in Tanger 1845 - 1914 (400) BON Tanger

Dt. Konsulat Casablanca 1856 - 1914 (150) BON Casablanca

dgl. 1932 - 33 HMK 57.H.3.2.1.129

dgl., Mogador 1875 - 1900 (6) BON Mogador

dgl., Fez 1890 - 1914 (30) BON Fez

dgl., Marrakesch 1898 - 1914 (30) BON Marrakesch

noch 2124 dgl. 1922 - 23 BON Paris/1834

dgl. 1941 - 44 BON Paris/1920

dgl., Rabat 1901 - 07 HMK 57.3.2.1.570

Diplomatische und konsularische Vertretungen in dritten Staaten und umgekehrt 1920 - 25 BON P 8

2126 Briefwechsel des Landgrafen Georg von Hessen - Darmstadt mit dem Kaiser von Marokko 1704 - 05 DAR D 4 Hausarchiv 287/1

Briefwechsel des dänischen Konsuls in Tanger mit dem Sultan u dem Minister Sidi Mochtar über den Besuch des hessischen Prinzen in Tanger 1834 DAR D 4, 630/20

2127 "Marokkanische Gesellschaft" (später Deutsche Mittelmeergesellschaft) 1902 DOR K 1/112

2129 Agenten- und Spionagewesen 1921 - 34 BON Frankreich (Kolonien), P 15 Geh

2132 Marine 1895 - 1915 (3) FRB RM 5/1025, 1028, 1029

2136 Ausrückung von Kreuzern gegen M. 1841 OLA 31 - XIII/73, 81

See-Expedition gegen M. 1853 - 57 FRB RM 1/865

Spanische Expedition gegen M. 1909 - 11 FRB RM 5/1553

Entsendung dt. Schiffe nach Agadir 1911 - 12 (2) FRB RM 5/5418 - 5419

2137 Lager für dt. Kriegsgefangene und Zivilinternierte 1914 - 19 (50) KOB in R 67

Lager für dt. Kriegsgefangene in Rabat und Voloubilis 1914 ff. (2) KOB R 85/3422, 3507

Behandlung dt. Kriegsgefangener 1916 STK M 1/2 - 123

Dt. Kriegsgefangene 1940 - 41 BON Kriegsrecht 27

2138 Marokkanische Kriegsgefangene in D 1941 - 42 (2) BON Kriegsrecht 26, 26 Nr 25

2140 Rechtspflege im allg. 1934 - 42 KOB in R 22/2514 - 2522, 2692, 3227

2141 Jurisdiktionsverhältnisse 1881 - 1936 KAG Abt.234/7246

Gesetzgebung 1926, 1930 - 34 (2) KOB R 1, VW 2

2142 Schiedsgericht über dt. Minenrechte 1920 - 22 BON Paris

Schiedsgericht Marokko 1920 - 36 BON Paris/1025

Gemischte dt.-marokkanische Gerichte 1944 BON Völkerrecht Allg. Kons. Nr. 10

2145 Patentwesen o.Dat. (7) KOB R 131/824 - 827, 971 - 973; R 85/1150

Patentschutz 1920 - 41 BON Patente Nr 7

Markenschutz 1894 - 95 BON Paris/1581

Urheberrecht 1926 - 36 BON Literatur Nr 13

2146 Verwendung, Vermittlung des D R in Rechtsangelegenheiten 1920 - 35 (2) BON R 31

Benennung von Rechtsanwälten und Sachverständigen durch das D R 1920 - 34 BON R 35 Nr 1

Einzelfälle der Rechtspflege 1920 - 32 BON R 15

Auslieferungsvertrag mit dem D R 1927 - 36 Auslief 24 a

2147 Kriegsrecht im allg. 1942 - 43 BON Völkerrecht - Kriegsrecht 1

2148 Beschlagnahme dt. Eigentums 1920 - 32 (2) BON R 19

Forderungen, Beschwerden und Entschädigungsansprüche aus D, Einzelfälle 1920 - 32 BON R 28

Private Rechte 1939 - 40 BON Kriegsrecht 3

Behandlung dt. Vermögens 1939 - 43 BON Kriegsrecht 21

Ansprüche des D R auf Ersatz von Kriegsschäden 1940 - 44 (4) BON Kriegsrecht 31, 31 Nr 1

2150 Innere Politik, Parlaments- und Parteiwesen 1920 - 36 BON P 5

2154 Innere Verwaltung 1932 BON VW 1

Polizeiwesen 1929 BON VW 6

2155 Pestepedemie 1799 BRE 2 - S 7 a 13 a 2 b 3

Internationaler Gesundheitsrat in Tanger: Quarantänestation auf der Insel Mogador 1899 BON Paris 1619

2156 Sozialversicherung 1936 BON Sozialvers. Nr. 6

2159 Allgemeine Ang. der Evang. Kirche 1881 ff. BEZ EO Marokko 1

Marokkopolitik der dt. katholischen Vereine 1905, 1908 (2) KÖA in 1006/244, 276

2163 Dt. Schule und dt. Schulverein 1909 - 10 KAG Abt. 235/19210

2170 Wirtschaftliche Lage im allg. 1924 BON Abt W, Wirtschaft 1 a

dgl. 1927 - 39 (4) BON Paris 848 a, b

dgl. 1935 - 36 KOB R 9 I Rep/1255

dgl. 1941 - 43 (2) BON Paris 1164, 1165

2171 Ackerbau und Viehsteuer 1902 BON Paris 1428

2172 Erz- und Petroleumvorkommen 1913 - 14 OBG 300115/4

Bergbau und Industrie 1940 FRB RW 19/1435

2173 Marokko-Syndikat 1906 - 07 FFD Marokko

Société Marocaine de Travaux Publics o.Dat. FFD Paket 192

Dt. Wirtschaftsinteressen 1911 - 12 KOB in R 85/724

Wirtschaftliche Bedeutung für D und M.'s Wert als Siedlungsland (Eingabe der dt. Marokko-Interessenten) 1918 KOB in R 85/1023

2176 Steuerwesen 1920 - 35 BON Steuern

Steuergesetzgebung 1927 - 43 BON Steuern Nr 5

2177 Einbeziehung in die Zollermäßigungen des Handelsvertrages zwischen D, Italien und Spanien 1890 BRE 4, 8/1343

Zollvergünstigungen 1922 - 32 BON II Generalia 370

2178 Bankprojekte 1892 - 1922 (5) FFD Marokko

Allg. Bankgeschäfte, insbes. Anleihen o.Dat. FFD Paket 7

Beteiligung der Preußischen Staatsbank an der Staatsbank von Marokko 1907 - 27 BEA Rep 109/5373

2179 Einlösung der 1910 in D, Spanien und Frankreich aufgenommenen Anleihe (Interessen des Bankhauses Mendelssohn & Co.) 1920 - 25 KOB R 2/1933

2180 Handel der Stadt Glückstadt mit Marokko 1617 ff. SCH Abt 11, XIII 1, Glückstadt Nr 3

Beziehungen mit Hamburg, insbes. Handel und Schiffahrt 1814 - 1912 (10) HMA 111 - 1/VI/15/2

Handelsbeziehungen mit Westfalen zwischen 1821 und 1866 MSA Oberpräsidium/240, 1

Handel, insbes. mit D 1881 - 1914 (6) HMA 371 - 8 II, XIX C. 19.1, 8, 12, 13, 22; 371 - 8 II, XXI A 9.5.21

dgl. 1881 - 1926 KOB R 2/1508

dgl. 1890 - 1931 MCO III a/22

dgl. 1891 - 1934 (2) BRK Hp II 109

dgl. 1903 - 10 HMA 371 - 8 II, XIX B 7.7 II 7

dgl. 1920 - 23 KÖW 20/523/13

dgl. 1929, 1939 KOB in R 2/10212

Statistik des Handels mit D 1883 - 85 HMA in 314 - 1, B VI c 11, II

Sachverständige für Handelsfragen auf der Konferenz von Algeciras 1905 HMA 371 - 8 II, XXXVII 25

Waffenhandel und Waffenschmuggel 1912 - 14 KOB R 85/6630

Boykott dt. Waren wegen der Judenverfolgung in D 1933 HMK 78.K.16

Handel mit Frankreich 1892 - 93 BON Paris 166 b

dgl. 1920 ff. BON Frankreich Handel 12

2181 Kauf von dt. Kriegsmaterial 1876 ff. ESK in Sachkartei E III 4

dgl. 1925 - 34 BON Abt II F - MiK 56

Einfuhr aus D zwischen 1905 und 1925 KÖW in 5/19/10

Lieferung von Benzinlagertanks für Casablanca 1935 - 36 OBG 40431/33

Einfuhr von Textilrohstoffen aus D 1936 - 38 KOB in R 8 I 250

2182 **Ausfuhr von Olivenöl nach D 1911 LÜK 24 Z/30**

Wirtschaftliche Unterstützung Frankreichs für dessen Kriegführung 1917 STK M 1/2 - 133

2183 Geschäftsbeziehungen der Firma Krupp 1872 ff. ESK in Sachkartei E III 4

Besuch einer Delegation aus M. bei der Fa. Krupp 1878 ESK in Sachkartei E III 4; M

Forderung der Firma Schönfeld 1899 HMA 132 - 1/I/C I d/135

Geschäftskorrespondenzen mit der Union des Mines Marocaines S.A. 1907 - 13 BOB 55/45019

Geschäfte der GHH mit Müller, Haag in M. 1919 - 20 OBG 300070/16

Nachweise dt. Firmenvertreter und Handelswaren 1934 - 41 KOB in Rep 9 I Rep/428

2184 Verkehrswesen 1925 - 35 BON Vk

dgl. 1941 - 42 FRB RH 5/123 - 124

2185 Schiffahrt und Hafenwesen 1902 - 30 HMK 95.B.6.2.

Schiffsverbindungen 1912 - 14 BON Paris 373

dgl., mit Hamburg 1921 - 22 HMA 132 - 1/III B 3/8

Hafenbauten o.Dat. (2) FFD Paket 191 - 192

Ausbau der Häfen Fedala und Mehedia 1914 BON Paris 2396

Aufbringung dt. Fischdampfer vor der Küste zwischen 1924 und 1931 BRE 4, 49 - 1470/298

2186 Wege, Straßenwesen 1929 - 35 BON WS

2187 Eisenbahnen 1913 - 18 KOB in R 85/184

2189 Technische Vorbereitung des Telegrammverkehrs zwischen den dt. Delegierten und dem Auswärtigen Amt auf der Konferenz zu Algeciras 1905 - 06 KOB R 85/834

Drahtlose Telegraphie 1912 - 13 KOB R 85/787

Paketverkehr mit D 1911 - 22 BRE 5, 1/2 - 72

Postwesen 1914 - 20 KOB in R 85/696

2191 Naturalisation von Marokkanern im D R 1880 OLA 136 - 425

2193 Einreisebestimmungen 1928 - 29 HMA 132 - 1/VI B 5 a 36/3

dgl. 1929 - 38 HMK 90.20.a.5

Klärung der Staatsangehörigkeit in M. lebender Dt. 1941 - 43 BON Sta Nr 1 III

2196 Ersatz verabreichter Unterstützungen an Württemberger durch das dt. Konsulat in Tanger 1881, 1884 **STH** E 146 III/ (neu) 1600

Dt. Schutzgenossen 1912 - 14 BON Paris 1701

Rechtsverhältnisse von Dt. 1926 - 38 (3) BON Paris 847 a, b

2197 Festhaltung und Internierung von Dt. 1920 - 28 BON R 17

Erinnerungen von Josef Schwager (gest. 1951) an seine Internierung 1914 um 1940 BON NL Schwager

Diskriminierung von Dt. 1929 - 36 (7) BON P 2 A, 2 B

Dt. Zivilgefangene 1939 - 43 (4) BON Kriegsrecht 29, 29 Nr. 8, 13, 13 a, 15

Internierung dt. Staatsangehöriger 1944 BON Kriegsrecht 32

2198 Heranziehung von in M. ansässigen Dt. zur Wehrpflicht im D R 1936 - 40 BON M 3

22 Marokko, spanischer Teil

2213 Aufzeichnungen und Briefwechsel von Walter Zechlin (1879 - 1962) aus seiner Zeit als dt. Konsul in Tetuan 1913 - 17 BON NL Zechlin, Paket 2, 3

2220 Allgemeine auswärtige Politik 1920 - 36 (9) BON Pol; Span. Kolonien, Pol

2224 Jahresübersichten der dt. Auslandsvertretungen 1929 - 36 BON A 3

Regelung der dt. konsularischen Verhältnisse 1932 HMK 57.E.1.16

Dt. Konsulat in Tetuan 1929 - 45 (70) BON Tetuan

dgl. 1934 HMK 57.H.3.2.1.893

dgl., Larache 1931 - 32 HMA 132 - 1/II/I A 2 a/426

2228 Ausstellungen 1925 BON Span. Kolonien As

dgl. 1932 BON As

2229 Personal der dt. Abwehr in Tetuan 1942 - 44 BON M - GR 2

2231 Spanische Fremdenlegion 1921 - 36 (17) BON Spanien P 13 Nr 6

2240 Rechtspflege im allg. 1920 - 35 (3) BON R; Span Kolonien R

2250 Innere Politik 1936 - 37 BON P 5

2251 Politische Verbindungen dt. Journalisten zu den Rifkabylen 1925 - 28 BON Geh Frankreich P 3

Allgemeine Politik in der Rif-Republik 1923 -26 BON Politik Riff-Republik

dgl. 1935 KOB in R 43 I/43

2252 Judenfragen 1937 - 40 BON P 36

2254 Innere Verwaltung 1920 - 35 BON VW; Span. Kolonien VW

2255 Veterinärwesen 1921, 1935 BON Vt; Span. Kolonien Vt

Gesundheitsverhältnisse 1920 - 28 BON G;Span. Kolonien G

2267 Lektorat der Deutschen Akademie in Tetuan 1941 - 45 (5) KOB R 51/88, 119, 426, 573, 746

2270 Allgemeine wirtschaftliche Lage 1920 - 36 (5) BON W; Span. Kolonien W

Wirtschaft, Handel 1930 - 44 KOB R 9 I Rep/790 - 792, 1218

2271 Landwirtschaft und Ernährung, Forstwirtschaft und Jagdwesen 1920 - 35 (2) BON La; Span. Kolonien La

2272 Industrie, Technik und Gewerbe 1920 - 36 (2) BON I; Span. Kolonien I

Rohstoffe und Waren 1921 - 34 (2) BON RW; Span. Kolonien RW

2273 Besitz der Fa. Mannesmann 1926 - 29 BON Büro StS XMa

2274 Staatsfinanzen 1920 - 36 BON Span. Kolonien F

2276 Steuern 1920 - 35 (2) BON Steu; Span. Kolonien Steu

2277 Zollwesen 1921 - 36 (3) BON Z; Span. Kolonien Z

2280 Handel 1920 - 36 (5) BON H; Span. Kolonien H

Auswertungsergebnisse der dt. Auslandsbriefprüfstellen zur Wirtschaftskorrespondenz mit D 1942 - 44 KOB in R 9 I/506

2281 Einfuhr von 3 Straßenbrücken 1927 - 28 OBG 404114/6

2284 Verkehr 1920 - 36 (2) BON V; Span. Kolonien V

2285 Hafenbau Larache o.D. (2) FFD Paket 259

Schiffahrt 1920 - 32 (2) BON Sf; Span. Kolonien Sf

2287 Eisenbahnbau Larache - Alkazarquivir o.D. (8) FFD Paket 257 - 258

Eisenbahnen 1920 - 21, 1927 BON E; Span. Kolonien E

2290 Auswanderungswesen 1929 BON Aw

Post-, Telegrafen- und Fernsprechbeziehungen zum D R 1920 - 33 (2) BON Post; Span. Kolonien Post

2298 Ausweisungen 1938 BON P 58 - 5

23 Marokko, internationale Zone Tanger

2312 Politische Verhältnisse im allg. 1920 - 36 (7) P

dgl. 1923 - 36 (3) BON Quirinal 769 c - e

dgl. 1926 BON Geh. Frankreich P 4

2314 Tangerstatut 1926 BON Büro Sts, XMa

2322 Beziehungen zu D 1935 KOB in R 43 I/43

2329 Personal der dt. Abwehr 1942 - 44 BON M - GR 2

2340 Rechtswesen in Tanger 1920 - 36 BON R

2359 Evang. Gemeinde Tanger 1908 ff. (2) BEZ EO Marokko 6; C VII Marokko 9

2363 Dt. Schule in Tanger 1913 KAG Abt.235/19219

2367 Lektorat der Dt. Akademie 1941 - 45 (5) KOB R 51/88, 119, 426, 573, 746

2370 Wirtschaft 1928 - 33 BON W

2374 Finanzen 1928 - 36 BON F

2377 Zoll 1926 - 29 BON Z

2380 Handel 1927 - 35 BON H

2384 Schiffahrt 1927 BON Sf

2385 Verkehr 1922 - 36 BON V

2387 Eisenbahnen 1927 - 28 BON E

2389 Paketverkehr mit D 1902 - 24 BRE 5, 1/2 - 105

Postwesen 1930 BON Post

2393 Einwanderung aus D 1939 HMA 373 - 7 I, II C II 34

2397 Diskriminierungen von Dt. 1929 - 36 (7) BON P 2 A, 2 B

24 Algerien (auch: Algier)

2410 Fotografien (ohne Legende) um 1900 FRD NL Euting

2411 Legation des Dr. Cornelius Finck u.a. nach Algier zur Verbesserung des Handels mit Friedrichstadt/Eider.- Denkschrift, Reiseberichte, Zeichnung des Hafens und der Stadt Algier 1622 - 23 SCH Abt 7/5529

Briefe des (in Gießen verheirateten) Malers Alcide Louis de Charny aus Algier an Prinz Emil von Hessen 1845 - 50 DAR D 4, 640/5

Schriftwechsel Heinrich Barths mit Freunden in Algier 1855 - 64 (2) HMA 622 - 2/II d 8, III 6; IV d 11

2412 Berichte des kaiserl. Gesandten in Paris 1883 - 85 BEA III. Hauptabt., II/981

Allg. politische Berichterstattung 1887 - 1913 BON Paris 297

dgl. 1920 - 36 BON Pol

dgl. 1928 - 35 BON Frankreich (Kolonien), Pol

dgl. 1929 - 39 (8) BON Paris 849 a - 850 b

dgl. 1936 - 38 BON Pol Abt II

dgl. 1943 BON Paris 245 a

dgl., Schutzmacht Algerien 1942 - 45 BON Madrid

2421 Friedensverhandlungen mit Hamburg 1749 - 53, 1793 (3) HMA 111 - 1/VI/15/1

2424 Dt. Konsulat in Algier 1842 - 1914 (11) BON Paris 410 a, b, 1396, 1400

dgl. 1842 - 93 HMA 111 - 1/VI/5/5/2

dgl. 1844 - 72 (4) DAR G 1, 91/4, 9; 99/6, 108/7

dgl. 1845 FFA Rechnei n. 1806 22/107

dgl. zwischen 1858 und 1869 (2) OLA 31 - XV/11, 18

dgl. 1871 - 1914 (120) BON Algier

Dt. Generalkonsulat in Algier 1920 - 35, 1942 - 44 BON Paris 1833, 1859 noch 2424 Dt. Konsulate in Oran, Bône und Bougie 1832 - 1914 (3) BON Paris 413 b, 1395

Jahresübersicht der dt. Auslandsvertretung 1929 - 35 BON A 3

2426 Besuch des hessischen Prinzen.- Schreiben des frz. Botschafters in Madrid an den frz. Oberkommandierenden in Algier 1833 DAR D 4, 631/1

Übersendung eines frz. Buchs über Algerien durch den Militärintendanten Genty de Bussy in Paris an Großherzog Ludwig II. 1840 DAR D 12, 12/43

2428 Gewerbeausstellung in Algier 1874 - 76 KAG Abt. 233/1161

Ausstellungen 1927 - 36 BON As

2436 Frz. Expedition nach A. 1830 HNA Hann 92/XLI - 128 b

Teilnahme des Majors v. Lüttichau (1795 - 1867) an den Operationen in Algier unter Generalleutnant Bugeaud 1841 BEA Rep 92 Lüttichau/2

2437 Lager für dt. Kriegsgefangene und Zivilinternierte 1914 - 19 (45) KOB in R 67

Lager für dt. Kriegsgefangene in Sidi el Aidi 1914 ff. KOB R 85/3475

2440 Rechtspflege 1920 - 36 (2) BON R

2444 Ehescheidungen 1936 - 37 KOB in R 22/2512

2454 Innere Verwaltung 1927 - 30 (2) BON VW

2455 Gesundheitswesen 1920 - 35 BON G

Organverpflanzungen bei Hammeln 1926 KÖW in: 5/19 - 54

Veterinärwesen 1928 - 31 BON Vt

2456 Sozialpolitik 1931 - 35 BON S

Streiks 1936 - 37 KOB in R 43 II/1424 a

2459 Mission der Jesuiten (Briefe) 1840 - 43 KÖJ

Allg. Ang. der evangelischen Kirche 1861 ff. (2) BEZ EO Algerien 1; C VII Algerien 1

2465 Reise des Prof. für Orientalistik Julius Euting (1839 - 1913), Straßburg, nach Algier und Constantine 1905 TÜB M d 676

2470 Wirtschaft 1920 - 36 BON W

dgl. 1942 BON Paris 1165

Wirtschaft, Außenhandel 1930 - 39 KOB R 9 I Rep/723

Vorträge des dt. Generalkonsuls von Algier in Berlin über die wirtschaftlichen Verhältnisse in seinem Amtsbezirk 1937 KOB in R 9 (Rep)/80 (1)

2471 Fachanstalten zur Ausstellung von Weinzeugnissen 1909 - 14 BRE 4,8/1123

Landwirtschaft 1927 - 36 BON La

Land- und Forstwirtschaft 1935 - 39 KOB R 9 I Rep/724

2472 Erzlager in Ouenza 1910 - 14 BON Paris 1426

Rohstoffe und Waren 1926 - 36 BON RW

Industrie 1926 - 36 BON I

2473 Konsortium Est Algerien 1884 - 85 FFA Bethmann-Archiv V, 498

Compagnie des Chemins de Fer Algèrien o.Dat. FFA Bethmann-Archiv V 1031

Erzvorkommen. Beteiligung des Schalker Gruben- und Hütten-Vereins bei der Société d'Etudes de l'Ouenza 1905 - 14 BOB 55/16422

2474 Finanzwesen 1920 - 36 BON F

2476 Steuerwesen 1926 - 36 BON Steu

2477 Zollwesen 1920 - 36 BON Z

2480 Handel im allg., insbes. mit D 1868 - 1913 (2) HMA 371 - 8 II, XIX C.19.2; 7; C.8.13

dgl. 1893 - 1929 MCO III a/2

dgl. 1920 - 36 (5) BON H

dgl. 1926 - 39 BRK Hp I 14

2481 Einfuhr aus D 1895 HMA 371 - 8 II, XIX B 7, 4 II 25

noch 2481 dgl. zwischen 1905 und 25 KÖW in 5/19/10

Ursprungszeugnisse für dt. Waren zwischen 1877 und 1910 HMA 371 - 8 II, XIX B 6.4

Kauf von Stacheldraht 1881 KÖF A I 4 - Nr 1/33

Lieferung einer Rohrleitung nach Algier 1928 - 31 OBG 40433/2

Auftrag für Eisenbauten 1927 - 39 OBG 40410/120

2483 Handelsvertretung der Deutz-Motoren-Gesellschaft durch Ed. Sarazin, Paris 1872 KÖD III 3/10

Nachweise dt. Firmenvertreter und Handelswaren 1936 - 42 KOB R 9 I Rep/429

2484 Verkehrswesen 1925 - 36 BON Vk

2485 Verordnung über die algerischen See-Pässe 1747 - 1831 SCH Abt 11, Schiffahrt-Commercium/27

Aufhebung des Verbots des Erwerbs algerischer Seepässe vom Juni 1817 1819 SCH Abt 13 B (68)/175

Verhängung der Blockade des Hafens von Àlgier durch die britische Regierung 1824 (2) SCH Abt 11 Schiffahrt etc/196; Abt 13 B (68)/100

Blockade des Hafens von Algier durch die Franzosen 1827 (3) SCH Abt 11 Schiffahrt etc/206; Abt 13 B (68)/277, 295

Ausbau des Hafens von Bône zwischen 1858 und 1869 OLA 31 - XV/44 - 385

Dt. Kohlendepot in Algier 1899 HMA 371 - 8 II, XIX B 7. 4. I

Schiffahrtswesen 1927 - 31 BON Sf

2486 Wege , Straßenwesen 1931 - 35 BON WS

Kraftfahrwesen 1932 BON Kf

2487 Eisenbahnen 1913 - 18 (2) KOB R 85/117, 185

dgl. 1929 - 36 BON E

2489 Briefverkehr mit D 1844 - 62 (4) REG Postakten 138, 29 470, 481 noch 2489 Beitritt zur Telegrafenkonvention der Türkei mit D 1867 (2) STH E 100/347, 354

Postwesen 1930 - 36 BON Post

2493 Dienst von Dt. in der Fremdenlegion in A. 1830 - 1914
KOL 386/30; 403/2540
SPA H 3/614, H 45/988, U 187/546

Beförderung dt. Staatsangehöriger nach Algier zum Eintritt in die Fremdenlegion 1913 BRE 3 - A 4/394

Einwanderung aus dem südlichen Rheinland und der Rheinpfalz 1830 - 70 KOL 393/872, 873; 655, 117/672
SPA H 31/25, 27, 46, 71, 90; H 34/44, 45; H 35/43, 51/5 und 4, 419; H 36/87; H 42/136; H 45/131, 525, 526, 584, 878, 944, 948; H 51/363; U 175/1; U 187/546, 547, 706; U 199/90/4; U 207/1; U 218/89/4

dgl., aus Hessen 1831 - 62 (2) DAR 61, 132/13 - 14

dgl., aus Baden 1831 - 71 KAG Abt.233/14969

dgl., aus Unterfranken 1832 WÜA Reg Ufr, Abg 43/45/9412

dgl., aus der Oberpfalz 1836 - 61 AMB Reg.K.d.I. 11361

Einreisebestimmungen und Niederlassungsrecht 1929 - 37
HMK 90.20.a.1

2494 Dt. Niederlassung in Algier 1904 BON Paris 1384

dgl. 1933 KOB R 57/1327

dgl. 1943 KOB R 57/1366

2495 Kosakenvereinigung in Algier 1931 - 36 BON Paris 2288

2496 Totenscheine verstorbener Dt. 1858 - 75 WÜA Reg Ufr, Abg 43/45/9462

Unterstützung von Württembergern durch das deutsche Konsulat in Algier 1879 - 89 STH E 146 III/(neu) 1565

2497 Versklavung hannöverscher Untertanen 1784 - 1803 (2)
HNA Hann 92/L XXXV - H 27, L - 9

2498 Loskauf des Barbiergesellen J. Chr. A. Reichard aus Braunschweig von der Sklaverei in Algier 1727, 1731 (2)
WOA 2 Alt 4317; 4369

25 Tunesien (auch: Tunis)

2510 Fotoalbum Julius Euting 1905 FRD NL Euting

2512 Allg. politische Berichterstattung 1837, 1856 - 73 BON I.B.1

dgl. 1872, 1878 - 1914 (6) BON Paris 293 - 296, 349, 370

dgl. 1873 - 1914 (10) BON Quirinal 20 b - 21, 49 a, 244 d, 357

dgl. 1874 - 78 (3) BON I.B.17

dgl. 1874 - 93 BEA III. Hauptabt. II/1106

dgl. 1875 - 1914 (24) BRE 3 - A.T.2

dgl. 1879 - 1919 (24) BON Tunis 1

dgl. 1894 - 1910 FRB RM 5/1042

dgl. 1920 - 36 (2) BON Pol

dgl. 1921 - 39 (3) BON Quirinal 771

dgl. 1929 - 39 (8) BON Paris 849 a - 850 b

dgl. 1936 - 38 BON Pol. Abt. II

dgl., Schutzmacht Tunesien 1943 BON Madrid

2513 NL des Generalkonsuls in Tunis und Afrikaforschers Gustav Nachtigall (1834 - 85) (19) BEB

Briefe von Gustav Nachtigall an Friedrich Krupp aus Tunis 1882 - 83 ESK FAH III E 22

Aufzeichnungen von Rudolf Rahn (1900 - 74), politischer Beauftragter des AA beim Befehlshaber der dt. Truppen in Tunis 1941 - 43 BON NL Rahn/11 - 16

2514 Verhandlungen Frankreichs mit der Türkei bzw. Italien über die Grenzregulierung mit Tunesien 1882 - 1917 BON in Tunis 2; Tunis 3 secr

2518 Verleihung von Orden an badische Staatsangehörige 1866 - 1908 KAG Abt.233/4572

2520 Frz. Anklagen gegen die tunesische Expedition 1881 BON Tunis 1 adh. 1

noch 2520 Die tunesischen Kapitulationen und Verhandlungen zwischen Frankreich und der Türkei, betr. die Grenzregulierung mit Tripolis 1882 - 1917 (3) BON Tunis 2

Italienisch-französische Differenzen in T. 1888 - 1918 (17) BON Tunis3; Tunis 3 secr.

Abwicklung von Problemen des 1. Weltkrieges 1920 - 21 BON We

2521 Handels- und Schiffahrtsvertrag mit D 1869 BRE 3 - S.18/1

Meistbegünstigungsabkommen zwischen D und Frankreich 1896 - 1915 OLA 136 - 12087

2522 Verhältnis zu D 1886 HMA 132 - 5/4, III 4

2523 Friedensvertrag mit Dänemark 1752 SCH Abt 11, Schiffahrt etc/30

2524 Dt. Konsulat in Tunis 1839 - 1943 (200) BON Tunis

dgl. 1889 - 1902 BON Tunis 5

dgl. 1891 - 1902, 1910 - 14, 1920 - 39 (15) BON Paris 1394 - 1405, 1831, 2293

Jahresübersichten der dt. Auslandvertretungen 1929 - 36 BON Allg 3

2526 Besuch des Schiffskapitäns Hadschi Muhamed ben Ali aus Tunis bei Prinz Friedrich von Hessen-Darmstadt 1797 DAR D 4 Hausarchiv Nr 568/4

Briefwechsel mit C. Kallenberg und dem schwedischen Generalkonsul Tullin de la Tunisie in Tunis, Anknüpfung freundschaftlicher Beziehungen und Reise des Prinzen Karl v. Baden 1866 - 69 KAG Abt. 60/465

Korrespondenz mit Scheich Salik esch Scherif al Turisi (1916 - 18) KAG Abt.60/487

2530 Küstenverteidigung im IV. Arrondissement Maritime Bizerta 1901 - 14 (2) FRB RM 5/1225, 1244

2537 Lager für dt. Kriegsgefangene und Zivilinternierte 1914 - 19 (15) KOB in R 67

2538 Überstellung in Tunis kriegsgefangener Fremdenlegionäre in Konzentrationslager 1943 KOB NS 19/269

2540 Rechtspflege 1920 - 35 BON R

dgl. 1936 KOB in R 22/2514, 2516

2542 Gerichtsbarkeit 1874 BON Wien A XVII

dgl. 1897- 99 BON Paris 1660

2545 Patentwesen o.Dat. (5) KOB R 131/976 - 979; R 85/1171

dgl. 1920 - 42 BON Patente 7

2546 Auslieferungsvertrag zwischen Frankreich und D 1883 - 1912 BON Paris 1490

2549 Regelung von Kriegsschäden von Tunesiern im D R 1944 KOB in R 18/3480

2554 Innere Verwaltung 1929 - 35 BON VW

2555 Zulassung von Ärzten 1885 - 87 KAG Abt.233/4041

2556 Sozialpolitik 1926 - 31 BON S

Streiks 1936 - 37 KOB in R 43 II/1424 a

Lohnertrag der europäischen und einheimischen Arbeitnehmer im Gebiet des Oberbefehlshabers der Achsenstreitkräfte in T. 1943 KOB in R 41/288 a

2559 Allg. Ang. der evangelischen Kirche 1909 ff. BEZ Tunis 1

2565 Reise des Prof. für Orientalistik h.c. Julius Euting (1839 - 1913) nach Tunis 1869, 1905 (2) TÜB M d 676

2570 Wirtschaft, Außenhandel 1937 - 40 (2) KOB R 9 I Rep/ 1256, 1257

dgl. 1940 - 44 (4) FRB in RW 19

dgl. 1942 BON Paris 1165

Krieg.- Dt. Wirtschaftsstab beim Oberbefehlshaber des Heeres 1942 - 43 (11) FRB RW 46/55 - 65

2571 Fachanstalten zur Ausstellung von Weinzeugnissen 1909 - 14 BRE 4, 8/1123

2576 Stempelsteuer 1896 BON Paris 1428

2579 Anleihe 1863 - 65 FFA Bethmann-Archiv V, 933

2580 Handelsbeziehungen mit D 1886 COB in A 3145

noch 2580 Ein- und Ausfuhr 1899 (2) HMA 371 - 8 II, XIX C 8.2.2,

Handelsbeziehungen mit Italien 1888 - 1914 (2) BON London 393, 565

2582 Tabak der Monopolregie 1897 HMA 371 - 8 II, XIX B 7.4 I.

Ausfuhr von Textilrohstoffen nach D 1936 - 38 KOB in R 8/250

Ausfuhr von Wein- und Zitronensäure nach D 1938 - 41 KOB in R 8 VIII/373

2583 Differenz mit der Firma Nau 1898 - 1900 HMA 132 - 1/I/C I d/134

Nachweise dt. Firmenvertreter und Handelswaren 1934 - 41 KOB in R 9 I Rep/428

2585 Verbesserung des Schiffsverkehrs mit D 1882 - 87 DOR in: K 1/46

Eröffnung einer direkten Schiffsverbindung zwischen Tunis - Goulette und den dt. Nordseehäfen 1886 COB in A 3145

Hafen von Bizerta 1887 - 1914 (6) BON Tunis 4

2587 Eisenbahnen 1913 - 18 KOB in R 85/184

2589 Beitritt zur Telegrafenkonvention der Türkei mit D 1867 (2) STH E 100/347, 354

2593 Paßvorschriften 1875 OLA 136 - 3138

Einstellung dt. Dienstmädchen 1913 - 14 SPA H 42/9/13; H 45/1510

Einreisebestimmungen und Niederlassungsrecht 1929 - 38 HMK 90.20.a.4

Ausstellung von Heimatscheinen für pfälzische Auswanderer 1931 SPA H 43/59

2594 Dt. Niederlassung Tunis 1904 BON Paris 1384

2596 Unterstützung von Württembergern durch das deutsche Konsulat in Tunis 1879, 1890 STH E 146 III/(neu) 1602

26 Libyen (auch: Tripolis, Tripolitanien, Cyrenaika)

2610 Die hauptsächlichsten Siedlungen in Tripolitanien (1938, Übersetzung) 1941 FRB RH 5/125

2611 Schriftwechsel Heinrich Barths mit den britischen Konsuln in Tripolis 1851 - 65 (4) HMA 622 - 2 Barth/I a 4 - 6, I C 8

dgl., mit Freunden in Tripolis 1855 - 64 HMA 622 - 2 Barth/I a, 9; I b 5; I c 7; IV d 11

2612 Allg. politische Berichterstattung 1882 - 1914 (4) BON Paris 293 - 296

dgl. 1883 - 1912 (2) FRB RM 5/1040, 1041

dgl. 1887 - 1906 BON London 564

dgl. 1887 - 1912 (5) BON Quirinal 58 a, b, 244 f, 356 b, c

dgl. 1920 - 35 BON Ital. Kolonien Pol, Tripolis P

dgl. 1940 - 42 (4) KOB R 57/835, 903, 935, 942

2620 Rückwirkung der ägyptischen Wirren 1882 (3) BON Ägypten 3

2623 Handels- und Schiffahrts-Vertrag zwischen Dänemark und Tripolis 1752 SCH Abt 11, Schiffahrt etc/30

2624 Hanseatische Konsuln und Agenten in Tripolis 1850 - 60 BRE 6.9.a.3.m

dgl. 1850 - 90 HMA 111 - 1/VI/12/4 c/6

Oldenburgisches Konsulat in T. 1857 (2) OLA 31 - XIII/16, 73

Dt. Konsulat in Tripolis 1873 - 1942 (40) BON Tripolis

dgl. 1897 - 1912 HMK 57.H.3.2.1. 733

dgl. 1909 - 13 (3) KOB in R 157 I

dgl. 1927 HMA 132-1/II/I A 2 a/346

Dt. konsular. Vertretungen 1892 - 1910 HMA 132 - 1/I/A III d 16

Dt. konsularische Vertretung in Bengasi 1910 HMK 57.A.3.2.1.61

Gesetz über die Errichtung eines dt. Konsulats in Tripolis vom 26.10.39 HMK 57.D.6

2636 Italienisch-türkischer Krieg 1911 - 12 HMK 371 - 8 II, XIX B 7.16.25

Expedition nach Tripolis 1911 - 12 (3) FRB RM 3/ 4326 - 4328

Aufzeichnungen des Gesandten Dr. Hans v. Miquel (1871 - 1917) zum türkisch-italienischen Krieg 1911 - 12 BON NL Miquel, 1/1 - 19

Aufstand der Senussi gegen die Italiener, italienisch-türkische Kämpfe 1916, 1918 STK M 1/2 - 96, 111

Britische Luftangriffe auf Tripolis und Bengasi 1941 FRB RL 9/19

2637 Lager für dt. Kriegsgefangene 1917 - 19 KOB R 85/3521

Behandlung dt. Kriegsgefangener 1922 BON Kriegsgef. 2

2640 Rechtspflege 1929 - 35 BON Ital. Kol. R

dgl. 1939 KOB R 22/2524

2648 Beschlagnahme dt. Eigentums, Einzelfälle 1920 - 35 BON Tripolis R

2654 Innere Verwaltung BON Tripolis VW

2656 Sozialpolitik 1920 - 33 Ital. Kol. S

2670 Wirtschaft 1894 - 1913 HMA 132 - 1/I/C I d/131

dgl. 1927 31 BON Tripolis W

dgl. 1939 - 41 KOB R 9 X/1221

dgl. 1940 - 41 (2) FRB RW 19/26, 492

dgl. 1942 - 44 KOB R 24/889

Schädigung der dt. Wirtschaft durch den italienisch-türkischen Krieg 1911 - 12 (2) HMK 44.A.1.6, 7

2671 Landwirtschaft 1928 - 34 BON Tripolis La

2672 Rohstoffe und Waren 1929 - 35 BON Tripolis RW

2675 Devisenverkehr mit D 1939 - 40 KOB in R 7/164

2676 Steuern 1931 BON Tripolis Steu

2677 Zoll 1923 - 35 BON Tripolis Z

2680 Handelsbeziehungen mit D 1913 KÖW 20/207/12

dgl. 1928 - 36 BON Tripolis H

2683 Gründung einer dt.-tripolitanischen Handels-AG 1912 - 14 HMA 132 - 1/I/C I d/132

Vertretung der Leipziger Messe 1925 - 34 HMK 39.A.2 a.2

Handelsvertretung der MAN 1913 f. AUM o.Sign.

Handelsvertretung der Deutz-Motoren-Gesellschaft durch die S.A. St. Nicola Romeo Co., Mailand 1929 KÖD III 5/33

2684 Verkehrswesen 1926 - 34 BON Tripolis Vk

2689 Telegrafie 1913 - 20 (3) KOB R 85/771, 772, 792

2693 Einwanderung von Dt. zwischen 1825 u.1933 SAB Eppelborn 164; Merzig 289

2698 Heranziehung von in L. ansässigen Dt. zur Wehrpflicht im D R 1940 BON M 3

27 Ägypten (auch: Egypten)

2710 Fotografien (ohne Legende) um 1900 FRD NL Euting

Küstenbeschreibung 1906 - 15 FRB RM 5/1140

2711 Beschreibung des Sinaiklosters von Theodosius Zygomalas für den Prediger Stephan Gerlach (1546 - 1612) in Konstantinopel 1579 TÜB

Unterlagen des Landgrafen Karl von Hessen - Kassel (1744 - 1836) um 1800 GLÜ

Reisetagebuch (mit Skizzen) von Karl Alexander Anselm Reichsfrhr. v. Hügel (1795 - 1870) 1831 FFB in FN 8

Reisen Wilhelms von Harnier 1836 - 61 DAR 02 v. Harnier, 170 - 173, 179 - 182

Reise des Kaufmanns Arnold Otto Mayer nach Kairo 1855 HMA 622 - 1 C IX h

Schriftwechsel Heinrich Barths mit Konsuln und Wissenschaftlern um 1860 HMA 622 - 1/I b 4, 5, I d 3, 27

Handels- und politische Lageberichte des Kaufmanns Friedrich Loeffler in Alexandria 1861 - 62 STH E 9/10

Aufzeichnungen, insbesondere Tagebücher, und Schriftwechsel des Ingenieurs und Schriftstellers Max Eyth 1863 ff. MAL

Briefe von und an F.A. Krupp während dessen Aufenthalt in Ä. 1874 - 75 ESK FAH, III; B 78, 119

Reise von Dr. Ernst Friedrich Goverts nach Kairo, Oberägypten und zum Sinai 1877 (2) HMA 622 - 1 Goverts/76, 1 - 2

Briefe von Otto Camphausen (1812 - 96) an seinen Bruder Ludolf über seine Ägyptenreise im Winter 1878 - 79 (5) KÖA L 1271, 1273, 1278 - 80

Briefwechsel von Otto und Ludolf Camphausen über Englands Politik in Ä. 1884 (4) KÖA 1023/L 1420, 1422, 1431, 1435

Reise der Gräfin Maria von Crailsheim 1908 NÜA

2712 Allg. politische Berichterstattung 1668 - 1910 (11) BON Wien R Allg noch 2712 dgl. 1870 ff. (6) HMA 111 - 1/VI/12/1/15, 20, 22, 25, 33, 34

dgl. 1873 - 1914 (26) BON Quirinal 16 b - 20 a, 65, 249, 310 - 311, 368 a, 244 f, 45 a

dgl. 1875 - 1932 BRE 3 - A.3.T.1

dgl. 1875 - 1900 (9) BEA III. Hauptabt. II/929 - 935, 969, 1971

dgl. 1876 - 1913 (11) BON Paris 50, 106 - 110, Paket 19 Nr 370

dgl. 1879 - 1920 (28) BON Ägypten 1

dgl. 1882 - 1928 (37) BON London 472 - 508

dgl. 1885 OLA 132 - 152

dgl. 1911 - 38 (2) BON Wien AE Allg

dgl. 1920 - 39 (4) BON Quirinal 720 a - c, 656 a

dgl. 1920 - 39 (4) BON Paris 436

dgl. 1923 - 34 BON Büro RM 76

dgl. 1929 - 31 BRE 4, 49 - 33/6

dgl. 1932 - 39 BON London, Bündel 33

dgl. 1939 - 43 BON Büro StS

dgl. 1940 - 42 KOB R 57/791, 868, 870, 931, 935

dgl. 1941 - 42 BON Büro UStS

Pressemeldungen des Dt. Nachrichtenbüros 1942 - 45 KOB R 34/408

2713 Schriftwechsel Heinrich Barths mit dem preußischen Generalkonsul in Alexandria 1861 - 63 HMA 622 - 2 Barth/I b 4

Aufzeichnungen von Hans von Miquel (1871 - 1917), Generalkonsul und Gesandter in Kairo 1905 - 12 BON in NL Miquel

7 Briefe von Erich Schroetter (1875 - 1946), Generalkonsul bzw. Geschäftsträger in Kairo 1921 - 23 BON NL Schroetter

2714 Staatsrechtliche Stellung 1879 - 1905 (8) BON Ägypten 2

Staatsrechtliche Fragen 1922 - 36 BON R 4

noch 2714 Verfassungsfragen 1922 - 32 BON Inn Verw 2 Nr 1

2715 Vizekönig und seine Familie 1885 - 1919 (14) BON Ägypten 10 Nr 1

Früher regierende Familien 1920 - 35 BON Pol 11 Nr 2

Staatsoberhaupt und seine Familie 1921 - 36 (3) BON Pol 11 Nr 1

2716 Ministerien 1886 - 1919 (2) BON Ägypten 11

dgl. 1922 - 36 BON Pol 7

Staatsmänner 1886 - 1919 (3) BON Ägypten 10 Nr. 2

Personalien von Vertretern der Regierung und des diplomatischen Dienstes 1922 - 36 BON Pol 11 Nr 3

Personalien von Journalisten und Vertretern des öffentlichen Lebens 1923 - 35 BON Pol 11 Nr 5, 6

2717 Verwendung württembergischer Ärzte, Techniker, Forstleute und Bauingenieure in Alexandria 1897 - 1918 STH in E 49 - 51/1/14

Dt. Beamte in ägyptischen Diensten 1924 - 28 BON Inn Vw 10

2720 "Konflikt mit der Türkei" 1869 (6) BON London 72 - 77

"Ägyptische Frage"; Räumung des Landes 1881 - 1920 (145) BON Ägypten 3; secr; adh 1 - 7; Nr 1, 1 a

Auswärtige Politik im allg. 1920 - 36 BON Pol 1

2721 Staatsverträge mit dem D R 1892 - 1910 OLA 136 - 12082

dgl. 1892 - 1930 STH E 130 IV/1081

dgl. 1925 - 33 BON Vertr.

dgl. 1926 - 30 (2) BRE 4, 49/210, 251

dgl. 1937 - 43 BON Völkerrecht, Staatsvertr Nr 1

Handelsvertrag mit dem D R 1885 - 1930 (2) KAG Abt 233/25779; Abt 234/7253

dgl. 1892 - 1930 (2) HMK 95.B.2.7

dgl. 1909, 1926 (2) BRE 3 - S. 18/147, 314

noch 2721 dgl. 1926 - 39 BRK Hp I 14

dgl. 1926 - 30 HMA 132 - 1/I.C.2.b.42

2722 Beziehungen zu D 1869 - 93 HMA 132 - 5/4, III 18

dgl. 1882 - 84 KAG Abt 233/10082

dgl. 1920 - 35 (4) BON Pol 2

dgl. 1925 - 42 (2) KOB R 43 II/1423, 1424

2723 Politische Beziehungen zu dritten Staaten 1920 - 36 (25) BON Pol 3; Albanien, Belgien, Griechenland, Italien, Rumänien, Rußland, Schweiz, Tschechoslowakei, Ungarn, Vatikan, Ankara Pol 3

Beziehungen zum Völkerbund 1936 - 37 (2) BON Vö Länderakten; Vö Beziehungsakten Ä - Türkei

Haltung Faruks zu Großbritannien.- Aufzeichnung von Amtsleiter Leibbrandt 1938 KOB NS 43/3

2724 Diplomatische und konsularische Vertretungen Ägyptens im Ausland und umgekehrt 1920 - 36 (2) BON Pol 8

Diplomatisches Korps in Alexandria (Kairo) 1886 - 1919 (3) BON Ägypten 12

Gesetz über die Konsulargerichtsbarkeit in Ä. vom 24./31.7.25 HMK 57.C.3;
dgl. BRE 4, 49 - 161

Konsulargerichtsbarkeit 1937 - 43 (87) BON Völkerrecht Allg. Kons. Nr. 4 - 6

Besteuerung von Mitgliedern der diplomatischen und konsularischen Vertretungen 1926 - 40 BON Steuern Nr 11

Zollbehandlung von dt. Gesandtschafts- und Konsulargut 1932 - 40 BON Zoll Nr 2

Konsuln und Agenten der Hansestädte 1851 - 68 (2) BRE 2 - C 9 a 3 1; 2 - M.6.b.4.d.4.g.g

Dt. konsular. Vertretungen 1908 - 10 HMA 132 - 1/I/ A III d 12

Dt. diplomatische und konsularische Vertretungen 1920 - 36 (3) BON Pol 10

noch 2724 Dt. Konsulat in Kairo 1844 - 1908, 1922 (15) HMA 111 - 1/VI/12/4 c/2

dgl. 1851 HMK 57.H.3.2.1.593

dgl. 1905 - 28 (4) BON Kairo

Dt. Konsulat in Alexandrien 1844 - 92 (15) HMA 111 - 1/VI/12/4 c/1

dgl. 1858 - 69 (2) OLA 31 - XIII/16, 4; XV/11, 26

dgl. 1869, 1888 (2) DAR G 1, 79/44; G 1, 95/11

Dt. Vizekonsulat in Suez 1852 - 93 (3) 111 - 1/VI/12/4 c/11

dgl. 1924, 1931 HMA 132 - 1/II/I A 2 a/236

dgl. 1931 HMK 57.H.3.2.1.684

Hanseatisches Vizekonsulat in Damiette 1852 - 60 HMA 111 - 1/VI/12/4 c/12

Hanseatisches Konsulat in Tanta 1863 HMA 111 - 1/VI/12/4 c/16

Dt. Konsulat in Port Said 1872 - 92 HMA 111 - 1/VI/12/4 c/22

dgl. 1924 - 26 HMA 132 - 1/II/I A 2 a/219

Dt. Konsulat in Luxor 1929 HMA 132 - 1/II/I A 2 a/376

2725 Konsulate im D R 1925 - 39 BON Protokoll VIII 64

dgl. 1932 BON Pol 9

dgl. 1938 - 39 (2) BON Protokoll II 64

Konsulate für Baden 1924 - 39 KAG Abt.233/26457

dgl., für Württemberg 1924 - 39 (2) STH E 130 IV/129,1017

dgl., für die Provinz Hannover 1924 - 1939 HNA Hann 122 a II/27

dgl., in Bremen 1901 - 39 BRK K 7

2726 Reise des preußischen Kronprinzen nach dem Orient und zur Eröffnung des Suez-Kanals 1869 - 70 BON I.A.A.a (Europa Generalia) 36

dgl. FRB RM 1/1878

noch 2726 Briefwechsel Wilhelms II. mit dem Khedive 1890 - 1918 BON Preussen 1 Nr. 1, Nr. 3 aa

Durchreise ägyptischer Prinzen durch Hamburg 1890 HMA 111 - 1/VI/12/2/4

Besichtigung der Gutehoffnungshütte durch den Kronprinzen und Prinzen 1890 OBG 3001012/81

Besichtigung der Fa. Krupp durch König Fuad und andere Ägypter 1890 ff. ESK in Sachkartei E III 2, M

Staatsbesuch von König Fuad I. in Berlin vom 10. - 13.6.1929 1928 - 29 (6) KOB R 54/253, 256 - 258; R 32/537, 548

Besuche von König Fuad I., des Außenministers und von Notabeln in Hamburg 1927 - 34 (4) HMA 132 - 1/II/I B 1 f 47, 10 142; 135 - 1, C II 5

2727 Vereinigung der Dt.-Ägypter o.D. KOB R 57/1010 - 29

Dt.-ägyptische Vereinigung o.D. KOB R 57/1010 - 30

Ägypten-Vereinigung in Bremen 1936 - 38 BRK C.5.2

2728 Politische und kulturelle Propaganda 1926 - 36 BON Pol 26

2729 Nachrichtendienste 1929 - 30 BON Pol 15

2730 Militärische Ang. im allg. 1886 - 1918 (4) BON Ägypten 13

dgl. 1907 - 14 FRB RM 5/1022

dgl. 1921 - 36 BON Pol 13

Personalien von Militärs 1924 - 34 BON Pol 11 Nr 4

2732 Marineangelegenheiten 1914 FRB RM 5/4143

dgl. 1925 - 27 BON Pol 14

2735 Eintritt dt. Offiziere in die ägyptische Armee 1876 STH E 46 - 48/1112

Schriftwechsel von Curt v. Morgen (1858 - 1928) mit der Kanzle des dt. Generalkonsulats in Kairo sowie Lord Kitchener 1889 - 98 FRB in: N 227/20, 35

2736 Britische Akton 1882 - Auszug aus dem Bericht des Hauptmanns Frhr. v. Hoiningen gen. Huene 1882 FRB N - 78/26

2737 Lager für dt. Kriegsgefangene und Zivilinternierte 1914 - 19 (8) KOB in R 67; R 85/3058 - 3060

dgl. 1920 - 23 BON Kriegsgef. 2

Dt. und andere Kriegsgefangene 1939 - 43 (14) BON Kriegsrecht 27, 27 a, 27 Nr 9, 10 - 26

Kriegsgefangenenaustausch 1941 - 44 BON Kriegsrecht 26

2739 Kriegsgräber und -denkmäler 1925 - 34 BON Pol 13 Nr 2

2740 Rechtspflege, insbes. Justizreform und Beschränkung der Konsulargerichtsbarkeit 1868 - 94 (3) BON Quirinal 249 a - c

Rechtspflege und Justizverwaltung im allg. 1922 - 34 BON R 40

dgl. 1925 - 36 KAG Abt. 234/7251

dgl. 1926 HMK 95.B.2.1.

dgl. 1930 - 41 (2) KOB R 9 I Rep/819, 1028

dgl. 1934 - 42 (11) KOB R 22/2385 - 2389, 2917 - 2918, 3214 - 3215, 3228, 3234

2741 Gesetzgebung 1923 - 33 BON R 1

dgl. 1925 - 29 BON Inn Vw 2

2742 Besetzung des gemischten Appellationshofs in Alexandria 1894 KAG Abt.233/13088

Gemischte dt.-ägyptische Gerichte 1933 - 42 BON Völkerrecht, Allg.Kons.Nr.10

2743 Strafrecht 1937 - 40 BON Str 5

2745 Patentwesen o.Dat. (4) KOB R 131/1108 - 1111

dgl. 1920 - 44 (3) BON Patente Nr. 7

Patente für Dieselmotoren o.Dat. AUM XIV/12, Nr. 112

Urheberrecht 1920 - 33 BON Literatur Nr 13

Privatversicherungsrecht 1933 - 43 BON Handelsrecht Nr 24

2746 Rechtliche Beziehungen zu D 1920 - 32 (3) BON R 6

noch 2746 Rechtshilfe zur Wahrung dt. Interessen vor ägypt. Gerichten 1920 - 35 (3) BON R 35

Strafverfolgung und Begnadigung von Dt. 1923 - 25 BON R 15

Strafverfolgung und Begnadigung von Ägyptern in D 1924 BON R 16

Vollstreckbarkeit dt. Gerichts- und Schiedsgerichtsurteile 1925 - 31 HMK 95.B.2.6.

Rechte von Exterritorialen 1926 BON R 8
Auslieferung an D 1925 - 26, 1934 HMA 132 - 1/VI A 2/30
Auslieferungsvertrag mit dem D R 1927 - 36 BON Auslief 24

Strafverfolgung auf Antrag des D R oder umgekehrt 1937 - 39 BON Str.Verf. 1

Auslieferungsanträge des D R.- Einzelfälle 1937 - 44 BON Auslief 20

Anträge auf Rechtshilfe des D R 1937 - 44 (3) BON Str Rh 3, 4, 7

Rechtliche Beziehungen zu dritten Staaten 1922 - 29 BON R 7

2747 Völkerrechtliches Verhalten im 1. Weltkrieg 1914 - 19 (2) KOB R 85/6670 - 6671

Konvention von Konstantinopel über die Benutzung des Suezkanals vom 29. Okt. 1888 und deren Anwendung im 1. Weltkrieg 1914 KOB in: R 85/6573

Kriegsrecht - Allg. 1940 - 43 BON Kriegsrecht 1

Neutralität 1942 BON Kriegsrecht 8

2748 Behandlungen feindlichen Vermögens zwischen 1916 - 1924, 1938 - 1945 KOB in R 7/3181

Forderungen, Beschwerden und Entschädigungsansprüche aus D 1920 - 32 BON R 28

Beschlagnahme dt. Eigentums 1920 - 35 (5) BON R 19

Behandlung des dt. Eigentums 1926 HMK 44.H.5.5

Private Rechte 1939 - 41 BON Kriegsrecht 3

noch 2748 Behandlung dt. Vermögens 1939 - 45 (3) BON Kriegsrecht 21

Ansprüche des D R auf Ersatz von Kriegsschäden 1939 - 43 BON Kriegsrecht 31, 31 Nr 1

Prisenordnung 1939 - 40 BON Kriegsrecht 5

2749 Forderungen, Beschwerden und Entschädigungsansprüche an das D R 1922 - 33 (2) BON R 28

Behandlung des Privateigentums im D R 1939 - 44 (3) BON Kriegsrecht 20

Aufbringung und Versenkung von Handelsschiffen durch D 1939 - 41 BON Kriegsrecht 17

2750 Innere Politik, Parlament, Parteien 1920 - 36 (9) BON Pol 5

2751 Nationalitäten, Fremdvölker, Rassenfrage 1924 - 25 BON Pol 6

Judenfragen 1938 BON Pol 36

2752 Religionsangelegenheiten 1922 - 33 BON Pol 16

2753 Sozialismus und Kommunismus 1922 - 34 BON Pol 19

Freimaurertum 1932 - 33 BON Pol 20

Pazifismus 1935 - 36 BON Pol 18

Faschismus und Nationalsozialismus 1936 BON Pol 29

Ägyptische Nationalpartei o.D. KOB R 57/1045 - 12

2754 Innere Verwaltung im allg. 1927 - 32 BON Inn Vw 1

Verwaltungsreformen 1922 - 32 BON 1922 - 32 Inn Vw 2 Nr 2

Polizeiwesen 1926 - 35 BON Inn Vw 6

Statistische Veröffentlichungen 1921 - 36 BON Inn Vw 16

2755 Auftreten der sog. ägyptischen Augenkrankheit in Emden und deren Eindämmung 1841 - 1912 EMD IV Gk - 18

Cholera-Epedemie 1884 STH E 46 - 48/1112

Zulassung von Ärzten 1885 - 87 KAG

2756 Soziale Verhältnisse und Sozialpolitik im allg. 1929 - 32 BON S 1 noch 2756 Arbeiterfragen 1923 - 32 BON S 2

Lohnfragen 1936 BON S 3

Streikbewegung in Alexandrien 1936 KOB in R 43 II/1424

2757 Bodenreform, Siedlungs- und Wohnungswesen 1927 - 28 BON S 10

2758 Wohltätigkeit 1920 - 32 BON S 6

Rotes Kreuz 1923 BON S 15

Greisen-Asyl Pelizaeus-Heim, Alexandria 1901, 1933 KOB R 57/1157 - 4

Diakonissen-Hospital Victoria, Kairo, gegr. 1885 1913, 1930 KOB R 57/1157 - 14

2759 Allg. Ang. der evang. Kirche 1856 ff. (3) BEZ C VII, Ägypten 1, EO Ägypten 1, 6

Evang. Gemeinde Alexandrien 1856 ff. (10) BEZ EO Ä. 7, C VII Ä.9

Evang. Gemeinde Kairo 1858 ff. (16) BEZ EO Ägy. 6, 6 a, C VII Ä.10, 10 a

dgl. 1927 - 36 KOB R 57/1157 - 16

Evang. Gemeinden am Suezkanal 1869 ff. BEZ EO Ä. 8

Evang. Kirchengemeinden Assuan 1904 ff. BEZ EO Ä. 9

Evang. Gemeinde Heluan 1908 ff. (2) BEZ EO Ä. 10, C VII Ä. 11

Evang. Gemeinde Luxor 1911 ff. BEZ EO Ä 11

2760 Kunst und Wissenschaft im allg. 1923 - 36 BON KW 1

2761 Presse 1884 - 1914 (16) BON Ägypten 6; secr 3

dgl. 1920 - 36 (2) BON Pol 12

Neubesetzung der Auslandsstelle des Deutschen Nachrichtenbüros in Kairo 1936 KOB R 55/204

2763 Schulen im allg. 1900 - 19 BON Ägypten 14

Dt. Schulen und religiöse Anstalten 1891 - 1916 (2) BON Ägypten 14 Nr 2

noch 2763 Unterrichtswesen 1920 - 32 BON Pol 17

Dt. Realschule zu Kairo, gegr. 1873 1893 - 1937 KOB R 57/1157 - 12

Dt. Schule in Kairo 1904 - 32 KAG Abt. 235/15485

dgl., Neubau 1912 AUM NL Guggenheimer 84/6

Dt. Schule der Borromäerinnen in Meadi bei Kairo zwischen 1904 - 37 KAG Abt 235/14585

(3) KOB R 57/1157 - 10; R 57/1157 - 18

Dt. Schule und Dt. Schulverein, Alexandrien, gegr. 1884, Erweiterung zur Dt. Realschule 1932 1931 - 39 KOB R 57/1157 - 5

Dt. Schule der Borromäerinnen, Alexandrien, gegr. 1884 1937 KOB R 57/1157 - 6

Italienische Schulen 1890 - 1908 BON Ägypten 14 Nr 1

2764 Dt. Institut für Ägyptische Altertumskunde, Kairo 1931 KOB R 57/1157 - 11

Kongreß für orientalische Musik in Kairo 1930 - 32 (2) KOB R 55/1133, 1135

2765 Ausgrabungen in der Wüste 1905 - 29 FFA S 35/2768

Forschungen zur Landeskunde 1924 - 36 BON KW 3

Aufzeichnungen und Materialsammlungen des Anthropologen und Mediziners Franz Pruner (1808 - 82), ab 1831 Professor in Abuzabel, Leibarzt des Vizekönigs (6) MCS

Aufzeichnungen und Materialsammlung des Orientalisten Arthur des Rivières (19. Jh.) zur koptischen Philologie o.Dat. (8) MCS

Manuskripte, Briefe von und an den Ägyptologen Georg Ebers (1837 - 98) (47 Kästen) BEB

Reisetagebuch von Georg Ebers 1869 - 70 MAL

Reise des Prof. für Orientalistik Julius Euting (1839 - 1913), Straßburg, nach Ä. und dem Sinai 1889, 1903 (3) TÜB Md 676

Geschichte Alexandrias im Mittelalter.- Notizen, Texte, Übersetzungen u.a. von Paul Herzsohn, geb. 1842 (60) BOU S 2635 noch 2765 Reise von Julius Kopp (1849 - 77) von Kairo bis Niambara, insbes. geographische und zoologische Aufzeichnungen 1875 - 76 TÜB Md 779

Briefe an den Ägyptologen Adolf Erman von Wissenschaftlern BRB Handschr.Abt.

Brief des Ägyptologen Heinrich Karl Brugsch-Pascha über den Afrikaforscher Denhardt 1883 BEA Rep 94 II/872

Materialsammlungen und Schriftwechsel des Orientalisten Arthur Schaade (1883 - 1952) HMB NL Schaade

Aufzeichnungen des Ägyptologen Theodor Dombart (1884 - 1969), Professor in München 27 Schachteln MCS

2767 Dt. Bücherei, Alexandrien 1931 - 32 KOB R 57/1157 - 1

2769 Schriftwechsel mit der ägyptischen Universität in Kairo über ägyptische Stipendiaten in Berlin 1909 - 20 BEA Rep 208 A 253

2770 Informationen zu Wirtschaft und Handel aus Kairo und Alexandria 1846 - 1906 AAC Pastor-Seyler 23

Wirtschaftliche Lage im allg. 1894 - 1913 HMA 132 - 1/ I/C I d/131

dgl. 1920 - 32 BON Wirtschaft A

dgl. 1924 - 37 HMK 95.B.2.5

dgl. 1929 - 36 (3) KOB R 2/9888, 9963, 10174

dgl. 1935 - 40 (2) KOB R 9 I/818, 1226

dgl. 1940, 1942 (2) KOB R 7/3405, 3406

dgl. 1941 - 42 (7) FRB in RW 19

Wirtschaftspolitische Zirkularberichte der Reichsregierung und des AA 1929 - 31 BRE 4, 49 - 33

Wirtschaftsstruktur 1942 KOB R 24/888

2773 Gründung einer deutschen Frucht- und Waldfarm im Nildelta und eventuelle Beteiligung des Königs von Württemberg an der Unternehmung 1911 - 14 STH E 14 - 16/95

Assuan-Eisenerz-Geschäft der Fa. Otto Wolff, Köln 1937 - 38 KOB R 2/16495

2774 Finanzen 1884 - 1918 (90) BON Ägypten 5; adh 1 - 4

2775 Münzwesen 1913 - 16 KOB in: R 85/1267

Dt. ägyptische Devisenangelegenheiten 1932 - 35 BON Abt W, F 16

dgl. 1935 - 37 BRK GI 22

dgl. 1937 - 44 KOB in R 7/222

2776 Steuerreform 1874 BON Wien A XIII

Regelung der Doppelbesteuerung mit dem D R 1926 - 43 BON Steuern Nr 14

Steuergesetzgebung 1927 - 43 BON Steuern Nr 5

Erhebung dt. Erbschaftssteuern von Ägyptern und umgekehrt 1938 - 43 BON Steuern Nr 9

2777 Konsularische Untersuchung über eine angeblich unverzollte Ausfuhr türkischer Tabake aus dt. Freihäfen nach Ä. 1899 - 1907 BRE 4,70 - 46/2

Zollvergünstigungen 1922 - 32 BON II Generalia 370

Zolltarife 1929 - 33 KÖW 20/1/32/1

2779 Anleihen 1864 - 68, 1894 - 95 (5) FFA Bethmann-Archiv V, 561, 574, 680, 699, 772

dgl. 1886 ff. (9) FFD Paket 682 - 683

Verhandlungen der internationalen Entschädigungskommission in Alexandria 1879 - 1902 WOA 12 A Neu Tb 5/154

Entschädigungsansprüche an die Regierung 1882 - 84 STH E 46 - 48/1112

Ermittlung der in Württemberg befindlichen ägyptischen Wertpapiere 1884 STH E 46 - 48/in 1112

Schuldenkommission 1885 - 1918 (6) BON Ägypten 7

Bürgschaft des Deutschen Reiches für die Zinsen einer ägyptischen Staatsanleihe 1885 - 1924 KAG Abt. 233/13084

Regelung der Vorkriegsforderungen des D R 1920 HMK 44.H.7.4

Kapitulationen 1936 KOB in R 43 II/1424

2780 Handelspolitik und Handelsbeziehungen, insbes. zu D 1824 - 31 STA in 80 N, Titel 121, Nr 6

dgl. 1870 - 1913 (5) HMA 371 - 8 II, XIX C 19.11; 14; 16; 18; 19

dgl. 1889 - 1930 KAG Abt.233/25779

dgl. 1889 - 1912 STH E 46 - 48/425

dgl. 1894 - 1926 FFA B 158 III/207

dgl. 1920 ff. BRK Hp II 101

dgl. 1920 - 23 KÖW 20/522/3

dgl. 1925 - 29 HMA 132 - 1/III A 1 c 46

dgl. 1929 - 39 KÖW 20/1090/1

dgl. 1932 - 36 BON Abt. W, Handel 11 Nr. 3

dgl. 1936 KOB in R 57/1157 - 17

Boykott dt. Waren wegen der Judenverfolgung in D 1933 - 34 HMK 78.K.18

Internationaler Handelskongreß in Kairo 1869 HMK 95.B.2.2

Handelsbeziehungen zu Frankreich 1904 - 38 (3) BON Paris 859, 1408; Frankreich Handel 12

Handelsbeziehungen zu dritten Staaten zwischen 1922 - 1935 BON Albanien, Belgien, Bulgarien, Rumänien, Schweiz, Tschechoslowakei Handel 12

2781 Einfuhr aus D 1891 - 99 DOR K 1/48, 49

dgl. 1894 HMA 371 - 8 II, XIX B 7, 4 II 20

Einfuhr über Alexandrien 1897 HMA 371 - 8 II, XIX B 7. 4 I

Einfuhr von Kriegsmaterial 1854 ff. ESK in Sachkartei E III 2

dgl., von Material zum Bau von Eisenbahnen 1874 ff. ESK in Sachkartei E III 2

dgl., von Schleusentoren für Mansurich 1888 - 89 OBG 304041/11 noch 2781 dgl., von Brücken durch die Fa. Fr. Lenz, Stettin 1889 - 1902 OBG 304014/51

dgl., durch die MAN 1912 AUM NL Guggenheimer 85/2

Einfuhr und Verbot der Einfuhr von Waffen 1898, 1909 - 14 (2) MCA MH 11587, 11599

Waffenhandel und Waffenschmuggel 1914 KOB R 85/6621

Beschwerde des Ägypt. Konsulats in Hamburg über ungenauen Gewichtsinhalt der Kokain-Packungen 1926 HMK 11.B.136.1.6

Einfuhr einer Papierfabrik 1934 - 41 KOB R 7/3550

dgl., der Sammanoul-Brücke 1936 - 37 OBG 404114/37

dgl., von Lokomotiven 1937 - 39 KOB R 7/3532

2782 Verbot der Einfuhr ägyptischer und levantinischer Baumwolle nach Schleswig-Holstein.- Zirkular der Quarantäne 1835 SCH Abt 49, 5/in 16

Ausfuhr von Baumwolle nach D zwischen 1888 - 1939 (3) BRK E X 34, E X 52

dgl. (über Genua) 1914 KÖW in: 5/19/24

Kontrolle des ägyptischen Baumwollmarktes durch Großbritannien und Anbahnung von Vorbereitungen zur Deckung des dt. und österreichischen Nachkriegsbedarfs (Berichte der dt. Gesandtschaft in Bern) 1918 KOB R 85/976

Ausfuhr von Textilrohstoffen nach D 1936 - 38 KOB in R 8 I/250

2783 Vereinigte Dt. und Österreichische Handelskammer, Kairo zwischen 1925 - 33 DOR in: K 2/166

dgl. 1928 - 29 KÖW 20/1114/6

dgl. 1929 - 36 KOB R 57/1157 - 17

dgl. 1936 - 39 (3) KOB in R 9 Rep/23 (1), 135, 1003 (1)

Ägyptische Handelskammer für Deutschland, Düsseldorf/Berlin (Mitgliederversammlungen, Mitgliedschaft des Rhein.-Westf. Kohlensyndikats) 1934 - 43 BOB 33/372

dgl. 1935 - 38 HMK 95.B.2.3.

noch 2783 Handelsvertretung der Fa. Krupp 1855 ff. ESK in Sachkartei E III 2, B I 9

dgl., des Bochumer Vereins 1895 - 1913 BOK 56116, 56137

dgl., der MAN 1899 - 1900, 1909 ff. (3) AUM NL R. Buz/202; All Arch/326; o.Sign.

dgl., der Deutz-Motorengesellschaft 1919, 1923, 1925, 1932 (3) KöD III 5/1, 21; III 11 a; III 13 A

Nachweise dt. Firmenvertreter und Handelswaren 1935 - 39 R 9 I Rep/430

Handel mit Chemikalien.- Handelsregistereintragungen 1937 - 39 LEV 9/K 1.1

Informatorische Reise von Herrn Gusmann, Gutehoffnungshütte 1913 OBG 3000030/23

Korrespondenz der Pharma-Auslands-Organisation 1935 - 37 (3) LEV 9/K 1.1

2785 Bau und Betrieb des Suez-Kanals 1855 - 79 (8) HMA 111 - 1/VI/12/1/10, 17,30, 31

dgl. 1869 - 1939 HMA 371 - 8 II, XXI A 17.10

dgl. 1869 ff. (3) BRK Hp II 100; S XI 1; Pr I 5 (17)

dgl. 1870 COB in A 3143

dgl. 1874 - 77 BON Wien A XV

dgl. 1885 - 1919 (19) BON Ägypten 8; adh. 1

dgl. 1887 - 1914 (2) BRK S V 4, 5

dgl. 1914 FRB RM 5/4166

dgl. zwischen 1920 - 36 BRE 4, 49 - 1340/265

dgl. 1920 - 27 (3) BON Paris 1387

dgl. 1921 - 31 HMA 132 - 1/III B 9/3

dgl. 1922 - 39 HMK 90.1.1 - 3

dgl. 1942 - 45 BON Ha Pol XII a, Sf 26 - 2

noch 2785 Quaibauten in Alexandria 1899 - 1900 FFD Paket 15

Schiffahrt und Hafenwesen 1921 - 34 HMK 95.B.2.4.

dgl. 1932 - 41 KOB R 9 I Rep/819

2787 Eisenbahnen 1895 - 1918 (3) BON Ägypten 15 KOB R 85/184

dgl. 1935 - 40 KOB in R 9 I Rep/818

2788 Luftfahrt 1924 - 34 BON Luftsch 1

dgl. 1924 - 36 BON Abt. II F Luft

Luftverkehrslinien 1929 - 33 BON Luftsch 2

2789 Posttarif für Sendungen aus D 1862 REG in: Postakten/136

Postverkehr mit D 1869 - 1926 (2) BRE 5, 1/2 - 85, 86, 207

Paketverkehr zwischen Suez und Schanghai 1893 - 1925 BRE 5, 1/2 - 190

Postverkehr 1914 - 20 KOB R 85/696

Drahtlose Telegraphie 1913 - 20 (2) KOB R 85/771, 772

Weltpostkongreß in Kairo 1934 1935 - 39 (2) BON Ha - Pol XII b Verkehr - Post Nr 3

Weltfunkkongreß in Kairo 1938 1935 - 39 (2) BON Ha - Pol XII b Verkehr-Funkentelegraphie 3

2791 Einbürgerung in das D R.- Allgemeines und Einzelfälle 1932 - 43 BON Sta Nr 1 IV

2792 Ausweisung von Ägyptern aus dem D R 1923 - 36 BON Inn Vw 13

Auslieferungsersuchen an das D R 1937 - 44 BON Auslief 21

Zivilgefangene im D R 1939 - 45 (6) BON Kriegsrecht 28, 28 Nr 8, 15, 19, 21, 25

2793 Ausstellung von Heimatscheinen für pfälzische Auswanderer zwischen 1871 - **98, 1926 SPA H 43/61, H 45/3989**

Auswanderungszentren in D 1897 - 1924 SPA 43/7705

Einreisebestimmungen und Niederlassungsrecht 1924 - 31 HMA 132 - 1/VI B 5 a 36/2 noch 2793 dgl. 1931 - 38 HMK 90.1.4

Staatsangehörigkeitsgesetzgebung 1932 - 43 BON Sta Nr 12, 14

Einbürgerung von Dt. 1937 - 43 BON Sta Nr 11

2794 Lage der Dt. im allg. u. insbes. in Kairo, Alexandria, Port Said 1922 - 33 BON Pol 25

dgl. 1933 - 44 KOB in R 57/1271

"Deutscher Tag in Ä." 1933/34, 1938 KOB R 57/1713

2795 Vereinswesen im allg. 1929 BON Pol 28

dgl. 1936 KOB in R 57/1157 - 8

König-Wilhelm-Hospiz, Dt. Erholungsheim, Kairo, gegr. 1911/1912 1912 - 14 KOB R 57/1157 - 13

Dt. Unterstützungsverein, gegr. 1880, Kairo 1926 - 33 KOB R 57/1157 - 8

Dt. Frauenverein, Frauengruppe des Dt. Vereins, gegr. 1924 1928 - 32 KOB R 57/1157 - 15

Dt. Verein, Kairo, gegr. 1924 1929 - 36 KOB R 57/1157 - 8

Dt. Bund "Eintracht", Alexandrien, gegr. 1930 1930 KOB R 57/1157 - 2

Dt. Sportverein, Alexandrien, gegr. 1895 1934 - 36 KOB R 57/1157 - 3

Bund der Auslanddeutschen, Abt. Ägypten o.D. KOB R 57/1004 - 1

Nationalsozialistische Arbeiterpartei, Port Said 1934 KOB R 57/1157 - 24

dgl., in Alexandrien 1934 KOB R 57/176

2796 Hinterlassenschaft des in Ägypten verstorbenen Generals Köhler 1824 - 1934 KAG Abt. 233/26380 - 81

Gesuch der Spinnereibesitzer Gottschalk und Grether aus Schopfheim um Unterstützung bei der Rückforderung von Geldvorschüssen in Ä. 1867 - 68 KAG Abt. 233/14905 noch 2796 Nachforschungen in- und ausländischer Behörden über Heimatverhältnisse, Eröffnungen, Ausfolge von Papieren, Nachforschungen über einzelne Personen und Familien 1869, 1876 STH E 146 III/(neu) 1468

Unterstützungen von Württembergern durch das Konsulat in Alexandrien 1882 - 84 STH E 146 III/(neu) 1564

Unterstützung von Einzelpersonen durch das D R 1920 - 34 BON Inn Vw 15

Personenstandsurkunden von Deutschen 1923 - 30 BON R XI

Nachforschungen über Einzelpersonen 1927 - 33 KAG Abt. 234/7252

Gehalts- und Pensionsansprüche Deutscher 1939 - 41 BON Beamtenrecht Nr 39

2797 Internierung von Dt. 1922 BON R 17

Dt. Zivilgefangene 1939 - 45 (16) BON Kriegsrecht 29,29 a, 29 Nr 10 - 19, 25

Austausch von Zivilgefangenen mit dem D R 1939 - 44 (3) BON Kriegsrecht 28 Austausch

2798 Ausweisung von Dt. 1922 - 32 BON Inn Vw 12

Heimschaffung von Dt. und Übernahme ausgewiesener Ägypter 1923 - 36 BON Inn Vw 14

Heranziehung von in Ä. ansässigen Dt. zur Wehrpflicht im D R 1935 - 39 BON M 3, 22, 27

30 Vorderasien insgesamt, Osmanisches Reich

3010 "Tractatus de Saracenis" 13. Jhdt. KÖA GB 4° 113, 76v - 80

Briefe, Rechnungen in arabischer und armenischer Sprache o. Dat. (neuzeitlich) KÖA in W 332

C. H. Heidmanns Landesbeschreibung Vorderasiens 17. Jhdt. HNB Handschriften 1804

Aufstand in Konstantinopel.- Bericht 1622 WOB 420 nov 13

Reise des oldenburgischen Grafen Willebrand durch Vorderasien in das Heilige Land im Jahre 1211 [18. Jhdt.] HNB Handschriften 1805

Allg. 18. Jhdt. HNB Handschriften 1796 - 1802

Nachrichten und Notizen über die Türkei, über die Organisation des Heeres, die Beziehungen zum Wiener Hof, die Türkenkriege 1716 - 17 (20 Blatt) BAA Rep (18/I/Collectaneen Sauerwein XXVI)

Fotografische Aufnahmen und Presseausschnitte zur Landeskunde, dem Bau der Anatolischen Eisenbahn, dem Besuch Wilhelm II. in Konstantinopel u.a. - Materialsammlung von Josef Maria v. Radowitz (1839 - 1912), Botschafter in Konstantinopel 1882 - 92 1876 - um 1900 BON NL Radowitz

4 Panoramen von Konstantinopel und dem Bosporus (frühes 20. Jhdt.) BON NL Wassmuss/11243

3011 Reise des venetianischen Gouverneurs Christoph Degenfeld (1641 - 85) in den Vorderen Orient 1661 - 70 KAL NL Degenfeld

Briefwechsel von Otto und Ludolf Camphausen über die außenpolitische Lage 1859, 1876 - 77 (37) KÖA 1023/L 560, 1201 - 1236

Briefe von Otto an Ludolf Camphausen über seine Reise nach Konstantinopel, Smyrna und Ephesus 1863 (3) KÖA 1023/L 710, 713, 714

Reisen der Gräfin Maria von Crailsheim 1888, 1896 NÜA

Briefwechsel von Paul Weitz (1862 - 1939), Vertreter der Frankfurter Zeitung in Konstantinopel 1902 - 17 BON NL Weitz

Schriftwechsel der Dt. Bank mit dem Schriftsteller Rudolf Said noch 3011 Ruete zu polit. und wissenschaftl. Fragen 1911 - 1921 FFD

3012 Erlasse Suleymans (1556, 1557), Murads III. (1576), Ibrahims (1645), Murads IV. (1638), Mehmeds IV. (1658, 1678) (4) WOB 304, 307, 308, 312 Blankenburg

Allgemeine Angelegenheiten der Levante bzw. der Türkei.- Britische diplomatische Berichterstattung 1841 - 42 (2) FFB DB 1/I 473; 474

dgl. 1853 FFB DB 1/I 475

Allg. 1854 - 63 OLA 38 - V A 1

dgl., dt. Botschaft Konstantinopel 1866 - 1920 (620) BON

Allg. Berichterstattung an das AA 1866 - 1920 BON Türkei 8 - 204, Orientalia Generalia 1 - 13

dgl., dt. Botschaft Wien 1866 - 1938 (32) BON Allg A XVII, N, AT (o), Geh II

dgl., dt. Botschaft London 1867 (5) BON Nr. 56, 61, 66, 69, 72

dgl., dt. Botschaften Konstantinopel, St. Petersburg, London 1871 - 1900 (15) BEA III. Hauptabt. II/1091 - 1105

dgl., dt. Botschaft Paris 1876 - 1914 (49) BON Nr. 197 - 214, 240 - 243 b

dgl., dt. Botschaft Rom (Quirinal) 1873 - 1914 (44) BON Nr. 14 a - 16 a, 28 - 30 a, 49 b, 68, 358 - 367, 1617

dgl., dt. Botschaft Rom (Vatikan) 1898 - 1941 (14) BON Nr. 887 - 901

Allg. 1870 - 1909 OLA 132 - 18

dgl. 1871 - 1911 (2) STA E 14 - 16/863, 2074

dgl. 1875 - 1939 (352) BRE A 3 T 1; 4, 49 - 101/28; 314/66, 315/67

dgl. 1902 - 18 (2) FRB RM 5/1570, 1598

dgl. 1906 - 17 STH E 130 I, 1938/657

dgl. 1917 - 19 FRB RM 3/4730

dgl. 1918 FRB RM 5/2780

Allg. Lage im Vorderen Orient 1941 - 42 BON Büro RAM

noch
3012 Politische Wochenberichte aus dem Nahen Osten, hg. von der Pressestelle der Korrespondenzstelle Wien des AA 29.1.1942 - 20.10.1944 KOB (7) R 63/356 - 362

Allg. 1942 - 43 BON Po g Vorderasien

Nachrichtenmaterial über den Vorderen Orient (1940), 1943 - 4 FRB RH 5/97

3013 Schreiben des sich in diplomatischer Mission in Berlin aufhaltenden Besui Achmet an den braunschweigischen Justizrat W. v. Krohne 1763 WOB 266.1 Extr.

Unterlagen von Dr. Otto Blau (1828 - 79) über seine Zeit als preußischer Konsul in Trapezunt 1858 - 64 POA NL Blau 13 5, 10

Aufzeichnungen des dt. Botschafters Karl Frhr. von Werther (18 - 94) 1874 - 77 BEA Rep 92

Schriftwechsel von Klemens August Busch (1834 - 95), Vortragender Rat bei der dt. Gesandtschaft Konstantinopel, dann als Unterstaatssekretär Leiter der Orientabteilung im AA 1877 - 79, über orientalische Fragen 1875 - 84 (9) BON NL Busch

Berichte des Frhrn. von Oppenheim über orientalische Verhältni 1886 - 1909 (11) BON Orientalia Generalia 9, Nr. 1

Erinnerungen von Heinrich Julius von Eckardt an seine Zeit im dt. diplomatischen Dienst in der Türkei 1886 - 1900 o.Dat. BON NL Eckardt

Aufzeichnungen des Gesandten Dr. Hans v. Miquel (1871 - 1917) über Innen- und Außenpolitik 1905 - 1912 BON in NL Mique

Briefe des Staatssekretärs v. Jagow an den dt. Gesandten in Konstantinopel v. Wangenheim über Außenpolitik 1913 BON NL v. Wangenheim/4

Schriftwechsel des Unterstaatssekretärs Wilhelm Solf mit Geh. Legationsrat H. Gerlich 1915 - 18 KOB in NL Solf/105

Politische Lage im Nahen Osten.- Berichte, erstattet von Paul Schmitz, Ankara 1941 - 42 HMF 279

3014 Thronfolgeregelung 1885 - 1919 BON Türkei 164

Verfassung und Parlament 1908 - 20 (9) BON Türkei 201

3015 Geschenke der Preußischen Staatsbank für den Großsultan und Beamte 1829 - 34 BEA Rep 109/3052

Notifikation der Geburt von Prinzen 1843 - 49 HMA 111 - 1/VI/12/2/1 - 3

Briefwechsel des Großherzogs von Oldenburg, insbes. zur Titulatur des Sultans 1876 OLA VIII - 65

Thronbesteigung des Sultans Murad V. und Abdul-Hamid. Notifikationen 1876 STH E 49 - 51/1/1 KAG Abt. 233/9934

Der Sultan und seine Familie 1885 - 1920 (17) BON Türkei 159 Nr. 1, 159 secr.

3016 Ministerien 1887 - 1920 (5) BON Türkei 161

Staatsmänner 1885 - 1920 (20) BON Türkei 159 Nr. 2

3017 Abordnung preußischer Finanzbeamter zur Reorganisation der türkischen Verwaltung zwischen 1880 - 1920 BON in Türkei 139

Verwendung württembergischer Ärzte, Techniker, Forstleute und Bauingenieure 1897 - 1918 STH in E 49 - 51/1/14

Verwendung dt. Ingenieure, Landmesser, Markscheider und Kartographen 1912 - 18 KOB R 85/1097

3018 Verleihung von Orden an badische Staatsangehörige 1868 - 1918 KAG Abt. 233/4573 - 74

Verleihung von Orden an Otto Mögling 1879 - 80 STH E 46 - 48/30

3021 Verhandlungen mit Preußen wegen Abschlusses eines Schutz- und Trutzbündnisses aus Anlaß der polnischen Königswahl 1760 - 64 1897 BON Türkei 194

Handelsvertrag mit Hannover 1824 - 57 HNA Hann 92/XXX - IV - 1

Freundschafts-, Handels- und Schiffahrtsvertrag mit den Hansestädten, den Staaten des dt. Zollvereins und dem DR 1837 - 1910 (6) HMA 111 - 1/VI/12/1/2, 3, 9, 28, 32, 37 (2) BRE C.9.a. 4, 70 - 9/1; 6, 40 - C.6.Nr. 18 FFB in DB 1/I 167 (2) WOA 12 Neu Fb 7/1435; 142 Urk/804 (5) OLA 31 - XIII/73, 73; 103; 31 - XV/44 - 115; 35 - 181 HNA Hann 10/Türkei MCA MH 12450 - 12451: 12687 - 12690 (4) STH E 33-34/523; E 36 - 39/98, E 100/221, 271 WIE Abt. 210/9750, 9957 BON Wien A IX

noch 3021 dgl. 1890 - 1915 STH E 130 IV/1136 (3) KAG Abt. 233/14243; Abt. 234/7215, 7216 WOA 19 B Neu/165 (2) BRE 3 - S. 18/137, 238 BON Türkei 158 adh 1 KÖW 20/293/1

Beschwerden über die gemäß Art. XVI Abs. 2 des Handelsvertrages von 1890 geforderten Landungsatteste für türkischen Tabak HMK 95.D.16.2.

Rechtsverträge mit D 1917 WOA 12 Neu Fb 7/2001 BRE 3 S. 18/173

Beteiligung an einem Wirtschaftsabkommen des D R mit der Ukrain 1918 (2) KOB R 85/7018 - 7019

Geplanter Beitritt zu dem geheimen Bündnisvertrage zwischen Deutschland, Österreich und Italien 1919 (8) BON Deutsc land 128 Nr. 5 secr.; Türkei 158 Nr. 1 secr.

3022 Schreiben des Wesirs Synam Bassa an den Römischen Kaiser 159 WOB 16 Extr

Verhandlungen mit dem Römischen Kaiser 1716 HNA Hann 92/ LXVIII - 7 c

Politische Verhältnisse, Beziehungen zu Habsburg, Organisation des Heeres 1716 - 17 BAA Rep C 18/I, Fasc. XXVI

Erklärung des Römischen Kaisers gegen die Pforte zur Unterstüt- zung Rußlands 1788 - 90 HNA Hann 92/XLI - 6, Cal.Br. 24 Türkei Nr. 11 a

Allg. polit. diplomatische Beziehungen 1837 - 49, 1861 - 63 HMA 111 - 1/VI/12/1/1 - 54 BRE Dd.2.I.2

Verhältnis zu D 1869 - 93 HMA 132 - 5/4, III 18

dgl. 1885 - 1920 (24) BON Türkei 158

Deutsch-russische Verständigung über den türkischen Orient 1899 - 1915 (2) BON Deutschland 131 Nr. 3 secr.

Militärische und wirtschaftl. Unterstützung durch D um 1900 (19) FRB RM 3/4711 - 4729

Politische Beziehungen zu D 1932 - 35 BON Orient, Pol

Dt. Interessen im Vorderen Orient - Abhandlungen von Oskar Rit von Niedermayer 1939 - 41 FRB N - 122/9

"Die Achsenmächte und die arabische Frage" 1940 KOB NS 43

3023 Staatsschreiben Suleymans an Venedig 1527 WOB 307,4 Blankenburg

Politisches Verhältnis zu Rußland um 1720 (1 Blatt) BAA Rep C 23/38

Firman (vom Sultan für den britischen Gesandten ausgestellter, im Sural-Stil geschriebener Paß) 1835 Osn, Dep 58[d] Nr. C XIIV

Streit mit Griechenland 1847 - 48 FFB DB 1/I in 153

Beziehungen zu Rumänien 1867 - 1918 (70) BON Türkei 35, 171

Beziehungen zu Serbien 1867 - 1914 (37) BON Türkei 10, 172

Beziehungen zu Montenegro 1867 - 1912 (10) BON Türkei 41, 176

Die Vertretung der russischen Interessen in der Türkei 1878 (65) BON I.A.B. 1 (Rußland) 58, 58 adh. 1

Beziehungen zu Persien 1886 - 1920 (25) Persien 6, Persien 23

Beziehungen zu Frankreich 1886 - 1920 (8) BON Türkei 169

Beziehungen zu Griechenland 1886 - 1919 (16) BON Türkei 168

Beziehungen zu Marokko 1886 - nach 1890 BON Türkei 173

Englands Pläne im Orient und im Mittelmeer September 1886 - 1916 (2) BON Enqland 93 Nr. 1

Beziehungen zu Italien 1888 - 1919 (7) BON Italien 90

Neutralität dritter Staaten im Kriege mit Italien 1913 - 1915 KOB R 85/6662

"Rom und der Orient".- Prinz Max Enzyklika 1910 KÖA in 1006/306, 8

Beziehungen zum Vatikan 1886 - 1916 BON Türkei 165 Nr. 2

dgl., Stellung des Papstes zur Frage des Protektorats im Orient 1920 - 34 BON Vatikan Politik 29

Beziehungen zu Brasilien 1890 - 1918 BON Brasilien 25

Beziehungen zu den USA 1892 - 1919 (3) BON Türkei 190

Beziehungen zur Schweiz 1917 - 20 BON Schweiz 69

Friedensvertrag mit der Transkaukasischen Republik 1918 - 20 (3) KOB R 85/1035 - 1037

noch
3023 Zwischenstaatliche außenpolitische Probleme in Vorderasien 1921 - 34 (6) BON Orient, Pol 4; Pol 4 Orient-Konferenz

Orientpolitik im allg. 1922 BON Pol Abt II, P 4/Orient

Politische Beziehungen Vorderasiens zu Frankreich 1923 - 26 Orient, Pol 3

3024 Diplomatisches Korps in Konstantinopel 1886 - 1919 (9) BON Türkei 163

Aufhebung der bei der Ankunft dänischer Schiffe in den Häfen der Levante bislang erlegten Konsulatsgebühr 1830, 1836 (2) SCH Abt 11 Schiffahrt etc/213; Abt 13 B (68)/293

Hannoversches Konsulat in Konstantinopel 1831 - 40 AUR Rep 21 a/780

Konsulate der Hansestädte im allg. 1834 - 74 BRE C.9.a.3.a

dgl. 1839 - 75 (7) HMA 111 - 1/VI/12/4 a

dgl., speziell
in Konstantinopel 1842 - 91,
in Smyrna 1839 - 66,
in Gallipoli 1847 - 64,
in den Dardanellen 1847 - 63,
in Trapezunt 1854 - 62
BRE C.9.a.3.b - h

Konsulat in Smyrna 1840 - 93 (12) HMA 111 - 1/VI/12/4 c

Hannoversches Konsulat in Smyrna 1850 AUR Rep 21 a/855

Hanseatisches Vizekonsulat an den Dardanellen bzw. Gallipoli 1846 - 81 (2) HMA 111 - 1/VI/12/4 c/3, 4

Hanseatische Gesandtschaft in Konstantinopel 1842 - 68 (1891 (26) HMA 111 - 1/VI/12/4 b/1 - 25

Hessischer Konsul Halphen 1845 DAR IV Konv 663

Oldenburgisches Konsulat in Konstantinopel 1851 - 58 (4) OLA 431 - XIII/15, 16, 73, 178

Hanseatisches Konsulat in Tarsus 1856 HMA 111-1/VI/12/4

Vertretung oldenburgischer Untertanen durch die diplomatischen Vertreter Österreichs 1859 - 63 (4) OLA 31 - XV/4, 9, 58

Badische Agentur in Konstantinopel 1866 - 68 KAG Abt. 23 764

noch
3024 Konsularvertrag mit Bayern 1869 - 70 MCA M Inn 43968

Konsularvertrag mit D 1872, 1912 (2) OLA 136 - 891, 896

Konsulat in Trapezunt 1855 -62 HMA 111 - 1/VI/12/4 c/18
dgl. 1863 - 1944 (130) BON
Dt. Generalkonsulat in Konstantinopel bzw. Istanbul 1878 - 1945 (350) BON

dgl. 1870 - 93 (12) HMA 111 - 1/VI/12/4 b/26

Dt. **konsular.** Vertretungen 1893 - 1913 HMA 132 - 1/I/A III d 25
Konsularische Vertretung in Amasia 1896 - 99 57.H.3.2.1.21

dgl., in Bursa 1911 57.H.3.2.1.97

Dt. Konsulat Adana 1907 - 18 (15) BON

dgl. 19o3 - 18 (6) KOB R 157 II

Diplomatische und konsularische Vertretungen in Vorderasien 1931 Orient, Pol 10

3025 Diplomatische Vertretungen im Ausland 1886 - 1919 (9) BON Türkei 162

Konsulat in Bremen 1857 - 1902 BRE 2 - C.9.a.4.b

dgl. 1901 - 29 BRK K 7

dgl. 1927 - 28 BRE 4, 49 - 153/33

Konsulate in Württemberg 1860 - 1942 STH E 130 IV/182

Mission in Berlin 1919 (4) BON Deutschland 127 Nr. 6

Generalkonsulat in Leipzig und Köln 1891 - 1929 DEA L 75 Abt. X Gr. 10 Nr. 30

Konsulat in Frankfurt a.M. 1893 - 1930 FFA R 6/251

Türkische Gesandtschaft beim Vatikan 1898 KÖA 1006/12

Generalkonsulat 1905 - 42 WOA 12 A Neu Fb 13 m/37500
Konsulat für die Provinz Hannover 1905-42 HNA Hann 122a II/69
Generalkonsulat in Düsseldorf vor und nach 1910 DEA M 1 I L Nr. 16

3026 Die Reise des Prinzen Friedrich Carl nach dem Orient 1872 BON I.A.A.a (Europa Generalia) 43

Reise des Kronprinzen Rudolf von Österreich mit seiner Frau nach dem Orient 1884 - 85 BON Österreich 80

noch
3026 Reisen Wilhelms II. nach dem Orient 1917 (13) BON Preuß 1 Nr. 1 Nr. 4 v

dgl. 1898 KÖA 1006/13

dgl. 1898 (2) FFD Or. 317, 330

dgl. 1899 - 1918 FRB RM 2/370

Mittelmeerreise Wilhelms II. 19o3 - 06 (2) FRB RM 2/376,3

Besuch des türkischen Botschafters sowie eines türk. Prinzen in Bremen 1915, 1916 (2) BRE 4, 70 - 338/15,339, 15

3027 Dt.-türkische Vereinigung, Berlin 1914 - 18 HMA 364 - 8, F

dgl. KÖW 20/342/18

dgl. KOB R 57/1010 - 23

dgl. (4) FFD Or 322 - 324, 330

Deutsche Vorderasiengesellschaft zur Förderung deutscher Forschungs- und Kulturarbeit im Orient (1905) 1915 - 21 FFA B 158 III/1221

Münchener orientalische Gesellschaft, München o.D. KOB R 57/1033 - 16

Dt.-morgenländische Gesellschaft, Leipzig o.D. KOB R 57/1029 - 32

Dt. Vorderasienkomitee, Leipzig o.D. KOB R 57/1031 - 7

Dt. Orientverein e.V. o.D. KOB R 57/1045 - 19

Orient-Verein, Stuttgart o.D. KOB R 57/1036 - 36

Deutsche Orientgesellschaft e.V., Berlin 1910 - 13 KAG Abt. 235/5998

dgl. o.Dat. KOB R 57/1045 - 18

Islam-Institut o.D. KOB R 57/1005 - 26

Gesellschaft für Islamkunde o.D. KOB R 57/1004 - 36

Türkisch-dt. Vereinigung, Konstantinopel, gegr. Okt. 1915, Tätigkeitsbericht bis Ende 1917 1918 KOB R 57/1153 - 8

Kaiser-Wilhelm-Haus und Auskunftsstelle für dt.-türkische Wirtschaftsfragen 1916 - 20 BEA Rep 109/5339 - 5340

noch
3027 Gründung des Deutschen Hauses (Haus der Freundschaft) in Konstantinopel 1916 - 18 **STH** E 49 - 51/1/26

Wirtschaftsinstitut für den Orient o.D. R 57/1011 - 19

3028 Industrieausstellung in der Türkei 1864 **MCA** MH 9602

Politische und kulturelle Propaganda in Vorderasien 1924 - 35, 1936 - 38 (2) BON Orient, Pol 26

3029 Maßnahmen des D R gegen spionageverdächtige Türken 1914 - 16 (4) KOB R 85/2389 - 2392

Maßnahmen des D R gegen fremde Spionage in der T. und Interventionen zugunsten spionageverdächtiger Reichsangehöriger 1914 - 18 KOB R 85/2468

Orient Pressedienst.- Organisation in D 1914 - 20 (9) BON Deutschland 126 g

Nachrichtenstelle für den Orient, Berlin 1915 - 19 (27) BON Deutschland 126 g adh. 1
dgl. 1914 - 16 BON NL Schabinger von Schowingen

Nachrichtendienste 1923 - 35 (3) BON Orient, Pol 15

Beziehungen des Abwehragenten O. H. Frhr. v. Gumppenberg zum Führer der Panarabischen National- und Freiheitsbewegung, Emir Schékib Arslan 1938 KOB NS 19/391

Dt. Abwehr 1941 - 43 BON M CR 2 Vorderasien; Politik 15 g

Abwehr, Fremde Heere West 1941 - 43 (8) FRB in RH 2

3030 Armee und Marine 1881 - 1920 (70) BON Türkei 142

dgl. 1911 - 17 **(2)** **FRB** **RM 3/102, 230**
dgl. 1914 ff. FRB RM 5/1590
Personalien von Militärs 1887 - 1919 (4) BON Türkei 159 Nr. 3

Küstenverteidigung 1894 - 1911 FRB RM 5/1586

Kriegsvorbereitungen 1897 - 1912 FRB RM 5/1580

Schriftwechsel mit dem Attaché der türkischen Botschaft 1911 - 18 FRB RM 3/2765 - 2768

Jahresberichte zum Militärwesen **MCK** Generalstab N. 252

noch
3030 Militär- und Marinekonvention mit dem D R 1917 - 19 FRB RM 3/4372 - 4373

dgl. MCK MKr. 13397

3031 Heer 1860 ff. ESK in Sachkartei E II 22 b

Die türkische Armee vor dem 1. Weltkrieg.- Ausarbeitung des Reichsarchivs 1922 STK M 660 Lauffer/14

Kampftüchtigkeit der türkischen Truppen 1912, 1915 STK M 1/2 - 34, 59

3032 Marine 1868 - 1939 ESK in Sachkartei E II 22 c

Organisation der Marine 1874 - 1916 (12) FRB RM 5/1571 - 1577, 1587 - 1589, 1593, 1596

dgl. 1886 - 1912 FRB RM 1/2184
dgl. (arabische Küsten) 1914 FRB RM 5/4145
dgl. 1914 - 18 FRB RM 5/4146
"Laufende Marinepolitik" (Berichte der dt. Marinemission) 1914 ff.(6) FRB RM 5/2713 - 2718
Marine-Infanterie-Detachement Skutari 1913 - 16 (2) FRB RM 3/4332 - 4333

dgl. 1914 - 17 FRB RM 5/2283

U-Boote 1915 - 17 FRB RM 5/1592

Schriftwechsel mit dem Marine-Attaché in Konstantinopel 1915 - 23 (3) FRB RM 3/2964 - 2965, 2984

Dt. Marine-Attaché 1918 FRB RM 5/3892

Wörterverzeichnisse von Fachausdrücken der Marine,dt.-türkisch 1916 - 18 FRB RM 3/4790 - 4793

3033 Deutschlands fliegerische Unterstützung der Türkei. Ausarbeitung von R. H. J. Holzhausen (1889 - 1963) 1914 - 18 BON NL Holzhausen/15, 19, Briefe von Serns

Ausbau und Organisation der Luftstreitkräfte.- Aufzeichnungen und Fotografien des Majors der Luftwaffe Erich Serns, Chef der türkischen Luftstreitkräfte und Chef der XIII. Abteilung des türkischen Großen Hauptquartiers 1915 - 18 FRB MSg 1 - 228 - 231

Truppengliederungen der alliierten Luftwaffen im östl. Mittelmeer und mittl. Osten um 1940 FRB in RL 9/6

3034 Lazarettschiffe 1912 KOB R 85/2145

Plan eines Etappenweges Berlin - Bagdad 1915 STK M 1/2 - 68

Truppen- und Personalabgaben 1915 - 19 STK M 1/4 - 1654 - 1657

Kraftfahrwesen 1916 - 18 STK M 1/4 - 1656

Beschaffungen für die dt. Sonderkommandos in der Türkei und am Euphrat; Kriegs-Garnisonsverwaltung in Istanbul 1916 - 26 (6) FRB RM 3/7903 - 7905, 8058, 8372, 8402

3035 Aufzeichnungen von Karl Frhr. von Vincke-Olberndorff (1800 - 1869) und Briefwechsel mit Helmuth Graf von Moltke (1800 - 1891) über die Taurus-Armee, die Eroberung Syriens durch die Türken und Reisen Moltkes 1838 - 39 (11) BEA Rep 92 v. Vincke/ 1, 3, 5 - 8, 11 - 15

Kommandierung preußischer Offiziere zur Reorganisierung der Armee 1880 - 1920 (49) BON Türkei 139

Ausbildung türkischer Offiziere in der preußischen Armee 1882 - 88 (4) BON Türkei 139, Bd 5 - 8

dgl. 1887 - 1917 (7) BON Türkei 142 Nr. 1

Reorganisation des ottomanischen Heeres durch Otto Kaehler-Pascha 1882 - 85 (8) FRB N 65

Aufzeichnungen von Louis von Kamphövener-Pascha (1843 - 1927), 1882 - 1909 als militärischer Instrukteur in türkischen Diensten, 1898 Begleiter Wilhelms II. auf der Reise nach Jerusalem und Damaskus 1882 - 1922 (6) SCH

Reise des Generals von Radowitz nach dem Orient im Oktober 1885 BON Deutschland 121 Nr. 1

Brief des Frhrn.Colmar v.d. Goltz-Pascha aus Konstantinopel an Alfred Graf v. Waldersee 1887 FRB N 182/18

Aufzeichnungen und Schriftwechsel des Generals Curt v. Morgen (1858 - 1928) aus seiner Zeit als Militär-Attaché in Konstantinopel 1890 - 1913 (7) FRB N 227/4 - 5, 11 - 12, 16, 23, 34

Tätigkeit von Offizieren der Kaiserlichen Marine und der Königlich Preußischen Armee 1890 - 1906 FRB RM 2/905

Verwendung von bayerischen Offizieren und Militärbeamten 1908 - 18 MCK MKr. 224

noch
3035 Kommandierungen von Generalstabsoffizieren zu besonderen Zwecken bis 1915 MCK Generalstab Nr. 322

Aufzeichnungen des Admirals Wilhelm Souchon über seine Dienstze als Chef der Mittelmeerdivision (1911 - 1915), Oberbefehlshaber der türkischen Seestreitkräfte (1915 - 1917) und Chef des IV. Geschwaders (1917 - 1918) 1912 - 33 FRB N 156/1 - 21, 35 - 36

Erlaubnis für Türken zum Eintritt in das und zur Unterrichtung über das Militär des D R 1912 - 17 R 85/2820 - 2821

Reisen von Oskar Ritter v. Niedermayer im Vorderen Orient, mit Karten und Bildern MCK MKr. 1782

Kaiserlich dt. Militärmission für die Reorganisierung der Kaiserlich Ottomanischen Armee 1914 - 16 STK M 660 v. Lauffer/11

Verwendung des Majors Friedrich Lauffer (1868 - 1941) in türkischen Diensten, insbes. bei der Expedition gegen den Suez-Kanal 1914 - 16 STK M 660 Lauffer/15 - 17

Tätigkeit des Majors Friedrich Lauffer an der Offiziers-Reitschule in Haidar-Pascha 1914 (3) STK M 660 Lauffer/11 -

Gesuche dt. Reichsangehöriger um Eintritt in türkische Militär- dienste (3) 1914 - 18 R 85/2842 - 2844

Dt. Seeoffiziere als Instrukteure bei der türkischen Marine 1914 - 16 (10) FRB N 155

Eindrücke und Erfahrungen des Obersten von Hoff im Kriegsministerium 1916 STK M 1/4 - 990

Militär-Kartellangelegenheiten.- Gesuche ausgetretener preußischer Militärpflichtiger mit Schutzgenossen in der Türkei 1916 - 21 (4) KOB R 85/1508 - 1511

Erinnerungen von Alexander von Falkenhausen an seine Zeit als Armee-Chef in Ostanatolien (Armenien) und Palästina sowie als militärischer Bevollmächtigter in Konstantinopel 1916 - FRB in N 246

Aufzeichnungen des Vizeadmirals Hopmann aus seiner Tätigkeit a Militärberater im Marineministerium 1916 - 18 FRB in N 326

noch
3035 Schriftwechsel von Ritter Mertz von Quirnheim (1866 - 1947), Gen.Lt. v. Lossow, Militärbevollmächtigter bei der dt. Botschaft, und Oberst Walter Bronsart von Schellendorf 1917 (5) FRB N 242/4, 6 - 8, 10

Aufzeichnungen des Majors Friedrich Trautz aus seiner Tätigkeit beim Dt.-Türkischen Generalquartiermeister 1917 - 19 FRB in N 508

Aufzeichnungen des Kapitänleutnants Kurt Böcking (geb. 1886) aus seiner Zeit als Kommandant der Marineschule in Halki 1917 - 18 (3) FRB N 438/5 - 7

Bericht des Majors i.G. Hartmann, Chef des Stabes der Militärmission in Konstantinopel, über Erfahrungen während des Kommandos in der Türkei 1918 MCK MKr. 1782

Bereitstellung von Personal der dt. Marine 1918 - 19 (4) FRB RM 5/3611 - 3614

Allg. Erfahrungen Hans von Seeckts aus seiner Beratertätigkeit 1932 - 34 (3) FRB N - 247/133 - 135

Seeckts Tätigkeit in türkischen Diensten (1917 - 18) - Manuskript des Generals Friedrich v. Rabenau 1933 (6) FRB N 62/42 - 46, 69

3036 Krieg mit Österreich.- Bericht aus Regensburg 1787 - 89 DAR Abt. I, Konv. 40

Krieg mit Rußland 1826 - 28 (8) HNA Hann 92/XLI - 131 c

Frieden mit Rußland 1829 DAR Konv.20, Fasz 11

Der türkisch-ägyptische Feldzug 1839.- Abhandlung von Helmuth Graf v. Moltke 1839 FRB N 16/11

dgl. BEA in Rep 92 v. Vincke

Krimkrieg 1853 - 58 (4) FFB DB 1/I 40, 155, in 381, 475

dgl. (10) OLA 31 - XIII/12, 34 - 34 1

dgl. STH E 65 - 68 Dt. Bund/Verz. 40/67, 325

Absendung preußischer Schiffe nach Konstantinopel 1860 - 65 (2) FRB RM 1/280 - 281

Die Beteiligung deutscher Offiziere an dem Feldzug Rußlands 1876 BON I.A.B. 1 (Rußland) 59

noch
3036 Krieg mit Rußland (und Berliner Kongreß) 1877 - 78 (30) BON Türkei 125

Entsendung dt. Kriegsschiffe nach dem Mittelmeer 1889 - 1909 (2) FRB RM 3/2987 - 2988 ·

Krieg zwischen der Türkei und Griechenland 1897 - 98 (75) BON Türkei 94, Bd 75 - 147, 14 secr.
STK E 49 - 51/1/12

Krieg mit Italien wegen Tripolis 1911 - 16 (18) BON Türkei 202

1. und 2. Balkankrieg 1912 - 18 (23) BON Türkei 203

1. Weltkrieg im allg. 1914 - 18 (100) FRB RM 5 2308 - 2406, 2463

dgl. 1915 - 18 (17) STK M 1/2 - 84, 109, 110, 113,116,12
126, 133, 135, 141, 148, 151, 153, 154, 202, 208, 210

Diapositivsammlung zur Geschichte des 1. Weltkriegs; Türkei-Feldzug, Konstantinopel, Kleinasien, Palästina, Mesopotamien **MCK** MKr. 1782

Reaktion auf die Mobilmachung 1914 FRB RM 3/4495

Ausrufung des Heiligen Krieges für die mohammedanischen Völker 1915, 1917 STK M 1/2 - 110, 112

Deutsche Truppen in der Türkei 1914 - 19 STK M 1/6/1040

Kämpfe an den Dardanellen 1915 - 16 (11) STK M 1/2 - 60 - 62, 65- 66, 83, 110, 111, 115, 117, 222

Beschießung eines Forts am Bosporus durch die russische Flotte 1915 STK M 1/2 - 62

Britische Absichten, im Golf von Alexandrette zu landen.- Aufzeichnungen von Ritter Mertz von Quirnheim (1866 - 1947) Okt. 1915 FRB N 242/11

Kriegslage bei der 1. Armee - Mitteilung v.d. Goltz an Moltke d.J. 1915 FRB N - 78/3

Allg. Militärische Lage 1917 - 18 (13) FRB N 247/38 - 5

dgl. 1918 **MCK** MKr. 224 a

dgl. FRB R 5/2773

noch
3036 Mittelmeerdivision der dt. Marine 1914 - 18 (620) FRB RM 40/191 - 812

dgl., Kriegstagebuch 15.4.1915 - 15.9.1917 FRB N 284

Sonderkommando der dt. Marine 1914 - 18 (186) FRB RM 40/1 - 186

Dt. Kommandant der Dardanellen 1915 - 18 (4) FRB RM 40/187 - 190

Aufzeichnungen des Kapt.z.S. Wilhelm Taegert über das Gefecht vor den Dardanellen am 20.1.1918 FRB N 284

Operationen der dt. Marine vor der Küste Kleinasiens und Syriens 1918 (4) RM 5/3862 - 3863, 3884 - 3885

Unternehmen bzw. Detachement Euphrat/Irak 1915 - 18 (3) FRB RM 5/2325 - 2327, 4458

Dt.-türkische Abwehrmaßnahmen gegen Russen und Briten in Persien und am Euphrat 1915 - 18 (8) FRB N 131

Der dt. Anteil an den Operationen in Mesopotamien und Persien während des 1. Weltkrieges (1960) BON NL Holzhausen/17

Verwendung des Obersten Gerold v. Gleich (1869 - 1938) unter dem Gen.d.Inf. v. Falkenhagen in Kurdistan 1916 (3) STK M 660 v. Gleich/144, 157, 173

Einschließung und Fall von Kut el Amarna 1916 - 17 (9) STK M 1/2 - 71, 75, 83, 111, 118, 119, 121 - 123

Aktion Falke - Pascha II (Yildirim) 1917 - 18 STK M 1/4 - 1166

dgl., Bericht des Oberstleutnants Ernst Paraquin **MCK** MKr. 1782

Fall und Wiedereinnahme der Festung Erzerum 1916, 1918 (6) STK M 1/2 - 72, 92, 111, 119 - 121

Bericht über den Rückzug von Mossul 1918/119 **MCK** MKr. 1782

Rückzug der türkischen Armee 1917 - 18 (6) STK M 1/2 - 84 - 86, 104, 112, 132

Kämpfe an der Palästinafront 1915 - 18 (8) STK M 1/2 - 89, 103, 110, 112, 113, 143, 152, 215

noch
3036 Dt. und österreichische Truppen in Syrien, Palästina und im Sinaigebiet 1915 - 19 (3) BON NL Holzhausen/16, 18, 21

Bericht über das Wüstenkommando Kress v. Kressenstein und den Vorstoß zum Suezkanal März 1915 **MCK** MKr. 1782

Kämpfe am Suez-Kanal und an der Sinaifront 1915 - 17 (5) STK M 1/2 - 60, 93, 94, 111, 112

Unterlagen des Offizierstellvertreters Eplinius aus Einsätzen an der Palästinafront und über den Vorstoß an den Suez-Kanal 1916 - 18 FRB in N 570

Einsatz der bayerischen Feld-Flieger Abt. 300 (Pascha) und der Fliegerabt. 304 b in Palästina 1916 - 18 (11) **MCK** MKr. 1782, Nr. 46 - 56

Einsatz der Jagdstaffel 2 F in Palästina. Aufzeichnungen des Leutnants Paul Leim (1884 - 1975) 1917 - 18 FRB N 269

Aufzeichnung des Kapt.z.S. Wilhelm Taegert über seine Reise zur Front in Palästina, Irak und Ostanatolien vom 30.3. - 3.5.1917 (mit 31 Dias) (2) N 284

Unternehmen Yilderim gegen Süd-Palästina (Aufzeichnungen von Hermann Ritter Mertz von Quirnheim) 1917 (2) FRB N 242/4, 11
dgl. 1916 - 18 FRB PH 5 I/20

Tagebuch der geheimen Reise von Major Trautz und Prof. Dr. G. Bergstraesser nach Syrien und Palästina 1917 - 18 FRB in N 508

Expedition gegen den Suez-Kanal 1917 - 18 (2) FRB RM 5/2322 - 2323

Aufzeichnungen des Gen.Maj. Frhr. v. Hammerstein-Gesmold als Kommandeur des 1. Masurischen Inf.Rgt. Nr. 146 und Führer des Deutschen Asienkorps 1918 (4) **FRB N 309/12 - 14, 17**

Hauptmann Gärtner: Aus den Kämpfen an der Palästina-Front Sept./Okt. 1918 **MCK** MKr. 1782

Einnahme von Damaskus durch die Engländer 1918 STK M 1/2 - 18

2. Weltkrieg im allg. 1940 - 42 (7) KOB R 57/830, 841, 878, 910, 946, 947

noch
3036 Militärische und politische Unterstützung der arabischen Freiheitsbewegung durch D   Mai 1941   FRB   RW 4/535
"Führerweisung" Nr. 30 vom 23.5.1941   FRB   RW 4/107
Vorbereitung eines militärischen Einsatzes unter Ausnutzung der autochthonen nationalen Bewegung im arabischen Raum.- Gliederung und Tätigkeit des Sonderstabes "F" und des Sonderverbandes 288   1941   (5)   FRB   RW 10; RW 4/184, 252, 538; RW 34/10
Helmut Weydt, Geschichte des Sonderstabes "F" (Felmy) und des Sonderverbandes 288   /¯1975_7   FRB

"Kriegführung gegen die Briten im arabisch-syrischen Raum".- Denkschrift des Aufständischenführers Fauzo-Kautsi   Juli 1941   FRB   in RW 4/252

Unternehmen "Mammut"; S- und I-Aktionen im Raum Suleimanja-Kirkuk   1942 - 43   FRB   RW 5/271

Militärpolit. Angelegenheiten im Nahen Osten   1942 - 44   FRB   RW 4/691

Milit. Lage im Mittleren Osten   1942 - 44   FRB   RL 2 II/672

Militärische Lage.- Wochenberichte der 1. Abt./Gruppe Süd (Afrika u. Naher Osten)   1943 - 45   FRB   RW 19/202, 203

Militärgeographische Unterlagen   1943   FRB   RH 5/97

3037 Verschiedene Bittschriften an Herzog Julius von Braunschweig-Wolfenbüttel wegen des Freikaufs christlicher Gefangener   1552 - 89   HNA   Cal.Br. 21/1396

Bericht des gebürtigen Ungarn Benedikt Battila über seine türkische Gefangenschaft   1586   KOB   GAR/72

Lösegeld für Gefangene in Türkenkriegen   1588 - 1755   STL   A 26/876 - 9

Kollekten für Gefangene in der Türkei   1604   WOA   2 Alt 4366

1664   WOA   2 Alt 4368

Sklavenkasse zum Loskauf der in die türkische Sklaverei geratenen dänischen Untertanen in Kopenhagen   1723   SCH   Abt 11 A III/218, 505

Berichte russischer Kriegsgefangener in der Türkei   1915   KOB   R 85/413

Torpedierung russischer Lazarettschiffe durch türkische U-Boote   1916 - 17   KOB   R 85/2128

3038 Behandlung türkischer Kriegsgefangener bei den Feindmächten und feindlicher Kriegsgefangener in der Türkei 1915 - 19 (2) KOB R 85/4801 - 4802

Austausch von Verwundeten mit feindlichen Mächten 1916 - 19 KOB R 85/5138

3039 Dt. und türkische Kriegsgräber 1916 - 19 KOB R 85/4173

3040 Staatsministerium.- Rechtspflege 1858 - 1918 (2) KAG Abt. 233/3978 - 3979

dgl. 1911 - 35 KAG Abt. 234/7211

3045 Patentwesen 1881 - 1938 (8) KOB R 131/980, 982 - 983, 985 - 987, 1283; R 85/1170

Handelsrechtliche Klausel "Regulierung gegen Dokumente" in der Levante 1914 HMK 11.C.31.4

3046 Rechtsvergehen persischer Untertanen gegen dt. Kaufleute in Smyrna 1867 BRE 4, 70 - 54/3

Abkommen mit D über den Rechtsverkehr in Zivil- und Handelssac 1910 - 34 KAG Abt. 234/7212

3047 Verübung völkerrechtswidriger Grausamkeiten auf dem Kriegsschauplatz 1915 ff. KOB R 85/6229

Seerechtliche Proteste 1914 - 17 FRB RM 5/2859

3048 Ansprüche des D R auf Invalidenpensionen 1910 - 31 KOB R 85/1980 - 1981

Behandlung von Dt. und dt. Eigentum 1914 - 18 (2) KOB R 85/5688 - 5689

Behandlung feindlichen Vermögens 1915 ff. KOB R 85/5619 5620

3050 Innere Zustände 1874 - 78 (15) BON Türkei 108, 116

Unruhen im Jahre 1909 1909 - 10 FRB RM 5/5868

3051 Armenische Volksgruppe 1878 - 89 (7) BON Türkei 133 adh. 13

dgl. 1889 - 1920 (56) BON Türkei 183

dgl. 1888 - 1911 BON Vatikan Nr. 893

dgl. 1895 - 1908 BON Wien O a

Verfolgung der Armenier 1915 - 1918 (7) STK M 1/2 - 113, 115, 117, 123, 124, 135, 140 noch 3051 Verfolgung der Armenier 1915 - 18 (7) STK M 1/2 - 113, 115, 117, 123, 124, 135, 140

dgl. FFD GS 259

dgl., Unterlagen von Walter Rößler (1871 - 1929), dt. Konsul in Aleppo 1910 - 18 1915 - 20 BON in NL Rößler

Armenierverfolgung 1915 - 18 in: Schicksalsfahrten. Erlebnisse in Persien und anderen Ländern, verfaßt von Wilhelm Litten (1880 - 1932) nach 1920 BON in NL Litten

Allg. kirchliche Angelegenheiten 1915 ff. BEZ C VII Armenien

Wirtschaftliche Lage Armeniens und die Zukunftsperspektiven dt.-armenischer Handelsbeziehungen (Ausarbeitungen der Friedensdelegationen der armenischen Republik in Konstantinopel und Berlin) Sept. - Okt. 1918 KOB R 85/978

Angelegenheiten der Kurden Oktober 1880 - 1919 (2) BON Asien Generalia 1

Angelegenheiten der Kaukasusvölker (in Rußland) 1887 - 1920 (28) BON Rußland 97 a

Äußerungen Ludendorffs über die türkische Politik im Kaukasus (im Nachlaß Wilhelm Groener) 1918 FRB in: N 46/171

Rassen- und Nationalitätenfragen in Vorderasien 1935 **BON** Orient, Pol 6

Judenfragen in Vorderasien 1937 **BON Orient, Po 36**

3052 Islam 1887 - 1920 (30) BON Orientalia Generalia 9

Briefe ostkirchlicher geistlicher Würdenträger an den Prediger Stephan Gerlach (1546 - 1612) in Konstantinopel 1573 - 80 TÜB **Mb 13**

Wallfahrten nach Jerusalem.- Bericht eines sich in Konstantinopel aufhaltenden kaiserlich-römischen Gesandten 1650 - 1651 WOB 125.6 **Extr.**

Unterdrückung der Christen 1860 DAR Konv 79, **Fasz** 14

Übertritt von Türken und Mohren zum evangelischen Glauben 1671 - 1780 STL A 26/403 - 3

noch 3052 Christentum 1863 - 85 (9) BON Türkei 47

dgl. 1899 - 1919 BON Türkei 175

Römische Katholiken 1886 - 1919 (39) BON Türkei 175 a

Griechische Katholiken 1886 - 1920 (9) BON Türkei 175 b

Armenische Kirche 1887 - 1919 (2) BON Türkei 175 c

Protestanten 1887 - 1919 BON Türkei 175 d

Die lateinische Kirche im türkischen Reich.- Deutscher Verein vom Heiligen Land 1901 MSA Oberpräsidium/1910

Kirchliche Verhältnisse in der Türkei 1909 KAG Abt. 235/12702

Judentum 1897 - 1920 (22) BON Türkei 195

3053 Jungtürken 1898 - 1920 (8) BON Türkei 198

Sozialdemokratie 1917 BON Europa Generalia 82 Nr. 21

Kommunismus 1922 - 36 BON Geh Rußland P 19 (Vorderasien)

Sozialismus und Kommunismus 1922 - 31 BON Orient, Pol 19

3054 Reform des türkischen Kalenders einschließlich der Tageszeitangabe 1909 - 23 KAG Abt. 233/13468

dgl. OLA 132 - 91

3055 Pestepedemien in der Levante, insbes. in Konstantinopel 1778 und Smyrna 1800 BRE S. 7 a 13 a 2 b 3

Verbreitung der Asiatischen Grippe 1847 -48 MCA M Inn 62468 a

Maßregeln gegen die Cholera im Orient 1894 BON Paris 161

3056 Soziale Verhältnisse und Sozialpolitik 1925 - 30 Orient, Sozialpol 1

Streik beim Brückenbau in Konstantinopel um 1910 AUM NL Guggenheimer 90/4

3058 Österreichisch-ungarischer Kranken-Unterstützungs-Verein, Konstantinopel 1897 KOB R 57/1153 - 24

Dt. Wohlfahrtsverein, Dt. Krankenhaus, Konstantinopel, gegr. 1850 1910 - 18, 1931 - 41 (2) KOB R 57/1153 - 13, 26

Ottomanischer Roter Halbmond 1914 - 18 AUM NL R. Buz/blaue Nr. 38

Wohlfahrtsvereinigung der österreichischen und ungarischen Kolonie "Woestungk" in Konstantinopel 1918 KOB R 57/1153 - 18

noch 3058 Protestantisches Waisenhaus Bursa, Jahresbericht
1916 KOB R 57/1153 - 6

3059 Mission der Jesuiten in Konstantinopel ca. 1650 - 1750 KÖJ

Katholische Mission in Vorderasien.- 20 Briefe des Benediktiners Sebastian Scheben 1771 - 83 KÖA Handschr. W 242

Minoriten-Mission 1890 - 1916 MCL

Schriftwechsel zwischen dem Patriarchat der Armenisch-Katholischen Kirche und Konstantinopel sowie deren Erzbischof in Aleppo und dem St. Ludwigs-Missions-Verein 1905 - 12 MCL

Tätigkeit von Max Bierbaum als Feldgeistlicher im Soldatenheim des Vereins vom Heiligen Land in Eskischehir 1917 MSG NL Bierbaum A 3

Dt. evangelische Kirchengemeinde Smyrna 1761 - nach 1928 (12) BEZ EO Asiat. Türkei 7, CVII 18

Allg. Fragen der evangelischen Kirche 1846 ff. (8) BEZ EO Asiat. Türkei 1 - 5, 21; CVII 19

Orientreisen Theodor Fliedners 1851, 1856 - 57 1851 - 57 DÜF

Diakonische Arbeit der dt.-evangelischen Missionsgesellschaft in Smyrna und Konstantinopel 1851 ff. DÜF

Pastoralkonferenzen, Orient-Synode 1859 - nach 1905 BEZ 3 Bde

Bereisung der dt. evang. Gemeinden im Orient ab 1877 (2)

BEZ EKU, Fach 28

Evang. Kirchengemeinde Trapezunt 1859 - nach 1912 BEZ EKO

dgl. Amasya 1863 ff. (3) BEZ EO, Asiat. Türkei 11 - 12

dgl. Bursa 1881 ff. BEZ EO Asiat. Türkei 14

dgl. Bêt Dschâla 1887 ff. BEZ EO Asiat. Türkei 16

noch 3059 dgl. Eskischehir 1902 ff. (5) BEZ C VII, 13, 19 b, EO Asiat. Türkei 17

dgl. Konya 1904 ff. BEZ EO Asiat. Türkei 18

dgl. Ankara 1924 ff. BEZ EO Asiat. Türkei 18

dgl. Haidarpascha 1908 ff. BEZ EO Asiat. Türkei 19

Kirchliches Lehrvikariat im Orient 1908 - 29 BEZ EO Gen. 10, d

Allg. kirchl. Fragen 1917 ff. (2) BEZ C VII Türkei 1

Konferenz der deutschen evangelischen Pfarrer im Orient 1927 - 39 (2) BEZ C VI 32

3060 Kunst und Wissenschaft 1933 - 35 BON Orient, KW 1

3061 Pressewesen 1886 - 1919 (20) BON Türkei 167, 167 secr.

dgl., in Vorderasien 1926 - 35 (5) BON Orient, Pol 11 Nr. 5; Pol 12

3062 Sendungen des deutschen Rundfunks für den Nahen und Mittleren Osten.- Manuskripte in dt. Sprache 1940 - 41 (25) KOB R 78/1802 - 1826

3063 Schulwesen im allgemeinen 1889 - 1918 (3) BON Türkei 1

Verein zur Gründung einer deutschen Bürgerschule in Konstantinopel (1866 - 72) KAG Abt. 60/1546

Dt. und Schweizer Schulgemeinde zu Konstantinopel, gegr. 1868: Realschule und Höhere Mädchenschule, Dt. Schule Haidarpascha, Jedikule; Dt. Schule in Konstantinopel: Grundschule, Oberrealschule, Handels-Realschule 1902 - 34 (2) KOB R 57/1153 - 21, 22

Die Deutsche Schule in Konstantinopel 1909 - 30 KAG Abt. 235/15487

Dt. Schule Smyrna, gegr. 1892 1893 - 1921 KOB R 57/1153 - 32

3064 Orientalisten-Kongresse 1876 - 1912 KAG Abt. 233/11789

3065 Aufzeichnungen des Orientalisten Josef Scherer (1776 - 1829), insbes. über seine Reise durch Anatolien, Nordpersien, Palästina und Syrien 1796 - 99 1796 - 1826 (10) AUB

Orientreise (1802 - 09) des Naturforschers Ulrich Jasper Seetzen.- Tagebücher, Briefwechsel und Materialsammlung (17) OLA 279 A - 25; Cim I, 88 g - 1 (Depositum Landesbibliothek Oldenburg)

Aufzeichnungen und Schriftwechsel des Orientalisten Etienne Marie Quatremère de Quincy (1782 - 1857), insbes. zur Philologie der arabischen, armenischen, koptischen, persischen, syrischen und osttürkischen Sprache (41) MCS

Nachlaß von Friedrich Rückert (1788 - 1866) BEB

Aufzeichnungen des Byzantinisten und Forschungsreisenden Jakob Philipp Fallmerayer (1790 - 1861), insbes. Vorarbeiten zu einer Geschichte von Trapezunt (3) MCS

Nachlaß des Orientalisten Julius August Schönborn (1801 - 97) (6) BEB

Materialsammlungen des Orientalisten Conrad Dieterich Haßler, insbes. zur arabischen Philologie und vorderasiatischen Landeskunde 1822 - 27 ULM

Aufzeichnungen und Schriftwechsel des Orientalisten Marcus Joseph Müller (1809 - 74), Professor in München, insbesondere zur arabischen Philologie (7 lfm) MCS

Unterlagen von Georg Martin Thomas (1817 - 87) über den Vorderen Orient (4,50 lfm) NÜA

Reise des Prof. für Orientalistik h.c. Julius Euting (1839 - 1913), Straßburg, an die ägäische Küste 1870 TÜB Md 676

Reisen Heinrich Barths durch die Randgebiete des südlichen und östlichen Mittelmeers 1845 - 65 (50) HMA 622 - 1

Reisen Dr. Emin Paschas 1874 - 92 (30) HMA 622 - 2

Materialsammlung des Orientalisten und Generalkonsuls Johannes Heinrich Mordtmann (1852 - 1932) zur Archäologie in Kleinasien (9 Kisten) HMB

noch 3065 Aufzeichnungen und Schriftwechsel des Orientalisten Fritz Hommel (1854 - 1936) (41 Schachteln) AUB

Nachlaß von Hermann Reckendorf (1863 - 1924) zur Philologie orientalischer Sprachen (12 Kästen) BEB

Unterlagen des Orientalisten Hubert Grimme (1864 - 1942) MSB

Unterlagen des Orientalisten Anton Baumstark (1872 - 1948) M

Aufzeichnungen und Schriftwechsel des Münchner Orientalisten Emil Gratzl (1877 - 1957), insbesondere über seine Reise durch Anatolien, Syrien, Palästina, Jordanien, Ägypten, Aden 1913 - 14 MCS

Islamkunde 1911 HMA 364 - 6, C I a l b

3068 Schaffung eines Seminars für Geschichte und Kultur des Orients 1908, 1913 (2) HMA 364 - 7, A I b 1 - 1; B IV b 8

Vortrag über die Türkei und Kleinasien 1913 HMA 364 - 7, E XII 2 . 8

Einrichtung von Unterrichtskursen in der türkischen und arabischen Sprache 1915 KÖW 20/361/10

Erteilung von türkischem Unterricht an deutschen Lehranstalten 1915 - 17 KAG Abt. 235/19721

Wissenschaftliches Institut für Kultur des modernen Orients, Frankfurt a.M. um 1921 KOB R 57/1023 - 49

3069 Teilnahme türkischer Studenten am Unterricht der dt. Hochschulen. Plan der Schaffung einer dt. Hochschule in der Türkei 1909 - 18 STH E 49 - 51/1/23

Ausbildung türkischer Studierender 1910 HMA 364 - 7, A 131

Studienreise von Türken nach Frankfurt a.M. 1911 FFA R 6/261

Besuch einer Studienkommission in Württemberg 1911 STH E 46 - 48/429

Ausbildung von Türken in gewerblichen und landwirtschaftlichen Betrieben in D 1915 - 19 KOB R 85/1105

3070 Allg. wirtschaftspolitische Lage.- Schriftwechsel der Dt. Bank mit dem AA 1898 - 1918 (12) FFD o.S.

Statistiken über Rüstungsbetriebe, Lebenshaltungskosten, Baumwoll- und Erdölproduktion im Nahen Osten 1913 - 43 1944 KOB R 24/892

Wirtschaftspolitische Zirkularberichte der Reichsregierung und des AA 1926 - 31 BRE 4, 49 - 101
dgl. KAG Abt. 233/13270
Reisebericht Greiner über die wirtschaftl. Lage in Vorderasien 1938 - 39 OBG 4089/14
Wirtschaftsstatistiken für Vorderasien 1939 FRB RW 19/842

3071 Bewässerungsobjekte in Kleinasien um 1900 (2) FFD Or 317, 318

Forstangelegenheiten und Naturschutz in Nordanatolien.- Aufzeichnungen des Forstrats Georg Escherich (1870 - 1941) vor 1914 MCM NL Escherich

3072 Mineralienvorkommen um 1900 (15) FFD Or. 365 - 369

Petroleumvorkommen in Kleinasien um 1900 FFD Or. 376 - 379, 465 - 468

Berg-Lagerstätten in der asiatischen Türkei 1915 KOB in R 85/1193

Entsendung zweier deutscher Expeditionen zur Untersuchung von nutzbaren Minerallagerstätten in Kleinasien 1916 KOB in R 85/1194 - 1196

Erzvorkommen.- Bericht von Bergassessor H. Kipper um 1917 OBG 40121/10, 24

Erdölwirtschaft in Vorderasien 1940 FRB RW 19/748

3073 Dt. wirtschaftliche und industrielle Unternehmungen 1898 - 1920 (7) BON

Übertragung der Silbermine "Lidjessy" von der Orientalischen Bergbau-Gesellschaft auf die Asia Minor Mining Company 1881 HMA 111 - 1/VI/12/4 d/1

Dt.-Levantinische Baumwollgesellschaft 1904 - 28 (25) FFD Or. 267 ff.

noch 3073 Gesellschaft für die Bewässerung der Konya-Ebene 1908 - 12 (8) FFD Or. 272 - 274

Geschäftliche Beteiligungen an den Erzvorkommen um Ovadijk 1911 - 16 BOB 55/45010 Nr. 6, M 4

Consortium Constantinopel 1911 - 23 (3) FFD o.S.

Cuivre d'Arghana S.A., Istanbul o.D. (3) FFD Paket 47

Tramways et Electricité de Constantinople S.A., Brüssel 1914 - 26 FFD o.S.

Kriegs-Wollkonsortium, Istanbul (1914 - 18) FFD Paket 15

Geschäftliche Beteiligungen an den Erzvorkommen um Aksekieh 1916 BOB 55/45010 Nr. 6, M 3

Beteiligung der Türkei an der Erdölindustrie und der Getreideausfuhr Rumäniens 1918 KOB R 85/in 1060; in 1062

Deutsche wirtschaftliche Interessen März 1919 KOB in R 85/972

3074 Finanzen im allg. 1873 - 1920 (109) BON I. A. B. 9. (Türkei) 110

dgl. 1874 - 1919 (4) BON Wien A XXV, A XXVII, A (3) 1

3075 Prägung von Handelspiastern für den Orient durch dt. Münzwerkstätten 1876 - 77 HMK 29.J.2.7

Münzwesen 1913 - 16 KOB in R 85/1267

3077 Die Zoll- und Handelsverhältnisse 1840 - 1916 KAG Abt. 237/17266

Zolltarifvertrag mit dem Zollverein 1851 STH E 100/242

Gesuch des Bijouteriefabrikanten Wilh. Führer aus Pforzheim um Unterstützung bei der Rückführung vom türkischen Zoll beschlagnahmter Goldwaren 1872 - 73 KAG Abt. 233/14923

Zollbehandlung von in Österreich nachgesüßten Weinen in D 1900 - 04 BRE 4, 8 D/737

Zolltarif 1911 KÖW 20/290/1

Zollgesetzgebung 1916 BRE 4, 8 E - 1937

3078 Dt. Orientbank AG, Berlin - Konstantinopel 1890 - 1905 (5) FFD Or 275 ff.

dgl. 1904 - 19 (7) BON Orientalia Generalia 13

dgl. 1916 KOB R 57/1153 - 17

Beschlagnahme der Dt. Palästinabank und der Dt. Orientbank 1920 - 34 (2) FFD R 19 Dt. Pal.Bk.; Dt. Orientbk.

Bank für Orientalische Eisenbahnen, Zürich 1890 - 1933 (50) FFD o.S.; Or 299 ff.

Union Ottomane, Zürich 1909 - 20 (7) FFD o.S.

Crédit Foncier Ottoman S.A. 1910 - 14 FFD o.S.

Crédit National Ottoman S.A., ab 1927 Isch Bankassi 1917 - 27 FFD o.S.

Conseil de la Dette Publique o.D. FFD 662 - 664

Banque Nationale de Turquie (Casselbank) o.D. FFD o.S.

Banque Imperiale Ottoman, Istanbul o.D. FFD o.S.

3079 Staatsschulden 1887 - 1920 (9) BON Türkei 110 Nr. 2 - 4

Anleihen 1862 - 1913 (60) FFA Bethmann-Archiv V

Anleihen 1886 - 1918 (200) FFD Or 390 ff.

Vertretung der deutschen Gläubiger im Conseil d'Administration de la Dette Publique Ottomane 1892 - 1918 (16) BEA Rep 109/3897 - 3908, 5395 - 5398

Forderungen hamburgischer Firmen 1897 - 1916 HMA 132 - 1/I/C I d/104

Vereinigung der deutschen Besitzer türkischer Staatspapiere 1902 - 06 BEA Rep 109/5399

Der türkischen Regierung seit Beginn des 1. Weltkrieges von der dt. Regierung bewilligte Vorschüsse 1917 BEA Rep 109/5400

3080 Bericht des Fuggerschen Faktors Dernschwam über seine Reise nach Konstantinopel und Kleinasien (bis Angora).- Tagebuch 1553 - 55 DIL

noch 3080 Levantische Handelskompagnie 1765 EMD II - 447

dgl. zwischen 1755 u. 1764 AUR Rep 28/135

Ausbau des Handels über Konstantinopel, Trapezunt und Smyrna statt über Suez und Aden 1841 KOL Abt. 403, 3899

Handels- und Schiffahrtsbeziehungen im allg., insbesondere mit D 1816 - 90 (2) DÜA Reg Aachen 1675, 1677

dgl. 1824 - 31 STA 80 N, Titel 121, Nr. 6

dgl. (3) HNA Hann 92/XXX - IV - 4, 1,6, 9

dgl. 1840 - 85 MCA MH 12450 - 12451

dgl. zwischen 1841 - 1866 MSA Oberpräsidium/189

dgl. 1846 - 1905 MSA Reg Arnsberg/525

dgl. 1842 - 1929 (12) HMA 111 - 1/VI/12/1/6, 10, 27, 36 38 - 41, 49 - 52

dgl. 1846 - 59 BRK Hp II 37

dgl. (Auskünfte der Handelskammer Köln zum Krimkrieg) 1853 - 55 KÖW 1/24 b/12

dgl. 1854 - 55 DAR G 1, 95/10

dgl. 1863 - 1929 (6) KAG Abt. 237/29059 - 29064

dgl. 1865 - 67 (2) KAG Abt. 49/2846; Abt. 237/12276

dgl. 1876 - 1918 (3) STH E 46 - 48/429, 434; E 49 - 51 1/3

dgl. 1880 - 1909 (9) KOB R 2/24531, 1585 - 1592

dgl. 1883 - 1918 (8) HMA 371 - 8 II, XIX C. 13

dgl. 1887 - 1908 FFA B 158 III/178

dgl. 1888 - 99 KÖW 3/11/11

dgl. (Berichte der Dt. Botschaft in Konstantinopel) 1890 - 9 HMA 111 - 1/VI/12/4 d/3

dgl. 1891 - 1906 DOR K 1/48 - 50

dgl. (Reisebericht Ch. Winand, Vertreter der Deutz-Motoren-Gesellschaft in St. Petersburg) 1897 KÖD III, 10, fol 46 - 51

noch 3080 dgl. (Butterhandel) 1898 - 99 HMA 371 - 8 II, XIX B 7.4.I

dgl. 1905 - 25 (14) KÖW in 5/19/6, 10, 12, 24, 32, 33, 35, 37, 38, 42, 46; 20/207/13; 20/347/21; 20/363/23

dgl. o.Dat. MCA MH 11486, 12692 - 12697

dgl. 1915 - 18 DOR K /71, 277

dgl. (Vorderer Orient) 1930 - 38 KAG Abt. 233/25820

Handel mit Frankreich 1890, 1892 (2) BON Paris 164 b

Waffenhandel und Waffenschmuggel 1914 KOB R 85/6621

Durchfuhr von Patronen durch türkisches Gebiet 1914 HMA 132 - 1/I/C I d/106

Ladung von Konterbande 1915 ff. KOB R 85/5889

Nachrichtenstelle für den Orient (Außenhandel) 1916 KÖW 20/342/25

Zentralstelle für Außenhandel des D R 1929 - 32 (11) III O. - Z.f.A.

Lieferung von Kriegsmaterial 1855 - 1939 ESK in Sachkartei E II 22 b, c. h

Lieferungen von Brücken, Dampfkesseln und Dampfmaschinen der M.A.N., Werke Nürnberg und Gustavsburg 1874 - 1941 NÜW MAN

3081 Waffenlieferung der Gewehrfabrik Oberndorf 1887 - 1910 **STH** E 49 - 51/1/8

Absatz dt. Erzeugnisse 1890 HMA 371 - 8 II, XIX B 7, 4 II 12

Dt. Waffenlieferungen 1896 - 97 HMA 371 - 8 II, XIX B 7, 16.7, 8

Importe aus D 1897 - 1912 DOR K 2/357

Kohleneinfuhr aus D 1897 HMA 371 - 8 II, XIX B 7. 4 I

Dt. Lieferungen chirurgischer Instrumente 1898 HMA 371 - 8 II, XIX B 7, 4 I

Geschäfte der dt. Elektroindustrie 1898 - 1917(7) FFD o. S.

Lieferung von Docks für das Marmara-Meer (2) um 1910 AUM NL Guggenheimer 82/8, 90/4

Kriegslieferungen aus D 1914 - 19 FRB RM/2600
dgl. 1915 - 18 **MCK** MKr 13586

3082 Atteste über türk. Tabak 1898 - 1907 HMA 132 - 1/I/C I d/105

Einfuhr von orientalischen Waren in Briefsendungen nach D 1901 - 06 BRE 4, 8/1017

3083 Informationen zu Wirtschaft und Handel der Firma Pastor Seyler aus Konstantinopel und Smyrna 1846 - 1906 AAC Pastor-Seyle 23

Geschäftsbeziehungen der Fa. Krupp 1851 - 1944 ESK in Sach kartei E II 22

dgl., Firmenvertreter 1851 ff. ESK in Sachkartei E II 22 g

Besuche von Türken bei der Fa. Krupp 1884 ff. ESK in Sach- kartei E II 22 h; M

Geschäftsbeziehungen von Felten & Guilleaume 1882, 1897 - 1900 KÖF A I 4 Nr 11; A I 9 Nr 8/18

dgl. der Allg. Gesellschaft für Dieselmotoren AG, Augsburg vor 1900 AUM Allg Reg/III 41

Firmenvertretungen der Düsseldorfer Röhren- und Eisenwalzwerke in Smyrna und Konstantinopel 1894 - 97 DÜM R 5 0682

Dt. Handelssachverständige in Konstantinopel 1907 KÖW 20/172/11

Firmenvertretung der MAN 1910 ff. AUM o.S., NL R. Buz/262

dgl. der Phoenix AG für Bergbau und Hüttenbetrieb 1911 - 13 DÜM P 52582

Bau der Markthallen in Pera 1912 AUM NL Guggenheimer/85/3

Geschäfte der Gutehoffnungshütte mit Müller, Haag in der Türkei 1919 - 20 OBG 300070/16

3084 Verkehrswege in Kleinasien 1889 - 1914 (2) FRB RM 5/ 1594 - 1595

Verkehrsprojekte in Vorderasien 1896 - 99 DOR K 1/49

Verkehr im allg. 1897 (2) HMA 371 - 8 II, XIX B 7.4 I

3085 Sicherheit der Schiffahrt auf dem Mittelmeer 1803 - 06 EMD II - 1226

Schiffahrt im allg. 1842 - 1925 (9) HMA 111 - 1/VI/12/ 1/5, 7, 19 - 23, 50, 53

Schiffahrtsverkehr zwischen der Levante und D 1897 - 1913 DOR K 2/614

dgl. 1899 - 1925 (3) HMA 374 - 6 I, 8 III a 38

noch
3085 dgl.(Projekt einer Dampferverbindung ab Emden) 1905 EMD IV T 6 - 160

dgl. 1908 KÖW 20/315/15

Durchfahrt ausländischer Schiffe durch die Dardanellen 1880 - 1919 (12) BON Türkei 150

dgl. 1907 - 12 BRE 4,70 - 51/2

Behinderung ausländischen Schiffsverkehrs 1914 ff. KOB R 85/5800

Anlagen von Baken sowie Zufluchtshäusern am Bosporus zwischen 1858 - 1869 (2) OLA 31 - XV/44 - 209, 397

Hafen von Konstantinopel 1885 - 99 HMK 95.D.16.1.

Hafengesellschaft Haidar-Pascha 1904 - 32 (40) FFD Or. 105 - 112

Hafen von Alexandrette o. D. FFD Or. 354

Hafenprojekte Samsun und Trapezunt o.D. FFD Or. 357

Häfen und Werften 1901 - 16 (2) FRB RM 5/1578 - 1579

Lagerfristen für Schiffsfracht im Levanteverkehr 1894 - 1939 BRK Hf I d 14

Requisition von in türkischen Häfen befindlichen hamburgischen Schiffen 1918 HMA 371 - 8 II, XXXIV, 1, 70, 316

3086 Überbrückung oder Untertunnelung des Bosporus o.D. FFD Or 319

3087 Projekt einer Eisenbahn von Stephenson Konstantinopel - Bagdad - Indien 1865 FFB DB 1/I 114

Anlage und Betrieb von Eisenbahnen in Vorderasien (1000) FFD Or 1 - 566

Betriebsgesellschaft der Orientalischen Eisenbahnen 170 - 1929 FFD Or 207 ff.; o.S.

Lieferung von Material zum Bau von Eisenbahnen 1879 - 1934 ESK in Sachkartei E II 22 e

Eisenbahnen im allg. 1880 - 1920 (135) BON Türkei 144, 152, 152 secr.

dgl. (3) BON Wien A XXV, A XXVII, A (13) 1

dgl. 1912 - 20 (5) KOB R 85/51 - 53, 178 - 179

noch 3087 Europäisch-kleinasiatisch-indische Transoriental-Eisenbahnprojekte 1884 - 1913 KOB R 85/91

Anatolische Eisenbahn-Gesellschaft, Konstantinopel 1888 - 1932 (200) FFD Or. 1 ff.

Bagdadbahn-Gesellschaft, Konstantinopel 1898 - 1918 (100) FFD Or. 81 ff.; o.S.

Mitwirkung der Seehandlung bei der Finanzierung des Baus der Anatolischen und Bagdad-Eisenbahn 1898 - 1912 (2) BEA Rep 109/5350, 5351

Nachlaß des Generaldirektors der Ottomanischen Bahnen, Wilhelm Pressell (1821 - 1902) o.Dat. 20 Kästen MCT

Anatolische Eisenbahngesellschaft Ende 19. Jh. - 1913 WOA Nachlaß Karl Schrader

Bagdadbahn.- Handakten des Bauleiters, Ernst Mackensen (1840 - 1909), Karten der Anatolischen Eisenbahngesellschaft 1900 - 09 WOA VI Hs 11, 159, VIII Hs Nr. 64

dgl., Unterlagen der Firma Philipp Holtzmann 1900 ff. (0,5 lfm) FFA

dgl., Lieferung von Brücken 1908 - 16 (5) OBG 304014/60 - 62

dgl. 1910 - 15 KOB R 157 II/5

Gesellschaft für den Bau von Eisenbahnen in der Türkei 1903 ff. (30) FFD Or. 173 ff.

Eisenbahnunternehmungen auf dem Balkan und in der Türkei 1911 - 19 (2) KOB R 85/106, 212

Eisenbahngüterverkehr mit Mitteleuropa 1915 - 20 (2) KOB R 85/86, 213

3088 Luftschiffahrt, Brieftauben-Angelegenheiten, Signal- und Rettungswesen 1900 - 16 FRB RM 5/1591

I A Luftverkehr in Vorderasien 1932 - 36 (8) BON Abt. II F - Luft, Deutscher Luftverkehr in V.; Luftlinie Orient; Östl. Mittelmeer; Vorderasien

3089 Postverkehr mit D 1869 - 1926 (2) BRE 5, 1/2 - 85, 86

dgl. 1902 - 20 (3) KOB in R 85/297; 663 - 664

noch 3089 dgl. 1916 KÖW 20/358/9

dgl., im 1. Weltkrieg.- Besondere Versendungsformen und Transitwege 1914 - 20 (6) KOB R 85/526, 599 - 603

Einrichtung und Unterhaltung von Postagenturen des D R 1913 - 20 (2) KOB R 85/282, 283

Telegrafenkonvention von 1865 **STH** E 100/347

Telegrafenverkehr 1876 BON Türkei 120

dgl. 1912 - 19 KOB R 85/721

Ausbau der drahtlosen Telegrafie, insbes. von Kabelverbindungen und von Funktelegrafenstationen 1904 - 18 (4) FRB RM 5/1597,1740, 1750, 3538

dgl. 1907 - 20 (19) KOB R 85/706 - 708, 742, 746, 755, 774, 775, 785, 814 - 823

3090 Aus- und Einwanderung, Vermögensmitnahme 1853 WÜA Reg Ufr, Abg. 43/45/9411

Behandlung der Dt. in der Türkei und der Türken im D R 1914 - 18 (2) KOB R 85/3601 - 3602

3091 Duldung der Sabine Würzburger, einer früheren Türkin, nebst ihrem Verlobten als Beisassen zu Würzburg 1695 WÜA Gebrechenamts-Akten IV W 238

Polizeiaufsicht und Naturalisation von Türken 1834 - 1926 DÜA Reg Aachen 4742 a

Auslieferung eines türkischen Mädchens aus der Diakonissen-Anstalt Kaiserswerth 1876 BON Türkei 119

Verleihung der dt. Staatsangehörigkeit an Türken 1884 - 1914 OLA 136 - 4255

Naturalisation von Türken 1884 - 1915 KAG Abt. 233/13266

Türkische Staatsangehörige in Württemberg 1887 - 1910 **STH** E 49 - 51/1/7

Reiseerlaubnis im D R 1914 - 19 KOB R 85/3813

3093 Einwanderung aus Baden **1842 - 57** (3) **KAG** Abt. 49/1307, 1308; Abt. 233/14982

noch 3093 Einwanderung aus Südwestdtld. 1849 - 1913 (8) KOL 441/23044; **SPA** M 36/in 41, 80, 99, 107, 108, 120; H 43/in 569, 570

Einwanderung aus Bayern 1857 - 1928 MCA M Inn 74206

Einwanderung von Dt. 1858 FFB DB 1/I in 28

Anwerbung von Bergleuten aus Westfalen 1866 (2) MSA Reg Münster/1082; Reg Arnsberg/1429

Paßvorschriften 1897 OLA 136 - 3140

dgl. 1918 **STH** E 49 - 51/1/26

Einbürgerung einer Familie in Smyrna 1918 - 20 NÜA Rep 270 IV/I a 189

Konzession zur Beförderung von Auswanderern für die Orient-Linie 1930 - 38 HMK 54.B.3.29

3094 Plan dt. Ansiedlungen in Kleinasien 1891 - 1913 (2) BON Türkei 189

3095 Vereinswesen im allg. 1926 - 29 BON Orient, Pol 28

Dt. Handwerker-Verein, Konstantinopel, gegr. 1861 1885, 1911 KOB R 57/1153 - 16

Dt. Turnverein, Konstantinopel, gegr. 1874 1886 KOB R 57/1153 - 10

Teutonia, Dt. Gesellschaft zu Konstantinopel, gegr. 1847 KOB R 57/1153 - 20

Dt. Ausflugsverein "Gottfried Albert" (früher Excursionsclub), Konstantinopel, gegr. 1885 1891 - 1941 KOB R 57/1153 - 3

Dt. Vergnügungsverein "Fidelitas", Konstantinopel-Pera 1914 KOB R 57/1153 - 9

Dt. Dürerbund, Konstantinopel, gegr. 1914 1914 - 18 KOB R 57/1153 - 28

3096 Totenscheine von verstorbenen Bayern 1838 WÜA Reg Ufr, A 43/45/9456

Erwerb von Grundeigentum durch Norddeutsche 1869 OLA 136 - 4242 noch 3096 Gesuch des Erasmus Mayer um Verwendung beider türk. Regierung wegen eines Hauses in Konstantinopel 1869 (2) KAG Abt. 233/14904, 31324

Nachlaß des in Konstantinopel verstorbenen Architekten Wilhelm Mauck aus Karlsruhe 1875 - 77 KAG Abt. 233/3665

Nachforschungen in- und ausländischer Behörden über Heimatverhältnisse, Eröffnungen, Ausfolge von Papieren, Nachforschungen über einzelne Personen und Familien 1875 STH E 146 III/(neu) 1503

Ersatz verabreichter Unterstützungen an Württemberger durch das deutsche Konsulat in Konstantinopel 1882 - 90 STH E 146 III/(neu) 1575

Gesuch der Witwe Wagemann aus Freiburg um Unterstützung bei der Erlangung einer türkischen Pension 1882 - 1901 KAG Abt. 233/4035

Schadenersatzansprüche anläßlich von Unruhen 1909 KAG Abt. 233/14926

Liebesgaben an das dt. Militär 1914 - 16 (2) KOB R 85/2513 - 2514

Sammlungen für deutsche Kriegsverletzte 1914 KOB R 85/2315

Unterstützung in der Türkei lebender bedürftiger Angehöriger dt. Militärs durch D 1915 - 18 KOB R 85/2803

Kaiser-Wilhelm-Spende 1917 - 18 KOB R 85/2562

Beziehungen von Einzelpersonen im Vorderen Orient zum DR.- Einzelfälle 1925 - 36 (16) BON III O.- Privata

3098 Bestellung von Ärzten zur Untersuchung militärpflichtiger Reichsangehöriger 1899 - 1915 KOB R 85/1690

Ausweisung von Deutschen 1919 HMK 44.B.3.4

31 Türkei ab 1918/23

3110 Nachrichtenmaterial zur Landeskunde 1940 - 44 (10) FRB RH 5/108 - 116, 144

3111 Berichte zur politischen Lage von Paul Schmitz, Ankara 1941, 1943 HMF

dgl., von Ludwig Mogrisch 1943 KOB NS 19/2236

3112 Politische Lage im allg. 1920 - 36 (3) BON Po 1, 1 A

dgl. 1920 - 39 (9) BON Rom Quirinal 662 a, 722 a, b, 7

dgl. 1920 - 44 BON Paris 494 a - 496 a, 1363, 2387

dgl. 1922 - 29 HMA 135 - 1, C III 23

dgl. 1924, 1926, 1939 - 42 (6) KOB in R 57/171/3, 474/10, 474/14, 747, 798, 801

dgl. 1924 - 30 (2) BON Büro StS, T

dgl. 1933 - 34 BRE 4, 49 - 314

dgl. 1938 - 44 (9) BON Büro StS

dgl. 1940 - 43 BON Büro UStS

dgl. März 1942, Jan. 1944 (2 Berichte dt. Vertrauensmänner) (2) KOB R 55/1042, 1357

Handakten Hemmen 1920 - 27 (2) BON

dgl. Ritter 1925 - 43 (3) BON

dgl. Eisenlohr 1926 - 30 (2) BON

dgl. Clodius 1936 - 41 (9) BON

3113 Aufzeichnungen und Briefwechsel von Rudolf Nadolny (1873 - 1953), 1924 - 32 dt. Botschafter in Ankara, dgl. Slg. von Pressematerialien 1924 - 32 (10) BON NL Nadolny

Briefe an Josef Zoelch über die Türkei 1924 - 33 BON NL Zoelch

Schriftwechsel zwischen Martin Luther, AA, und Rüstungsministe Speer über allg. polit. und wirtsch. Ang. 1940 - 45 KOB in R 3/1589

3114 Verfassungsfragen 1924 - 30 BON VW 2 Nr. 1
Staatsrechtliche Fragen 1925 - 31 BON R 4
Flaggenfragen 1935 - 39 BON Ankara, Pol 3
Grenzfragen 1921 BON VW 5
Grenzziehung zu Syrien und dem Irak o.Dat. BON HA Kamphoevener
Sandschak Alexandrette 1938 - 39 BON Ankara, Pol 1 a

3115 Staatsoberhaupt 1920 - 36 BON Po 11 Nr 1; Ankara, Pol 3

Osmanische Dynastie 1923 - 32 BON Po 11 Nr 2

3116 Ministerien 1920 - 35 BON Po 7

dgl. 1931 - 42 BON Ankara, Po 3 Nr 1

Angehörige der Regierung 1920 - 36 (2) BON Po 11 Nr 3

Persönlichkeiten des öffentlichen Lebens 1922 - 35 BON Po 11 Nr 6

3117 Dt. und ausländische Fachkräfte in türkischen Diensten 1924 - 40 (2) BON Inn Vw 10; Ankara, Kult 9 Nr 3

vgl. 3173

3118 Ordensangelegenheiten 1924 - 40 (4) BON Ankara, Prot 3

3120 Auswärtige Politik im allg. 1922 - 33 BON P 1 Geh

dgl. 1925 - 42 BON Ankara, Po 2

dgl. 1936 - 40 BON Po 1

Abrüstungskonferenz.- Korrespondenz der dt. Delegationsmitglieder mit der Türkei 1932 BON Abt. II F Abrüstung Abr.-Dez.Nr. 17 - 3

Dardanellenfrage 1936 - 38 (4) BON, Po 4 Konferenz Montreux; Po IV Dardanellenfrage

3121 Verträge im allg. 1924 - 35 (2) BON Vertr

Aufnahme der Verhandlungen mit dem D R 1924 - 30 (2) BON Büro StS T

Handels- und Niederlassungsvertrag 1923 - 36 BRE in 4, 49 - 315

Konsular-, Schiedsgerichts- sowie Vergleichsabkommen mit D 1930 BRE in 4, 49 - 314

Zwischenstaatliche Abkommen 1928 - 36 BRE in 4, 49/210

Verhandlungen über den Abschluß von Staatsverträgen mit dem D R 1938 - 41 BON Völkerrecht, Staatsvertr. Nr. 1

Wirtschafts- und Kreditabkommen mit dem D R 1942 - 43 BON Handakten Willnow

3122 Politische Beziehungen zu D im allg. 1920 - 35 (3) BON Büro RM 57

dgl. 1920 - 36 (6) BON Po 2

dgl. 1921 - 31 BON P 2 Geh

dgl. 1924 - 42 (50) BON Ankara, Pol 2; D Pol

dgl. 1936 - 39 BON Po 2

dgl., Berichte des Militär-, Marine- und Luftfahrtattachés 1935 - 43 (12) BON Ankara, Pol 2 - 2 f

3123 Politische Beziehungen zu dritten Staaten 1920 - 36 (35) BON Po 3

Kleine Entente 1924 - 39 BON Ankara, Pol 3

Pan-Europa 1931 - 36 (3) **BON Ankara, Pol 3**

Völkerbund 1936 - 43 BON Vö Länderakten

Beziehungen zu dritten Staaten 1920 ff. BON Ägypten, Albanien, Arabien, Belgien, Brasilien, Bulgarien, Canada, Chin Dänemark, England, Estland, Finnland, Frankreich, Griechenland Irak, Italien, Japan, Jugoslawien, Litauen, Niederlande, Öster reich, Persien, Polen, Rumänien, Rußland, Schweden, Schweiz, Spanien, Syrien, Tschechoslowakei, Ungarn, USA, Vatikan Po 3, zur Sowjetunion auch: Büro StS ORv 5

3124 Diplomatische und konsularische Vertretungen des D R 1920 - (5) BON Po 10

dgl. 1936 - 42 KOB R 2/11595

Innere Angelegenheiten des dt. auswärtigen Dienstes 1924 - 40 (50) BON Ankara, Pers.

Besteuerung von Angehörigen der diplomatischen und konsularischen Vertretungen 1924 - 38 BON Steuern 11

Staatsministerium: Dt.-türkischer Konsularvertrag 1929 - 30 KAG Abt. 233/25821

dgl. HMK 57.E.1.12

Zollbehandlung von dt. Gesandtschafts- und Konsulargut 1932 - 44 BON Zoll Nr 2

noch 3124 Auslandsbezüge der deutschen Beamten in der Türkei 1941 - 45 (2) KOB R 2/11544, 22300

Dt. Konsulatswesen 1938 - 41 BON Völkerrecht, Allg. Kons. Nr. 1, 5

Dt. Generalkonsulat Izmir 1921 - 44 (400) BON Izmir

dgl. 1924 - 40 (3) BON Ankara, Pers A 5

dgl. 1925 - 26 HMA 132 - 1/II/I 12 a/251

Dt. Generalkonsulat Trapezunt 1925 - 40 (2) BON Ankara, Pers A 6

Dt. Konsulat in Iskenderun 1927, 1934 HMA 132 - 1/II/I A 2 a/345

dgl. 1941 - 44 (5) BON Iskenderun

Dt. Generalkonsulat Istanbul 1931 - 37 BON Ankara, Sonderakte Gen

Konsularische Vertretung in Kerassunde 1927 - 28 HMK 57.H.3.2.1.841

Konsulat in Adana 1939 - 44 (27) BON Adana

Diplomatische und konsularische Behörden dritter Staaten 1925 - 36 BON Ankara, Prot 2 b

3125 Diplomatische und konsularische Vertretungen im Ausland 1920 - 36 (4) BON Po 8

Diplomatische und konsularische Vertretungen im D R 1920 - 35 BON Po 9

Konsularbehörden im Ausland 1924 - 38 BON Ankara, Prot 3

Personalien türk. Diplomaten 1927 - 28 BON Ankara, Prot 3

Konsulate im D R 1926 - 40 BON Protokoll V III 200

Konsularische Vertreter im D R 1915 - 43 (20) BON Protokoll II 200

Konsulate in Württemberg 1917 - 36 (3) STH E 130 IV/541, 542, 1075

Generalkonsulat in Hamburg 1926, 1933 DEA L 75 Abt.X Gr.10 Nr. 30

Konsulat in Bremen 1927 - 28 BRE 4, 49 - 153

3126 Besuche führender Staatsmänner 1935 - 42 (4) BON Ankara, Pol 3

Offizielle Reisen 1941 - 42 BON Ankara, Pol 3

3127 Dt.-türkische Vereinigung 1921 ff. BRK Hp II 37 a

Türkischer Klub e.V. bzw. Dt.-Türkische Vereinigung, Berlin 1930 - 37 OBG 400106/39

Dt. Orientverein 1935 BRK C 2 (1)

3128 Politische und kulturelle Propaganda 1924 - 35 BON Po 26

Kulturpropaganda 1927 - 28, 1939 (3) BON Ankara, Kult 2

Politische Propaganda 1939 - 43 (10) BON Ankara, P

Rundfunkpropaganda 1939 - 42 (4) BON Ankara, P Nr 1h, R geheim

dgl. 1943 KOB in R 58/1092

Reichspropagandaamt Ausland, Landesgruppe Türkei.- Tätigkeitsbericht Jan. - März 1943 KOB NS 18/12

Ausstellungen, Kongresse 1936 - 39 BON Ankara, Kult 11 Nr 1

Politische Kongresse und Konferenzen 1937 - 40 (5) BON Ankara, Pol 3

Messe in Izmir (3) KOB in R 55/319, 320, 537

3129 Nachrichtendienste 1920 - 33 BON Po 15

Spionage 1925 - 40 (2) BON Ankara, Pol 3

Dt. Abwehr 1941 - 44 (4) BON M-GR 2; Politik 15 g

3130 Militärische Lage, militärische Angelegenheiten im allgemeinen 1920 FRB in N 22/4

dgl. 1920 - 36 (8) BON Po 11 Nr 4; Pol 13

dgl. 1924 - 40 BON Ankara, Pol 4

dgl. 1927 - 35 BON P 13 Geh

dgl. 1934, 1941 - 44 (8) FRB RW 5/468 - 471, 483 - 485, 682

Militärische Kräfteverteilung Türkei.- Karte 1 : 2 000 000, Stand 6.8.1944 FRB RW 4/692

Militärattaché des D R 1935 - 36 BON Geh. Türkei II FM

3132 Marineangelegenheiten 1924 - 36 (2) BON Po 14

dgl. 1924 - 39 BON Ankara, Pol 4

dgl. 1933 - 39 FRB N 166/3

3135 Kommandierungen dt. Militärs 1928 BON Abt II F - M: K 21

Tätigkeit des Generals Ritter v. Mittelberger (1878 - 1953) als militärischer Berater 1933 - 39 (5) FRB N 40/4, 12, 21 - 23

3138 Kriegsgefangenenangelegenheiten 1921 BON Po 13 Nr 4

3139 Dt. Kriegsgräber 1920 - 44 (5) BON Kriegsgräber 5

Kriegsgräber und -denkmäler 1928 - 35 BON Po 13 Nr 2

3140 Rechtspflege und Justizverwaltung 1922 - 34 BON R 40

dgl. 1934 - 45 (14) KOB R 22/2253, 2425, 2519, 2702 - 2706, 2819, 3184 - 3188

dgl. 1936 - 40 KOB R 9 I Rep/816

3141 Gesetzgebung 1920 - 35 BON R 1

dgl. 1921 - 36 BON VW 2

dgl. 1924 - 39 (4) BON Ankara, WL 11

3142 Internationale Schiedsgerichts- und Gerichtshöfe 1925 - 37 BON Ankara, R 7

3143 Strafrecht 1944 (2) BON Str 5, 21

3145 vgl. 3045

Patentschutz 1920 - 44 (3) BON Patente Nr 7

Urheberrecht 1925 - 43 (2) BON Literatur Nr. 13

Privatversicherungsrecht 1936 - 40 BON Handelsrecht Nr 24

3146 Rechtsverträge mit D 1917 - 30 KAG Abt. 233/26723

Auslieferungen und Rechtshilfeverkehr 1918 - 32 KAG Abt.234/7213

Rechtliche Beziehungen zu D 1920 - 35 BON R 6

Verwendung und Vermittlung des D R in Rechtssachen (2) BON R 31 noch 3146 Rechtshilfe des D R zur Wahrung dt. Interessen vor türkischen Gerichten 1920 - 35 (2) BON R 35

Verhaftungen, Auslieferungen 1925 - 37 (2) BON Ankara, R 3, 5, DR

Rechtsverkehrs- sowie Auslieferungsverträge mit D 1917 - 43 (7) BON Auslief. 19; Auslief. 24

dgl. 1929 - 32 BRE in 4, 49 - 314

Strafverfolgung und Begnadigung von Dt. 1925 - 35 BON R 15

Strafverfolgung und Begnadigung von Türken im D R, u.a. von Talaat Pascha 1925 - 36 (2) BON R 16

Strafverfolgung von Türken im D R 1943 - 44 BON Str Verf 22

Rechtliche Beziehungen zu dritten Staaten 1923 - 32 BON R 7

Rechtliche Beziehungen zu Persien 1923 BON Rechtsw 7 Ira Türkei

Rechte von Exterritorialen 1925 - 28 BON R 8

3148 Kriegsschäden.- Zurückhaltung oder Liquidation deutschen Eigentums 1918 - 31 (3) KOB R 2/815 - 816, 987

Beschlagnahme dt. Eigentums 1920 - 25 (3) BON R 19; R 19 Nr 1; R 21

Forderungen, Beschwerden und Entschädigungsansprüche aus D 1920 - 36 (5) BON R 28

Amtliche und private Entschädigungsforderungen an D und von D 1923 - 38 BON Ankara, Pers. G. 20

Ansprüche an das D R auf Ersatz von Kriegsschäden 1941 - 44 BON Kriegsrecht 30 Nr 2

Vereinbarungen über Kriegsschäden mit D 1943 - 45 KOB R 12 I/211

Behandlung dt. Vermögens 1944 BON Kriegsrecht 21

Prisenordnung 1939 - 42 BON Ankara, D Pol Sd Abh 3

Aufbringung und Versenkung von Handelsschiffen durch das D R 1939 - 42 BON Kriegsrecht 17 noch 3148 Prisenverfahren vor deutschen Prisengerichten 1943 - 44 BON Kriegsrecht 5 a

3149 Beschwerden und Entschädigungsansprüche an das D R 1921 - 35 (4) BON R 27

Beschlagnahme türkischen Eigentums im D R 1923 BON R 20

Behandlung des Privateigentums im D R 1941 BON Kriegsrecht 20

3150 Innere Politik im allg. 1936 - 40 BON Po 5

3151 Nationale Minderheiten, insbes. Armenier und Kurden im allg. 1920 - 36 (4) BON Po 6

dgl. 1925 - 39 (2) BON Ankara, Pol 3, 4

Politische Ang. der Armenier 1920 ff. BON Armenien Pol 3

dgl. 1920 - 21 (2) BON Türkei Pol 6 Armenien; Frankreich Pol 3 Armenien

dgl. 1921 - 32 BON Paris 425

Schriftwechsel Hans Schlegels mit der Kölnischen Zeitung zur Armenierfrage 1921 (- 23) KOB Kl.Erw. 740

Allg. politische Verhältnisse 1922 - 35 (2) BON Armenien

Dt.-armenische Gesellschaft o.D. KOB R 57/1005 - 15

Politische Beziehungen Armeniens zum Iran und zur Türkei 1920 - 26 (2) BON Pol 3

Judentum 1925 - 39 (2) BON Ankara, Pol 4

dgl. 1938 BON Po 36

Kurdenfrage 1940 KOB in R 57/863

3152 Religionsfragen 1920 - 35 (2) BON Po 16

3153 Innere Politik, Parlament, Parteiwesen 1920 - 36 (7) BON Po 5

Sozialismus und Kommunismus 1926 - 36 BON Po 19

Kommunismus 1925 - 35 BON Geh Rußland P 19

dgl. 1932 - 39 BON Ankara Pol 4

noch 3153 Nationalsozialismus und Faschismus 1935 BON Po 29

Gewerkschaftswesen 1922 - 23 BON S 4

Freimaurer 1929 - 35 BON Po 20

3154 Innere Verwaltung im allg. 1920 ff. BON VW 1

Statistische Veröffentlichungen 1921 - 36 (3) BON VW 16

Verwaltungsreformen 1924 - 35 BON VW 2 Nr 2

Polizeiwesen 1925 - 34 BON VW 6

Einführung des lateinischen Alphabets 1926 - 33 BON VW 1 A

Reformen zur "Europäisierung" 1929 - 37 (2) BON Ankara, Pol 3 Nr 1

3155 Bekämpfung des Alkoholmißbrauchs 1923 - 31 BON S 12

Gesundheitswesen 1924 - 40 (5) BON Ankara, Kult 11 Nr. 5, 6, 6 b, Spezial

Segelflugsport 1934 - 38 BON Ankara, Kult 12 Nr 5

3156 Soziale Verhältnisse und Sozialpolitik 1924 - 35 (2) BON S 1; Ankara R 6

dgl. 1932 - 40 KOB R 9 I/817

Lohnfragen, Tarifverträge 1926 - 31 BON S 5

Arbeiterfragen 1927 - 36 BON S 2

Streiks und Aussperrungen 1928 BON S 3

Sozialversicherung 1932 - 43 (3) BON Sozialvers. Nr 6, 11; S 1 Nr 1

3157 Bodenreform, Siedlungs- und Wohnungswesen 1923 - 32 BON S 10

3158 Wohltätigkeit 1922 - 30 BON S 6

Roter Halbmond 1927 - 33 BON S 15

Erwerbslosenfürsorge 1934 BON S 1 Nr 2

Dt. Hilfsverein (Dt. Verein) Alemannia, Konstantinopel, gegr. 1861 1929 KOB R 57/1153 - 15 noch 3158 Waisenhaus des Dt. Hilfsbundes in Harunje 1936 KOB R 57/1153 - 7

Dt. Hospital, Istanbul o.Dat. OBG 400106/38

Hilfsbund für christliches Liebeswerk im Orient 1924 - 35 (3) BON Ankara, Kult 4 Nr. 1

3159 Evangelische Kirchengemeinden 1927 - 39 BON Ankara, Kult 4

Dt. Evangelische Kirchengemeinde Istanbul 1930 - 41 KOB R 57/1153 - 23

Christlicher Verein junger Mädchen, Konstantinopel o.Dat. KOB R 57/1153 - 11

3160 Kunst und Wissenschaft im allg. 1921 - 35 (2) BON KW 1; Ankara Kult 2

Schenkungen und Stiftungen 1923 - 29 BON KW 2

3161 Presewesen 1920 - 36 (5) BON Po 11 Nr 5; Pol 12

dgl. 1925 - 43 (30) BON Ankara, P

Unterstützung der Zeitschrift "Türkische Post", Istanbul 1939 - 44 KOB R 55/277

Presseberichterstattung über Deutschlands Beziehungen zu Japan und gemeinsame Abwehr des Kommunismus Sept. 1937 KOB R 18/6007

3162 s. 3120

3163 Unterrichtswesen, insb. Schulen 1924 - 40 (15) BON Po 17; Ankara, Kult 8 Nr 1, 2

dgl. 1925 - 31 KAG Abt 235/15516

Dt. Schule, Adrianopel, gegr. 1883 (Pressebericht) 1929 KOB R 57/1153 - 3

Verein ehemaliger Schüler der Dt. Schule Istanbul 1930 - 32 KOB R 57/1153 - 12

St. Georg, Dt. Real- und Handelsschule, Istanbul, gegr. 1882 1940 KOB R 57/1153 - 19

3164 Besetzung von Lehrstühlen in der Türkei 1916 - 43 KAG Abt. 235/5249

noch 3164 Hochschulangelegenheiten, insbes. Landwirtschaftliche Hochschule Ankara 1938 - 40 BON Ankara, Kult 10

Landwirtschaftliche Hochschule in Ankara: Tätigkeit deutscher Dozenten, Deutschunterricht 1935 - 38 KOB R 57/1153 - 4

Dt. Archäologisches Institut Istanbul 1927 - 39 (3) BON Ankara, Kult 11 Nr 9

dgl. 1930 - 36 KOB R 57/1153 - 14

Institut für Völkerrecht an der Universität Istanbul 1943 BON Völkerrecht Nr. 4 Nr 9

3165 Landeskunde 1925 - 36 BON KW 3

Sichtung, Klassifizierung und Aufstellung der Sammlung alten asiatischen Porzellans im Serail von Istanbul 1926 KOB in R 32/143

3166 Kunst-, Musik- und Theaterwesen, insbes. Verpflichtung dt. Künstler 1929 - 40 (5) BON Ankara, Kult 12

Bautätigkeit von Hermann Janssen um 1930 NÜG Nachlaß Janssen

Filmwesen 1938 - 40 BON Ankara, Kult 12 Nr 4

3167 Förderung der deutschen Sprache, insbes. durch Sprachkurse 1926 - 40 (6) BON Ankara, Kult 9 Nr 1, 2; K, Asien I

Lektorate der Deutschen Akademie in Bursa, Istanbul 1933 - 41 (3) KOB R 51/9, 41, 509

Verbreitung dt. Bücher 1927 - 40 (7) BON Ankara, Kult 11 Nr 8

3169 Unterbringung türk. Studenten auf Praktikantenstellen in D 1941 - 43 (2) KOB in R 11/1241 a, 1242

3170 Allg. Wirtschaftslage.- Ländermappe des Instituts für Weltwirtschaft, Kiel, Ausgabe 1945 1910 - 44 KOB R 7/3421

Allg. Wirtschaftslage und Wirtschaftspolitik 1920 - 28 BON Abt. Wirtschaft 1 A

dgl. 1927 - 29 BON Ankara W 1

dgl. 1930 - 44 (4) KOB R 9 I/806, 807, 814, 817

dgl. 1940 - 44 (6) KOB R 63/130, 195, 207, 208, 212, 21

noch 3170 dgl. 30.12.1944 KOB in R 28/119

Vorträge von Angehörigen des dt. diplomatischen Dienstes in der Türkei über deren wirtschaftliche Verhältnisse in Berlin 1935 - 44 KOB in R 9/90

Wirtschafts- und Außenhandelsstatistiken 1939 - 44 (6) KOB R 24/14, 856 - 860

3171 Agrarpolitik.- Denkschriften Fritz Baades 1929 - 35 KOB N 234/6

Land- und Forstwirtschaft, Fischerei 1932 - 40 KOB R 9 I/808

Wasserwirtschaftliche Bodenmeliorationen 1942 KOB in R 63/288

3172 Rüstungsindustrie 1925 - 26 BON Büro StS, T. secr.

dgl. 1938 - 40 BON Ankara, W I 3 Nr. 10

Bergbau 1943 (2) KOB in R 63/268, 334

Zementindustrie 1944 (2) KOB in R 63/242, 274

3173 Wirtschaftsbeziehungen, Verhandlungen und Abkommen mit D 1936 - 41 BON Ankara, W 2 Nr 1

dgl. 1941 - 43 (2) KOB in R 63/151, 306

dgl. 1943 - 44 KOB R 3/3262

Tätigkeit von Fritz Baade als Berater im Wirtschaftsministerium.- Aufzeichnungen und Schriftwechsel (3) 1934 - 36 KOB NL 234/1, 2, 4

Geplanter Ankauf der Liptak & Co., Budapest, durch die türk. Regierung 1923 KÖD V 17

Investitionen der Junkerswerke.- Ausfallgarantie des D R 1926 - 27 BON Büro StS, Tja

"Ostabkommen" mit der dt. Schwerindustrie 1928 - 35 (7) OBG 40402/103; 40410/30 - 34, 239

Errichtung von Aluminiumwerken durch dt. Firmen 1938 - 39 KOB R 7/3535

Wirtschaftsbeziehungen zu Jugoslawien 1938 - 39 BON Ha Pol IV a Paket 10, Wirtschaft 7

3174 Finanzen 1925 - 39 (3) BON WF 1, 3

dgl. 1930 - 35 (2) KOB R 2/417, 13119

dgl. 1932 - 44 (3) KOB R 9 I/808, 815, 816

Finanzielle Auseinandersetzung mit D in Ausführung des Versailler Friedensvertrages 1923 - 26 KOB R 2/2957

Zahlungs- und Warenverkehr mit D 1935 - 44 KOB R 28/33

Finanzbeziehungen zum Iran 1922 BON F 4 Iran

dgl., zur Tschechoslowakei 1936 - 38 BON Ha Pol IV a, Pak 1, Finanzwesen 4

dgl., zu Böhmen-Mähren 1940 - 41 BON HA Pol IV a, Pak 1, Finanzwesen 4

dgl., zu Österreich 1936 - 38 BON HA Pol IV a, Pak 3, Finanzwesen 4

dgl., zu Rumänien 1936 - 37 BON HA Pol IV b, Pak 2, Finanwesen 4

dgl., zu Griechenland 1942 BON HA Pol IV a, Pak 1, Finanzwesen 4

Devisenangelegenheiten 1932 - 36 (6) BON Abt W Finanzwesen 16

dgl. 1932 - 43 BRK G I 22

Abkommen mit dem D R über den Devisen- und Zahlungsverkehr 1934 - 44 (3) KOB R 2/14172 - 14174

Verrechnungsabkommen mit D vom 25.7.1938 KOB in R 2/3645

Anwendung der Goldklausel 1934 - 40 KOB in R 2/207

Devisenverkehr mit dem D R 1933 - 45 (4) KOB in R 7/166 261; in R 8 I/1117; R 8 VIII/28

3176 Steuergesetzgebung 1926 - 43 BON Steuern Nr 5

Gewinnsteuer zwischen 1925 und 1938 BRK Z V 47 b

Umsatzsteuerrecht 1928 - 43 KOB R 2/21003

Besteuerung von Grundbesitz im D R 1920 - 44 (3) Steuern Nr 12

noch 3176 Abschluß von Doppelbesteuerungsabkommen mit D 1923 - 43 (2) BON Steuern Nr. 14; (3) KOB R 2/19721 - 19723

Doppelbesteuerung in D 1927 - 35 KOB R 2/19795

Rechtshilfeverkehr in Steuersachen mit D 1925 - 43 (2) KOB R 2/19909 - 19910

dgl. 1934 - 44 (2) BON Steuern Nr 25

Besteuerung von Türken im D R und umgekehrt 1928 - 43 BON Steuern 9

3177 Zoll- und Handelsverhältnisse 1917 - 30 KAG Abt. 237/ 17472

Zolltarife 1921 KÖW 20/535/19

dgl. 1929 - 38 KÖW 20/1132/16

Zollvergünstigungen 1922 - 32 BON II Generalia 370

Zollbeziehungen zu Griechenland 1936 - 37 BON Z 9

dgl., zu Österreich 1937 - 38 BON Z 9

3178 Goldbestände der Dt. Orientbank in Istanbul 1925 - 35 BON III Sonderakten

Angelegenheiten der Dt. Orientbank 1930 - 34 KOB R 2/14937

3179 Schuldenwesen 1920 - 30 (2) KOB R 2/1948, 4255

Ansprüche des Porteurs Français de Fonds Ottomane in Paris an D nach dem Versailler Friedensvertrag 1922 - 24 (2) KOB R 2/2976, 2977

Finanzierung von Lieferungen der dt. Stahlindustrie 1924, 1928 - 43 (11) OBG 400073/23 - 32; 40402/103

Ablösung dt. öffentlicher Anleihen 1925 - 29 KOB in R 2/2285

Allg. Bankgeschäfte, insbes. Regelung der Staatsschulden und Aufnahme von Staatsanleihen 1926 - 34 (31) FFD Paket 770 - 790 noch 3179 Ausfallgarantie des Reichs für Investitionen der Junkerswerke 1926 - 27 BON Büro StS, Tja

Aufnahme von Exportkrediten und Reichsbürgschaften des D R 1927 - 45 (123) KOB R 2/in 16441, 16471 - 16472, 17065 - 17185, 17335 - 17337

Übernahme der Reichsbürgschaft für Eisenbahnbauten und entsprechender Materiallieferungsgeschäfte, ausgeführt von deutschen Firmen 1930 - 41 (8) KOB R 2/17327 - 17334
s. a. 3121

3180 Handelspolitik im allg. 1921 - 44 (3) BRK Hp I 14, Hp II 37

dgl. 1927 -43 (2) KOB R 2/9954, 10007

dgl. 1931 - 44 (5) KOB R 9 I/810 - 813, 1224

dgl. 1939 - 43 (12) FRB RW 19

Handelsvertrag mit D 1923 - 30 HMA 132 - 1/I C 2 b 22

dgl. 1923 - 36 BON Abt W + Handel 13

dgl. 1925 - 30 KÖW 20/1129/5

dgl. 1930 - 35 KOB R 2/21465

Austauschgeschäfte, Wirtschaftsabkommen 1932 - 35 BON Abt. W Handel 11, Nr. 3

dgl. 1940, 1944 BON HA - Pol XII a

Handelsverkehr mit D 1919 - 32 HMA 132 - 1/III A 1 c 9

dgl. 1919 - 43 (3) KÖW 20/525/8; 20/1101/3 - 4

Waren- und Kompensationsgeschäfte 1932 - 37 (2) HMK 29.K.14.72.1.2

Handels- und Verrechnungsverkehr mit D 1933 - 44 KOB R 28/119

Warenangebote und Nachfrage; Preisbildung 1944 BON Handel 11 - 5

Wirtschaftsbeziehungen zu dritten Staaten 1933 - 41 (10) Ankara, W 2 Nr 2, W 3

dgl., siehe BON Belgien, Böhmen-Mähren, Brasilien, Bulgarien, Estland, Frankreich, Griechenland, Indien, Kroatien, Lettland, Luxemburg, Norwegen, Österreich, Rumänien, Rußland, Schweden, Schweiz, Serbien, Spanien, Tschechoslowakei, Ungarn, USA Handel 12

3181 Einfuhr von Kriegsmaterial aus D 1922 - 34 BON Abt II F - M: K 73

dgl. 1942 - 44 FRB RL 2 III/694

Einfuhr von Maschinen aus D 1939 - 45 (2) KOB R 9 VIII/ 24, in 37

Einfuhr feinmechanischer und optischer Erzeugnisse aus D 1943 - 45 (3) KOB R 9 X/14 - 16

Einfuhr keramischer Erzeugnisse aus D 1943 - 45 (3) KOB R 9 VII/7, 9, 14

3182 Ausfuhr im allg. 1938 - 40 KOB in R 63/250 a

Ausfuhr von Asbest nach D 1935 - 36, 1941 - 44 KOB R 8 I/1188

Tabakausfuhr nach D, Frankreich und den Niederlanden 1942 - 44 (4) in R 8 XII/59, 69, 77, 83

Ausfuhr von Textilrohstoffen nach D 1943 - 44 (2) KOB in R 8 I/264, 278

Ausfuhr von Chrom nach D 1943 KOB in R 3/1514

3183 Gründung der türkisch-deutschen Handelskammer in Frankfurt a.M. 1923 - 27 FFA B 158 III/178

Türkische Handelskammer für Deutschland, Berlin 1927 - 44 (3) OBG 4001204/4; 40402/111 - 112

dgl. 1928 BRK Ha I 6 Bd 1

dgl. 1941 - 43 KOB R 11/1269

Zentralgeschäftsstelle für dt.-türkische Wirtschaftsfragen o.D. KOB R 57/1049 - 18

Dt.-türkische Handelsgesellschaft Türk Tad, Istanbul 1941 KOB R 57/1153 - 27

Nachweise dt. Rechtsanwälte, Firmenvertreter, Handelswaren und Inkassobüros 1937 - 44 (3) KOB R 9 I/420 - 422

Berichte der Handelsvertretung der Gutehoffnungshütte 1923 OBG 30442/20

Geschäftsbeziehungen von Felten & Guilleaume 1930 KÖF A I 9, Nr. 387

Vertretung der GHH 1935 OBG 4047001

noch 3183 Eisenbauten der GHH 1912 - 40 (7) OBG 40410/55 - 57, 157 - 158, 173, 227

Lieferung von Brücken 1924 - 42 (74) OBG 40114/7, 123, 131 - 132, 225 - 282, 320 - 331

Lieferung von Industriebauten 1925 - 42 OBG 404123/ 38 - 39, 49 - 50, 62, 65 - 68, 77 - 81, 97

Lieferungen für Eisenbahnbauten (Anatol. und Bagdadbahn) 19. OBG 40433/1

Maschinenbaulieferungen, u.a. für das Stahl- und Walzwerk "Stawa" 1929 - 45 (3) OBG 40420/59 - 60, 93

Lieferungen von Gießereierzeugnissen 1930 - 42 (2) OBG 40441/0, 4

Lieferung von Flugzeughallen 1932 - 37 (4) OBG 404121/16 - 18, 27

Lieferung einer Kondensationsanlage für das Kraftwerk Kirikkal 1935 - 43 (2) OBG 40422/77 - 78

"Verschiedene Lieferungen" der GHH 1938 - 42 OBG 40424/107

Vertretung des Bochumer Vereins in Istanbul 1925 - 26 BOK 56086

Handelsvertretung der Deutz-Motoren-Gesellschaft 1928 - 29 KÖD III 13 A

Unternehmungen der Fa. Junkers 1928 - 31 BON Ankara, W I 3 Nr 10

3184 Verkehrswesen 1929 - 40 KOB R 9 I/809

Verkehrsbeziehungen zu Bulgarien 1942 BON Verkehrsw. 9

3185 Verbot des Löschens und Ladens dt. Schiffe in türkischen Häfen 1919 - 23 HMK 44.C.7.2

Verwendung von dt. Schiffsraum zwischen 1919 - 38 BRK S I 1

Schiffahrtsbestimmungen 1924 - 28 HMA 132 - 1/III B 1 b 11

Bergungs- und Rettungsdienst 1928 HMA 132 - 1/III B 6

noch 3185 Schiffahrt 1940 BON Ankara, W Sf

Schiffahrtsbeziehungen zu Griechenland 1936 - 40 BON Sf 3

dgl., zu Jugoslawien 1937 BON Sf 3
dgl., zu Rumänien 1937 BON Sf 3
dgl., zu Bulgarien 1942 BON Sf 3

Schiffahrtsbeziehungen zu D 1943 - 44 BON Sf Türkei adh. I

3186 Straßenbau 1927 BON Ankara, WV 4

dgl. 1943 FRB RH 2 (Fremde Heere West) H 2/69

3187 Eisenbahnen 1926 - 28 BON Ankara, WE 1

dgl. 1941 KOB in R 63/331

Anatolische Eisenbahnen: Ausfallgarantie, Couponfrage (Handakten LR Dr. Ziemke) 1925 - 37 BON III Sonderakten

Eisenbahnbeziehungen zu D 1941 - 43 BON Eisenbahnw.

Eisenbahnbeziehungen zu Bulgarien 1941 - 42 BON E 4

Donauschiffprozeß 1944 BON Ha - Pol XII b, o.Az.

3188 Luftfahrt 1924 - 31 (3) BON Lu 1

dgl., Verbindungen zur Fa. Junkers 1925 - 27 (2) BON Lu 1 Geh

Fluggenehmigungen für Luftlinien 1924 - 42 (8) BON Ankara, W Lu

Flugverbindung zwischen Europa und Istanbul 1927 - 36 (4) BON Abt. II F - Luft, Luftlinie Konstantinopel

Luftverkehrslinien 1929 - 33 BON Lu 2

Aufnahme einer Flugverbindung der Deutschen Luft Hansa AG 1929 - 31 KOB R 2/23423

3189 Post 1928 - 41 BON Ankara, W L - 11

Briefweiterleitung und Nachrichtenübermittlung 1941 - 43 (4) BON Ankara, Pers. G 20

3190 Heimschaffung Dt. und Übernahme ausgewiesener Türken 1920 - 36 (2) BON VW 14

Niederlassungs- und Rechtsschutzvertrag mit dem D R 1924 - 25 HMA 132 - 1/I C 2 c 5

Staatsangehörigkeitssachen 1925 - 38 BON Ankara, DR 3, 5

Auswanderung.- Handels- und Schiffahrtsvertrag 1929 BRK A I 12/10

3191 Einbürgerung in das D R.- Allgemeines und Einzelfälle 1932 - 43 BON Sta Nr 1 IV

Türkische Kolonie im D R o.D. KOB R 57/1043 - 42

Einbürgerungen türkischer Staatsangehöriger in das D R 1929 - 34 DÜA Reg Düsseldorf/46983

3192 Ausweisung von Türken aus D 1921 - 34 (2) **BON VW 13**

Internierung von Türken in D 1926 BON R 18

Auslieferungsersuchen an das D R 1937 - 44 BON Auslief 2 22

Zivilgefangene in D 1944 - 45 BON Kriegsrecht 28, 28 Austausch, 28 Nr 26

3193 Einreisebestimmungen und Niederlassungsrecht 1921 - 26 HMA 132 - 1/VI B 5 a 23

dgl. 1929 - 39 HMK 90.53.1

Paßvorschriften 1931 **STH** E 130 V/572

Staatsangehörigkeitsgesetzgebung 1932 - 43 (2) BON Sta Nr 12, 14

Klärung der Staatsangehörigkeit in der T. lebender Dt. 1932 - 44 BON Sta Nr 1 III

Erwerb der Staatsangehörigkeit durch Dt. 1936 - 43 BON Sta Nr 1 VII, 11

Einwanderung aus D 1926 HMA 132 - 1/III D 2/19

noch 3193 Einwanderung aus D nach Alexandrette 1939 (2) HMA 373 - 7 I, II A III 7; 373 - 7 I, II C II 35

3194 Dt. Niederlassungen im allg. 1922 - 34 BON Po 25

Lage der Dt., insbes. in Istanbul, Ankara, Izmir (1933 - 45) KOB in R 57/1268

Dt. Kolonie in Ankara und deren öffentliches Auftreten 1941 (2) KOB R 57/1153 - 5, 25

3195 Dt. Vereinswesen im allg. 1924 - 39 BON Po 28

(9) BON Ankara, Kult 3

Vereinswesen 1926 **BON** Po 28

Bund der Auslandsdeutschen, Istanbul 1930 KOB R 57/ 1153 - 29

Auslandsorganisation der NSDAP 1934 - 36 KOB R 57/1153 - 30

3196 Unterstützung von Einzelpersonen durch das D R, u.a. Prof. Dr. Obst 1920 - 36 (5) BON VW 15

Nachlaßangelegenheiten 1924 - 41 BON Ankara, DR 3

Steuerangelegenheiten von Dt. 1924 - 29 BON Ankara, WL 11

Nachlaßabkommen mit dem D R 1926 HMA 132 - 1/2 - II C 1/10

Gehalts- und Pensionsansprüche Deutscher 1939 - 44 BON Beamtenrecht Nr 39

3197 Internierung dt. Staatsangehöriger 1920 - 25 BON R 17

dgl. 1944 BON Kriegsrecht 32

dgl., in Istanbul, Izmir, Iskenderun, Adana und Trapezunt.- Aufzeichnungen von Fritz von Twardowski (1890 - 1970), Generalkonsul in Istanbul 1943 - 45 1944 - 45 BON in NL v. Twardowski

Postverkehr dt. Zivilgefangener 1944 BON Kriegsrecht 29 Nr 16

3198 Ausweisung von Dt. 1920 - 24 BON VW 12

Auslieferung an D 1924 - 31 BON 132 - 1/2 - VI A 2/27

noch 3198 Ausbürgerungen, Ausweisungen 1938 - 40 BON Ankara, DR 3

Heranziehung von in der T. ansässigen Dt. zur Wehrpflicht im D R 1940 - 44 BON M 27

32 Zypern (auch: Cypern)

3210 Küstenbeschreibung 1906 - 15 FRB RM 5/1140

dgl. 1941 FRB RH 5/96

3211 Itinerar der Reise Heinrich Barths durch Zypern 1847 HMA 622 - 2/II a 2

3212 Brief von Ludolf an Otto Camphausen über die Annexion durch Großbritannien 1878 KÖA 1023/FA I 131

Besetzung durch die Briten 1878 - 1912 (9) BON Türkei 127 a

Allg. politische Berichterstattung 1878 - 79 BON Quirinal 16 a

dgl. 1929 - 37 KOB R 9 I/821

3245 Patentwesen o.Dat. KOB R 131/1118 - 19

3259 Allg. Ang. der evang. Kirche 1935 ff. BEZ C VII Cypern

3270 Wirtschaftliche Lage im allg. 1921 - 36 (3) BON Cypern

3274 Zoll- und Steuerwesen 1885 - 1914 KOB R 2/24502

3280 Handelspolitik 1929 ff. BRK Hp I 14

Warenaustausch-, Kompensations- und Verrechnungsverkehr mit D 1935 - 39 HMK 29.K.14.16

3283 Firmenvertretung der MAN 1911 ff. AUM o.Sign.

3286 Straßen 1943 (2) FRB RH 2/H 2/658, 659

3293 Einreisebestimmungen und Niederlassungsrecht 1935 - 38 HMK 90.22.a.5

33 Syrien und Libanon

3310 Militärisches Nachrichtenmaterial zur Landeskunde 1940 - 44 (3) FRB RH 5/106 - 107, 143

3311 Reise Wilhelms von Harnier 1857 (5) DAR 02 v. Harnier/ 169, 173, 179 - 182

Aufenthalt des Ingenieurs und Schriftstellers Max Eyth, u.a. in Beirut 1863 MAL

Nachlaß des preußischen Konsuls in Damaskus (1848 - 62) und Orientalisten Johann Gottfried Wetzstein (1815 - 1905) (30) BEB

Reise des Geh. Oberbaurats H. J. Stübben (1845 - 1910), Lichtbilder 1910 KÖA

3312 Allg. politische Lage 1861 (5) BON London/1 - 3, 7, 8

dgl. (nur im Libanon) 1867 - 86 (4) BON I AB 9 (Türkei

dgl. 1882 - 1913 (3) BON Paris 240, 242, 243 b

dgl. 1887 - 1920 (19) BON Türkei 177

dgl. 1904 - 07, 1928 - 42 (2) BON Vatikan 891, 905

dgl. 1917 (2) STK M 1/2 - 136, 141

dgl. 1920 - 39 BON Quirinal 769 b

dgl. 1928 - 39 (2) BON Paris 491 a, b

dgl. 1928 - 29 BRE 4, 49 - 99/28

dgl. 1933 - 41 (2) KOB R 9 I/725, 1225

dgl. 1940 - 42 (3) KOB R 57/830, 895, 940

dgl. 1940 - 44 (2) BON Paris 1363, 2386

dgl. 1940 - 44 BON Büro StS

Telegramme Rahn I u. II 1941 (3) BON Büro UStS

Zur Lage in Syrien.- Bericht aus der Schweiz Febr. 1945 KOB R 55/1042

3313 Unterlagen von Walter Rößler (1871 - 1929), Konsul in Aleppo 1910 - 18, u.a. über die politische Ordnung nach 1918 1910 - 20 BON in NL Rößler noch 3313 Berichte zur innen- und militärpolitischen Lage des Obersten G. v. Gleich aus Aleppo 1916 STK M 1/4 - 782

Handakten Wiehl 1927 - 41 BON

dgl. Clodius 1933 - 37 (2) BON

Politische Lageberichte, erstattet von Paul Schmitz, Ankara 1940 - 41 HMF 279

Aufzeichnungen von Rudolf Rahn, 1941 politischer Beauftragter des AA in Syrien 1941 BON NL Rahn/1 - 10

3314 Verfassungsfragen 1927 - 30 BON Inn Vw 2 Nr 1

3315 Das Staatsoberhaupt und seine Familie 1927 - 34 BON Pol 11 Nr 1

3316 Angehörige der Regierung und der diplomatischen Vertretungen 1928 - 33 BON Pol 11 Nr 3

Ministerien 1932 - 33 BON Pol 7

Persönlichkeiten des öffentlichen Lebens 1926 - 35 BON Pol 11 Nr 6

3320 Rückwirkung der ägyptischen Wirren 1882 (3) BON Ägypten 3

Auswärtige Politik im allg. 1931 BON Pol 1

dgl., geheim 1940 - 42 (3) BON Ankara, Pol 2 Nr 3 e

3321 Staatsverträge mit dem D R 1932 BON Vertr.

dgl. 1937 BON Völkerrecht, Staatsvertr. Nr. 1

dgl., Verhandlungen 1941 - 43 BON Völkerrecht, Staatsvertr. Verhandl. Nr. 1

3322 Politische Beziehungen zu D 1920 - 36 BON Pol 2

dgl. 1927 - 34 BON Pol 2 geh.

dgl., von Syrien 1933 KOB in R 43 II/1420

dgl., von Libanon 1938 KOB in R 43 II/1421

3323 Comité Libanais in Paris 1913 BON Paris 373

Politische Beziehungen zu dritten Staaten 1920 - 36 (15) BON Pol 3

dgl., zum Völkerbund 1936 - 38 BON Vö Länderakten

dgl. 1920 ff. BON Ägypten, Irak, Palästina, Persien, Saudisch-Arabien, Türkei Pol 3

3324 Dt. diplomatische und konsularische Vertretungen 1920 - 36 (3) BON Pol 10

Hanseatisches bzw. dt. (General-)Konsulat in Beirut 1847 - 62 BRE C.9.a.3.i

dgl. 1849 - 93 (10) HMA 11 - 1/VI/12/4 c/8;J 132 - 6, 7

dgl. 1863 - 75 (10) BON Beirut

dgl. 1926 - 35 BON Paris 1838

dgl. 1940 BON Ankara, Sonderakte Gen

Hanseatisches bzw. dt. (Vize-)Konsulat in Aleppo 1847 - 67 BRE C.9.a.3.i

dgl. 1849 HMA 111 - 1/VI/12/4 c/7

dgl. 1898 - 1933 HMK 57.H.3.2.1.15

dgl. 1910 - 18 (10) BON Aleppo

dgl. 1931 - 34 HMA 132 - 1/II/I A 2 a/420

dgl. 1936 BON Paris 1827

3325 Diplomatische und konsularische Vertretungen im Ausland 1921 - 34 BON Pol 8

3326 Empfehlungsschreiben bzw. Paß des Fürsten Georg Albrecht von Ostfriesland für den Prinzen Abu Genblat Nascar Abaisci, Fürst von Chesroan im Libanon (Abschrift) 1731 AUR Rep 4, B I 1605

Empfang des maronitischen Prinzen Moyses Hebesch und des verdrängten maronitischen Fürsten Elias Abaisei vom Libanon und die mehrfach bei seinem Aufenthalt und zu seinem Fortkomme aufgewendeten Gelder 1766 - 79 WOA 2 Alt/4088

3328 Politische und kulturelle Propaganda 1926 - 35 BON Pol 26

Pressepropaganda 1940 - 42 (6) BON Ankara, P 3 Nr 1

3330 Militärische Aufklärung durch Fremde Heere West 1941 - 44 (6) FRB in RH 2

Militärangelegenheiten im allg. 1927 - 34 (2) BON Pol 11 Nr 4; Pol 13

3337 Dt. Kriegsgefangene 1943 BON Kriegsrecht 27 Nr 16

3339 Kriegsgräber und -denkmäler 1928 BON Pol 13 Nr 2

Rechtspflege und Justizverwaltung im allg. 1931 BON R 40

dgl. 1934 - 43 (14) KOB R 22/2514 - 2523, 2805, 3011, 3013, 3234

3343 Strafrecht 1939 BON Str 5

3345 Patentwesen o.Dat. (4) KOB R 131/1161 - 1164

Patentschutz 1925 - 38 BON Patente Nr 7

Urheberrecht 1927 - 33 BON Literatur Nr 13

3346 Zivilrechtliche Beziehungen zum D R 1922 - 31 BON R 6

Rechtsanwälte und Sachverständige zur Wahrung dt. Interessen 1925 - 34 BON R 35 Nr 1

Strafverfolgung und Begnadigung von Dt. 1927 - 28 BON R 7

Auslieferungsvertrag mit dem D R 1929 - 36 BON Auslief 24

Rechtsbeziehungen zu dritten Staaten 1928 - 32 BON R 7

3347 Kriegsrecht 1941 BON Kriegsrecht 1

3348 Beschlagnahme dt. Eigentums im 1. Weltkrieg 1920 - 35 (4) BON R 19 Nr 1

Kriegsschäden Deutscher 1924 - 25 (2) KOB R 2/802 - 803

Ansprüche des D R auf Ersatz von Kriegsschäden 1925 - 33 BON R 28

dgl. 1939 - 42 BON Kriegsrecht 31

Behandlung dt. Vermögens 1939 - 45 (2) BON Kriegsrecht 21, 21 a

dgl. 1939 - 42 (4) KOB R 2/433 - 436

dgl. 1941 - 44 KOB in R 87/187

3349 Forderungen, Beschwerden und Entschädigungsansprüche an das D R 1927 - 36 (2) BON R 27

Behandlung des Privateigentums im D R 1939 - 44 BON Kriegsrecht 20

3350 Innere Politik, Parlaments- und Parteiwesen 1920 - 36 (2) BON Pol 5

Innenpolitik im allg. 1933 BON P 5 Geh

3351 Nationalitätenfragen, Fremdvölker 1928 BON Pol 6

Syrien und der arabische Nationalismus.- Aufzeichnung Walter Zechlins 1939 BON NL Zechlin, Paket 3, II (2), Bl. 42 - 62

3352 Religionsfragen 1922 - 36 BON Pol 16

3353 Nationalsozialismus und Faschismus 1935 BON Pol 29

3354 Innere Verwaltung im allg. 1927 - 34 BON Inn Vw 1

Grenzfragen 1921 BON Inn Vw 5

Verwaltungsreformen 1929 BON Inn Vw 2 Nr 2

Statistische Veröffentlichungen 1921 - 35 BON Inn Vw 16

3355 Pest in Aleppo 1747 - 50 SCH Abt. 11 A III/711

3356 Soziale Verhältnisse und Sozialpolitik 1927 BON S 1

Streiks und Aussperrungen 1927 BON S 3

Lohnfragen und Tarifverträge 1928 BON S 5

3357 Elektrizitätswerk und Straßenbahn in Aleppo 1917 FFD Paket 15

Bodenreform, Siedlungs- und Wohnungswesen 1931 - 35 BON S 10

3358 Gründung eines evangelischen Waisenhauses in Beirut 1861 STH E 46 - 48/906

Wohltätigkeit 1929 - 30 BON S 6

Beschlagnahme des dt. Johanniter-Hospitals sowie der Schule und des Hospitals der Borromäerinnen in Beirut 1925 - 31 (3) BON Paris 1020 a, b

3359 Mission der Jesuiten in Aleppo, Damaskus, Tripoli, Antoura ca. 1650 - 1750, 1824 - 38, 1881 KÖJ

Angelegenheiten der evang. Kirche im allg. 1885 ff. BEZ C VII Asiat. Türkei 19, 19 a; EO Asiat. Türkei 15, 20; C VII Syrien 1 noch 3359 Evang. Gemeinde Beirut 1856 ff. (12) BEZ C VII Asiat. Türkei 11; EO Asiat. Türkei 8

dgl. 1932 - 37 KOB R 57/1224 - 46

Evang. Gemeinden Aleppo und Damaskus 1885 ff. BEZ EO Asiat. Türkei 20

3360 Kunst und Wissenschaft im allg. 1924 - 35 BON **KW 1**

3361 Presse 1924 - 34 BON Pol 12

3363 Unterrichtswesen 1932 BON Pol 19

Dt. Schule der Kaiserswerther Diakonissen, Beirut, gegr. 1928 1933 - 37 KOB R 57/1224 - 47

3364 L'Université St. Joseph, Beirut 1910 KOB R 57/1224 - 45

3365 Reise des Prof. für Orientalistik Julius Euting (1839 - 1913), Straßburg, nach Sendschirli - Urfa - Aleppo 1889 - 90 (5) TÜB Md 676

Untersuchung der Ruinen von Baalbek 1900 - 06 KAG Abt. 233/10766

3367 Dt. Sprachkurse 1928 - 37 BON K, Asien I

3370 Wirtschaft 1940 (6) FRB in RW 19

3371 Bewässerung im Libanon o.D. FFD Or 318

3372 Bergbau um 1940 FRB RW 19/313

3375 Devisenangelegenheiten 1934 - 35 BON F 16

dgl. 1937 - 38 BRK G I 22

Devisenverkehr mit D 1935 - 41 (3) KOB R 7/166, 259; in R 8 VIII/28

3376 Steuergesetzgebung 1931 - 43 BON Steuern Nr 5

3379 Damaskus-Hama-Eisenbahn-Obligation 1901 - 06 FFA Bethmann-Archiv V/226

3380 Handelspolitik, insbes. Handelsbeziehungen mit D 1896 - 1936 MCO III a/44

dgl. 1916 KÖW in 5/19/32

dgl. 1918 ff. (2) BRK Hp I 14; Hp II 46

dgl. 1936 - 40 KOB in R 2/10211

dgl. 1940 - 41 BON in Paris

noch 3380 Warenaustausch-, Kompensations- und Verrechnungsverkehr 1932 - 41 HMK 29.K.14.70

dgl. 1935 BON Handel 11 Nr 3

Handel mit dritten Staaten 1920 ff. BON Belgien, Iran, Rumänien Handel 12

3381 Einfuhr aus D 1881 HMA 371 - 8 II, XIX B 7, 4 II 6

Einfuhr von Tanks 1937 - 40 OBG 40431/15 - 21

3382 Ausfuhr von Därmen nach D 1927 HMK 32.B.28.5

3383 Handelsvertretung der Deutz-Motoren-Gesellschaft durch die Eastern Engeneering Co., Beirut 1929 - 30 KÖD III 5/29, III 13 B

Firmenvertretung der MAN 1931 ff. AUM o.Sign.

Nachweise dt. Rechtsanwälte, Firmenvertreter und Handelswaren 1935 - 39 KOB R 9 I Rep/419

3385 Schiffslinie nach D 1899 - 1904 HMA 371 - 8 II, XXI C 2.8

3387 Eisenbahnen o.Dat. (3) FFD Or 341
vgl. 3379

3390 Staatsangehörigkeitsgesetzgebung 1932 - 33 BON Sta Nr 12

Telegrafie 1912 - 20 (4) KOB in R 85/706 - 708, 774

3391 Einbürgerung in das D R.- Einzelfälle 1937 - 43 BON Sta Nr 1 IV

Zulassung von Syrern und Libanesen zum Dienst in der dt. Wehrmacht 1936 - 37 BON M 8

3392 Ausweisung von Syrern aus dem D R 1923 - 35 BON Inn Vw 14

3393 Einreisebestimmungen, Niederlassungsrecht und Verkehrswesen 1927 - 39 HMK 90.20.a.5

Klärung der Staatsangehörigkeit in S. und im L. lebender Dt. 1938 - 43 BON Sta Nr 1 III

3394 Dt. Niederlassungen 1928 BON Pol 25

Lage der Dt., insbes. in Beirut zwischen 1933 - 1945 BON in R 57/1271

3396 Nachlaß des Frankfurter Goldschmieds Peter von der Kliet in Aleppo 1602 FFA Bürger wider Fremde Ugb

noch 3396 Unterstützungen des D R an Einzelpersonen 1929 - 32 BON Inn Vw 15

3397 Gesuch von Franz Stützle aus Hofweier um Befreiung aus syrischer Gefangenschaft 1866 - 67 KAG Abt. 233/14910

Dt. Zivilinternierte 1939 - 43 (4) BON Kriegsrecht 29, 29 Nr 13, 13 a, 19

3398 Heimschaffung von Dt. 1923 - 35 BON Inn Vw 14

Ausweisung von Dt. 1928 - 33 BON Inn Vw 12

Heranziehung von in S. und im L. ansässigen Dt. zur Wehrpflicht im D R 1937 - 39 BON M 3

34 Palästina und Transjordanien

3410 Militärisches Nachrichtenmaterial zur Landeskunde 1941 - 44 FRB RH 5/105

3411 Orientreise von Christoph Fürer, insbes. Besuch der heiligen Orte (Itinerar und Bescheinigung in türkischer Sprache) 1565 NÜS E 12/59 f, g

Jerusalemfahrt Salomon Schweickers 1581 TÜB Mb 37

Reisenotizen von Karl Alexander Anselm Reichsfrhr. v. Hügel (1795 - 1870) über die Bevölkerung in Jerusalem um 1831 FFB in FN 8

Reise Wilhelms von Harnier 1857 (6) DAR 02 v. Harnier, 169, 173, 179 - 182

Aufenthalt des Ingenieurs und Schriftstellers Max Eyth, u.a. in Jerusalem 1863 MAL

Reise der Gräfin Maria von Crailsheim 1906 NÜA

Reise des Geh. Oberbaurats H. J. Stübben (1845 - 1910), Lichtbilder 1910 KÖA

3412 Allg. politische Berichterstattung 1882 - 87, 1902 (2) BON Paris 240, 242

dgl. 1888 - 1939 (2) BON Quirinal 366 b, 756

dgl. 1904 - 43 (5) BON Vatikan 891 - 892, 902 - 904

dgl. 1927, 1940 - 42 (6) KOB in: R 57/474/19, 797, 807, 846, 878, 948

dgl. 1920 - 39 (15) BON Paris 465 - 468 b

dgl. 1929 - 31 BRE 4, 49 - 80/21

dgl. (Berichte des Generalkonsulats Jerusalem) 1936 BON London, Bündel 33

dgl. 1937 (2) KOB in R 43 II/1421, 1421 a

dgl. 1937 - 41 BON Büro RAM

dgl. 1937 - 38 BON Büro UStS

dgl. (nur Transjordanien) 1940 BON in R 57/807

noch 3412 dgl. 1941 - 45 (4) BON Madrid

dgl., Lagebericht des SD 1942 KOB NS 19/186

3413 Unterlagen von Walter Rößler (1871 - 1929), 1905 - 10 dt. Konsul in Jaffa 1905 - 10 BON in NL Rößler

Aufzeichnungen des Gesandten Hans v. Miquel (1871 - 1917) über eine Reise nach Haifa, Jaffa, Jerusalem 1910 - 12 (2) BON NL Miquel, 1/1 - 16, 17

Aufzeichnungen von Karl Emil Schabinger Frhr. von Schowingen (1877 - 1967), Konsul in Jaffa 1916 - 17 BON NL Schabinger von Schowingen

Briefe von Generalkonsul Karl A. R. Kapp aus Jerusalem 1923 BON NL Zoelch

Handakten Clodius 1933 - 37 (2) BON

dgl. Wiehl 1934 - 41 BON

3414 Grenzfragen 1920 - 24 BON Inn Vw 5

Staatsrechtliche Fragen 1923 - 35 BON R 4

Plan der Aufteilung Palästinas und Stellungnahme fremder Staaten dazu 1937 - 38 (3) BON **Pol 5 A**

3415 Staatsoberhaupt 1932 **BON Pol 11 Nr 1**

3416 Angehörige der Regierung und der diplomatischen Vertretungen 1928 - 32 BON Pol 11 Nr 3

Personalien von Vertretern des öffentlichen Lebens 1924 - 25 BON Pol 11 Nr 6

3420 Rückwirkung der ägyptischen Wirren 1882 (3) BON Ägypten 3

Außenpolitische Verhältnisse im allg. 1920 - 22 BON Pol 1

3421 Staatsverträge mit dem D R 1926 BON Vertr

Wirtschaftsverträge mit dem D R 1936 - 38 BON Ha Pol Verträge Frankreich

3422 Politische Beziehungen zum D R 1920 - 38 BON Pol 2; Pol 2 Geh.

dgl. 1937 KOB R 43 II/1420, 1421 a

Schreiben von Arabern,u.a. Joseph Said Abu Duera an Hitler 1938 - 39 KOB in R 54/334 c 1

3423 Politische Beziehungen zu dritten Staaten 1922 - 35 (5) BON Pol 3

dgl. 1920 ff. BON Ägypten, England, Irak, Italien, Syrien, Vatikan Pol 3

Völkerbund 1936 - 37 BON Vö Länderakten

3424 Diplomatische und konsularische Vertretungen im Ausland und umgekehrt 1923 - 31 BON Pol 8

Diplomatische und konsularische Vertretungen des D R 1921 - 34 (2) BON Pol 10

dgl. 1940 KOB in R 2/11583

Dt. Konsulat in Jaffa 1847 - 67 BRE C.9.a.3.i.

dgl. 1894 HMA 111 - 1/VI/12/4 c/23

dgl. 1927 - 32 HMA 132 - 1/II/I A 2 a/339

Hanseatisches bzw. dt. Konsulat in Jerusalem 1847 - 67 BRE C.9.a.3.1

dgl. 1852 - 89 HMA 111 - 1/VI/12/4 c/13

Dt. Konsulat Haifa 1894 - 1939 (6) BON Haifa

3427 Palästina-Verein 1848 - 1908 (2) DÜA Reg Aachen/701, 911

Jerusalemverein, Berlin 1860 - 1907 KAG Abt. 60/1542

dgl. 1894 STL A 26/375 - 149

dgl. o.Dat. KOB R 57/1043 - 24

Tempelgesellschaft, Stuttgart 1896 - 99 STH E 14 - 16/79

dgl. 1899 - 1904 STH E 130 I, 1938/345

dgl. o.Dat. KOB R 57/1036 - 47

s.a. 3458, 3493, 3495

Deutscher Verein zur Erforschung Palästinas, Leipzig o.D. KOB R 57/1030 - 18

3428 Politische und kulturelle Propaganda 1926 - 35 BON Pol 26

Einzelausstellungen 1924 - 36 BON As 2

3430 Allg. militärische Lage 1937 - 42 (4) FRB RL 2 II/ 379 - 380, 464, 673

Militärische Aufklärung durch Fremde Heere West 1941 - 43 (4) FRB in RH 2

3436 vgl. 3036

3437 Dt. und andere Kriegsgefangene 1939 - 43 (10) BON Kriegsrecht 27, 27 a, 27 Nr 12 - 22

3438 Palästinensische Kriegsgefangene im D R 1939 - 42 (2) BON Kriegsrecht 26, 26 Nr 27

3439 Kriegsgräber und -denkmäler 1928 - 35 BON Pol 13 Nr 2

3440 Rechtspflege und Justizverwaltung im allg. 1924 BON R 40

dgl. 1935 - 43 (6) KOB R 22/2460, 2461, 2464, 2731, 2806, 2964

3441 Gesetzgebung 1923 - 31 BON R 1

dgl. 1927 BON Inn Vw 2

3445 Patentwesen o.Dat. (3) KOB R 131/1158 - 60

dgl. 1924 - 35 BON Patente 7

Schutz des gewerblichen Eigentums 1922 - 28 1941 BON I 41

dgl., in Transjordanien 1934 - 43 KOB R 22/2463

Urheberrecht 1924 - 32 BON Literatur Nr. 13

3446 Rechtsanwälte und Sachverständige zur Wahrung dt. Interessen 1924 - 36 BON R 35 Nr 1

Zivilrechtliche Beziehungen mit D 1924 BON R 6

Strafverfolgung und Begnadigung von Dt. 1925 - 34 BON R 15

Auslieferungsvertrag mit dem D R (auch mit Transjordanien) 1927 - 36 BON Auslief 24, 24 a

Verwendung und Vermittlung des D R 1933 - 36 BON R 31

Rechtsbeziehungen zu dritten Staaten 1924 - 26 BON R 7

3447 Private Rechte 1939 - 40 BON Kriegsrecht 3

Prisengerichte 1939 BON Kriegsrecht 5 b

3448 Beschlagnahme dt.Eigentums im 1. Weltkrieg 1920 - 36 BON R 19 Nr 1 noch 3448 dgl. 1921 - 29 (3) KOB R 2/783 - 785

Forderungen, Beschwerden und Entschädigungsansprüche aus D 1921 - 36 (2) BON R 28

Behandlung fremden Vermögens 1939 - 44 (2) BON Kriegsrecht 21. 21 a

Ansprüche des D R auf Ersatz von Kriegsschäden 1943 BON Kriegsrecht 31

3449 Forderungen, Beschwerden und Entschädigungsansprüche an das D R 1926 - 29 BON R 27

Behandlung des Privateigentums im D R 1939 - 44 BON Kriegsrecht 20

3450 Innere Politik, Parlaments- und Parteiwesen 1920 - 37 (6) BON Pol 5

Bevölkerungsfragen 1920 - 36 BON W 20

Naturkatastrophen 1929 BON W 22

3451 Nationalitätenfrage 1921 - 32 BON Pol 6

"Judenfragen" 1936 - 43 BON Pol 36

Jüdische Auswanderung aus D nach P. 1909, 1925 - 26 HMA 373 - 7 I, II C II 27

dgl. 1922 - 41 (6) KOB R 57/21, 24 - 26, 48, 49

dgl. 1939 - 41 HMA 373 - 7 I, II A II 17

Dt. Komitee "Pro Palästina" 1918 - 26 HMA 364 - 8, F 10

dgl. 1926 - 32 (2) BON Pol 2 A

dgl. o.Dat. KOB R 57/1043 - 46

dgl. 2931 - 32 KOB NL 53/87

Angelegenheiten des politisch aktiven Judentums, insbes. Einwanderung nach Palästina BON Jud.Pol. 1 - 3; NL Prof. Sobernheim

3452 Schutz der Christen 1877 BON Türkei 126

Streitigkeiten zwischen Christen und Mohammedanern in Haifa 1880 BON Türkei 140

Heilige Stätten des Christentums 1888 - 1919 BON Türkei 175 e noch 3452 Judentum 1897 - 1920 (22) BON Türkei 195

Religionsfragen 1921 - 35 BON Pol 16

Schriftwechsel mit und über den Großmufti von Jerusalem, Amin El-Husseini 1943 - 45 (3) KOB NS 19/2255, 2637, 1503

3453 Sozialismus und Kommunismus 1927 - 36 BON Pol 19

Nationalsozialismus und Faschismus 1935 BON Pol 29

3454 Innere Verwaltung im allg. 1921 - 30 BON Inn Vw 1

Polizeiwesen 1926 BON Inn Vw 6

Statistische Veröffentlichungen 1923 - 35 BON Inn Vw 16

3455 Gesundheitswesen 1922 - 36 (4) BON G

Viehseuchen, Quarantänemaßnahmen 1926 - 27 BON Vt 2

3456 Arbeiterfragen 1930 - 33 BON S 2

Rechts- und Amtshilfe in Angelegenheiten der Sozialversicherung 1939 - 43 BON Sozialvers. Nr 11

3457 Siedlungs- und Wohnungswesen 1922 - 34 BON S 10

"Die Miete der Kleinwohnung".- Darstellung aufgrund einer internationalen Fragebogenaktion 1936 KOB in R 41 Rep/1049

3458 Almosenpatente 1756 DAR V/B III Konv. 49, Fasz. 2

Mädcheninternat und Krankenhaus der Dt.-evangelischen Missionsgesellschaft für das Morgenland, Jerusalem 1851 ff. DÜF

Dt. Protestantisches Syrisches Waisenhaus, Jerusalem (Heimsche Stiftung) 1878 STL A 26/1572 - 2

dgl. (Kollekten) 1913 - 40 BEZ I/O - 2 - 52

dgl. 1916 - 37 KOB R 57/1224 - 34

Aussätzigen-Asyl "Jesushilfe", Jerusalem (Jahresberichte) 1904 STL A 26/897 - 71

dgl. 1921 - 27 KOB R 57/1224 - 28

Wohltätigkeit 1924 - 25 BON S 6

Dt. Diakonissen-Hospital, Jerusalem 1930 KOB R 57/1224 - 30

Dt. Hospital der Borromäerinnen in Haifa 1930 KOB R 57/1224 - 21

3459 Evangelisches "englisch-preußisches" Bistum in Jerusalem 1842 - 43 DEA M 1 Pr. Nr. 451

dgl. 1845 - 46 BEA Rep 109/4294

Gesellschaft zur Förderung des christlichen Glaubens in Syrien und Palästina 1876 KAG Abt. 60/1553

Der Verein vom heiligen Grabe und seine 30jährige Wirksamkeit im Heiligen Land 1885 MSA Oberpräsidium/in 2049, 1

Evang. Gemeinde Jerusalem 1841 - 1934 (21) BEZ EO, Asiat. Türkei 6 - 6 g, C VII 16

dgl. 1930 KOB R 57/1224 - 31

Planung, Kollekten, Bau und Einweihung der Evang. Erlöserkirche in Jerusalem 1869 - 99 BEZ EO Asiat. Türkei 6, c

dgl. 1895 - 99 KAG Abt. 60/697

dgl. 1898 (2) BRE 4, 70 - 304/14; OLA 132 - 73

Evang. Gemeinde Bethlehem 1860 ff. (2) BEZ EO Asiat. Türkei 9; C VII Asiat. Türkei 12

dgl., Jaffa 1864 ff. (3) BEZ EO Asiat. Türkei 12; VII Asiat. Türkei 15

dgl., Haifa 1880 - 1926 (4) BEZ EO Asiat. Türkei 13; C VII Asiat. Türkei 14

Allg. Ang. der evang. Kirche 1926 ff. BEZ C VII Palästin

Bauten des Kölner Architekten Heinrich Renard (1868 - 1928) in Jerusalem, insbes. der Marienkirche auf dem Sion und des Hospiz am Damaskustor 1900 - 26 (13) KÖA 1084/4 - 10, 88 - 93

Abtei Dormitio, Kirche und Kloster Mariä Heimgang der dt. Benediktiner Jerusalem (Bericht des Prokurators P. Placidus Graf Spee) 1932 KOB R 57/1224 - 29

3460 Kunst und Wissenschaft 1925 - 29 BON Kunst u. Wiss 1

3461 Pressewesen 1927 - 36 BON Pol 11 Nr 5; Pol 12

3462 Wirkung der dt. Rundfunkpropaganda in arabischer Sprache 1939 BON in R 58/1092

3463 Unterrichtswesen 1923 - 31 BON Pol 17

Dt. Schulen in Jerusalem (Talitha-Kumi, Mädchenerziehungshaus, gegr. 1851, Lyceum Tempelstift, gegr. 1871, Dt. Evangelische Schule, gegr. 1873, Schmidt's Girl's College, gegr. 1886, St. Karls-Schule, gegr. 1906) 1937 KOB R 57/1224 - 32

Dt. Realschule der Tempelgemeinde Sarona, Jaffa 1928 - 37 (2) KOB R 57/1224 - 25, 36

Dt. Schule in Bethlehem, "Waldheim", Bethlehem, gegr. 1916 1930 - 37 (2) KOB R 57/1224 - 17, 38

Dt. Schule St. Karl, Haifa, gegr. 1894 1936 - 37 KOB R 57/1224 - 20

Dt. Schule der Tempelgemeinde Wilhelma, Jaffa, gegr. 1904 1937 KOB R 57/1224 - 39

Dt. Schule, Haifa, gegr. 1914 1937 KOB R 57/1224 -18

Ausbildung von Technikern u.ä. 1925 - 27 BON I 30

3465 Reise des Prof. für Orientalistik Julius Euting (1839 - 1913), Straßburg, nach Jerusalem, Meschatta, Petra und Udruh 1889, 1898 TÜB Md 676

3467 Dt. Sprachkurse 1928 - 37 BON K, Asien I

3470 Wirtschaft im allg. 1920 - 36 (14) BON W

dgl. 1921 - 35 HMK 95.D.9.4

dgl. 1929 - 35 BON A 3

dgl. 1938 - 40 KOB R 9 I/805

dgl., in Transjordanien 1938 - 40 KOB R 9 I/1259

dgl. 1940 FRB RW 19/34

dgl., vor allem Transjordanien 1940 - 41 FRB RW 19/ 44, 547

Wirtschaftspolitische Zirkularberichte der Reichsregierung und des AA 1929 - 31 BRE 4, 49 - 80

Wirtschaftsstatistik 1931 - 1938 1940 KOB R 24/892

3471 Bewässerung der Jaffa-Ebene o.D. FFD Or 318

Landwirtschaft 1920 - 36 (6) BON La

3472 Industrie 1922 - 35 (9) BON I

3474 Finanzen 1922 - 36 (8) BON F

3475 Devisenangelegenheiten 1932 - 36 (5) BON F 16

dgl. 1935 BRK G I 22

Devisenverkehr mit D 1933 - 43 KOB in R 7/253

s.a. 3493

3476 Steuerwesen 1925 - 33 (5) BON Steuern

Besteuerung von Grundeigentum im D R 1926 - 43 BON Steuern 12

Besteuerung von Einwohnern Palästinas im D R und umgekehrt 1937 - 43 BON Steuern 9

Steuergesetzgebung 1941 - 43 BON Steuern 5

3477 Zollbehandlung von Jerusalemer Balsam in D 1901 BRE 4, 8/738

Zoll 1922 - 36 (9) BON Z

Zollvergünstigungen 1926 - 32 BON II Generalia 370

3478 Deutsche Palästina Bank, Berlin 1904 - 41 (2) FFD Westbank

Bank der Tempelgesellschaft, Jerusalem.- Geschäftsbücher 1923 - 39 (17) KOB Kl. Erw. 624

dgl., Jaffa (2) KOB R 57/1224 - 19, 22

3480 Handel mit D 1896 - 1936 MCO III a/44

Handel, insbes. Handelsbeziehungen zum Ausland 1921 - 36 (23) BON H

Handelspolitik 1926 ff. BRK Hp II 77; Ap I 14

Einbeziehung Palästinas in das englische Präferenzsystem 1932 HMK 95.D.9.2.

Austauschgeschäfte, Wirtschaftsabkommen 1934 - 35 BON H

Handelsbeziehungen zum Irak 1920 ff. BON Irak H 12

Handelsbeziehungen mit Österreich 1937 - 38 BON H 12

3481 Eisenbauten der Gutehoffnungshütte 1927 - 39 OBG 40410/42 noch 3481 Boykott dt. Waren wegen der Judenverfolgung im D R 1933 - 34 HMK 78.K.20

dgl. 1933 (2) KOB R 2/10216, 10236

Lieferung von Tanks 1937 - 43 (11) OBG 40431/15 - 21, 24 - 27

3482 Ursprungszeugnisse. Konsulationsfakturen. Zollfakturen für D 1929 - 38 HMK 95.D.9.3.

3483 Nachweise dt. Firmenvertreter und Handelswaren 1935 - 39 (2) KOB R 9 I/417, 418

Vertretung dt. Firmen durch Juden 1938 HMK 10.B.2.7

Handelsvertretung der Deutz-Motoren-Gesellschaft 1906, 1910, 1921, 1928 KÖD III 5/8, 28; III 13 C

Firmenvertretung der MAN 1921 ff. AUM NL R. Buz/203; o.Sign.

Schriftwechsel der Pharma-Auslands-Organisation von Bayer 1938 - 39 LEV 9/K 1.1

3484 Verkehrswesen 1922 - 36 (5) BON Vk

3485 Seeschiffahrt 1922 - 33 (3) BON Sf

dgl., auch Hafenwesen 1925 - 32 HMK 95.D.9.1.

Schiffslinie zum D R 1899 - 1904 HMA 371 - 8 II, XXI C 2.8

Donaufahrten eines jüdischen Reeders unter palästinensischer Flagge 1934 HMA 371 - 8 II, IX A 1.4 Nr 2.4

Kanalprojekt Haifa - Totes Meer - Akaba o.D. FFD Or. 361

Häfen von Jaffa und Haifa o.D. (2) FFD Or. 318, 355

3486 Wege und Straßen 1932 BON WS 1

Kraftfahrwesen 1931 - 34 BON Kf 1

3487 Eisenbahnen 1926 - 34 (3) BON E

3488 Luftfahrt 1926 BON Luftsch 1

3489 Post-, Telegrafen- und Fernsprechwesen 1922 - 34 (5) BON Post

3490 Staatsangehörigkeitsgesetzgebung (auch Transjordanien) 1932 - 42 BON Sta Nr 12

3491 Einbürgerung in das D R.- Allgemeines und Einzelfälle
1937 - 43 BON Sta Nr 1 IV

Zulassung von Palästinensern zum Dienst in der dt. Wehrmacht
1938 BON M 8

3492 Ausweisung von Staatsangehörigen Palästinas aus D 1920 - 35
(2) BON Inn Vw 13, 14

3493 Auswanderung der "Jerusalemfreunde" (Templer) aus Württemberg
1854 - 1918 STL A 26/497

Wiedereinbürgerung eines Schulleiters in Jaffa 1916 - 25
NÜA Rep 270 IV/I a 116

Wiedereinbürgerung eines "Schutzgenossen" in Waldheim bei
Haifa NÜA Rep 270 IV/I a 302

Paßvorschriften für Reisende sowie die eingesessenen Araber und
Juden 1920 OLA 136 - 3141

Einwanderung aus dem D R 1924 - 25 HMA 132 - 1/III D 2/36

dgl. 1924 - 26 BRE 3 - A 4/522

Einreisebestimmungen und Niederlassungsrecht für Palästina
1929 - 39 HMK 90.22.a.25

dgl., für Transjordanien 1934 - 38 HMK 90.22.a.3

Erwerb der transjordanischen Staatsangehörigkeit durch Dt.
1931 - 32 BON Sta Nr 1 VII

Klärung der Staatsangehörigkeit in Palästina lebender Dt.
1932 - 43 BON Sta Nr 1 III

Auswanderung dt. Juden nach Palästina (Devisenbewirtschaftung)
1935 - 37 KOB R 2/14518

Ausstellung von Heimatscheinen für pfälzische Auswanderer nach
Tel Aviv 1936 **SPA** H 43/58

Einbürgerung von Dt. 1938 - 43 BON Sta Nr 11

3494 Dt. Niederlassungen im allg. 1920 - 34, **1936 - 39** (4)
BON Pol 25

dgl. 1920 - 24 KOB R 57/17

dgl. 1929 - 35 KOB R 57/1535

noch 3494 dgl., auch in Transjordanien 1940 - 41 KOB R 57/1224 - 16

Dt. Kolonie, Jaffa 1924 KOB R 57/1224 - 24

Lage der Dt., insbes. in Jerusalem, Bethlehem, Haifa, Jaffa, Nazareth, Neu-Hardthof, Sarona, Tabgha, Wilhelma (1933 - 45) BON in R 57/1271

3495 Dt. Tempelgesellschaft Jerusalem: Zentralkasse ca. 1911 - 20 KOB R 57/1224 - 33

Dt. Tempelgesellschaft Sarona, Jaffa 1911 - 30 KOB R 57/1224 - 26

dgl., Männerchor, Gemischter Chor, Mundharmonika-Verein KOB (2) R 57/1224 - 23, 35

dgl., Sportverein KOB R 57/1224 - 37

Dt. Verein, Jaffa, gegr. 1876 1926 - 34 KOB R 57/1224 - 27

Verein der Palästinadeutschen o.D. KOB R 57/1036 - 64

Gau Ausland des NSLB 1933 ff. KOB NS 12/855

3496 Nachlaß von Friedrich Murad in Jerusalem 1937 - 38 KAG Abt. 233/26394

3497 Internierung von Dt. 1922 BON R 17

dgl. 1939 - 44 (12) BON Kriegsrecht 29, 29 a, 29 Nr 10 - 25

3498 Beihilfe zur Heimreise der Palästinadeutschen 1920 - 21 STK M 1/6/1389

dgl. 1920 - 35 BON Inn Vw 14

Ausweisung von Reichsdt. 1935 - 36 BON Inn Vw 12

Heranziehung von Palästinadt. zur Wehrpflicht im D R 1936 - 41 BON M 3, 27

Freiwillige Meldung von Palästinadt. zum Reichsarbeitsdienst 1939 BON ArbD 8

Austausch von Zivilinternierten mit dem D R 1939 - 44 (7) BON Kriegsrecht 28 Austausch

Geplante Umsiedlung der Palästinadt. nach der Krim 1941 - 43 KOB NS 19/186

35 Arabische Halbinsel insgesamt, Saudi-Arabien

3511 "Notizen über Arabien" von Hans Steffen 1938 KOB in NS 10/394

3512 Allg. polit. Berichterstattung 1886 - 1920 (43) BON Türkei 165

dgl. 1888 - 1914 (2) BON London 361 - 362

dgl. 1902 - 16 FRB RM 5/5869

dgl. 1920 - 39 (4) BON Quirinal 656 a, 657 b, 722 a, 764 a

dgl. 1926 - 29 (2) BON Pol

dgl. 1926 - 33 BON Vatikan 906

dgl. (Hedjas, Nedjd) 1930 BON Büro RM 93

dgl. 1936 - 39 BON Pol-Arabien

dgl. 1939 KOB in NS 43/5

dgl. (Arabien; Saudisch-Arabien) 1939 - 44 (3) BON Büro StS

dgl. 1940 - 42 BON Paris 1360

dgl. 1940, 1942 KOB in: R 57/801, 935

3513 Handakten Wiehl 1928 - 32 (2) BON

3514 Verfassungsfragen 1932 BON Inn Vw 2 Nr 1

3515 Die für den arabischen Prinzen Abud Suada aufgewendeten Gelder 1766 - 79 WOA 2 Alt 4088

Staatsoberhaupt und seine Familie 1929 - 35 BON Pol 11 Nr

Früher regierende Familien 1933 - 35 BON Pol 11 Nr 2

3516 Ministerien 1932 BON Pol 7

Personalien von Staatsmännern 1924 BON Pol 11 Nr 3

3517 Einsatz von Technikern 1929 - 30 BON I 30

3520 Auswärtige Politik im allg. 1920 - 34 (2) BON Arabien Pol 1; Saudisch-A. Pol 1

3521 Freundschaftsvertrag mit D 1929 - 30 BRE 4, 49 - 276/55; STH E 130 IV 1106; KOB R 2/10240

noch 3521 Handelsvertrag mit D 1929 HMA 132 - 1/I C 2 b 54

Staatsverträge mit D 1932 BON Vertr

Verhandlungen über den Abschluß von Staatsverträgen mit dem D R 1939 - 43 BON Völkerrecht, Staatsvertr. Verh. Nr. 1

Staatsverträge mit dem D R 1942 - 43 BON Völkerrecht. Staatsvertr. Nr. 1

3522 Politische Beziehungen zu D 1920 - 39 (3) **BON Arabien Pol 2; Hedjas Pol 2; Saudi-Arabien Pol 2**

3523 Politische Beziehungen zu dritten Staaten 1922, 1926, 1929 - 35 (8) **BON Arabien, Hedjas, Saudisch-A. Pol 3**

dgl. 1922 ff. BON Ägypten, Afghanistan, Frankreich, Irak, Italien, Persien, Rußland, Ankara Pol 3

3524 Überfall auf ausländische Konsularbeamte durch Araber in Djeddah 1895 - 96 BON Türkei 192

Dt. konsular. Vertretungen 1910 - 14 HMA 132 - 1/I/A III d 22

Diplomatische und konsularische Vertretungen im Ausland und umgekehrt 1929 - 33 BON Pol 8

Diplomatische und konsularische Vertretungen des D R 1930 - 36 BON Pol 10

Dt. Konsulat in Djiddah 1930 - 34 HMA 132 - 1/II/I A 2 a/ 407

dgl. 1930 - 31 HMK 57.3.2.1.867

3526 Besuch des Emirs Feisal in Berlin 1932 KOB in R 43 I/45

3536 Aufstand der Araber gegen die Türken in Hedschas 1917 (2) STK M 1/2 - 83, 112

Nachrichten zur militärischen Lage durch Fremde Heere West **1941 - 43 (3) FRB in RH 2**
vgl. auch 3036

3537 Dt. Kriegsgefangene 1942 (2) BON Kriegsrecht 27, 27 Nr 22

3546 Auslieferungsvertrag mit dem D R 1931 - 36 BON Auslief 24 a

3547 Kriegsrecht - Allg. 1942 BON Kriegsrecht 1

Neutralität 1942 BON Kriegsrecht 8

3548 Beschlagnahme dt. Eigentums aus Anlaß des 1. Weltkrieges 1920 - 22 BON Arabien 19 Nr 1

Forderungen, Beschwerden und Entschädigungsforderungen aus D 1932 - 36 BON R 28

3549 Behandlung des Privateigentums im D R 1941 - 43 BON Kriegsrecht 20

3550 Innere Politik, Parteienwesen 1926 - 33 BON Pol 5

3552 Religionsfragen 1929 - 33 BON Pol 16

3554 Innere Verwaltung 1932 BON Inn Vw 1

3556 Arbeiterfragen 1931 BON S 2

3565 Reise des Prof. für Orientalistik h.c. Julius Euting in Innerarabien.- Tagebuch, Skizzen und Aquarelle 1883 - 84 (8) TÜB M d 676

3567 Dt. Sprachkurse 1928 - 37 BON K, Asien I

3570 Allg. wirtschaftliche Lage 1926 - 35 (3) BON Arabien

dgl. 1928 - 40 KOB R 9 I/798

dgl. 1930 - 33 BON W 1

3572 Ölförderung 1935 - 36 BON I 6

3574 Finanzwesen 1929 - 33 (5) BON F 1, 2, 12, 16, 20

3576 Steuerwesen, Steuergesetzgebung 1931 BON Steuern 1

3577 Zolltarifierung von in Wasser aufgelöstem arabischem Gummi 1899 BRE 4, 8/446

Zoll 1921 BON Arabien, Z

dgl. 1930 - 33 (3) BON Z 1, 4, 11

3579 Schuldentilgung 1929 - 32 KOB R 2/10240

Aufnahme von Exportkrediten und Reichsbürgschaften 1838 - 39 KOB R 2/16436, 16496

3580 Handel, insbes. Wirtschafts- und Handelsbeziehungen zum Ausland 1920 BON Arabien H

dgl. 1929 - 35 (11) BON in H 10 - 39, W 6, 7

Warenverkehr mit D; Aski-Zahlungen 1938 HMK 29.K.14.80

Geplanter Warenaustausch mit D 1938 - 39 BON NS 43/62

noch 3580 Handel mit Frankreich 1920 ff. BON Frankreich Handel 12 (Arabien)

3583 Nachweise dt. Firmenvertreter und Handelswaren für die arabischen Staaten 1936 - 39 KOB R 9 I/414

3585 Seeräuberei im Roten Meer 1902 - 14 BON Türkei 165 Nr 2

3586 Kraftfahrwesen 1930 - 34 BON Kf 1

3587 Eisenbahnen 1908 - 15 KOB R 85/209

dgl. 1929 - 33 BON E 2

3588 Luftfahrt 1931 - 32 BON Luftsch 1

3589 Telegrafie, Telefonwesen, Radioverkehr 1931 BON Post 28

3590 Ein- und Ausreise, Aufenthalt von Ausländern 1931 - 34 BON Vk 11

Staatsangehörigkeitsgesetzgebung 1932 - 43 (2) BON Sta Nr 12, 14

dgl. 1941 KOB R 22/2405

3591 Einbürgerung in das D R.- Einzelfälle 1937 - 43 BON Sta Nr 1 IV

3593 Einreisebestimmungen und Niederlassungsrecht 1931 - 35 HMK 90.4.1

dgl. 1931 HMA 132 - 1/VI B 5 a 36/6

3596 Einzelfälle verschiedener Art 1943 - 44 BON Paris 2384

3597 Internierung von dt. Staatsangehörigen 1941 - 43 (9) BON Kriegsrecht 29, 32

3598 Austausch von Zivilinternierten mit dem D R 1942 - 43 BON Kriegsrecht 28 Austausch

36 Jemen (auch: Yemen) und brit. Protektorat Aden

3612 Allg. polit. Berichterstattung über Aden 1890 - 1917 (2) BON Engl. Bes. in Asien 4

dgl. über die Insel Sokotra 1886 - 1912 BON Engl. Besitzungen in Ost-Afrika 2

dgl., über den Jemen 1938 - 39 BON Quirinal 775

dgl. 1939 - 40 BON Büro StS

3615 Jemenitisches Staatsoberhaupt und seine Familie 1933 - 35 BON Po 11 Nr 1

3621 Handelsvertrag mit dem Jemen 1931 (2) HMA 132 - 1/I c 2 57; HMK 95.D.17.2.

Verträge mit dem Jemen 1935 BON Vertr

3622 Politische Beziehungen des Jemen zu D 1928 - 35 BON Po 2

dgl., zu dritten Staaten 1929 - 30 (2) BON Po 3

dgl., zu Saudi-Arabien 1920 ff. BON Saudisch-Arabien Pol 3

dgl., zu Italien 1925 - 29 BON Pol 3 Italien

dgl., zur Sowjetunion 1929 BON Rußland Po 3

3623 Handakten Wiehl 1930 - 39 BON

3624 Dt. Konsulat in Aden 1872 - 93 HMA 111 - 1/VI/2/4 c/2 a/14

dgl. 1893 - 1925 HMK 57.H.3.2.19

dgl. 1926 - 35 HMA 132 - 1/II/I A 2 a/293

dgl., auch diplomatische Vertretungen im Jemen 1931 BON Po 10

3626 Geschenk von 2000 kg Kaffee durch König Imam Yahya von Jemen an den dt. Reichspräsidenten und Regierungsvertreter anläßlich seines Besuches in D 1930 - 31 KOB in R 43 I/45

3630 Militärangelegenheiten 1935 - 36 BON Po 13

3637 Lager für dt. Kriegsgefangene in Aden 1914 ff. KOB R 85/3022

3647 Neutralität des Jemen 1942 BON Kriegsrecht 8

3650 Innere Politik des Jemen 1933 BON Po 5

3680 Bedeutung der Stadt Aden für den Handel.- Hinweis bei Gelegenheit der Errichtung einer Venediger Handelsgesellschaft 1840 NÜS E 8/3611

Handelsbeziehungen des Jemen mit Belgien 1938 BON H 12

Handelsbeziehungen des Jemen mit D 1931 HMA 371 - 8 III, H V e 116

Waffenhandel und Waffenschmuggel in Aden 1898 - 1914 KOB in R 85/6636

3682 Ausfuhr Adens 1937 - 1938 1942 FRB RW 19/548

3685 Paketverkehr zwischen Aden und D 1887 - 1901 BRE 5, 1/2 - 1053

dgl., mit Saihut 1896 - 1924 BRE 5, 1/2 - 206

Postdampferdienst Karatschi - Aden 1906 HMA 371 - 8 II, XXI C 2.4.27

Schiffahrt und Hafenwesen in Aden 1911 - 12 HMK 95.D.1.1.

dgl., im Jemen 1930 HMK 95.D.17.3.

3687 Projekt einer Eisenbahn von Hodeida nach Sana 1912 KOB R 85/209

3688 Luftfahrt im Jemen 1933 BON Lu 1

3689 Telegrafie in Aden 1914 KOB in R 85/773

3693 Einreisebestimmungen und Niederlassungsrecht im Jemen 1937 - 38 HMK 90.22.a.12

3697 Internierung von dt. Staatsangehörigen 1941 - 44 (3) BON Kriegsrecht 29, 32

3698 Austausch von Zivilgefangenen mit dem D R 1943 -44 BON Kriegsrecht 28 Austausch

37 Kuweit, Maskat und Oman

3712 Allg. polit. Berichterstattung über Kuweit 1901 - 16 (9) BON Türkei 165 Nr. 1

dgl., über Oman 1895 - 1913 FRB RM 5/5426

dgl. 1941 KOB in R 57/910

3722 Beziehung des Imams von Maskat zu den Hansestädten 1833 - 88 (2) BRE C.28

3724 Dt. Konsulat in Maskat 1910 HMK 57.H.3.2.1.410

3780 Waffenschmuggel in Kuweit und Maskat 1900 - 14 (3) KOB R 85/6604, 6635 - 6636

38 Irak (auch Mesopotamien)

3812 Allg. polit. Berichterstattung (des dt. Konsulats Bagdad)
1895 - 1902 (7) BON Türkei 134 adh.

dgl. 1911 FRB RM 5/5431

dgl. 1920 - 39 (2) BON Quirinal 742 b, 753 a

dgl. 1920 - 38 BON Vatikan 907

dgl. 1924 - 39 (3) BON Paris 445, 457 a

dgl. 1929 - 36 BON A

dgl. 1930 KOB R 54/259

dgl. 1938 - 43 BON Büro RAM

dgl. 1939 - 44 BON Büro StS

dgl. 1939 KOB in NS 43/5

dgl. 1940 - 42 (4) KOB in R 57/793, 902, 942, 943

dgl. 1940 - 42 BON Paris 1361

dgl. 1941 - 42 BON Büro UStS

Politische Pläne Nuri Paschas 1940 KOB in NS 43/40

3813 Schicksalsfahrten. Erlebnisse in Persien und anderen Ländern, verfaßt von Wilhelm Litten (1880 - 1932), nach 1918 im dt. diplomatischen Dienst in Bagdad nach 1920 NL Litten

Handakten Wiehl 1932 - 41 (2) BON

dgl. Clodius 1935 BON

3814 Grenzfragen 1924 BON Inn Vw 5

Verfassungsfragen 1923 - 35 BON Inn Vw 2 Nr 1

Staatsrechtliche Fragen 1927 - 32 BON R 4

3815 Das Staatsoberhaupt und seine Familie 1927 - 36 (2)
BON Pol 11 Nr 1

Früher regierende Familien 1931 - 32 BON Pol 11 Nr 2

3816 Ministerien 1924 - 35 BON Pol 7

Personalien von Angehörigen der Regierung und des diplomatischen Dienstes 1927 - 36 BON Pol 11 Nr 3

Personalien von Angehörigen des öffentlichen Lebens 1928 - 35
BON Pol 11 Nr 6

3817 Verwendung württembergischer Ärzte, Techniker, Forstleute und Bauingenieure in Bagdad 1897 - 1918 STH in E 49 - 51/1/14

3820 **Auswärtige Politik im allg. 1927 - 33 BON Pol 1**
Neutralität 1939 - 41 BON Kriegsrecht 8

3821 Verträge mit D 1924, 1929 - 35 **BON Mesopotamien Vertr,** Irak Vertr

Handelsvertrag mit dem D R 1929 - 33 KOB in R 2/24533

dgl. 1934 BON H 11 Nr 3

dgl. 1935 KOB R 43 II/303

dgl. 1936 BRE 4, 49 - 278/56

s. a. 3646, 3676, 3688

3822 Politische Beziehungen zu D 1926 - 34 BON Pol 2

dgl. 1933, 1938 (2) KOB R 43 II/1420, 1421

Notwendigkeit einer Unterstützung durch die Achsenmächte zur Schwächung Englands 1941 KOB NS 19 neu/2414

3823 Beziehungen zum Völkerbund 1936 - 39 (3) BON Vö Länderakten; Vö Beziehungsakten I.-Iran, Türkei

Politische Beziehungen zu dritten Staaten 1923 - 36 (22) BON **Pol 3, Pol 3 Länder**

dgl. 1920 ff. BON Ägypten, Afghanistan, Indien, Italien, Ankara Pol 3

3824 Diplomatische und konsularische Vertretungen im Ausland und umgekehrt 1927 - 36 (2) BON Pol 8

Diplomatische und konsularische Vertretungen des D R 1921 - 36 (4) **BON Pol 10**

Besteuerung von Mitgliedern der diplomatischen und konsularischen Vertretungen 1927 - 39 BON Steuern 11

Zollbehandlung von dt. Gesandtschafts- und Konsulargut 1932 - 44 (2) BON Zoll Nr 2

Dt. Konsulat Bagdad 1892 HMK 57.H.3.2.1.41

dgl. 1924 HMA 132 - 1/II/I A 2 a/205

dgl., auch dt. Botschaft 1926 - 39 (90) BON Bagdad

noch 3824 Dt. (Vize-)Konsulat Mossul 1906 - 18 (50) BON Mossul

dgl. (Liquidation) 1924 - 30 BON Ankara, Sonderakte Gen

Dt. Konsulat Basra 1909 - 10 HMA 621 - 1, Robert Wönckhaus & Co./6

dgl. 1909 HMK 57.H.3.2.1.53

3825 Diplomatische und konsularische Vertretungen im D R 1930 - 35 BON Pol 3

dgl. 1930 - 39 BON Protokoll VIII 101

Konsulate in Württemberg 1906 - 35 STH E 130 IV/1062

dgl. 1938 - 39 STH E 130 IV/153

dgl., in Baden 1938 - 39 KAG Abt. 233/26481

dgl., für die Provinz Hannover 1936 - 39 HNA Hann 122 a II /38

dgl., für das Land Braunschweig 1938 - 39 WOA 12 A Neu Fb 13 m/37473

3826 Besuch von König Faisal in Berlin 1930 (2) KOB in R 43 I/45; in R 54/259

3828 Politische und kulturelle Propaganda 1932 - 34 BON Pol 26

Ausstellungen 1932 - 34 BON As 2

3830 Militärische Ang. im allg. 1927 - 35 BON Pol 11 Nr 4; Pol 13

Wehrdienst 1938 BON M 20

Militärische Aufklärung durch Fremde Heere West 1941 - 44 (6) FRB in RH 2

3836 s. 3036

3839 Dt. Kriegsgräber 1923 - 44 (7) BON Kriegsgräber 5

dgl., auch Kriegsdenkmäler 1929 - 33 BON Pol 13 Nr 2

3840 Rechtspflege und Justizverwaltung im allg. 1927 - 31 BON Mesopotamien R 40, Irak R 40

dgl. 1930 HMK 95.D.7.2.

dgl. 1934 - 43 (11) KOB R 22/2425, 2538 - 2542, 2816, 3024 - 3027

3841 Gesetzgebung 1926 - 36 (4) BON Inn Vw 2; R 1

s. a. 3676

3843 Strafrecht 1937 - 39 BON Str 5

3845 Patente und Warenzeichen 1928 - 40 (3) KOB R 131/ 981, 984; BON Patente 7

Urheberrecht 1939 BON Literatur Nr 13

3846 Zivilrechtliche Beziehungen zum D R 1927 - 34 BON R 6

Auslieferungsverträge mit dem D R 1927 - 43 (3) BON Auslief 24 a

Rechtshilfe zur Wahrung dt. Interessen 1928 BON R 35

Strafverfolgung und Begnadigung von Dt., u. a. Fall Schmerl & Gen. 1930 - 32 BON R 15

Strafverfolgung und Begnadigung von Irakern in D 1935 BON R 16

Auslieferungsabkommen 1937 - 43 BON Auslief 19, 23

Rechtliche Beziehungen zu dritten Staaten 1928 - 31 BON R 7

3848 Beschlagnahme dt. Eigentums im 1. Weltkrieg 1923, 1926 BON Mesopotamien R 19 Nr 1, Irak R 19

Forderungen, Beschwerden und Entschädigungsansprüche aus dem D R 1926 - 34 (5) BON R 28

Behandlung dt. Vermögens 1939 - 40 BON Kriegsrecht 21

Private Rechte im 2. Weltkrieg 1943 BON Kriegsrecht 3

3849 Forderungen, Beschwerden und Entschädigungsansprüche an das D R, u.a. Fall Schneevoigt 1924 - 35 (2) BON R 27

Behandlung des Privateigentums in D 1939 - 43 BON Kriegsrecht 20

3850 Innere Politik, Parlaments- und Parteienwesen 1923 - 39 (4) BON Pol 5

3851 Rassen- und Nationalitätenfragen 1927 - 35 BON Pol 6

Judenfragen 1938 - 39 BON Po 36

3852 Religionsfragen 1927 - 34 BON Pol 16

3853 Freimaurer 1927 - 29 BON Pol 20

Nationalsozialismus und Faschismus 1936 BON Pol 29

3854 Innere Verwaltung im allg. 1927 - 34 BON Inn Vw 1

Verwaltungsreformen 1929 - 34 BON Inn Vw 2 Nr 2

Polizeiwesen 1934 BON Inn Vw 6

Statistische Veröffentlichungen 1924, 1927 - 34 BON Mesopotamien Inn Vw 16, Irak Inn Vw 16

3855 Gesundheitswesen im allg. 1928 - 35 BON G 1

Seuchen, Quarantänemaßnahmen 1926 - 28 (3) BON G 2

Bekämpfung des Alkoholmißbrauchs 1934 BON S 12

Krankenhäuser, Anstalten, Bäder 1927 BON G 8

Ärzte, Apotheker, Pflegepersonal, Drogisten 1927 - 33 BON G 9

3856 Soziale Verhältnisse und Sozialpolitik im allg. 1932 - 35 BON S 1

Arbeiterfragen 1929 - 33 BON S 2

Lohnfragen 1927 - 29 BON S 5

Streiks und Aussperrungen 1931 BON S 3

3858 Wohltätigkeit 1929 - 34 BON S 6

3859 Allg. Ang. der evang. Kirche 1935 ff. BEZ C VII Asiat. Türkei 19 a

3860 Kunst und Wissenschaft 1927 - 36 BON Kunst u Wiss 1

3861 Presse 1927 - 35 BON Pol 11 Nr 5; Pol 12

Unterdrückung deutschfeindlicher Presseveröffentlichungen 1938 BON in R 18/6007

3863 Landwirte, Landwirtschaftslehrer.- Ausbildung und Eintritt in fremde Dienste 1927 - 34 BON La 5

Techniker 1927 - 31 BON I 30

3865 Expedition des Minister-Präsidenten Max Frhr. v. Oppenheim nach Zentral-Mesopotamien 1912 - 42 LAN NL Kohl-Larsen

Wissenschaftliche Landeskunde 1927 - 29 BON Kunst u Wiss 3

3867 Dt. Sprachkurse 1928 - 37 BON K, Asien I
Lektorat der Deutschen Akademie in Bagdad 1933 - 39 KOB R 51/9

3870 Wirtschaftliche Lage im allg. 1896 - 1913 HMA 132 - 1/I/C I d/107

dgl. 1920 BON Wirtschaft 1 A

dgl. 1938 KOB in R 43 II/1421

dgl. 1940 - 41 (8) FRB in RW 19

dgl. 1941 LEV 82/Irak

Vorträge des dt. Handelsattachés in Bagdad über die wirtschaftlichen Verhältnisse I. in D 1935 - 39 KOB in R 9/85

3871 Landwirtschaft im allg. 1927 - 35 BON La 1

Bewässerungsprojekte o.D. (2) FFD Or.318

Meliorationen 1929 - 35 BON La 3

Obstbau und Gartenwirtschaft 1932 - 35 BON La 9

Ackerbau, Plantagenwirtschaft 1928 - 35 (2) BON La 2

Schädliche Tiere und Pflanzen 1928 - 35 BON La 16

Ernährungspolitik 1930 BON La 26

Tabak 1932 BON RW

Baumwolle 1932 - 35 BON RW

3872 Erdölvorkommen o.D. FFD Or. 378

Geschäfte mit Erdöl 1891 - 1930 (2) FFD Orient, Oel

Erdölkonzession an die Anatolische Eisenbahn 1901 - 05 FFD GS 159 A, Persien

Erdöl 1926 - 36 (5) BON RW

Kohlenvorkommen in Salahije o.Dat. FFD Or 362

Bergbau 1932 BON I 6

Industrie im allg. 1932 - 35 BON I 1

Elektrische Industrie, Wasserkraft 1927 - 35 BON I 10

Textilindustrie 1927 - 33 BON I 8

Baugewerbe 1933 BON I 42

Fremdenverkehr 1928 - 34 BON Vk 6

3873 Industrielle Beziehungen zum D R 1928 BON I 3

Erdölkonzession für Thomas Brown, Berlin 1935 - 36 (3) BON III

3874 Staatsfinanzen im allg. 1925 - 36 BON F 1

Finanzielle Beziehungen zu anderen Staaten 1930 BON F 4

Finanz- und steuerrechtliche Probleme bei Vertragsabschlüssen 1932 - 35 KOB R 2/24602

3875 Währung, Valuta, Devisenpolitik 1927 - 36 BON F 16

Münzwesen 1930 - 33 BON F 14

Devisenverkehr mit D 1935 - 42 KOB in R 7/164, 236

Devisenbestimmungen 1937 - 39 BRK G I 22

3876 Steuern 1927 - 34 (6) BON Steuern 1 - 30

Steuergesetzgebung 1931 - 43 BON Steuern Nr 5

Abschluß von Doppelbesteuerungsabkommen mit dem D R 1931 - 39 KOB R 2/19657

dgl. 1931 - 43 BON Steuern 9, 14

Besteuerung irak. Grundeigentums D im D R 1931 - 43 BON Steuern 12

Rechtshilfeverkehr in Steuersachen mit dem D R 1935 KOB R 2/19863
s. a. 3824

3877 Zollbeziehungen mit Griechenland 1936 - 38 BON Z 9
s. a. 3824

3878 Bankwesen, Kreditinstitute, Pfandleihen 1935 BON F 20

Lotteriewesen, Spielbanken 1934 BON F 27

Börsenwesen 1936 BON F 24

3879 Anleihen, Wertpapiere 1933 - 35 BON F 2

Exportkredite bzw. Reichsgarantien durch das D R 1931 - 39 (7) KOB R 2/16452, 16813 - 16818

Geplanter Kredit des D R an die nationale irakische Regierung März 1945 KOB R 2/11601

3880 Handelspolitik, insbes. Handelsbeziehungen mit D 1896 - 99 DOR K 1/49 noch 3880 dgl. 1924 - 26 BRK Hp I 14

dgl. 1925 - 36 (33) BON H 1 - 51

dgl. 1932 - 39 (2) KOB R 2/9914 a, 10218

dgl. 1935 - 44 (2) KOB R 9 I/799, 1227

Handel der Firma Robert Wönckhaus & Co., Hamburg, mit den Staaten am Persischen Golf, insbesondere mit Perlmutter 1902 - 19 (10) HMA 621 - 1

Handelsbeziehungen mit Bulgarien 1936 BON H 12

dgl., mit den USA 1938 - 40 BON H 12

3881 Boykott dt. Waren wegen der Judenverfolgung in D 1933 HMK 75.K.21

Eisenbauten durch die Gutehoffnungshütte 1930 - 39 OBG 40410/28

Einfuhr von dt. Zucker HMA 371 - 8 II, XIX B 7.4 I

dgl., von Rüstungsgütern 1937 (2) BON Ha Pol Kriegsgerä

dgl., von Tanks 1937 - 44 OBG 40431/15 - 21, 23

3883 Dt.-irakische Handelskammer zwischen 1927 und 1939 BRK H I 6

Nachweise dt. Firmenvertreter und Handelswaren 1935 - 39 BON R 9 I/415

Handelsvertretung der Deutz-Motoren-Gesellschaft 1914, 1929 KÖD III 4/31, 32, III 13 B

3884 Verkehr im allg. 1927 - 34 BON Vk 1

3885 Schiffahrt auf dem Euphrat und Tigris o.Dat. FFD Or 382

Schiffahrtsverhältnisse auf dem Tigris 1897 HMA 371 - 8 II, XIX C 13.1.6

Kanalprojekt Bagdad-Enzeli 1907 HMK 95.D.7.1.

Gründung einer nationalen Schiffahrtsgesellschaft 1936 (2) BRK S I 1; S V 4 VI 10

Vertretung der Dt. Dampfschiffahrtsgesellschaft "Hansa", Bremen,in Bagdad zwischen 1920 und 1936 BRE 4, 49 - 1340 265

Schiffahrt im allg. 1926 - 34 (3) BON Sf 1, 3, 6

3886 Speditionswesen 1928 - 35 BON Vk 5

Kraftfahrwesen 1927 - 33 BON Kf 1

Regelung des Kraftfahrzeugverkehrs mit D 1936 BON Kf 2

3887 Eisenbahnen 1926 - 36 BON E 2, 4, 7, 8, 15

3888 Luftfahrt 1926 - 33 BON Luftsch 1

Errichtung einer Luftlinie D - Bagdad 1931 - 33 BON Abt. II F Luft, Luftlinie Bagdad

Dt.-irakisches Luftabkommen 1933 BON

Luftverkehrslinien 1933 BON Luftsch 2

3889 Post-, Telegrafen- und Fernsprechwesen 1926 - 36 (8) BON Post 2 - 28

Radioverkehr 1932 - 35 BON Post 28

3890 Heimschaffung von Dt. und Übernahme ausgewiesener Iraker 1924, 1933 - 34 (2) BON Mesopotamien Inn Vw 14, Irak Inn Vw 14

Staatsangehörigkeitsgesetzgebung 1932 - 40 BON Sta Nr 12

Austausch von Zivilinternierten mit dem D R 1943 - 44 BON Kriegsrecht 28 Austausch

3891 Zulassung von Irakern zum Reichsarbeitsdienst 1935 - 37 BON ArbD 7

3893 Einbürgerung von Dt. 1936 - 43 BON Sta Nr 11

Klärung der Staatsangehörigkeit im I. lebender Dt. 1936 - 43 BON Sta Nr 1 III

3894 Dt. Niederlassungen 1927 - 34 BON Pol 25

Lage der Dt., insbes. in Bagdad und Mossul zwischen 1933 - 45 (3) KOB in R 57/1271; R 57 - 1224/8, 9

3895 Dt. Vereinswesen 1934 BON Pol 28

3896 Erbschaften von D. Dr. Joseph Schäfers, geb. Salzkotten, Professor der katholischen Theologie an der Universität Leipzig und am chaldäischen Seminar in Mossul 1916 DEA M 1 I L Nr. 229

3897 Dt. Zivilinternierte 1942 - 43 (8) BON Kriegsrecht 29, 29 Nr 13, 13 a, 16, 19, 25, 27

3898 Heranziehung von im I. ansässigen Dt. zur Wehrpflicht im D R 1937 - 38 BON M 3

39 Iran (bis 1935: Persien)

3910 Naturkatastrophen 1929 - 35 BON W 22

Nachrichtenmaterial zur Landeskunde 1932 - 44 (8) FRB RH 5/98 - 104, 142

3911 Schriftwechsel der Dt. Bank mit dem Schriftsteller Rudolf Said Ruete zu politischen und wirtschaftlichen Fragen 1904 - 10 FFD o.S.

3912 Offizieller Briefwechsel Großbritanniens über allg. Ang. Persiens 1834 - 41 FFB DB 1/I 325

Allg. polit. Berichterstattung 1872 - 78 BON I.B.B (Persien)

dgl. 1875 - 77 BON Quirinal 37 a

dgl. 1879 -1920 (48) BON Persien 1

dgl. 1884 - 1910 BON Wien A 4

dgl. 1885 - 1939 (42) BRE 3 - A 3 P 4; 4, 49 - 83/21; 279/56

dgl. 1885 - 1928 (23) BON London 340 - 362

dgl. 1887 - 1902 (2) BON Paris 240, 242

dgl. 1887 - 1914 (3) BON Quirinal 48 b, 339 c, 340 a

dgl. 1889 - 1938 (3) BON Vatikan 894, 896, 897

dgl. 1904 - 41 (400) BON Teheran

dgl. 1918 FRB in RM 5/2780

dgl. 1920 - 39 BON Quirinal 742 c

dgl. 1921 - 39 (2) BON Paris 445, 469 a

dgl. 1922 - 29 HMA 135 - 1, C III 4

dgl. 1923 - 35 BON Büro RM 77

dgl. 1930 - 36 BRE 4, 49 - 279

dgl. 1934 - 36 BON A 1, 3

dgl. 1939 - 44 (3) BON Büro StS

dgl. 1939 - 43 BON RAM

dgl. 1940 - 42 (5) KOB R 57/171/2, 835, 902, 942, 943

dgl. 1940 - 44 BON Paris 1361, 2385

dgl. 1941 BON Büro UStS

3913 Explorationsreise von Dr. Otto Blau (1828 - 79) im Auftrag des preußischen AA mit Berichten über Landeskunde, Politik, Kultur, Handel, Wirtschaft, Verkehr 1857 - 58 BON in: NL Blau/3, 4

Briefe von Dr. Oskar Müller, Arzt bei der dt. Gesandtschaft in Teheran 1894 - 1901 BON NL Müller

Unterlagen von Wilhelm Wassmuss (1880 - 1931), Konsul in Persien 1910 - 31 (29) BON NL Wassmuss

Aufzeichnungen (stenografisch,meist nicht in Normalschrift übertragen) und Fotografien aus dem Nachlaß Wilhelm Wassmuss o. Dat. (7) BRAL 11236 - 11242

Aufzeichnungen von Walter Rößler (1871 - 1929), 1910 - 18 dt. Konsul in Aleppo, über Wilhelm Wassmuss 1918 BON in NL Rößler

Berichterstattung der in Persien zurückgelassenen dt. Vertreter v. Blücher und Sommer 1917 - 20 (3) BON Persien 21 Nr. 1

Aufzeichnungen von M. O. Schünemann, 1908 - 14 Konsularagent in Täbris und 1914 - 18 in Sultanabad, über seine Tätigkeit (1956) BON NL Schünemann

Aufzeichnungen von Paul Seelmann-Eggebert, der dt. Militärmission 1915 - 16 als Apotheker zugeteilt, über seine Zeit dort und das Schicksal der dt. Kolonie Täbris nach 1918 BON NL Seelmann-Eggebert

"Schicksalsfahrten. Erlebnisse in Persien und anderen Ländern", 1905 - 1920, verfaßt von Wilhelm Litten (1880 - 1932), Mitglied der Gesandtschaft in Teheran, Konsul in Bagdad nach 1920 BON NL Litten

Handakten Ritter 1922 - 36 BON

Reiseberichte verschiedener amtlicher dt. Geschäftsträger 1922 BON Vk 12

Briefwechsel von Josef Zoelch (1893 - 1935) über seine Zeit bei der dt. Gesandtschaft Teheran 1922 - 35 BON NL Zoelch

Handakten Eisenlohr 1925 - 28 BON

dgl. Wiehl 1927 - 42 (3) BON

Aufzeichnungen von Wipert von Blücher, dt. Gesandter in Teheran 1931 - 35 BON in NL v. Blücher

Handakten Clodius 1934 - 41 (4) BON

3914 Parlament und Verfassung 1907 - 20 (4) BON Persien 19

Grenzfragen 1922 BON Inn Vw 5

Staatsrecht 1922 - 34 BON R 4

Verfassungsfragen 1926 - 31 · BON Inn Vw 1

3915 Regierende Familie 1887 - 1920 (12) BON Persien 10 Nr. 1

Der Schah und seine Familie 1926 - 36 (2) BON Pol 11 Nr

Personalien früher regierender Familien 1927 - 30 BON Pol 11 Nr 2

3916 Ministerien 1887 - 1920 (2) BON Persien 11

dgl. 1920 - 36 BON Pol 7

Regierungswechsel 1897 - 1915 KAG Abt. 233/9794

Personalien von Vertretern der Regierung 1886 - 1919 (54) BON Persien 10 Nr 2

dgl. 1920 - 36 (3) BON Pol 11 Nr 3

Personalien von Journalisten und anderen Vertretern des öffentlichen Lebens 1920 - 36 (2) BON Pol 11 Nr 6

3917 Einsatz dt. Beamter und Offiziere 1885 - 1912 BON Persien 4

dgl. 1924 - 31 BON Inn Vw 10

3918 Verleihung persischer Orden an badische Staatsangehörige 1873 - 1914 KAG Abt. 233/4514

Verleihung badischer und persischer Orden aus Anlaß des Besuches des Schahs 1889 KAG Abt. 233/4515

3920 "Persische Frage" 1910 - 20 (24) BON Persien 21; Persien 21 secr.

Auswärtige Politik im allg. 1920 - 34 BON Pol 1

dgl. 1927 BON Geh. Rußland Handakten 45

dgl. 1933 - 34 BON Pol 1 Geh

Neutralität 1939 - 41 BON Völkerrecht - Kriegsrecht 8

3921 Handels- und Schiffahrtsvertrag mit den Hansestädten 1857 BRE 6, 40 C.6. Nr 11; HMK 95.D.8.12

noch 3921 dgl., mit den Staaten des Dt. Zollvereins 1857 - 58 STH E 36 - 39/127, E 100/159; FFA Q/80; WIE Abt. 210/9932; HNA Hann 10/Persien; OLA 31 - XIII/73 - 243, VI/165 - 16, 35 - 157

dgl., mit dem Norddt. Bund bzw. D R 1868 - 73 OLA 136 - 12065; HMK 95.D.8.11

Zwischenstaatliche Abkommen und Verträge, insbes. Handelsvertrag von 1928 1927 - 35 BON Verträge; KOB in R 43 I/1083; BRE 4, 49/210, 279; HMA 132 - 1/I C 2 b 49; HMK 77.C.4.21.2; STH E 130 IV/1124; KÖW 20/1128/1; BON H 11 Nr 3, H 13

Handelspolitisches Abkommen mit dem D R vom 4.1.1939 BON
Völkerrecht, Staatsvertr. Nr.1
s. a. 3946, 3975, 3976

3922 Notifikationen zum Jahreswechsel 1812 KAG Abt. 233/9792

Beziehungen zu den Hansestädten 1842 - 58 BRE C.25

Beziehungen zu D 1889 - 1920 (10) BON Persien 12

Anschluß an die Zentralmächte 1915 - 20 (17) BON Persien 23

Mission des Generalfeldmarschalls Frhr. v. d. Goltz 1915 - 20 (21) BON Persien 24, 24 Nr 1, Spez.

Beziehungen zu D 1920 - 36 (8) BON Pol 2

dgl. 1925 - 33 BON Pol 2 Geh

dgl. 1927 - 32 KOB in R 43 I/45

dgl. 1936 - 40 BON Pol 2

dgl. um 1940 KOB in NS 43/4

3923 Politik gegenüber England und Rußland 1884 - 1920 (15) BON Persien 2, 2 secr.

Politische Beziehungen zu Belgien 1889 - 1916 BON Persien 16

dgl., zu England 1886 - 1918 BON Persien 7

dgl., zu Frankreich 1889 - 1912 BON Persien 15

dgl., zu Italien 1886 - 1912 BON Italien 93

dgl., zu Österreich 1918 - 19 BON Österreich 111

noch 3923 dgl., zu Schweden 1918 - 20 BON Persien 26

dgl., zu der Schweiz 1917 - 20 BON Persien 25

dgl., zur Türkei 1886 - 1919 (8) BON Persien 6

dgl., zum Vatikan 1886 - 1902 BON Persien 5

Beziehungen zu dritten Staaten 1920 - 36 (28) BON Pol 3

dgl. BON Afghanistan, Ägypten, Arabien, Armenien, China, Estland, Finnland, Indien, Irak, Italien, Japan, Lettland, Litauen, Polen, Rußland, Schweden, Tschechoslowakei, Vatikan, Ankara Pol 3; China auch Pol 5 - 1, 21

Beziehungen zum Völkerbund 1936 - 38 BON Vö Länderakten; Vö Beziehungsakten Irak - I.

3924 Diplomatisches Korps in Persien 1886 - 1919 (5) BON Persien 8

Besteuerung von Mitgliedern der diplomatischen und konsularischen Vertretungen 1925 - 42 BON Steuern 11

Zollbehandlung von dt. Gesandtschafts- und Konsulargut 1932 - 41 BON Zoll Nr 2

Dt. Gesandtschaft in Teheran 1886 - 1920 BON Deutschland 135 Nr. 21

s. a. 3912

Besuch des dt. Gesandten in Teheran in Hamburg 1922 HMK 57.D.3.38

Diplomatische und konsularische Vertretungen des D R 1920 - 35 (4) BON Pol 10

dgl. 1937 - 41 KOB R 2/11580

s. a. 4842

Nachrichtenblatt der Dt. Gesandtschaft in Teheran 1939 - 41 BON in NL Ettel

Errichtung eines dt. Generalkonsulats 1872 - 73 KAG Abt.223/9398

Dt. konsularische Vertretungen 1895 - 1913 HMA 132 - 1/I A III d 23

Dt. Konsulat Buschir/Schiras 1897 - 1915 (170) BON Buschir

noch 3924 dgl. in Sultanabad 1913 HMK 57.H.3.2.1.685
dgl. in Täbris 1914, 1922 - 39 (70) BON Täbris

3925 Behandlung der aus Frankreich durch Preußen reisenden persischen Gesandten 1715 - 16 KOB EM 50 c/10

Diplomatisches Korps im Ausland 1886 - 1920 BON Persien 9

Mission in Berlin 1887 - 1919 BON Deutschland 127 Nr. 19

Beglaubigung des Gesandten am württ. Hof 1889 - 1912 STH E 14 - 16/818

Diplomatische und konsularische Vertretungen im Ausland 1920 - 36 (3) BON Pol 8

Diplomatische und konsularische Vertretungen im D R 1920 - 36 (3) **BON Pol 9, Pol 9 Geh**

Konsulate im D R 1910 - 43 (3) BON Protokoll II 148, VIII 148, XIV 148

Konsulat für Baden 1890 - 1935 KAG Abt. 233/26482

dgl., für Lippe 1905 - 31 DEA L 75 Abt. X Gr. 10 Nr. 20

dgl., für Württemberg 1923 - 34 STH E 130 IV/169

dgl., für Braunschweig 1923 - 41 WOA 12 A Neu Fb 13 m/37486

dgl., für die Provinz Hannover 1923 - 41 HNA Hann 122 a II/57

Generalkonsulat in Köln 1923 DEA M 1 I L Nr. 16

Konsulat in Frankfurt a.M. 1923 ff. FFA R 6/274

3926 Zwei Kreditivschreiben an Herzog Friedrich von Holstein mit einem Verzeichnis der übersandten Waren um 1630 WOB 420 nov 13

Besichtigung der Fa. Krupp durch den Schah 1873 ff. ESK in Sachkartei E V 7; M

Besuch des Schahs von Persien in Stuttgart 1888 - 89 STK M 1/4/191 a

s. a. 3918

3927 Dt.-persische Gesellschaft o. D. KOB R 57/1005 - 9

s. a. 3983

3928 Ausstellungen 1922 - 35 BON As 2

Politische und kulturelle Propaganda 1923 - 36 BON Pol 26

3929 Agenten und Spionage, Nachrichtendienste 1920 - 26 (2) BON Pol 15, Pol 15 Geh

Dt. Abwehr 1941 - 42 BON M - GR 2

Feindliches Personal in i. Konsulaten im D R 1941 - 43 BON in Protokoll XIV 148

Einsatz von 2 SS-Führern für nachrichtendienstliche Aufgaben (Bericht Himmlers) 1943 KOB NS 19/2235

3930 Militärische Ang. im allg. 1885 -1920 (7) BON Persien

dgl. 1920 - 36 BON Pol 13

Revolte der in persischen Diensten befindlichen Offiziere 1916 STK M 660 v. Gleich/143

Personalien von Angehörigen des Militärs 1920 - 34 (7) BON Pol 11 Nr 4, 4 A

Wehrdienst 1935 BON M 20

Berichterstattung zur militärischen Lage durch Fremde Heere West und Ost 1941 - 43 (5) FRB in RH 2

3932 Marine 1908 - 16 (4) FRB RM 5/4161, 5429 - 5431

dgl., Kaspisches Meer 1918 FRB RM 5/1026

dgl. 1928 - 35 BON Pol 14

3935 Erlaubnis für Perser zum Eintritt in das bzw. Unterrichtung über das dt. Militär 1906 ff. KOB R 85/2829

Schwedische Offiziere in P. 1914 - 20 (6) BON Persien Nr. 1

Militärische Mission des Obersten Arthur Bopp (1860 - 1928) ur Generalfeldmarschall v. d. Goltz 1915 - 16 STK M 660 Bop 11 - 13, 19

3936 Krieg mit Rußland 1826 - 29 STH E 41 - 45/42

dgl. 1828 - 29 DAR Konv. 20, Fasz. 11

1. Weltkrieg, insbes. Räumung durch die türkische Armee 1915 - 18 (7) STK M 1/2 - 104, 110 - 112, 122, 173, 200,

3937 Dt. Militärinternierte 1918 - 20 KOB R 85/4948

s. a. 3996

3938 Kriegsgefangene in D 1920 BON Pol 13 Nr 7

3939 Kriegsgräber 1936 - 40 BON Kriegsgräber 5

3940 Rechtspflege und Justizverwaltung im allg. 1921 - 35 BON R 40

dgl. 1935 - 44 (10) KOB R 22/2567 - 2571, 3043 - 3047

3941 Gesetzgebung 1920 - 34 BON R 1

s. a. 3976

dgl. 1922 - 26 BON Inn Vw 2

3942 Konsulargerichtsbarkeit 1937 - 40 BON Völkerrecht, Allg Kons Nr 4, 5

3943 Strafrecht 1937 - 39 BON Str 5

3945 Patentwesen o. Dat. (3) KOB R 131/1165 - 1167

dgl. 1925 - 40 BON Patente Nr. 7

Schutz des gewerblichen Eigentums 1921 - 30 BON 141

Urheberrecht 1927 - 39 BON Literatur Nr 13

Privatversicherungsrecht 1933 - 43 BON Handelsrecht Nr. 24

3946 Rechtliche Beziehungen zum D R 1921 - 35 BON R 6

Strafverfolgung und Begnadigung von Dt. 1925 - 32 BON R 15

Strafverfolgung und Begnadigung von Persern im D R 1927 - 36 BON R 16

Auslieferungsvertrag mit dem D R 1927 - 43 BON Auslief 24 a

Rechtshilfe des D R für Verfahren in P. 1929 - 33 BON R 35

Auslieferungsersuchen an das D R 1937 - 44 BON Auslief 21

Rechtliche Beziehungen zur Türkei 1923 - 35 BON R 7, 7 Iran - Türkei

Rechte von Exterritorialen 1926 BON R 6

s. a. 3942

3947 Völkerrechtliches Verhalten im 1. Weltkrieg 1914 - 19
KOB R 85/6799

Aufbringung und Versenkung von Handelsschiffen durch Deutschla
1939 - 43 BON Völkerrecht - Kriegsrecht 17
s. a. 3942

3948 Beschlagnahme dt. Eigentums 1920 - 30 BON R 19

Entschädigungsansprüche aus D 1921 - 36 (5) BON R 28

Behandlung dt. Vermögens 1939 - 45 (4) BON Kriegsrecht

Dt. Ansprüche auf Ersatz von Kriegsschäden 1941 - 43 BON
Kriegsrecht 31

3949 Entschädigungsansprüche an das D R 1920 - 34 (5) BON
R 27

Beschlagnahme persischen Eigentums durch das D R 1929 BON
R 20, 21

Aufbringung und Versenkung von Handelsschiffen durch das D R
1939 - 40 BON Kriegsrecht 17

Ansprüche an das D R auf Ersatz von Kriegsschäden 1940 - 44
BON Kriegsrecht 30 Nr 2

Behandlung des Privateigentums im D R 1941 - 44 BON
Kriegsrecht 20

Regelung iranischer Kriegsschäden im D R 1944 - 45 (2) K
R 18/1010, 2940

3950 Innere Politik, Parlament, Parteien 1920 - 36 (8) BON
Pol 5, 5 a

Revolution in Ghilan 1922 BON Pol 5 B

Fälschungen zu politischen Zwecken 1933 BON Pol 35

Bevölkerungsfragen 1932 - 34 BON W 20

3951 Juden 1911 - 17 BON Persien 22

Nationalitätenfragen 1922 - 35 BON Pol 6

3952 Gewährung der Religionsfreiheit 1873 - 94 STH E 46 - 48

Religionsangelegenheiten 1920 - 35 BON Pol 16

3953 Sozialismus und Kommunismus 1929 - 34 BON Pol 19

Kommunismus 1926 - 36 BON Geh Rußland P 19

3954 Innere Verwaltung im allg. 1920 - 35 (3) BON Inn Vw 1

Polizeiwesen 1920 - 36 BON Inn Vw 6

Verwaltungsreformen 1927 - 35 BON Inn Vw 2 Nr 2

Statistische Veröffentlichungen 1925 - 36 BON Inn Vw 16

Normalzeit, Sommerzeit 1935 BON Vk 3

3955 Gesundheitswesen 1921 - 36 (7) BON G 1 - 3, 8, 9

Veterinärwesen 1922 - 36 (2) BON Vt 1 - 2

3956 Soziale Verhältnisse, Sozialpolitik im allg. 1926 - 34 BON S 1

dgl. 1933 - 40 KOB R 9 I/803

Streiks, Aussperrungen 1922 - 24 BON S 3

Arbeiterfragen im allg. 1924 - 33 BON S 2

Lohnfragen, Tarifverträge 1933 BON S 5

Rechts- und Amtshilfe in Angelegenheiten der Sozialversicherung 1932 - 43 BON Sozialvers. Nr. 11

3957 Siedlungs- und Wohnungswesen 1926 - 35 BON S 10

3958 Rotes Kreuz 1922 - 27 BON S 15

Wohltätigkeit 1923 - 34 BON S 6

3959 Übersetzung eines Erlasses des Schahs über die Zulassung der Christen in Persien um 1600 HNA Cal.Br.24/6242

Mission der Jesuiten in Isfahan und Resch 1647 - 1773 KÖJ

Evangelisationsarbeit der evangelisch-lutherischen Hermannsburger Mission unter nestorianisch-syrischen Christen im Gebiet von Wasyrabad, Digalah, Urmia, Saudsch-Bulak 1880 - 1914 HER

Allg. Ang. der evang. Kirche 1886 ff. (2) BEZ EO Persien 1; C VII Iran 1

Christliche Missionen 1890 - 1918 BON Persien 17

Evangelisch-Lutherische Hermannsburger Mission unter den Kurden 1913 - 40 (15) HER

3960 Kunst und Wissenschaft im allg. 1920 - 35 (2) BON Kunst u Wiss 1

3961 Presse 1909 - 20 (3) BON Persien 18

dgl. 1920 - 35 (2) BON Pol 12

Freundliche Presseberichterstattung über D 1938 KOB in R 18/6007

3963 Dt. Schule in Teheran 1911 - 12 KAG Abt. 235/19220

Unterrichtswesen 1921 - 31 BON Pol 17

dgl. 1928 - 35 KAG Abt 235/19217

Dt. Privatklasse, Teheran 1937 KOB R 57/1224 - 15

Einsatz von Technikern u. ä. 1923 - 36 (5) BON I 30

Technische Schulen 1924 BON I 31

Ausbildung von Landwirten und Landwirtschaftslehrern 1925 - 28 BON La 5

Iranisch-dt. Gewerbeschule in Schiras 1937 KOB R 57/1224 - 13

Technische Lehranstalt in Täbris 1941 KOB R 57/1224 - 14

3964 Wissenschaftliche Kongresse 1935 BON Kunst u Wiss 4

3965 Archäologische Forschungen 1907 - 09 BEV I B 82

Wissenschaftliche Landeskunde 1922 - 26 BON Kunst u Wiss

Briefwechsel des Prof. des Persischen am Collège de France und Sekretär der Soc. asiatique in Paris, Julius Mohl (1800 - 76) (29) TÜB Md 643 - 644

Briefe von Fachkollegen an den Iranisten Eugen Wilhelm (1842 - 1923) o.Dat. (1 Schachtel) MCS

Briefwechsel von Christian Bartholomae (1855 - 1925), Professor für Iranistik an der Universität Heidelberg o.Dat. (4 Schachteln) MCS

Forschungsreisen von W. R. Rickmers 1905 - 25 BEV I B 6

Forschungsreisen des Leutnants Oskar v. Niedermayer 1911 - (2) MCA MK 11791 - 11792 noch 3965 dgl., Aquarelle Niedermayers 1913 MCK MKr. 1782

3967 Lektorat der Deutschen Akademie in Teheran o.Dat. KOB R 51/77

Dt. Sprachkurse 1928 - 37 BON K, Asien I

3969 Ausbildung von Persern in D 1917 -19 BON Persien 1 adh.

3970 Wirtschaftliche Lage 1896 - 1913 HMA 132 - 1/I/C I d/107

• dgl. 1920 - 36 (27) BON in W 1 - 30

dgl. 1924 - 31 BRE 4, 49 - 83

dgl. 1933 - 44 (5) KOB R 9 I/800 - 804

dgl. 1937 KOB in NS 43/52

Kartellwesen, Trusts 1922 BON I 20

3971 Landwirtschaft 1920 - 36 (9) BON in La 1 - 16

Baumwolle, Seide 1922 - 36 BON RW

Wein 1922 BON RW

Zucker 1923 BON RW

Fischereiwesen 1922 - 32 BON Fs 1

Holz 1922 BON RW

Forstwirtschaft 1926 - 33 BON La 36

3972 Industrie 1920 - 36 (12) BON I 1 - 14

Erdöl 1920 - 24 BON RW, W 12

Farbstoffe, Farben 1921 - 23 BON RW

3973 Konzessionen und Kapitalbeteiligungen von ausländischen Unternehmungen 1920 - 36 (12) BON W 11 - 13

Dt. Wirtschaftsbetätigung 1927 MCO III a/45

Ölfeld der Anglo-Iranian Oil Company 1940 - 43 FRB RW 19/42

dgl. 1940 KOB R 57/1224 - 12

3974 Finanzen 1907 - 20 (7) BON Persien 20

dgl. 1920 - 36 (24) BON F 1 - 20

dgl. 1930, 1935 KOB R 2/13109

noch 3974 Währungs- und Bankfragen 1915 - 18 FFD Persien

Finanz- und steuerrechtliche Probleme bei Vertragsabschlüssen 1927 - 30 KOB R 2/24620

Finanzielle Beziehungen zu Böhmen - Mähren 1940 - 41 BON F 4

3975 Herstellung von Banknoten durch die **dt. Reichsdruckerei** 1930 HMK 29.J.2.25

Devisenverkehr mit D 1932 - 35 BON F 16

dgl. 1935 - 42 (2) KOB in R 7/164, 236

Abkommen mit dem D R über den Devisen- und Zahlungsverkehr 1935 - 41 KOB R 2/14135

Devisenbestimmungen 1930 - 38 (2) HMK 29.K.14.30.1, 2

dgl. 1935 - 42 BRK G I 22

3976 Steuerwesen 1920 - 36 (6) BON in Steuern 1 - 30

Steuergesetzgebung 1933 - 43 BON Steuern Nr 5

Umsatzsteuerrecht 1935 KOB in R 2/20999

Gemeindesteuern 1943 BON Steuern 11

Besteuerung von Grundeigentum im D R 1923 - 44 BON Steuern Nr 12

Rechtshilfeverkehr mit dem D R in Steuersachen 1927, 1936 (2) KOB R 2/19864, 19890

Abschluß von Doppelbesteuerungsabkommen mit dem D R 1930 - 42 KOB R 2/19658

dgl. 1936 BON Steuern Nr. 14

Besteuerung von Iranern im D R und umgekehrt 1936 - 43 BON Steuern Nr 9

Besteuerung im D R 1936 - 42 KOB R 2/19752

Besteuerung dt. Firmen und Niederlassungen 1936 - 41 HMK 95.D.8.1.

3977 Zollwesen 1920 - 36 (21) BON Z 1 - 21

Zollvergünstigungen 1922 - 32 BON II Generalia 370

3978 Allg. Bankgeschäfte, insbes. Anleihen o.Dat. FFD 731

Errichtung einer dt. Bank in Persien durch die dt. Orientbank 1906 - 12 (4 Bände, 2 Pakete) BON Orientalia Generalia 13 Nr. 1

Guthaben des Persers Schahrudi bei der Darmstädter Bank Jan. 1920 BON Persien 12 adh.

3979 Gewährung dt. Exportkredite und Reichsbürgschaften 1930 - 44 (33) **KOB R 2/13109, 13138 - 13140, 16453, 16475, 16775 - 16800, 17220**

3980 Ankündigung des Emder Magistrats über den Handel mit Persien 1623 AUR Rep 4, B IV e/169

Russisch-persianische Handlung (Legation Otto Brüggemanns nach Rußland zur Anknüpfung von Handelsbeziehungen, auch mit Persien) 1632 -.53 (6) SCH Abt 7/1495 - 1500

Handel, insbes. Handelsbeziehungen mit D 1836 STA 80 N, Titel 121, Nr. 33

dgl. zwischen 1841 und 1866 MSA in Oberpräsidium 189

dgl. 1857 - 1942 (3) BRK Hp I 14; Hp II 88; G I 28

dgl. 1857 - 73 KAG Abt. 237/17233

dgl. 1857 - 1920 (2) MCA MH 12452 - 12453

dgl. 1872 - 1936 KAG Abt 233/25806

dgl. 1885 - 1908 (2) HMA 371 - 8 II, XIX C 14.1; B 7.4.I

dgl. 1887 - 1904 STH E 46 - 48/425

dgl. 1891 - 1941 (4) HMK 95.D.8.2, 4; 29.K.14.30.1, 2

dgl. 1891 - 1905 MCA MH 11616

dgl. 1892 - 1927 FFA B 158 III/187

dgl. 1896 - 99 DOR K 1/49, 50

dgl. 1910 KÖW 20/207/15

dgl. 1920 - 36 (79) BON in H 1 - 51

dgl. 1921 - 37 (2) KÖW 20/523/19; 20/1098/2

dgl. 1924 - 27 KAG Abt. 233/13209

noch 3980 dgl. 1930 - 40 (3) KOB R 2/9913, 9982, 10219

dgl. 1930 - 41 MCO III a/46, 2.Akt

dgl. 1931 - 33 HMA 132 - 1/III A 1 c 47

Waffenhandel und Waffenschmuggel 1898 - 1914 KOB R 85/6636

Ein- und Ausfuhrbestimmungen 1899 - 1938 (3) HMK 95.D.8. 29.K.14.30.1, 2

Schadenersatzansprüche wegen abhanden gekommener Waren 1913 - 20 HMA 132 - 1/I/C I d/109

"Schwarze Listen" 1920 - 23 BON Pol 2 A

Handelsgesetz 1925 - 26 HMK 95.D.8.5.

Außenhandelsmonopol 1931 HMK 95.D.8.7.

Begleitpapiere im Handelsverkehr mit D 1936 - 41 HMK 95.D.8.3.

Handelsbeziehungen zu dritten Staaten 1920 ff. BON Belgien, Böhmen - Mähren, Frankreich, Griechenland, Irak, Norwegen, Schweiz, Tschechoslowakei Handel 12

3981 Einfuhr aus D 1937 - 42 (7) KOB R 7/3465 - 3471

Einfuhr von Rüstungsgütern 1867 ff. ESK in Sachkartei E V 7

dgl. 1936 - 41 (2) BON Ha Pol Kriegsgerät

Verbot der Einfuhr von Waffen 1898, 1909 - 14 MCA MH 11587, 11599

dgl. 1898 - 1909 (2) HMA 132 - 1/I/C I d/108; 371 - 8 II/XIX B 7.16.12

Einfuhr von dt. Zucker 1896 HMA 371 - 8 II, XIX B 7.4 I

Einfuhr von Benzinlagertanks 1935 - 42 (5) OBG 40431/ 28, 34, 42, 44; 40432/118

dgl., für eine Glyzerin-Fabrik 1936 - 40 OBG 40432/ 48 - 49

dgl., von Industriebauten 1937 - 45 OBG 40402/268; 404123/28, 33 - 34

dgl., von Fördergerüsten 1937 - 43 OBG 40820/23

3982 s. a. 4826

Ausfuhr von Baumwolle nach D zwischen 1888 und 1937 BRK E X 52

dgl., von Därmen 1927 HMK 32.B.28.5

dgl., von Terpentinöl und Harzen 1933 - 37 KOB in R 8 VIII/445

3983 Persische bzw. Dt.-iranische Handelskammer in Berlin-Charlottenburg 1925, 1936 (2) HMK 95.D.8.6.; 95.D.8.14

dgl. 1927 - 36 (2) BRK Ha I 6, Ha I 20

dgl. 1936 - 43 (2) KOB in R 9 I/24 (1), 136 (1)

dgl. 1937 - 43 OBG 40402/238

dgl. o.Dat. KOB R 57/1042 - 25

Tätigkeit des Dt.-Persischen Wirtschaftsverbandes e.V. zur Förderung des Wirtschaftsverkehrs 1918 - 19 (2) KOB R 85/in 1068, 1069

Nachweise dt. Firmenvertreter und Handelswaren 1934 - 42 KOB R 9 I/416

Geschäftsbeziehungen der Fa. Krupp 1863 - 1935 ESK in Sachkartei E V 7

Firmenvertretung der MAN 1921 ff. AUM NL R. Buz/251; o. Sign.

"Ostabkommen" mit der dt. Schwerindustrie 1928 - 37 OBG 40410/35 - 36

Verträge der Ferrostaal AG mit dem Eisenbahnministerium 1939 - 41 OBG 40820/19

3984 Verkehrswesen 1921 - 36 (10) BON in Vk 1 - 14

dgl. 1933 - 40 KOB R 9 I/803

dgl. 1938 - 40 HMK 90.26.1

dgl. 1940 HMA 371 - 8 II, XXI A 18 52, 55

dgl. 1940 - 41 FRB RL 2 II/528 - 29

dgl. 1941 - 43 FRB in RH 2, Fremde Heere West

3985 Schiffahrt, Schiffbau, Häfen 1923 - 34 (8) BON Sf 1 - 16

dgl. 1925 - 36 HMK 95.D.8.8

Schiffahrtsbeziehungen zum Ausland 1921 - 34 (3) BON Sf 2 - 3

Speditionstarife für den Verkehr ab Hamburg 1940 HMK 74.A.5.51

Schiffahrt auf dem Fluß Karun 1888 - 1919 (2) BON Persien 13

Binnenschiffahrt 1920 - 25 BON Sf 8

3986 Wege- und Straßenwesen 1920 - 31 BON WS 1

Kraftfahrwesen 1924 - 35 BON Kf 1

3987 Eisenbahnen 1887 - 1920 (8) BON Persien 14

dgl. 1912 - 20 (2) KOB R 85/93, 742

dgl. 1920 - 36 (12) BON in E 2 - 22

dgl. 1932 HMK 95.D.8.9.

3988 Luftfahrt 1922 - 34 BON Luftsch 1

dgl. 1926 BON Lu Geh

Luftverkehrslinien 1928 - 35 BON Luftsch 2

Passagier-, Luftpost- und Luftfrachtverkehr der Fa. Junkers.- Organisation, Geschäfte, Fotos 1928 - 33 (3) MCT Nachlaß K. H. Weil

Import von Flugmotoren der Junkers-Werke.- Handakten Erwin Ettel um 1930 BON in NL Ettel

Luftverbindungen mit Europa, insbes. D 1929 - 31 (2) BON Abt. II F - Luft, Anträge Grothe; Luftlinien

3989 Post-, Telegrafen- und Fernsprechwesen, insbesondere Verkehr mit D 1913 - 20 (2) KOB R 85/700 - 701

dgl. 1913 KÖW 20/224/20

dgl. 1920 - 36 (13) BON in Post 1 - 28

Paketverkehr mit D 1893 - 1939 (2) BRE 5, 1/2 - 190, 2215 - 2

noch 3989 Telegrafie 1908 - 19 (4) KOB R 85/746, 774, 775, 839

Dt. Funkdienst (Materialsammlung von Erwin Ettel, 1939 - 41 dt. Gesandter in Teheran) 1939 - 41 BON in NL Ettel

3990 Behandlung der Dt. in P. und der Perser in D 1914 ff. KOB R 85/3625

Ein- und Ausreise, Aufenthalt von Ausländern 1920 - 36 (3) BON Vk 11

Aus- und Einwanderung 1922 - 24 BON Aw 1

Staatsangehörigkeitsgesetzgebung 1932 - 38 BON Sta Nr 12

3991 Einbürgerung in das D R.- Allgemeines und Einzelfälle 1937 - 43 BON Sta Nr 1 IV

Zulassung von Iranern zum Reichsarbeitsdienst 1940 BON ArbD 7

3992 Ausweisung von Persern aus dem D R 1925 - 35 BON Inn Vw 13

Zivilinternierte im D R 1941 - 45 BON Kriegsrecht 28; 28 Austausch, 28 Nr 25

3993 Einwanderung aus D 1923 - 28 (2) HMA 373 - 7 I, II A V 23; 132 - 1/III D 2/38

dgl. 1924 BRE 3 - A 4/546

Einreisebestimmungen und Niederlassungsrecht 1924 - 37 HMK 90.26.3

Klärung der Staatsangehörigkeit im I. lebender Dt. 1932 - 44 BON Sta Nr 1 III

Einbürgerung von Dt. 1942 - 43 BON Sta Nr 11

3994 Dt. Niederlassungen im allg. 1920 - 34 BON Pol 25

Lage der Dt., insbes. in Teheran, Isfahan, Meshed, Schiras und Täbris zwischen 1933 und 1945 (3) KOB in R 57/1271; 1224 - 10, 11

3995 Gau Ausland des NSLB 1933 ff. KOB NS 12/855

3996 Nachforschungen über einzelne Personen und Familien, insbes. über Heimatverhältnisse, Eröffnungen, Ausfolge von Papieren 1875 - 77 STH E 146 III/(neu) 1493

noch 3996 Liebesgaben an dt. Militär 1914 - 18 KOB R 85/2543

Kaiser-Wilhelm-Spende 1914 - 18 KOB R 85/2584

Sammlungen für dt. Kriegsverletzte 1919 KOB R 85/2336

Unterstützungen von Einzelpersonen durch das D R 1924 - 34 (2) BON Inn Vw 15

3997 Dt. Zivilinternierte 1939 - 45 (8) BON Kriegsrecht 29, 29 a, 29 Nr 5, 13 a, 16, 19, 25

Internierung von dt. Staatsangehörigen 1944 - 45 BON Kriegsrecht 32

3998 Ausweisung von Dt. 1929 - 35 BON Inn Vw 12, 14

Heranziehung von im I. ansässigen Dt. zur Wehrpflicht im D R 1935 - 40 (3) BON M 3, 7, 22

Rücktransport von Dt. 1941 - 42 BON Ankara, D Pol 2 S d Akte 3

40 Vorderindien, Britisch-Indien

4010 Ergebnisse der Landesaufnahme 1906 KAG Abt. 233/13111

Naturkatastrophen 1934 - 36 BON W 22

4011 Briefe und Berichte über früheste Reisen nach Ostindien in den Jahren 1498 - 1506 AUB NL Peutinger

Zwei Briefe von Jorg Pock, Hirschvogelscher Faktor, an Michel Behaim über seine Reise nach Ostindien, insbes. über die Eroberung dieses Landes durch die Portugiesen 1520, 1522 NÜS E 11/582 (13, 14)

Indienreise des Sohnes des Geh.Rates Koch aus Düsseldorf 1756 - 65 DÜA Jülich Berg II 4512

Notizen, Tagebuch, Aquarell- und Handskizzen von Karl Alexander Anselm Frhr. v. Hügel (1795 - 1870) über seine Reisen 1833 und 1837, insbes. seinen Aufenthalt in Madras 1833, 1837 FFB in FN 8

Reise des Prinzen Waldemar von Preußen und seines Leibarztes Dr. A. L. F. Werner Hoffmeister, gefallen 21.12.1845 in der Schlacht gegen die Sikhs bei Feronzeschah. (Briefe und Papiere H.'s zur Landeskunde und Fauna) 1844 - 45 (13) WOA 220 N

Tagebuch der Reise Friedrich von Gagerns nach Indien, 1.6. - 2.12.1844 FFB FN 7

Reiseberichte Richards von Carlowitz aus Kalkutta 1845 KOB in Kl. Erw 43

Aufsätze, Vorträge, Fotografien, auch von Siegfried Genthe 1893 - 1928 BEB NL Wegener

Tagebuch und Briefe des hessischen Großherzogs Ernst Ludwig über seine Jagdreise nach I. 1902 - 03 (3) DAR D 24, 32/3 - 4; 37/8

Reise des dt. Kronprinzen mit dem Geographen Georg Wegener durch I. 1910 - 11 BEB NL Wegener

Aufzeichnungen und Schriftwechsel von Karl Haushofer 1924 - 41 (3) KOB in NL 122/GD 2419, 2859; HC 917 a noch 4011 Tagebücher und Typoskripte des preußischen Regierungspräsidenten Wolfgang Jaenicke (1881 - 1968) über seine Reise nach I. (Karatschi - Bombay - Jaipur - Agra - Delhi - Benares - Kalkutt Darjeeling) 1928 - 29 (3) KOB NL 135/52 - 54

"Kritische Betrachtungen über Ostindien". Von Dr. Carl Duisberg (als Ms. gedruckt) 1929 KOB in: R 57/474/23

4012 Allg. politische Berichterstattung 1875, 1889 - 1900 BEA III Hauptabt., II/1009

dgl. 1884 - 1920 (58) BON Engl. Bes. in Asien 2

dgl. 1885 - 1929 (12) BON London 306 - 317

dgl. 1886 - 89 BON Indien 1

dgl. 1891 - 1908 (2) BON Quirinal 244 f, 328 a

dgl. 1910 -12 DEA L 75, Abt X Gr 7 a Nr. 27

dgl. 1920 - 39 BON Quirinal 742 a

dgl. 1922 - 39 BON Paris 445

dgl. 1930 - 36 BON III, Allg 3

dgl. 1940 - 44 BON Paris 1361, 2385

dgl. 1940 - 41 (2) KOB in: R 57/807, 902

dgl. 1941 - 43 (3) BON Büro StS

Pressemeldungen des Dt. Nachrichtenbüros 1942 - 45 KOB R 34/409

Lagebericht von SS-Obersturmbannführer Gösting 1943 KOB NS 19/622

4013 Briefe des Provinzgouverneurs George Parish an seinen Vater 1813 - 16 HMA 622 - 1 Parish, E 1

Briefe des Gesandten Harald Bielfeld (1895) aus Kalkutta 1923 BON in NL Zoelch

Schriftwechsel aus der Tätigkeit von Wilhelm Solf als Sekretär beim dt. Generalkonsulat in Kalkutta 1889 - 91 (2) KOB NL 53/16, 105

Handakten Wiehl 1926 - 43 BON

dgl. Clodius 1926 - 38 BON

Berichte verschiedener leitender Beamter über ihre Reisen 1928 - 35 BON III, VK 12

4014 Staatsrecht 1928 - 32 BON R 4

4015 **Personalien indischer Fürsten 1887 - 1914 BON Engl.Bes. in Asien 2 Nr. 2**

Staatsoberhäupter und deren Familien 1922 - 36 BON Pol 11 Nr 1

4016 Personalien von Staatsmännern und Vertretern des diplomatischen Dienstes 1922 - 36 BON Pol 11 Nr 3

Personalien von Journalisten und anderen Vertretern des öffentlichen Lebens 1921 - 36 (2) BON Pol 11 Nr 5, 6

4017 Dt. Beamte in indischen Diensten und umgekehrt 1929 - 30 BON Inn Vw 10

4020 Englisch-französische Irrungen in Indien 1748 - 55 (5) MAR Best 4 f England Nr. 250, 251, 254, 255, 258

Einschluß des Azeem Joch Bahadoors Nawaub des Carantic in Indien in die Friedensverträge von 1815 1868 KAG Abt. 233/5393

Politisches Verhalten während des 1. Weltkrieges 1915 STK M 1/2 - 116 - 118

Auswärtige Politik im allg. 1920 - 30 BON Pol 1; Pol 1 Geh.

4021 Handelsvertragsverhältnis zum D R 1934 - 35 (2) BON H 11 Nr 3; H 13

Staatsverträge mit dem D R 1938 , 1942 (2) BON Völkerrecht, Staatsvertr. Nr. 1; dgl., Verhandlungen Nr. 1

Handelsvertrag mit Frankreich 1903 - 04 BON Paris 1413

4022 Politische Beziehungen zu D 1920 - 39 (8) BON Pol 2, P 2 Geheim

dgl., Schriftwechsel von Ch. Pillai, Präsident der Indischen Handelskammer Berlin, mit Hitler 1931 KOB in R 43 I/45

dgl., insbes. Abänderung des auf Indien bezüglichen Wortlauts in der englischen Ausgabe von "Mein Kampf" 1934 KOB in R 43 II/1420

dgl., insbes. öffentliche Meinung in Indien über das "neue Deutschland". (Bericht aus Poona und Bombay) Okt. 1934 KOB in R 18/6006

dgl., insbes. Empfang von Sir Hari Singh Gour (Indien), Indian Institute of Science and Commerce 1935 - 38 (2) KOB in R 43 II/1421, 1421 a

s. a. 4061

noch 4022 dgl., insbes. Empfang des früheren Präsidenten der Indischen Nationalpartei S. C. Bose Mai 1941 1939 - 41 KOB in R 43 II/1422

"Was Deutschland von Mahatma Gandhi denkt". Von Swami Satya Deva 1939 KOB in NS 10/412

4023 Frz. Erfolge in Ostindien 1750 - 57 MAR 4 f Frankreich Nr 1636

Politische Beziehungen zu dritten Staaten 1923 - 35 (11) BON Pol 3; Afghanistan, England Pol 3

Beziehungen zum Völkerbund 1936 - 39 BON Vö Länderakten

4024 Konsularische Vertretungen des D R 1892 - 1913 (2) HMA 132 - 1/I/A III d 20, 21

dgl. 1920 - 35 (2) BON Pol 10

Besteuerung von Mitgliedern der diplomatischen und konsularischen Vertretungen 1930 - 35 BON Steuern 11

Zollbehandlung von dt. Gesandtschafts- und Konsulargut 1932 43 BON Zoll Nr 2

Dt. (General-)Konsulat Kalkutta 1843 - 66 BRE 2 - C.4. b.6.C.

dgl. 1844 - 93 HMA 111 - 1/VI/2/4 b/2 b/1, 3; 4 c/2 a/4

dgl. 1856 - 69 OLA 31 - XV/11, 35; 11/65

dgl. 1886 - 1940 (4) BON Kalkutta

dgl. 1886 -1921 HMK 57.H.3.2.1.114

dgl. 1935 - 39 (2) BON London Bündel 33

Besuche des Generalkonsuls von Kalkutta, Luxburg, in Hamburg 1912, 1921, 1925 (3) HMK 57.D.3.6, 26, 55

Dt. Konsulat Bombay 1844 - 1913 (4) HMA 111 - 1/VI/2/ 4 b/2 b/1, 2; 4 c/2 a/5; 132 - 1/II/I A 2 a/320

dgl. 1855 - 67 BRE 2. - C.4.b.6.c

dgl. 1856 - 69 OLA 31 - XIII/16, 8, 16, 15; 16, 52

dgl., Madras 1852 - 93 (2) HMA 111 - 1/VI/2/4 b/2 b/6 4 c/2 a/10

noch 4024 dgl. 1858 - 66 BRE 2.-C.4.b.6.c

dgl., Karatschi 1860 - 68 BRE 2.-C.4.b.6.c

dgl. 1861 - 63, 1871 - 79 HMA 111 - 1/VI/2/4 b/2 b/11; 4 c/2 a/9

dgl. 1892 - 1912 HMK 57.H.3.2.1. 323

dgl., Kakinada 1864 - 65 BRE 2.-C.4.b.6.c
dgl., Cochin 1898 - 1900 HMK 57.H.3.2.1.160

4025 Konsularische Vertretungen im Ausland 1920 - 36 BON Pol 8

4026 Besuch des dt. Kronprinzen 1910 - 11 (10) BON Preußen 1 Nr 1 g Nr 2
dgl. des Oberkommissars Sis Chatterjee in Hamburg 1928 ff. (2) HMA 132 - 1/II/III H 1 c 32; 135 - 1, C II 50

4027 Bengali Goethe Memorial Society, Kalkutta 1932 KOB R 57/1224 - 5

Bengali Society of German Culture, Bangiya Jarman Vidya Samsad 1932 - 37 KOB R 57/1224 - 4

Deutsch-indische Gesellschaft, Handakten Krogmann 1942 - 44 HMA 131 - 3, C 46

Bund der Freunde Indiens o.D. KOB R 57/1004 - 11

Dt.-indischer Klub, Hamburg o.D. KOB R 57/1025 - 33

4028 Politische und kulturelle Propaganda 1921 - 36 BON Pol 26

Heranziehung des Professors Pandit K. A. Bhatta zu propagandistischer Tätigkeit in I. 1939 KOB NS 19/1086

Ausstellung in Kalkutta 1883 KAG Abt. 233/11622

dgl. 1883 - 84 STH E 150 IV/765

Ausstellungen 1923 - 35 (2) BON As 1, 2

Ostindische Werbeausstellung zwischen 1931 und 1938 BRK /III 4

4029 Indisches Nachrichten- und Informationsbüro, Berlin 1922 KÖW 20/529/15

dgl. o.Dat. KOB R 57/1045 - 9

Nachrichtendienste 1923 - 35 BON Pol 15

4030 Militärpolitische Angelegenheiten 1885 - 1919 (18) BON Engl. Bes. in Asien 2 Nr 1

dgl. 1920 - 36 (3) BON Pol 13

noch 4030 dgl. 1943 - 44 FRB RW 4/693

Militärisches Orientierungsheft vor 1914 FRB N 501/191

4031 Offizierspatente der East-India Company für James und Thomas Alten 1799 - 1840 KOL 700, 124

Indische Armee o.Dat., vor 1918 (2) **MCK Generalstab Nr 146, 147**

2. indisches Inf.Rgt. 950 (Gliederung) **1942 FRB RS 4/107**

s. a. 4091

4032 Marineangelegenheiten 1914 - 20 FRB RM 5/4155

dgl. 1926 - 32 BON Pol 15

4036 Einsatz und Logistik der ostindischen Regimenter aus Hannover 1781 - 92 (84) HNA Hann 38 c

dgl. (11) **HNA** Hann 47 II/126, 130 - 140

dgl., 16. (15.) hannöversches Infanterie-Regiment (Aufzeichnungen des Leutnants Carl Breymann) (3) 1782 - 94 HNA Abt. VI/A 48

Britischer Feldzug gegen den Maharadscha von Lahore im Winter 1845/1846 1846 FFB DB 1/I 177

Rekrutierung und Einsatz von Truppen 1914 - 15, 1918 (4) STK M 1/2 - 56, 110, 150, 173

Einsatz von Indern bei den britischen Streitkräften.- Berichte von Propagandakompanien 1943 FRB in: RW 4/806

4037 Kriegsgefangenschaft eines in niederländisch-ostindischen Diensten stehenden Majors in Madras 1805 HNA Hann 92/ LXXXV - H - 29

Lager für dt. Kriegsgefangene 1914 ff. **(4) KOB R 85/3085**

dgl. 1914 - 19 (5) KOB in R 67/251, 1187, 1196, 1562, 1627

Heimschaffung dt. Kriegsgefangener 1919 - 20 BON Kriegsgef 2

Dt. und andere Kriegsgefangene 1939 - 44 (6) BON Kriegsrecht 27, 27 a, 27 Nr 13 b, 16, 22, 27

4038 Behandlung von in Nordafrika gefangengenommenen indischen Soldaten 1941 FRB in RW 4/657 noch 4038 Ind. Kriegsgefangene im D R 1941 - 44 (6) BON Kriegsrecht 26, 26 Nr 13, 13 b, 16, 18, 26

4039 Dt. Kriegsgräber 1922 - 39 (4) BON Kriegsgräber 5

4040 Rechtspflege und Justizwesen im allg. 1931 - 32 BON R 40

dgl. 1936 - 37 (3) KOB R 22/2450 - 2452, 3233

4041 Gesetzgebung 1924 - 27 (2) BON Inn Vw 2; R 1

4042 Schiedsgerichte über die Streitigkeiten bei Warenlieferungen nach Brit.-Indien (Survey-Reports) 1906 - 38 HMK 57.F.5.2

4043 Strafrecht 1937 - 43 BON Str 5

4045 Schutz der Fabrikmarken und Warenzeichen 1876 - 1905 MCA MH 14475

Patentwesen o.Dat. (2) KOB R 131/790, 1170

Patente für Dieselmotoren o.Dat. (2) AUM XIII/2, XIV/1

Urheberrecht 1926 - 38 BON Literatur Nr 13

Handelsrechtlicher Begriff "segelnd ab Indien" 1921 HMK 11.C.44.3

4046 Rechtsanwälte und Sachverständige zur Vertretung dt. Interessen 1924 - 33 BON 35 Nr 1

Strafverfolgung und Begnadigung von Dt. 1934 - 36 BON R 15

4047 Prisenordnung 1939 - 40 BON Kriegsrecht 5

Prisengerichte 1941 BON Kriegsrecht 5 b

4048 Beschlagnahme und Kriegsschäden dt. Eigentums 1920 - 30 (2) BON R 19

dgl. 1921 - 26 KOB R 2/762

Forderungen, Beschwerden und Entschädigungsansprüche aus D 1921 - 31 (2) BON R 28

Verhandlungen über das dt. Eigentum im Zusammenhang mit dem Youngplan 1930 KOB R 2/1088

noch 4048 Behandlung dt. Vermögens 1939 - 44 (2) BON Kriegsrecht 21, 21 a

dgl. 1939 - 45 KOB in R 2/445

dgl. 1940 - 42 KOB R 87/184

4049 Forderungen, Beschwerden und Entschädigungsansprüche an das D R 1924 - 25 BON R 27

Behandlung des Privateigentums im D R 1939 - 44 BON Kriegsrecht 20

4050 Notstandsmaßnahmen der Regierung gegen die Hungersnot 1896 - 97, 1900 - 01 KOB in R 2/24504

Innere Politik, Parlament, Parteiwesen 1920 - 39 (10) BON Pol 5

Bevölkerungsfragen 1920 - 32 BON W 20

4051 Nationalitätenfragen, Fremdvölker 1922 - 35 BON Pol 6

Muttersprache, Rassen, Kasten und Religionen 1936 KOB R 57/299

Judenfragen 1938 BON Po 36

4052 Religionsfragen 1923 - 35 BON Pol 16

4053 Indische Nationalvereinigung in Douletabad (Persien) 1916 FRB N - 131/8

Sozialismus und Kommunismus 1921 - 34 (3) BON Pol 19; P 19 Geh; in Geh. Rußland Po 19, Mittelasien

Pazifismus 1925 - 30 BON Pol 18

Faschismus und Nationalsozialismus 1935 BON Pol 29

4054 Innere Verwaltung 1924 - 31 BON Inn Vw 1

Verwaltungsreformen 1932 - 36 BON Inn Vw 2 Nr 2

Polizeiwesen 1927 - 33 BON Inn Vw 6

Statistische Veröffentlichungen 1920 - 34 (4) BON Inn Vw 16

4055 Veterinärwesen 1920 - 27 (2) BON Vt 1, 2

Seuchen, Quarantänemaßnahmen 1922 - 30 (2) BON 62

Bekämpfung des Alkoholmißbrauchs 1923 - 30 BON S 12

4056 Soziale Verhältnisse und Sozialpolitik im allg. 1929 - 31 BON S 1

Arbeiterfragen 1923 - 35 BON S 2

Streiks, Aussperrungen 1923 - 34 BON S 3

Gewerkschaften 1925 - 28 BON S 4

Sozialversicherung 1937 BON Sozialvers. Nr. 6

4057 Verbesserungen von Gesundheit und Verkehr in Bombay 1900 HMA 371 - 8 II, XIX B 7.4 I

"Die Miete der Kleinwohnung".- Darstellung aufgrund einer internationalen Fragebogenaktion 1936 BON in R 41 Rep/1049

4059 Mission der Jesuiten, vor allem in der Provinz Bombay, in Kalkutta, Goa und Malabar 1549 - 1773, 1823 - 1921 (4) KÖJ

dgl., Jahresberichte und Missionsbriefe 1559 - 81 MCA Jesuitica 100 - 101

dgl., Briefwechsel mit Maria Theresia Gräfin Fugger 1737 - 62 DIL F.A. 1.2.148

dgl., Briefe des Missionars P. J. de Rosse aus Madura 1741 MCA NL Speinshart 33

dgl. 1749 - 52 MCA Jesuitica 607, 609

Evang. Mission, insbes. Tätigkeit von Dänemark ausgesandter Missionare und deren spätere Verwendung im württembergischen Kirchendienst 1730 - 76 STL A 26/370

Pfarrer Dasersche Stiftung zur Ausbreitung des Evangeliums an der malabarischen Küste 1787 - 93 STL A 26/1572 - 1

Evang.-lutherische Mission der Norddeutschen Missionsgesellschaft auf der Station Rajamundry am Godawary 1843 - 59 (2) BRE 2/7, 77/8

Evangelisch-lutherische Hermannsburger Telugu-Mission mit Berichten der Stationen Nayudupetta (1867 - 1913), Gudur (1868 - 1913), Rapur (1872 - 1913), Tirupati (1874 - 1915) Suhurpetta (1867 - 1913) Kalahasti (1872 - 1916), Kodur (1883 - 1913), Vacadu (1870 - 1913), Venkatagiri (1869 - 1913), Puttur (1902 - 1913), Sriharikotta (1867 - 95) 1864 - 1945 (75) HER noch 4059 Messen unter den Adivasi im Gebiet von Kols, Assam, Ghazipur, insbes. Generalkonferenzen, Berichte der Missionare und Visitatoren, Hilfsaktionen, Schriftwechsel, Missionsordnungen, Statistiken 1870 - 1945 (30) BEG 1/00 - 19

dgl. 1887 - 1944 (4) BEZ I/Ges 11

Evang.-lutherische Mission in Jeypur.- Tagebücher, Korrespondenzen, Kirchenbuchduplikat, namentliche Aufstellung aufgenommener indischer Waisenkinder 1882 - 1940 (12) BRAM

dgl., Nachlaß des Präses der evangelischen Jeypur-Kirche, Heinrich Meyer (1904 - 78) 1934 - 45 LÜK

Allg. Ang. der evang. Kirche 1900 ff. BEZ EO Indien 1, C VII, Indien 8

Evang. Gemeinde Kalkutta 1908 ff. (2) BEZ EO Indien 6, C VII Indien 8

4060 Kunst und Wissenschaft im allg. 1921 - 36 BON Kunst u Wiss 1

4061 Pressewesen 1922 - 35 BON Pol 12

Interview Hitlers mit dem Journalisten Dr. Simha Ybarra, T.R. 1935 - 36 KOB in R 43 II/475

Kontakte von Publizisten zum Amt Auslandspresse 1937 - 39, 1 KOB NS 42/12

4062 Sendungen der Reichsrundfunkgesellschaft für Südasien (Manuskrte in dt. Sprache 1940 - 41 (21) KOB R 78/1866 - 1886

Indischer Rundfunk.- Sonderbericht des Sonderdienstes Seehaus 1942 KOB R 55/733

4063 Unterrichtswesen 1933 BON Pol 17

Einsatz von Technikern 1924 - 34 BON /30

4065 Unterlagen von Friedrich Rückert (1788 - 1866) BEB

Briefwechsel des Sanskritisten Christian Lassen (1800 - 70) 1823 ff. BOU S 860, S 1434

NL des Hinduisten Aloys Sprenger (1813 - 93) (23) BEB

Geographische und meteorologische Untersuchungen der Forschunreisenden Hermann (1826 - 82), Adolf (1829 - 57) und Robert (1833 - 85) Schlagintweit 1854 - 58 (82) MCB noch 4065 Materialsammlungen, Schriftwechsel und Fotografien des Indologen Gustav Salomon Oppert (1836 - 1908) HMB NL Oppert

Schriftwechsel Heinrich Barths mit dem Indienreisenden von Schlagintweit 1859 - 65 HMA 622 - 2/IV a 1

Manuskripte und Materialsammlungen des Indologen Julius Jolly (1849 - 1932), Professor für Sanskrit in Würzburg, insbes. zu Philologie, Recht und Medizin 1877 - 1928 (12 Schachteln) MCS

Unterlagen des Indologen Kuhn (1846 - 1920) MCV

dgl., des Indologen Albert Grünwedel (1856 - 1935), insbes. zur Sprach- und Kulturgeschichte (10 Schachteln) MCS

dgl., des Indologen Richard Schmidt (1866 -1942) MSB

Reisen Dr. Ehrenreich 1892 ff. BEV I B 24

Reisen Dr. Jagor sowie Aufstellungen seiner Sammlungen 1894 - 1922 (6) BEV I B 13

Reisetagebücher des Völkerkundlers Lucian Scherman 1909 - 11 (7) MCV As 8303, 8472

Studienreise von Prof. Schlee 1912 - 14 HMA 364 - 7, E XVIII 1 b 17

Aufzeichnungen des Münchner Orientalisten Emil Gratzl (1877 - 1957), insbes. über seine Indienreise (1914) o.Dat. MCS

Unterlagen des Indologen Heinrich Zimmer (1890 - 1940) BRB

Reise Dr. Meinhard 1933 - 35 BEV I B 120

Reise Dr. Waldschmidt 1930 - 34 BEV I B 116

Aufzeichnungen des Sprachwissenschaftlers Hanns Oertel über die Sprachwurzeln des Sanskrit o.Dat. (1 Schachtel) MCS

Wissenschaftliche Länderkunde 1930 - 35 BON Kunst u Wiss 3

4066 Rabindranath Tagore 1920 - 21 BON Pol 11 Nr 6

4067 **Dt. Sprachkurse 1928 - 37 BON K, Asien I**

Lektorate der Deutschen Akademie in Benares und Kalkutta 1934 - 39 (4) KOB R 51/9, 41 c, 97, 1029

4068 Unterricht in den indischen Sprachen 1912 HMA 364 - 6, C I a 6 K noch 4068 Schaffung von Professuren für Sprachen und Kulturen Indiens 1913 - 14 HMA 364 - 7, A I a 2.2.; 364 - 7, A I b 1.6.

"Indischer Ausschuß", Indienreise sowie Aufzeichnungen und Schriftwechsel aus wissenschaftlicher Tätigkeit von Jakob Wilhelm Hauer, Religionshistoriker und Begründer der "Deutschen Glaubensbewegung" 1920 - 53 KOB in NL 131

4070 Wirtschaftliche Lage im allg. 1894 - 1914 HMA 132 - 1/I/C I d/110

dgl. 1920 - 35 (4) BON W 1, 6, 7

dgl. 1929 - 36 BON Allg 3

dgl., Reisebericht Carl Duisberg 1929 LEV 191/2

dgl. 1932 - 35 KOB in R 2/9969

dgl. 1937 - 45 (16) FRB in RW 19

Vorträge von Vertretern des dt. auswärtigen Dienstes in Indien über die dortigen wirtschaftlichen Verhältnisse in Berlin 1937 - 39 KOB in R 9/80 (2)

Erfindungen und Verbesserungen auf wirtschaftlichem Gebiet 1926 BON W 18

Innere Wirtschaftsorganisation 1931 - 34 BON W 4

Weltwirtschaftskonferenzen 1934 BON W 21

4071 Getreidewirtschaft 1893 KOB in R 2/24504

Landwirtsch. Genossenschaftswesen 1903 KOB in R 2/24504

dgl. 1930 BON W 5

Landwirtschaft im allg. 1920 - 36 BON La 1

Ackerbau, Plantagenwirtschaft 1923 - 34 (3) BON La 2

Landwirtschaftskammern, landwirtschaftliche Verbände 1931 BON La 6

Buttererzeugung 1898 HMA 371 - 8 II, XIX B 7.4 I.

Zucker 1932 - 35 BON RW

Baumwolle 1932 - 35 BON RW

Schädliche Tiere und Pflanzen 1930 BON La 16

noch 4071 Viehzucht 1932 BON La 10

Ernährungspolitik 1932 BON La 26

Forstwirtschaft 1926 - 35 BON La 36

Jagdwesen 1936 BON La 40

4072 Industrie und Handwerk im allg. 1891 HMK 95.D.6.5.

dgl. 1921 - 36 BON I 1

Bergbau und Montanindustrie 1901, 1941 - 44 KOB R 7/975

dgl. 1920 - 36 BON I 7

Manganerzvorkommen (Sandur-Gesellschaft) 1916 (2) BOB 55/45016

Elektrische Industrie, Wasserkraft 1923 - 33 BON I 10

Textilindustrie 1926 - 36 BON I 8

Graphit-Industrie 1926 - 28 MCO III/54

Chemische Industrie 1927 - 35 BON I 9

Baugewerbe 1931 - 32 BON I 42

Wasserleitungs- und Heizungsindustrie 1932 BON I 12

4073 Indigo-Syndikat Kalkutta 1890 - 91 HMA 3712- 8 II, XIX C 1.7

Beteiligung ausländischen Kapitals in I. 1920 - 30 BON W 13

Gründung und Erweiterung wirtschaftlicher Unternehmen 1924 - 29 BON W 9

Zulassung dt. Unternehmen 1924 - 30 BON W 12

Industrielle Beziehungen mit D 1926 - 34 BON I 3

Zulassung ind. Unternehmen im D R 1931 BON W 11

Industrielle Beziehungen mit dritten Staaten 1932 BON I 4

4074 Staatsfinanzen im allg. 1922 - 36 (2) BON F 1

Finanzbeziehungen zu dritten Staaten 1931 - 32 BON F 4

4075 Währungs- und Kreditverhältnisse 1865 HMK 95.D.6.3.

Münzwesen 1913 - 16 KOB in R 85/1267

noch 4075 Währung, Valuta, Devisenpolitik 1926 - 35 BON F 16

Notenwesen 1926 BON F 15

Geldwesen im allg. 1927 - 32 BON F 10

Münzwesen 1933 BON F 14

Devisenverkehr mit D 1932 - 36 BON F 16

dgl. 1933 - 44 KOB in R 7/226, 236

dgl. 1934 - 36 BRK G I 22

4076 Steuern 1923 - 32 (3) BON Steu 1, 14

Regelung der Doppelbesteuerung mit dem D R 1925 - 43 BON Steuern 14

Steuergesetzgebung 1930 - 43 BON Steu Nr. 5

Doppelbesteuerung in Schiffahrtsangelegenheiten in D 1928 - 29 KOB R 2/19734

Besteuerung von Indern im D R und umgekehrt 1936 KOB R 2/19752

dgl. 1936 - 43 BON Steuern 9

4077 Verzollung der Jutefabrikate 1875 - 85 WOA 12 A Neu Fb 5/4942

Verzollung von Bastmatten 1897 - 98 (2) BRE 4, 8 D - 839; 4, 70 - 167, 7

Zolltarif 1910 KÖW 20/291/7

Zollwesen 1920 - 36 (21) BON Z 1 - 21

Zollrecht 1932 - 35 KOB R 2/9910 a

4078 Versicherungswesen 1926 - 28 BON W 30

4079 Anleihen 1874 - 76 FFD Paket 692

Schuldenwesen 1920 - 21 KOB R 2/1925

Ablösung dt. öffentlicher Anleihen 1925 - 27 KOB in R 2/2280

Aufwertung von Forderungen 1927 BON F 16 Nr 2

Anleihen, Wertpapiere 1930 - 35 BON F 2

Exportkredite des D R 1939 KOB in R 2/17220

Britische Finanzhilfe 1942 - 44 BON Handakten Davidsen

4080 Handel der Faktoren des Hauses Fugger in Antwerpen, Madrid, Lissabon u.a. mit Niederlassungen an der Küste Indiens Ende 16. - Mitte 17. Jahrhundert DIL Kopierbücher

Handel der Stadt Glückstadt mit Indien 1617 ff. SCH Abt 11, XIII 1, Glückstadt Nr 3

Dänische Indische Kompanie um 1722 KIB KB 301, fol 46 f.

Plan des Hofrats Johann Samuel von Brade zur Gründung einer Ostindischen Handelsgesellschaft in Emden 1720 - 47 EMD II - 804

Schwedische Kompanie 1 1733 MAR 4 f Schweden Nr. 387

Plan zur Errichtung einer Handels- und Schiffahrtsgesellschaft von Lenzen (Elbe) nach Ostindien unter dem Namen Gebr. Schliecker & Co. 1740 WOA 2 Alt 12316

Bengalische Compagnie in Emden 1753 - 72 EMD II - 58

Asiatische Handelskompagnie 1753 - 56 EMD II - 1477

dgl. 1755 - 64 AUR Rep 28/135

Frz.-Indische Kompanie 1763 MAR 4 f Frankreich Nr. 1679

dgl., Ostindische Kompanie 1765 - 70 MAR 4 f Frankreich Nr. 1693 - 1694

Bekanntmachung einiger Punkte aus der Octroy für die Dänische Asiatische Compagnie 1773 SCH Abt 11 Schiffahrt etc./43

Geschäftskorrespondenz von Albert Kesselkaul, Resident der kaiserl. Handelskompagnie für Indien und Ostasien aus Bombay, Goa, Bangalur 1779 - 87 AAC Schmitz-Kesselkaul, Kasten 4

Handel, insbes. Handelsbeziehungen mit D 1850 - 81 KAG Abt. 237/17226

dgl. 1855 - 1939 (2) BRK Hp II 86, 87

dgl. 1878 - 1902 STH E 46 - 48/424

dgl. 1882 - 1939 (6) KOB R 2/9910 a, 9969, 10215, 24504 - 24506

dgl. 1883 - 85 HMA 314 - 1, B VI c 14, Bd I

dgl. 1887 - 1909 KAG Abt. 233/13110

dgl. 1889 - 1927 FFA B 158 III/170

noch 4080 dgl. 1890 - 1914 MCA MH 12047 - 12051

dgl. 1891 - 1900 DOR K 1/48 - 50

dgl. 1898 HMA 371 - 8 II, XIX B 7.4 I

dgl. 1918 KOB R 85/7039

dgl. 1919 - 38 (2) KÖW 20/522/10; 20/1092/1

dgl. 1920 - 35 (63) BON H 1 - 51; W 6

dgl. 1926 - 31 LAH 13/25

dgl. 1932 - 34 KOB R 2/10215

dgl., Unterlagen des Leiters der Dt. Wirtschaftskommission für Ostasien, Dr. Otto Kiep (1886 - 1944) 1936 BON in NL Kiep

Musterrollen 1906 HMA 371 - 8 II, XIX C 1.1.33

Boykott dt. Waren 1930 - 31 HMK 78.K.25, 1-3

Warenaustausch- und Kompensationsgeschäfte 1932 - 39 (2) HMK 29.K.14.9.1, 2.

Handel mit dritten Staaten 1920 ff. BON W 7; Belgien, Iran, Tschechoslowakei Handel 12

4081 Einfuhr aus D zwischen 1905 und 1925 KÖW in 5/19/10

dgl. 1930 HMK 78.B.2.22

dgl., Denkschrift Breyer 1933 HMK 76.54

dgl., Berichterstattung Wolfgang Jaenickes im Auftrage des Reichswirtschaftsministers 1936 KOB NL 135/91

Lieferungsbedingungen 1927 HMK 95.D.6.1.

Einfuhr des braunschweigischen "Mumme"-Bieres 1740 WOA 2 Alt 6590

dgl., von Papier 1891 - 1905 MCA MH 11616

dgl., von Maschinen 1897 HMA 371 - 8 II, XIX B.7.4 I

dgl., von Waffen 1898, 1909 - 14 MCA MH 11587, 11599

dgl. 1901 HMA 132 - 1/I/C I d/112

dgl., von Spirituosen 1901 (2) HMA 132 - 1/I/C I d/111; 371 - 8 II, XIX B 7. 4 I noch 4081 dgl., von Futtergerste 1912 HMK 11.D.75.17

Eisenbauten der GHH 1924 - 39 OBG 40410/118 - 119

Ausstellung von Fabrikantenrechnungen dt. Exporteure 1925 HMK 11.C.3.20

Geschäftsbedingungen für den Import dt. Textilien 1927 HMK 11.D.95.27

Lieferung von Gaskühlern 1935 - 39 OBG 40433/33

4082 Schwierigkeiten wegen der ostindischen Fracht beim Einlaufen des preußischen Schiffes "Apollo" und des französischen Schiffes "Marie Armande" in Hamburg 1733 WOA 2 Alt 2114

Fracht eines 1762 in Emden aus Bengalen eingetroffenen Schiffes 1762 EMD II - 1419

Liste der von I. nach Dt.-Ostafrika ausgeführten Waren zwischen 1884 und 1896 COB in A 3139

Ausfuhr von Wollbaumsaat nach D 1902 BRE 4, 8 D - 525

dgl., Schmuggel von Kokain und Morphium 1913 - 14 HMA 132 - 1/I/C I d/118

dgl., von getrocknetem Fleisch 1929 HMA 371 - 8 III, H VI 174

dgl., von Ölsaaten 1929 - 31 HMK 11.B.135.a.5.7

dgl., von Azaleen 1930 - 32 HMA 371 - 8 III, H IV 12

dgl., von Häuten und Leder 1935 - 39 KOB in R 24/14

dgl., von Knochensehnen 1936 HMK 11.D.70.4

dgl., von Textilrohstoffen 1936 - 38 KOB in R 8 I/250

dgl., von Baumwolle 1938 (3) BRK Hp II 86 S V 4 IV 2; E X 52

4083 Dt. Handelssachverständige in Kalkutta 1909 - 13 KÖW 20/172/9

Dt. Außenhandelskammer 1924 - 41 KOB R 11/1256

Vertretung der Leipziger Messe in Bombay, Kalkutta, Madras 1925 - 37 (4) HMK 39.A.2 a.2 33.A.2 c., 1 - 3

Ernennung eines ind. Handelskommissars in Hamburg 1931 KOB in R 2/9969 noch 4083 Bestrebungen zur Gründung eines dt.-indischen Wirtschaftsvereins in Bombay oder Kalkutta 1934 - 35 KOB in R 9 (Rep) / 23 (2)

Gründung einer deutsch-indischen Handelskammer in Berlin 1937 HMK 95.D.6.4.

Geschäftsbuch der Nadelfabrik Gotthard Pastor Peters Sohn zu Warenlagern in Karatschi, Bombay, Kalkutta 1847 - 73 AAC Pastor-Seyler/21, 23

Vertretung und Geschäftsbeziehungen der Fa. Krupp 1857 ff. ESK In Sachkartei E V 4

Handelsvertretung der Deutz-Motoren-Gesellschaft durch die G. A. Schlechtendahl & Kohler Ltd., Bombay 1909 KÖD III 4/10

Firmenvertretung der MAN 1921 ff. AUM NL Buz/251; o.Sign

Geschäftsbeziehungen der Allg. Gesellschaft für Dieselmotoren AG, Augsburg o.Dat. AUM Allg Reg/III 45

Schriftwechsel der Pharma-Auslands-Organisation 1926 - 38 (3) LEV 9/K 1.1

Handelsregistereintragungen für Handel mit Chemikalien 1927 - 38 LEV 9/K 1.1

Dt. Handelsvertreter 1927 MCO III/54

Reisebericht W. Jaeger der Fa. Haniel & Lueg/Ferrostaal 1937 OBG 4089/2

Handel in Chemikalien mit Chemdyes Bombay, Abwicklung Havero 1939 LUH T 81/13

4084 Verkehrswesen, Verkehrspolitik im allg. 1924 - 32 BON Vk 1

4085 Vorschriften des britischen Gouvernements für den Hafen von Karwar zwischen 1858 - 69 OLA 31 - XV/44 - 386

Schiffahrt 1887 - 93, 1905 - 06 (3) HMA 371 - 8 II, XXI C 2.4.24; 26; 27.- C 6

Schiffsverbindung Kalkutta - Buenos Aires 1908 - 11 (2) BRK S V 5; BRE 3 - A.3.A.1/183

Schiffahrt und Hafenwesen 1912 HMK 95.D.6.2.

Anmusterung indischer Seeleute auf dt. Schiffen HMK 63.C.5.3

noch 4085 Schiffahrt im allg. 1924 - 27 BON Sf 1

Schiffahrtsbeziehungen mit D 1932 BON Sf 2

Schiffahrtsbeziehungen zu dritten Staaten 1927 - 31 BON Sf 3

Schiffsfracht- und Personentarife 1928 BON Sf 7

Häfen 1923 - 35 BON Sf 16

4086 Kraftfahrwesen 1926 - 35 BON Kf 1

Wege- und Straßenwesen 1928 - 35 BON WS 1

Landverkehrswege 1941 - 42 FRB RH 5/117

4087 Briefe Friedrich Krupps, Paris, zum ind. Eisenbahnwesen 1856 ff. ESK in Sachkartei E V 4

Eisenbahnwesen 1913 - 20 (3) KOB in R 85/158, 178 - 179

dgl. 1924 - 36 (5) BON E 2 - 19

4088 Luftfahrt 1925 - 33 BON Luftsch 1

Luftverbindungen mit Europa 1929 - 35 (2) BON Abt II F - Luft, Luftlinie Indien

4089 Ostindische Überlandpost und deren Beförderung durch D 1847 - 1848 WOA 12 A Neu Fb 5/5924

Übereinkunft mit dem dt. Zollverein über den Briefpostverkehr 1854 OLA 136 - 15612

Posttarif für Korrespondenz mit D 1862 REG in: Postakten /136

Postverkehr mit D 1874 - 1924 (3) BRE 5, 1/2 - 75; 193; 211

dgl. 1874 KAG Abt. 233/14214

dgl. 1913 - 16 KOB R 85/665

Post-, Telegrafen- und Fernsprechwesen 1920 - 34 (9) BON Post 2 - 28

Indo-European Telegraph Company Ltd. (Nachlaß des Gründers des Norddeutschen Lloyd, H. H. Meyer) 1867 - 1900 BRE 7, 16 - 36/8

Telegrafie 1912 - 20 (2) KOB R 85/720, 773

4090 Ein- und Ausreise; Aufenthalt 1920 - 35 (4) BON Vk 11

Ein- und Auswanderung 1933 - 38 HMA 371 - 8 II, XXI A 12.29.33

Heimschaffung von Dt. und Übernahme von ausgewiesenen Indern 1920 - 36 BON Inn Vw 14

4091 Zulassung von Indern zum Dienst in der dt. Wehrmacht 1936 - 39 BON M 8

Aufstellung einer indischen Polizeitruppe sowie einer indische Legion 1942 KOB NS 19/103

4092 Ausweisung von Juden aus dem D R 1923 - 34 BON Inn Vw 13

Zivilinternierte im D R 1942 - 45 (6) BON Kriegsrecht 28; 28 Austausch, 28 Nr 15, 20, 21, 25

4093 Empfehlungen und Zulassungen von Dt. zu Behörden, Staats- und Privatbetrieben 1922 - 36 (2) BON Vk 10

Einbürgerung von Dt. 1936 - 43 BON Sta Nr 11

Klärung der Staatsangehörigkeit in I. lebender Dt. 1938 - 43 BON Sta Nr 1 III

4094 Lage der dt. Niederlassungen 1922 - 35 BON Pol 25

dgl. zwischen 1933 - 1945 KOB in R 57/1264

dgl. o.Dat. KOB NS 26/672

4095 Dt. Vereinswesen 1930 BON Pol 28

Dt. Gesellschaft, Bombay 1931 - 32 KOB R 57/1224 - 2
Gau Ausland des Nationalsozialistischen Lehrerbundes 1933 ff. KOB NS 12/85
Dt. Gesellschaft Muslim University, Calcutta 1936 KOB R 57/1224 - 6

4097 Familie des Missionars Johann Balthasar Kohlhoff zu Tranqueba 1783 KOB Stadtarchiv Reval, BB 41, Revaler Regesten I/1053

Nachlässe von auf der Rückreise von Madras bzw. Ostindien verstorbenen hannöverschen Untertanen 1788 - 89 (2) HNA Hann 92/LXXXV - H - 39, P - 1

Nachlaß des in Bombay als Ingenieur-Kapitän der Ostindischen Kompanie verstorbenen Christian Heinrich Wittmann 1789 WOA 2 Alt 18335 noch 4097 Öffentliche Ladung (Ediktalzitation) des nach Ostindien gegangenen Georg Franz Lafontaine 1800 WOA 2 Alt 18386

Nachlaß des in Ostindien verstorbenen Generals Reinhardt 1884 - 1933 KAG Abt. 233/26296

Unterstützungszahlungen an Einzelpersonen durch das D R 1929 - 32 BON Inn Vw 15

4098 Dt. Zivilinternierte 1939 - 45 (23) BON Kriegsrecht 29, 29 a, 29 Nr 5 - 29

Heimschaffung dt. Missionarsfamilien 1915 - 18 (3) KOB R 85/3963 - 3965

Ausweisung von Dt. 1920 - 34 BON Inn Vw 12

Heimschaffung von Dt. nach Inkrafttreten des Versailler Friedensvertrages 1925 - 26 BON III Versch

Heranziehung von in I . ansässigen Dt. zur Wehrpflicht im D R 1935 - 39 (3) BON M 3, 7, 22

41 Birma, Burma

4111 Reise des Prinzen Arnulf von Bayern nach Tian Schan (Fotografi
1907 MCG NL Prinz Arnulf v. B.

Reise von Carl Duisberg nach Rangun 1929 KOB in R 57/474

4112 Allg. politische Berichterstattung 1875 ff. (3) BRE
3 - A 3 G 2; B 2

dgl. 1884 - 1914 (4) BON Paris 87 a, 88, 89, 93

dgl. 1885 - 1918 (8) BON Birma 1

dgl. 1940, 1942 KOB in R 57/807, 941

4120 Differenzen mit Großbritannien 1875 BON I.B.19/Asien

4121 Freundschafts- und Handelsvertrag mit dem D R 1877 - 85
HMK 95.D.3.1.

dgl. 1885 STH E 130 I, 1938/660

dgl. 1885 - 87 OLA 136 - 12077

Staatsverträge mit dem D R 1942 BON Völkerrecht,
Staatsvertr. Nr. 1

Verhandlungen über den Abschluß von Staatsverträgen mit dem
D R 1943 BON Völkerrecht, Staatsvertr/Vertr. Nr. 1

4123 Dt. konsular. Vertretungen 1894 - 1912 HMA 132 - 1/I/A
III d 21

Dt. Konsulat in Rangun 1859 - 1936 (2) BRE 2.-C.4.b.
6.c.9 - 10; 4, 49 - 121/31

dgl. 1860 - 1932 (9) HMA 111 - 1/VI/2/4 b/2 b/12; 4 c,
2 a/6; 132 - 1/II/I A 2 a/297; 132 - 6/56

dgl. zwischen 1901 und 1939 BRK K 6

dgl. 1907 - 33 HMK 57.H.3.2.1.572

dgl., in Akyab 1853 - 1918 (3) HMA 111 - 1/VI/2/4 b/
2 b/7; 4 c/2 a/1; 371 - 8 II, XIX C.1.81

dgl. 1853 - 68 BRE 2.-C.4.b.6.c

dgl. zwischen 1858 - 69 OLA 31 - XV/11, 18

dgl. 1886 - 1911 HMK 57.H.3.2.1.13

dgl., in Bassein 1856 - 68 BRE 2.-C.4.b.6.c.9 - 10

noch 4123 dgl. 1857 - 92 (3) HMA 111 - 1/VI/2/4 b/2 b/8; 4 c/2 a/8; 132 - 6/4

dgl. 1857 ff. OLA 31 - XV/11, 32

dgl. 1894 - 1905 HMK 57.H.3.21.54

dgl., in Moulmein 1858 HMA 111 - 1/VI/2/4 b/2 b/10

4137 Lager für dt. Kriegsgefangene und Zivilinternierte 1914 - 19 (2) KOB in R 67/264, 1630

4147 Kriegsrecht 1943 BON Kriegsrecht 11

4148 Behandlung fremden Eigentums 1943 BON Kriegsrecht 20 a

4165 Reisetagebücher des Völkerkundlers Lucian Scherman 1911 (4) MCV As. 6641, 6642 a, b, 8472

4166 E werb der Sammlung Dr. Noetling 1891 - 1905 (2) BEV I B 18

Studien von Karl Seidenstücker über Skulpturen und Gemälde in Tempeln in Pagan 1926 HMV A 6, A 23

4170 Wirtschaftliche Lage 1894 - 1910 HMA 132 - 1/I/C I d/113

Landwirtschaft und Forsten, Bergbau, Verkehr 1935 - 41 KOB R 24/14

Wirtschaft 1941 - 42 (3) FRB RW 19 Anh 1/33, 515, 516

4171 Genußfähigkeit und Gesundheitsschädlichkeit der Rangunbohnen 1920 HMK 32.B.61.1

4172 Bergbau und Montanindustrie 1941 - 44 KOB in R 7/976

4177 Zollbehandlung in D o.Dat. BRK Hp II 87

4180 Handelspolitik, insbes. Handelsbeziehungen mit D 1877 - 1910 BRK Hp II 82

dgl. 1885 - 87 KOB R 2/1631

4183 Vertretung der Leipziger Messe in Rangun 1934 - 36 HMK 39.A.2 c.4

4185 Schiffsrechnungsbücher der Reederei F. A. Vinnen & Co., Bremen zwischen 1873 und 1897 BRE 7, 2101

4187 Eisenbahnen 1885 - 1914 KOB R 85/165

4189 Telegrafie 1913 - 14 KOB in R 85/773

4194 Lage der Dt., insbes. in Rangun zwischen 1933 und 1945 KOB in R 57/1264

42 Ceylon, Malediven

4212 Allg. politische Berichterstattung 1899 - 1918 BON Ceylon 1

dgl. 1927 - 29 BON London 385

4213 Berichte verschiedener leitender Beamter über ihre Reisen 1928 - 35 BON in III, Indien **Vk 12**

4214 Verfassungsfragen 1927 - 31 BON Inn Vw 2 Nr 1

4216 Personalien von Staatsmännern und Vertretern des diplomatische Dienstes 1928 - 34 BON Pol 11 Nr 3

Personalien von Vertretern des öffentlichen Lebens 1928 - 31 BON Pol 11 Nr 6

4221 Handelsvertragsverhandlungen 1928 ff. BRK HP I 14

4222 Beziehungen zu D 1930 - 34 BON Pol 2

4223 Handelsvertrag mit Frankreich 1903 - 04 BON Paris 1413

Beziehungen zu dritten Staaten 1927 - 29 BON Pol 3

4224 Dt. Konsulat in Punto Galle 1850 - 81 (2) HMA 111 - 1/VI/2/4 b/2 b/5; 4 c/2 a/11

dgl., in Colombo 1882 - 93 (2) HMA 111 - 1/VI/2/4 c/2 a/12; 371 - 8 II, XIX B 7, 4 II 8

dgl. zwischen 1901 - **39 BRK K 6**

dgl. 1914 - 39 (2) BON London 30

dgl. 1927 - 33 BON Pol 10

4225 Diplomatische und konsularische Vertretungen im Ausland und u gekehrt 1927 - 29 BON Pol 8

4228 Politische und kulturelle Propaganda 1930 BON Pol 26

4230 Stationierung und Gefangenschaft des württembergischen Kapregiments 1791 - 1806 STH in A 33

Militärangelegenheiten 1928 - 35 BON Pol 13

4232 Marineangelegenheiten 1927 - 29 (2) BON Pol 14

4237 Lager für dt. Kriegsgefangene 1914 ff. KOB R 85/3044

dgl., auch für Zivilinternierte 1914 - 19 (2) KOB in R 67/255, 1329

4245 Patentwesen o.Dat. KOB R 131/1168 - 1169

Patente für Dieselmotoren o.Dat. AUM Allg Reg/IV 64

4248 Forderungen, Beschwerden und Entschädigungsansprüche aus D 1928 - 29 BON R 28

4250 Innere Politik, Parlament, Parteiwesen 1927 - 33 BON Pol 5

4252 Religionsangelegenheiten 1927 - 31 BON Pol 16

4254 Statistische Veröffentlichungen 1929 - 35 BON Inn Vw 16

Polizeiwesen 1930 BON Inn Vw 6

4256 Arbeiterfragen im allg. 1927 BON S 2

Lohnfragen 1928 BON S 3

Streiks, Aussperrungen 1927 - 29 BON S 3

4259 Allg. Angelegenheiten der evang. Kirche 1937 ff. BEZ C VII Indien 9

4266 Erwerbung der Malediven-Sammlung auf der Kolonial-Ausstellung in London 1885 - 87 BEV I B Litt V

4270 Wirtschaft 1942 (2) FRB RW 19/520 - 521

4272 Bergbau und Montanindustrie 1941 - 44 KOB in R 7/976

4275 Devisenverkehr mit D 1933 - 44 KOB in R 7/226

4276 Doppelbesteuerung in Schiffahrtsangelegenheiten mit D 1930 - 33 KOB R 2/19731

4280 Handelsbilanz mit D 1931 - 32 KOB in R 2/9908

Warenaustausch- und Kompensationsgeschäfte 1932 - 39 (2) HMK 29.K,14.9.1, 2

"Die Zukunft des dt. Außenhandels in Ceylon" (Bericht des dt. Konsuls in Colombo) 1933 KOB R 2/in 10215

4282 Handel mit frischen Ceylon-Kokosnüssen 1930 HMK 11.D.12.1.

4283 Geschäftsakten der Fa. Freudenberg & Co., Colombo 1873 - 1914, 1925 - 39 BRF

Firmenvertretung der MAN 1925 ff. AUM o.Sign.

Vertretung der Leipziger Messe in Colombo 1937 HMK 39.A.2, 8

4287 Eisenbahnen 1914 - 20 KOB in R 85/158

4289 Paketverkehr mit D 1887 - 1901 BRE 5, 1/2 - 1053

dgl., mit Dt.-Ozeanien 1901 - 11 BRE 5, 1/2 - 207

Telegrafie 1913 - 16 KOB in R 85/792, 832

4290 Heimschaffung Dt. und Übernahme von Ceylonesen aus D 1927 - 30 BON Inn Vw 14

4294 Lage der Dt., insbes. in Colombo zwischen 1933 und 1945 KOB in R 57/1264

Lage der Dt. auf C. (4. Merkblatt des AA) 1941 KOB in R 57/902

4296 Nachlaß des 1762 in Colombo verstorbenen Philipp Heinrich Willermet 1778 SPA A 2/1406 - 3

Ansprüche der Gräfin v. Sponeck in Freiburg/Br. auf ein Besitztum 1914 KAG Abt. 233/14935

43 Frz. Besitzungen in Indien

4320 Französische Politik in Indien 1888 - 93 BON Franz. Bes. in Asien 3

Handelsvertrag mit Frankreich 1902 - 03 BON Paris 1413

44 Portugiesische Besitzungen in Indien

4482 Export von Kopra und Kokosnüssen nach D 1927 HMK 11.B.135.a.5.6

4496 Erbschaft eines hannoverschen Untertanen in Goa 1826 HNA Hann 92/LXXXV - C - 3

45 Nepal

4512 Allg. politische Berichterstattung des dt. Botschafters in London 1887 - 1900 BEA III. Hauptabt., II/936

dgl., des dt. Gesandten in St. Petersburg 1887 - 1900 (3) BEA in III. Hauptabt., II/1056, 1058, 1063

dgl. 1887 - 1918 BON Nepal 1

4567 Erwerbungen durch Dr. Ehlers 1892 - 96 BEV I B 22

46 Afghanistan

4610 "Nachrichten über A." 1899 - 1908 FRB RM 5/5394

4611 Veröffentlichung der Schwedin Aurora Nilsson über A. 1928 - 2
BON III Sonderakten

4612 Allg. politische Berichterstattung 1870 - 1900 (3) BEA
III. Hauptabt., II/1041, 1052, 1063

dgl. 1885 - 1920 (18) BON Afghanistan 1

dgl. 1885 - 1929 (4) BON London 258 - 261

dgl. 1885 - 1907 (2) BON Quirinal 25 b, 309 c

dgl. 1911 - 30 BON Wien Afg Allg

dgl. 1912 - 13 BON Vatikan 896

dgl. 1920 - 33 (2) BON Büro RM 65

dgl. 1921 - 39 (2) BON Paris 424 a

dgl. 1921 - 39 (2) BON Quirinal 656 a, 720 d

dgl. 1923 - 44 (100) BON Kabul 1923 - 44

dgl. 1925 - 29 (3) BON Büro StS, Taf

dgl. 1939 - 42 BON Büro StS

dgl. 1940 - 42 (4) KOB R 57/171/1; 801; 870; 935

dgl. 1941 - 42 BON Büro UStS

4613 Bericht des Hpt. Oskar Ritter v. Niedermayer von der Expeditio
nach Afghanistan 1917 MCK MKr. 1782
dgl. 1937 FRB N 122/11
Handakten Wiehl 1925 - 43 (3) BON
dgl. Clodius 1934 - 42 (2) BON

4614 Stellungnahmen des Professors der Orientalistik Rudolf Roth
(1821 - 95), Tübingen, zur afghanischen Grenzfrage zwischen
1866 - 83 TÜB Md 763 - 765
Staatsrechtliche Fragen 1924 - 29 BON R 4
Verfassungsfragen 1928 - 32 BON Inn Vw 2 Nr 1

4615 Staatsoberhaupt und dessen Familie 1923 - 35 (5) BON
Pol 11 Nr 1, 1 A, Nr 2

4616 Ministerien 1924 - 35 BON Pol 7

Personalien von Vertretern der Regierung und des diplomatische
Dienstes 1922 - 36 (2) BON Pol 11 Nr 3

noch 4616 Personalien von Journalisten und anderen Vertretern des öffentlichen Lebens 1925 - 31 (2) BON Pol 11 Nr 5, 6

4617 Dt. Beamte in afghanischen Diensten 1923 - 30 BON Inn Vw 10

4620 Offizieller Briefwechsel Großbritanniens über allg. Ang. 1853 - 60 FFB DB 1/I 325

Interessen Englands und Rußlands 1885 - 92 (4) BON I.B.10 secr

s. a. 1020

Auswärtige Politik im allg. 1920 - 29 BON Pol 1

Neutralität 1916 STK M 1/2 - 123

dgl. 1939 - 42 BON Völkerrecht - Kriegsrecht 8

4621 Freundschaftsvertrag und Entwurf eines Handelsvertrages mit D 1926, 1928 - 29 BRE 4, 49 - 252/49

dgl. 1926 BON Handakten Mey

dgl. 1928 - 29 HMA 132 - 1/I C 2 b 46

dgl. 1928 - 29 HMK 95.D.2.2.

Staatsverträge 1928 - 32 BON Vertr.

dgl. 1934 - 35 BON H 11 Nr 3

dgl. 1939 - 44 BON Völkerrecht, Staatsvertr. Nr. 1

Dt.-afgh. Wirtschaftsabkommen vom 3.8.1939 1939 KOB R 2/16434

s. a. 4646, 4675, 4676

4622 Politische Beziehungen mit D 1920 - 36 (4) BON Pol 2

dgl. 1926 - 31 HMA 132 - 1/I C 1/25

dgl. 1935, 1941 KOB R 43 II/1420, 1422

dgl. 1940 KOB in NS 43/4

Politische Ziele des Außenpolitischen Amts der NSDAP 1939 KOB in NS 43/52

4623 Politische Beziehungen zu dritten Staaten 1920 - 36 (19) BON Pol 3

dgl. 1920 ff. BON China, Frankreich, Japan, Rußland, Vatikan, Ankara Pol 3, China Pol 5 - 1

dgl., zum Völkerbund 1936 - 39 BON Vö Länderakten

Türkisch-afghanisches Konsularabkommen über den Schutz afgh. Staatsangehöriger im D R 1920, 1929 (2) BRE 3 - A 3 A 8; 4, 49 - 157

4624 **Dt. diplomatische und konsularische Vertretungen**
1920 - 35 (2) BON Pol. 10

Besteuerung von Mitgliedern der diplomatischen und konsularischen Vertretungen 1924 - 33 BON Steuerrecht

Zollbehandlung von dt. Gesandtschafts- und Konsulargut
1939 - 41 BON Zoll Nr 2

4625 Diplomatische und konsularische Vertretungen im Ausland
1920 - 35 (2) BON Pol 8

Diplomatische und konsularische Vertretungen im D R 1920 - 36 (2) BON Pol 9

dgl. 1936 - 40 BON Protokoll VIII 4

Konsulate in Württemberg 1928 STH E 130 IV/1018

4626 Besuch von König Aman Ullah und seiner Gemahlin im D R
1928 - 29 (8) KOB R 54/252, 253 a, 254; R 32/404, a, b, 537; in R 43 I/45

dgl. BON Protokoll 103

dgl. HMA 135 - 1, C II 41

dgl. HMK 95.D.2.3.

Besuch des Wirtschaftsministers in D 1941 KOB in R 43 II/1422

4628 Politische und kulturelle Propaganda 1924 - 33 BON
Pol 26

4629 Nachrichtendienste 1925 - 34 BON Pol 15

Dt. Abwehr 1943 - 44 (7) BON M - 6 R 2; Politik 15 g

4630 Militärangelegenheiten 1923 - 36 (3) BON Pol 13

Personalien von Militärs 1928 BON Pol 11 Nr 4

4636 **s. 4613**

4637 Gefangene Österreicher 1919 - 20 BON III Versch

4640 Rechtspflege und Justizverwaltung im allg. 1924 - 29 BON
R 40

dgl. 1934 - 39 (3) KOB R 22/2390, 2919, 3304

4641 Gesetzgebung 1923 - 31 BON R 1

4645 Patentschutz 1925 BON Patente Nr 7

4648 Forderungen, Beschwerden und Entschädigungsansprüche aus D 1923 - 36 (4) BON R 28

Behandlung dt. Vermögens 1941 - 42 BON Kriegsrecht 21

Ansprüche des D R auf Ersatz von Kriegsschäden 1942 BON Kriegsrecht 31

4649 Beschlagnahme afghanischen Eigentums in D 1922 BON R 20

Forderungen, Beschwerden und Entschädigungsansprüche an das D R 1924 - 32 BON R 27

4646 Verwendung und Vermittlung des D R, u.a. im Fall Omar 1921, 1929 - 36 BON R 31

Strafverfolgung und Begnadigung von Afghanen in D 1923 - 24 BON R 16

Zivilrechtliche Beziehungen zum D R 1924 - 35 BON R 6

Strafverfolgung und Begnadigung von Dt. 1925 BON R 15

Rechtshilfe des D R, u.a. im Fall Souleymanow 1931 - 35 BON R 35

Beförderung des Mörders des afgh. Gesandten in Berlin auf dt. Schiff 1933 HMA 371 - 8 II, XXI D 1.17.29

Auslieferungsvertrag mit dem D R 1934 - 36 (6) BON Auslief 24

Auslieferungsersuchen an das D R 1937 - 44 BON Auslief 21

Auslieferungsabkommen mit dem D R 1940 - 43 BON Auslief 19

Rechte von Exterritorialen 1925 - 27 BON R 8

Rechtliche Beziehungen zu dritten Staaten 1926 - 27 BON R 7

4650 Innere Politik, Parlament, Parteien 1921 - 36 (6) BON Pol 5

Fälschungen u.a. zu politischen Zwecken, darunter Fall Souleymanow 1932 - 35 BON Pol 35. s. a. 4646

4651 Rassen-, Nationalitätenfragen 1929 BON Pol 6

4652 Religionsfragen 1924 - 31 BON Pol 16

4654 Innere Verwaltung im allg. 1930 BON Inn Vw 1

Statistische Veröffentlichungen 1927 - 35 BON Inn Vw 16

Verwaltungsreform 1928 - 35 BON Inn Vw 2 Nr 2

Polizei 1933 - 36 BON Inn Vw 6

4656 Soziale Verhältnisse und Sozialpolitik 1923 BON S 1

4657 Bodenreform und Siedlungswesen 1925 BON S 10

4658 Wohltätigkeit 1928 BON S 6

4659 Allg. Ang. der evang. Kirche 1886 ff. (2) BEZ E 0; C VII Afgh. 1

4660 Kunst und Wissenschaft im allg. 1921 - 36 BON Kunst u Wiss 1

4661 Presse 1920 - 30 (2) BON Pol 12

4663 Unterrichtswesen 1924 - 30 BON Pol 17

Vereinigung dt. Lehrkräfte in Afghanistan, Kabul, gegr. 1927 1927 KOB R 57/1157 - 21

Dt. Höhere Schule(Kgl. afgh. Nedschat-Oberrealschule), Kabul, gegr. 1924 1934 - 41 KOB R 57/1157 - 20

Lehrpersonal am Dt. Technikum, Kabul 1937 KOB R 55/356

Dt. Privatschule, Kabul, gegr. 1936 1940 - 41 KOB R 57/1157 - 23

4665 Zur Ethnographie Kabulistans.- Manuskript des Sanskritisten Christian Lassen (1800 - 76) 1841 BOU S. 768

Wissenschaftl. Landeskunde 1925 - 36 BON Kunst u Wiss 3

Forschungen von Dr. Stratil-Sauer 1925 - 33 (3) BON Pol 2 Stratil-Sauer

Dt. Hindukusch-Expedition nach Kafiristan 1935 KOB NS 21/432

4667 **Dt. Sprachkurse 1928 - 37 BON K, Asien I**

4669 Weiterbildung von Absolventen der Mekteb Ali Nedschat in Kabul für technische Berufe in D sowie Vermittlung dt. Lehrkräfte für ein Technikum und eine Kunstgewerbeschule in Kabul 1937 BON K, Dtm, Verträge

4670 Wirtschaftliche Lage 1929 - 40 KOB R 2 9889 a, 9964

dgl. 1939 - 40 (5) FRB in RW 19

4673 "Dacom" (Dt.-Afghanische Compagnie AG, Bremen, Handakte Konsul Litten) 1925 - 36 (3) BON III Sonderakten

Dt. Wirtschaftsbetätigung in A. 1927 MCO in III a/45

4674 Finanz- und steuerrechtliche Probleme bei Vertragsabschlüssen 1927 - 29 KOB R 2/24751

4675 Prägung von Münzgeld im D R 1929 HMK 29.J.2.23

Devisenangelegenheiten 1934 BON F 16

dgl. 1937 - 39 BRK G I 22 a, Bd 1

dgl. 1937 - 44 KOB in R 7/163, 222

Abkommen mit dem D R über den Devisen- und Zahlungsverkehr 1939 - 41 KOB R 2/14113

4676 Besteuerung von Grundeigentum im D R 1923 - 34 (2) BON Steuern Nr 2

Abschluß eines Doppelbesteuerungsabkommens mit dem D R 1928 , 1939 (2) KOB R 2/9964, 19613

Besteuerung von Afghanen in D und umgekehrt 1941 - 42 BON Steuern Nr 9

4677 Zollvergünstigungen 1923 - 32 BON II Generalia 370

4678 Allg. Bankgeschäfte o.Dat. FFD Paket 588

4679 Gewährung dt. Exportkredite und Reichsbürgschaften 1932 - 45 (24) KOB R 2/16423 - 16428, 16478 - 16494

s. a. 4782

4680 Handelspolitik, insbes. Handelsbeziehungen zu D 1923 HMA III A 1 c 39

dgl. 1924 - 39 (2) BRK Hp II 80; G I 28

4681 Einfuhr von Rüstungsgütern 1935 - 36 KOB R 2/16428

dgl. 1937 - 39 BON Ha Pol Kriegsgerät

4682 Geplante Rohstofflieferungen an das D R gegen Rüstungskredite 1939 KOB NS 43/62

4683 Handelskammer in Kabul 1928, 1940 HMK 95.D.2.1

Arbeitsgemeinschaft deutscher Firmen für Afghanistan 1940 HMK 95.D.2.4

4688 Luftfahrt 1924 - 35 BON Luftsch 1

4689 Errichtung von Telegrafenstationen 1914 - 17 (3) KOB in R 85/746, 774, 775

4690 Heimschaffung von Dt. und Übernahme ausgewiesener Afghanen 1921 - 33 BON Inn Vw 14

Staatsangehörigkeitsgesetzgebung 1932 - 37 BON Sta Nr 12

4691 Einbürgerung in das D R (Einzelfälle) 1937 - 43 BON Sta Nr 1 IV

4692 Ausweisung von Afghanen aus D 1925 - 26 BON Inn Vw 13

4693 Klärung der Staatsangehörigkeit in A. lebender Dt. 1935 - 43 BON Sta. Nr 1 III

Einreisebestimmungen und Niederlassungsrecht 1936 - 38 HMK 90.2.1

4694 Lage der Dt. 1924 - 33 BON Pol 25

dgl., insbes. in Kabul, Kandahar, Pol-i-Ghomsi zwischen 1933 und 1945 KOB in R 57/1271

dgl. 1940 - 42 KOB R 57/1157 - 19

4695 Dt. Klub, Kabul 1927 - 28 KOB R 57/1157 - 22

Gau Ausland des NSLB 1933 ff. KOB NS 12/855

4696 Unterstützung von Einzelpersonen durch das D R 1924 - 25 BON Inn Vw 15

4697 Internierung von dt. Staatsangehörigen 1925 BON R 17

dgl. 1939 - 45 (2) BON Kriegsrecht 29, 32

4698 Ausweisung von dt. Staatsangehörigen 1928 BON Inn Vw 12

Heranziehung von in A. ansässigen Dt. zur Wehrpflicht im D R 1936 - 37 BON M 3, 27

50 Ostasien insgesamt

5011 Briefe von Guido von Rehfueß (1818 - 94, kaiserlich deutscher Gesandter a.D.) aus dem Fernen Osten 1863 - 68 BEA VIII Hauptabt/C Nr. 159/15

Aufzeichnungen, Briefwechsel, Fotos von Carl August Schütte über seine Ostasienreise 1873 - 75 BRE 7, 114

Briefwechsel des Admirals Otto v. Diederichs (1843 - 1918) mit in Ostasien ansässigen Freunden und Bekannten 1875 - 1900 (3) FRB N 255/8 - 10, 17

Bericht von Prof. Ing. A. Gumbrecht, Clausthal, über eine Studienreise nach China und Japan 1930 BOB 55/9 90 00

Reise von Dr. Rudolph Firle, Generaldirektor des Norddeutschen Lloyd, nach Ostasien 1934 (3) BRE 7, 8 - 14, 15, 33

Reisebericht Dr. Wilhelm Richter 1938 KOB in NS 10/382

5012 Allg. politische Berichterstattung 1873 - 86 (2) BON Quirinal 12 b, 25 b

dgl. 1876 - 1910 (6) BON Wien X Allg; Geh VIII Allg.

dgl. 1895 - 1907 (4) FRB RM 3/6692 - 6695

dgl. 1902 - 13 FRB RM 3/4350

dgl. 1921, 1933 - 39 BON Quirinal 755 c

dgl. 1932 - 36 (6) BON Ostasien Allg, Geh

dgl. 1936 - 38 BON Pol 23 g, Ostasien

dgl. 1934, 1940 - 42 (6) KOB R 57/474/39; 474/45; 841, 910; 946; 947

dgl. 1943 - 44 FRB RW 4/693

Die Entwicklung in Ostasien und im Pazifik; 2 Vorträge 1943 - 44 BEA NL Schnee/26

5013 Berichte des Grafen Eulenburg über seine Verhandlungen in Ostasien (Abschriften) 1859 - 64 STH E 36 - 39/129

Aufzeichnungen des Vizeadmirals William Michaelis (1871 - 1948) über seine Ostasienreise 1895 - 96 FRB in N 164/4

Charakteristik der Chinesen und Japaner, der gegenwärtigen politischen Lage und Folgerungen daraus für die dt. Politik.- Denkschrift des Kapt.z.S. und Gouverneurs Paul Jaeschke 1896 FRB N 160/6

noch 5013 Reisebericht des Generals Arnold Lequis
1900 - 01 FRB N 38/2 - 3

Unterlagen Wilhelm Solfs über das Verhältnis Japan - China
1921 - 28 (8) KOB NL 53/67 - 69, 73 - 77

5020 Fernostkonferenz 1937 BON Abt Pol VIII, Po 4

Auswirkungen des 2. Weltkrieges 1940 - 41 BON Po 23 Ag Ostasien

5022 Stellung der Mächte, speziell zur ostasisatischen Frage
1902 - 18 (4) BON Asien Generalia 5 secr.

Politische Beziehungen zu D 1940 KOB in NS 10/90

5026 Reise des deutschen Kronprinzen nach Ostasien 1910 - 11
BON Preußen 1 Nr 1 g Nr 2

5027 Internationale Gesellschaft zur Erschließung von China und Japan (unter dem Proktektorat des belgischen Königs) 1869 -
ESK FAH II B, 363 d

Ostasiatischer Verein Hamburg - Bremen 1925 HMA 135 - 1, B V 3

dgl. 1926 - 37 BRE 4, 49 - 868/168

dgl. 1928 - 43 (2) BRK Ha I 8 a
dgl. 1940 BON B Ch DWH 6 - 10
s. a. 5348
Verband für den Fernen Osten, Hamburg o.D. KOB R 57/ 1025 - 12

5028 Tätigkeitsbericht des Reichspropagandaamts Ausland, Landesgruppe Ostasien Jan. - März 1943 KOB NS 18/12

5029 Dt. Abwehr 1941 - 44 (2) BON M - G R 2; Politik 15 g

5030 Allg. militärpolitische Angelegenheiten 1909 - 14
(2) FRB RM 5/3660 - 3661

dgl. 1918 FRB RM 5/2775

dgl. 1943 - 44 FRB RW 4/693

Verteilung der interalliierten Streitkräfte 1918 STK
M 1/2 - 210

5032 Instruktionen, Segelordres, Reiseberichte 1886 - 93 (6)
FRB RM 38/8 - 13

noch 5032 Entsendung dt. Kriegsschiffe nach den ostasiatischen Gewässern 1889 - 1902 (3) FRB RM 3/2990 - 2992

Dt. Marine in Ostasien (Lebenserinnerungen Otto Groos) 1900 - 45 (3) FRB N 165

Bericht über den Taifun von SMS "Hertha" im chines. Ostmeer am 9.8.1902 FRB in N 284

Die Frage eines dt. Flottenstützpunktes im Fernen Osten. Ausarbeitung Kemnitz 1917 BON NL Hintze 2/2

Marinepolitik 1918 FRB RM 5/2736

5036 Neutralisierung der chinesischen und japanischen Gewässer im dt.-frz. Krieg 1870 - 76 KOB R 85/6576

Krieg mit China 1894 - 1917 (139) BON China 20, 20 adh., 20 Nr. 1 secr.

dgl. 1894 OLA 132 - 67

dgl. 1894 - 1912 (8) FRB RM 5/5593 - 5598, 5762, 5919

Seeschlacht von Hai-gun-tan (Yalu) am 17.9.1894 (Berichtigung des jap. Admirals Ito) 1894 FRB RM 2/115

dgl. 1895 - 96 FRB RM 3/4691

dgl., kriegswissenschaftliche Ausarbeitung von Lt. Pflauns 1894 - 95 MCK Generalstab 265

Kriegerische Operationen in Ostasien 1914 - 22 (11) FRB RM 5/2288 - 2298

Krieg Japans gegen China 1937/45 1936 - 40 (32) BON Abt. Pol VIII, Po 3, 3 A China

dgl. (Vorlagen der Dienststelle Ribbentrop für Hitler) 1936 - 39 KOB in NS 10/91

dgl. 1937 HMA 371 - 8 II, XXI D 1.20

dgl. 1937 - 42 (4) BON Büro StS; (3) Büro UStS

dgl. 1939 KOB in NS 43/51

dgl. 1941 - 43 FRB RH 22, Zugang 51 - 66/88, 87; H 22/442

dgl. 1945 KOB in R 34/56

noch 5036 "Nankings Schicksalstage 12.12.37 - 13.1.38" (für Hitler bestimmte Vorlage des Reichspresseamts) 1938 KOB in NS 10/88

Die dt. Luftkriegführung im Konflikt Japan - China (Ausarbeitung) 1938 FRB RL 2 II/533

Luftlageberichte Fernost 1943 - 45 (3) FRB RL 2 II/ 475, 544, 672

5040 Nachlaß von Heinrich Herrfahrdt (1890 - 1969), Professor für ostasiatisches Recht an der Universität Marburg MAR

5054 Kommunismus 1921 - 36 BON Geh Rußland P 19

"Der Bolschewismus in Ostasien" (Ausarbeitung Rosenbergs) um 1939 KOB in NS 43/51

5062 Sendungen des dt. Rundfunks für Ostasien.- Manuskripte in dt. Sprache 1940 - 41 (21) KOB R 78/1845 - 1865

Japan-Funk-Ostasiendienst 1942 - 45 (16) KOB R 34/ 84, 157 - 163, 167 - 168, 311 - 314, 555

5065 Forschungsreise von Dr. H. A. Haberer 1901 - 04 KAG Abt. 59/140

Reisen Dr. Kummel 1906 - 13, 1926 - 27 (5) BEV Ostasien-Abt. I B 68, 102

Reise Dr. Cohn 1924 - 26 BEV Ostasien-Abt. I B 98

Reise Dr. Reidemeister 1935 - 37 BEV Ostasien-Abt. I B 123

5066 Dt. Gesellschaft für Natur- und Völkerkunde Ostasiens, Leipzig o.Dat. KOB R 57/1029 - 33

Vortragsmanuskripte von Ludwig Rieß (1861 - 1930), Professor an den Universitäten Tokio und Berlin, zur Geschichte Ostasien zwischen 1885 und 1922 KOB Kl.Erw. 651

Erwerb von Ausstellungsstücken durch das Preußische Staatliche Museum für Völkerkunde 1901 - 39 (35) BEV Ostasien-Abt

Gesellschaft für ostasiatische Kunst 1926 ff. KOB R 57/1004 - 39

dgl., Tätigkeit von Wilhelm Solf als Präsident 1926 - 35 KOB NL 53/142

5068 Ostasiatische Ausstellung des Dt. Ausland-Instituts 1921 KOB R 57/635

5070 Wirtschaftliche Lage im allg. 1902 - 16 HMA 132 - 1/ I/C I d/117

dgl. (Reisebericht von Carl Duisberg) 1929 (2) LEV 191/2

dgl. 1935 BON Abt. W

dgl. 1938 - 40 (3) FRB in RW 19

5072 Produktion von und Handel mit Kohle und Eisen 1914 HMA 132 - 1/I/C I d/119

5073 Britische Wirtschaftsbeteiligungen in Ostasien 1940 - 41 KOB in R 7/3284

5077 Tarifierung von lackierten Pappwaren in D 1891 BRE 4, 8/774

Verzollung von Pongee-Rohseidengeweben in D 1898 - 1901 BRE 4, 8/817

dgl., von Fächern 1898 - 1902 BRE 4, 8/555

Einschmuggelung von Seide in D 1898 BRE 4, 8/816

5080 Handelsbeziehungen zwischen Ostasien und D 1823 - 91 DÜA Reg. Aachen 1684

dgl. 1861 - 62 DÜA Reg. Düsseldorf 2003

dgl. 1861 MCA MH 11950

dgl. 1883 - 85, 1898 HMA 314 - 1, 3 VI c 14, Bd X

dgl. 1883 - 1913 STH E 46 - 48/422

dgl. 1897 HMA 371 - 8 II, XIX B 7.4 I

dgl. 1905 - 26 (7) KÖW in 5/19/6, 10, 12, 13, 22, 38, 53

dgl. 1918 - 19 KOB R 85/979

Handelsbeziehungen mit Kanada 1936 BON Canada H 12

5083 Geschäftstätigkeit und Reisen der Kaufleute Arnold Otto und Lorenz Lorenz-Meyer in Ostasien 1855 - 1915 HMA 622 - 1 noch 5083 Entsendung einer Kommission von Sachverständigen nach Ostasien zur Prüfung der Ein- und Ausfuhrverhältnisse auf Anregung der IHK Krefeld 1896 - 97 MCO III a/45

Ostasiatische Kompanie in Kopenhagen 1921 HMA 371 - 8 II XXI A 12.6 d 26

Ostasienausschuß der IG Farben 1931 - 43 (7) LUH T 03/5; T 52/11; T 140/7; T 1105; T 1205/57

Arbeitsgemeinschaft der dt. Außenhandelsstellen 1934 - 35 KOB R 11/1318

Unkorrektes Verhalten Hamburger Firmen im Fernen Osten 1934 HMK 29.K.6a.8

"Ringbildung im Ostasien-Geschäft" 1935 HMK 79.B.34.2

5084 Güterverkehr mit D 1930 - 32 KOB in R 11/1514

Bedienung Bremens im Ostasien-Dienst 1935 - 38 BRE 4, 35 - 1120

Speditionen im Fernostverkehr über Sibirien 1940 HMK 74.A.13.8

5085 Häfen (Handelsberichte) 1859 - 64 STH in E 36 - 39/129

Schiffahrt im allg. (10) HMA 371 - 8 II/XXI C 2.4.26; C 3.1; 4; 10; 16; 17; 20; D 1.17.13; 20; 221

Kingsin-Linie 1872 - 97 HMA 371 - 8 II, XXI A 15 a 14

Dampfschiffverbindungen mit D 1872 BRE 4, 70 - 231/10

dgl. 1875 - 1926 (13) HMA 374 - 6 I, B III a 62

dgl., nach Dänemark und Italien 1872 STA 80 N, Titel 2, Nr. 27

Subventionen für die dt. Ostasien-Dampferlinien 1885 - 98 (2) HMA 132 - 5/4, V 8, 11

dgl. (Norddt. Lloyd) 1913 HNA Hann 122 a XXIX 54 t

Bedienung der Häfen Bremen und Bremerhaven durch die Ostasienschiffe des Norddt. Lloyd o.Dat. BRK Hf II3

Reichspostdampferlinie von D nach Ostasien, Eröffnung 1886 BRK H I 45 d

dgl., Betrieb 1896 - 1913 BRE 5, 1/2 - 396

noch 5085 Status der Reichspostdampfer des Norddeutschen Lloyd nach Ostasien als Auswandererschiffe 1900 - 05, 1924 (2) BRE 3 - A 4/183, 546

Direkter Frachttarif Bremen - Ferner Osten zwischen 1901 und 1939 BRK E X 3

Lotsenwesen 1924 - 26 HMA 132 - 1/III B 13/15

Finanzierung und Bau von Ostasien-Dampfern 1933 - 45 BRE 4, 49 - 1356/269

Schiffsverkehr 1934 BRK S V 4 IV 1

Bedienung Bremens im Ostasien-Dienst 1935 - 38 BRE 4, 35/1120

5088 Luftverbindungen mit Europa, insbes. Einrichtung der Linie Königsberg - Moskau - Peking 1920 - 36 (13) BON Abt. II F - Luft, Anträge Beinhorn, Bertram; Ostasien; Ostasienlinie; Sibirien; Sven Hedin; Transeurasia

Asienflug Sven Hedins 1924 - 29 BON Geh Ostasien Lu 1 A

5089 Postbeförderung von Zeitungen, Amtsblättern u.ä. 1898 - 1914 KOB R 85/286

Beförderung von Drucksachen und Warenproben nach Ostasien zwischen 1900 und 1925 MCO III a/45

Kabelverlegung 1900 - 11 FRB RM 5/5362

Verbindung der Telegrafenkabel aus China und Japan mit dem russischen Telegrafennetz (Konzession vom 11.10.1869) 1907 KOB in R 85/715

Telegrafenverkehr 1912 - 20 KOB R 85/714

Dt. Kabelverbindungen im Atlantischen Ozean und im Fernen Osten während des 1. Weltkrieges (Denkschrift des Reichspostamtes) 1919 KOB in R 85/890

5090 Ein- und Ausreise, Aufenthalt 1939 - 40 BON Po 56 - 2 Ostasien

5093 Jüdische Einwanderung aus D 1938 - 42 KOB R 57/1087

dgl. 1939 - 41 HMA 373 - 7 I, II A II 17

51 Japan

5111 Aufzeichnungen von Joseph Maria Schedel (1856 - 1943), Naturforscher und Apotheker in Yokohama BAS

Aufzeichnungen und Briefwechsel Karl Haushofers zur Landeskunde, Außen- und Innenpolitik sowie geopolitische Studien 1911 - 45 (20) KOB in NL 122

Unterlagen zur J.-Reise des Journalisten Erich von Salzmann 1921 KOB NL 53/129

dgl., von Albert Einstein 1922 - 23 KOB in NL 53/101

dgl., von Paul Behncke 1925 - 28, 1931 (3) FRB N 173/15, 16, 24

dgl., von Gustav Krupp zu Bohlen und Halbach 1929 KOB in NL 53/78

Briefe, publizistische Arbeiten und Aufsätze von Wolfgang Jaenicke (z.T. unter dem Pseudonym W. Albert) 1933 - 40 (3) KOB NL 135/68, 83, 84

5112 Allg. politische Berichterstattung 1870 - 73 BON I.B.8 (Japan)

dgl. 1874 - 78 (12) BON I.B.16 (Japan)

dgl. 1874 - 1900 (3) BEA III. Hauptabt II/1017 - 1019

dgl. 1876 - 1914 (5) BON Quirinal 48 a, 245 c, 327

dgl. 1877 - 1936 BRE 3 - A 3 J 1

dgl. 1878 - 1910 (13) BON Paris 28 A, 176 - 180 b

dgl. 1879 - 1920 (22) BON Japan 1

dgl. 1885 - 1929 (15) BON London 318 - 332

dgl. 1885 - 1944 (4) BON Vatikan 930 - 932, 1018

dgl. 1901 - 16 (4) FRB RM 5/5745 - 5746, 5803 - 5804

dgl. ("Gg. Nachrichten") 1902 - 13 FRB RM 5/5747

dgl. 1920 - 35 BON Büro RM 40

dgl. 1920 - 39 (4) BON Paris 444 a, b

dgl. 1921 - 39 (4) BON Quirinal 657 b, 743

noch 5112 dgl. 1922 - 29 HMA 135 - 1, C III 9a

dgl. 1922 - 24 DEA L 75 Abt. X Gr. 7 a Nr. 31

dgl. 1924 - 34 (4) BRE 4, 49 - 61/15,6416, 63,16,284/57

dgl. 1926 - 28 BON Geh Rußland Handakten 46

dgl. 1938 - 43 (13) BON Büro StS

dgl. 1938 - 42 (14) KOB R 57/171/2, 474/23, 474/45, 775, 793, 812, 813, 841, 901, 903, 910, 941, 1222 - 1 - 6, 1536

dgl. 1940 - 44 BON Paris 1362, 2385

dgl., Lagebericht von SS-Obersturmbannführer Gösling 1943 KOB NS 19/622

5113 Aufzeichnungen, Schriftwechsel und Materialsammlungen des dt. Botschafters in Tokio (1920 - 28) Wilhelm Solf 1920 - 36 (37) KOB NL 53/14, 64 - 95, 122, 144, 151 - 152

dgl., Handakten Ritter 1924 - 27 (2) BON

dgl., Handakten Eisenlohr 1925 - 28 (3) BON

dgl., von Dr. Alfred Czibulinski, 1921 Legationssekretär in Tokio, 1929 Referent in der Ostabteilung des AA 1927 - 33 BON NL Czibulinski

dgl., Handakten Clodius 1929 - 41 (6) BON

dgl., von Willy Noebel, 1933 - 38 Botschaftsrat in Tokio 1929 - 37, 1946 (2) BON NL Noebel/1(6), 7

dgl., von Herbert von Dirksen, 1933 - 38 dt. Botschafter in Tokio 1933 - 36 (2) BON NL v. Dirksen

dgl., des dt. Militärattachés Eugen Ott 1934 MCZ NL Eugen Ott

dgl., des dt. Gesandten Erich Kordt 1941 - 43 MCZ NL Kordt

5114 Insel Sachalin 1875 - 1920 (5) BON 1.B.8.; Rußland 94, 97 c; Japan 20; Sachalin 1

Kolonien 1906 - 14 FRB RM 3/6854

5115 Kaiserliche Familie 1886 - 1920 (9) BON Japan 8 Nr. 1

Rückgabe eines altjapanischen Kaiserbildes an den Kaiser 1935 KOB in R 43 II/1235

5116 Ministerien 1887 - 1919 (8) BON Japan 10

dgl. 1920 - 40 (2) BON Po 7

noch 5116 Personalien von Staatsmännern 1886 - 1919 (12) BON Japan 8 Nr. 2

Personalien von führenden Persönlichkeiten des öffentlichen Lebens 1920 - 36 (13) BON Po 11

5117 Fremde in jap. Diensten 1913 BON Japan 23

5118 Verleihung jap. Orden an badische Staatsangehörige 1894 - 19[illegible] KAG Abt. 233/4486

Beabsichtigte Ordensverleihungen an Dt. und Zusicherung der Reziprozität STH E 46 - 48/181

5120 Die Öffnung des Bezirks Nagasaki für Fremde 1880 KAG Abt. 233/14209

Neutralität 1906 - 19 (3) KOB R 85/6649 - 6651

Allg. auswärtige Politik 1920 - 40 (8) BON Po 1

Kolonialpolitik 1921 - 35 BON Kol-pol 1

Neutralität 1939 - 42 (3) BON Kriegsrecht 8, 13 a

"Tanakaprogramm". (Berichterstattung des Chefs der Sipo und des SD) 1942 KOB NS 19/2751

5121 Handels- und Schiffahrtsverträge mit dem Dt. Zollverein bzw. D R 1859 - 65 MCA MH 11950

dgl. 1859 - 64, 1869 STH in E 36 - 39/129

dgl. 1859 - 1934 (7) KAG Abt. 237/29094 - 29100

dgl. 1860 - 65 (2) HMK 95.D.10.5.; 24

dgl. 1869 - 1915 OLA 136 - 12051

dgl. 1869 - 1928 (5) STH E 33 - 34/525; E 46 - 48/51; E 100/289; E 130 IV/1109; E 150 IV/663

dgl. 1869 - 1903 (3) MCA MH 12165, 12166, 12168

dgl. 1894 - 95 HMK 95.D.10.25

dgl. 1894 - 96 (2) KÖW 1/24 b/37; 20/64/7

dgl. 1895 ff. BRE 2 - M 6 b 4 h 2 e

dgl. 1909 - 21 (3) KÖW 5/19/17; 20/292/14; 20/534/9

dgl. 1909 - 11 (2) BRE 3 - S. 18/148, 160

noch 5121 dgl. 1909 - 11 HMA 371 - 8 II, XXXVII 48

dgl. 1910 - 11 (4) FRB RM 3/4368, 7062 - 7063, 7092

dgl. 1910 - 11 WOA 19 B Neu/vorl 157

dgl., auch Konsularvertrag 1911 OLA 136 - 890

dgl., auch mit Frankreich 1910 - 11 BON Paris 1430

dgl., nur Handelsvertrag 1922 - 35 BON H 13

dgl. 1924 ff. (2) DOR K 2/335, 561

dgl. 1924 - 29 HMA 132 - 1/I C 2 b 30

dgl. 1924 - 28 BRE 4, 49 - 284

dgl. 1924 - 28 KAG Abt. 233/26741

dgl. 1925 - 26 (2) BON Handakten LS Mey

dgl. 1925 - 28 KÖW 20/1127/6

dgl. 1927 HMK 77.C.4.12.4

dgl. 1927 KOB R 43 I/1099

Vorbereitung von Friedensverhandlungen 1918 KOB R 85/1034

Vorbereitung des Young-Plans auf der Haager Konferenz 1929 - 30 KOB in R 2/3101

Verträge mit fremden Staaten im allg. 1929 - 34 BON Verträge

Antikominternpakt 1936 - 39 (5) Po 2 A Japan, Po 4 Antikominternpakt

Regelung von Gütern, Rechten und Interessen im Versailler Vertrag 1937 - 38 BON V.V. Wirtsch. Nr. 2

Staatsverträge mit dem D R 1937 - 44 BON Völkerrecht, Staatsvertr. Nr 1

dgl., Verhandlungen darüber 1939 - 41 BON Völkerrecht, Staatsvertr. Verh. Nr 1

Dreimächtepakt mit dem D R und Italien 1940 BON Po 4 Dreimächtepakt

s.a. 5124

5122 Beziehungen zu D 1860 - 73 (3) BRE 2 - C 34; 4, 70 - 8/1, 75/3

noch 5122 dgl. 1886 - 1921 (16) BON Deutschland 132, 132 adh

dgl., R.Ang. 1895 - 1902 FRB RM 5/5914

dgl. (Schriftwechsel des Attachés an der jap. Botschaft Berlin) 1903 - 28 FRB RM 3/2751

dgl. (Kriegszustand mit dem D R) 1914 ff. KOB R 85/2894

dgl. 1915 - 18 (17) STK M 1/2 - 115, 116, 118, 120, 122, 124, 128, 133, 135, 140, 142, 145, 148, 149, 152, 200, 217, 219

dgl. 1920 - 39 (13) BON Po 2

dgl. 1920 - 43 (3) KOB R 43 II/1454 - 1456

dgl. 1923 - 38 HMA 132 - 1/I C 1/13

dgl. 1927 KAG Abt. 233/26742

dgl. (Beurteilung der nationalsozialistischen Gesetzgebung in Osaka) 1934 KOB in R 18/6006

dgl. (Schreiben von Japanern an Hitler) 1938 KOB in R 54/334 c 1

dgl. (Schriftwechsel jap. Dienststellen mit Rüstungsminister Speer) 1940 - 45 (2) KOB in R 3/1584, 1947

dgl. ("Führerweisung" Nr 24) 5.3.1941 FRB RW 4/107

dgl. (Dt. Delegation für Wirtschaftsverhandlungen in Ostasien, Tokio 1941 - 45 (42) BON

Dt. Beeinflussung zum Krieg gegen die USA. Aussagen des Chefs OKW Wilhelm Keitel vor dem Internationalen Militärgerichtshof in Nürnberg 1945 FRB N 54/47

s. a. 5166

5123 Politische Beziehungen zu sonstigen Staaten 1920 - 40 (56) BON Po 3, 4

dgl., mit Afghanistan 1920 ff. BON Afghanistan Pol 3

dgl., mit Albanien 1920 ff. BON Albanien Pol 3

dgl., mit Äthiopien 1920 ff. BON Äthiopien Pol 3

dgl., mit Australien 1926 - 34 BON Australien Pol 3

dgl., mit Belgien 1898 - 1910 BON Belgien 68

noch 5123 dgl. 1920 ff. BON Belgien Pol 3

dgl., mit Brasilien **1890 - 1918 BON Brasilien 23**
dgl. 1920 ff. BON Brasilien Pol 3
dgl., mit Chile 1920 ff. BON Chile Pol 3

dgl., zu China 1886 - 1920 (10) BON Japan 9

dgl. 1920 ff. BON China Pol 3

dgl. 1945 BON B Ch Pol 3, 5 - 16

s. a. **5020, 5323**

dgl., mit Frankreich 1893 - 1919 (2) BON Japan 16

dgl. 1920 ff. BON Frankreich Pol 3

dgl., mit Griechenland 1897 BON Japan 19

dgl., mit Großbritannien 1887 - 1919 (15) BON England 94, 94 Nr 1

dgl. 1905 KÖA in 1006/228

dgl. 1920 ff. BON England Po 3

dgl., mit Indien 1930 - 35 BON Indien Pol 3

dgl., zum Iran 1921 - 34 BON Persien Pol 3

dgl., mit Italien 1907 - 19 BON Italien 97

dgl. 1920 ff. BON Italien Pol 3

dgl., mit Kanada 1935 BON Canada Pol 3

dgl., mit Kolumbien 1920 ff. BON Pol 3 Columbien

dgl., mit Mandschukuo 1932 - 36 BON Mandschurei Po 3
s. a. 5423

dgl., mit Mexiko **1889 - 1920 BON Mexiko 10**
dgl. 1920 ff. BON Mexiko Pol 3
dgl., mit den Niederlanden 1890 - 1919 BON Niederlande 62

dgl. 1920 ff. BON Niederlande Pol 3

dgl., mit Österreich 1909 - 10 BON Japan 21

dgl., mit Portugal 1892 - 1910 BON Japan 15

dgl., mit Rumänien 1920 ff. BON Rumänien Pol 3

dgl., mit Rußland bzw. der Sowjetunion 1886 - 1908 (7) BON Rußland 94 noch 5123 dgl. 1907 KÖA in 1006/268 b

dgl. 1920 - 29 (4) BON Geh Ostasien Japan P 3

dgl. 1945 BON B Ch Pol 5 - 15

dgl., mit Spanien 1895 - 1917 BON Japan 17

dgl. 1920 ff. BON Spanien Pol 3

dgl., mit Thailand 1888 - 1916 BON Japan 12

dgl., mit der Türkei 1890 - 1915 BON Japan 14

dgl. 1920 ff. BON Türkei Pol 3,Ankara Pol 3

dgl., mit dem Vatikan 1920 ff. BON Vatikan Pol 3

dgl., mit den USA (Auslieferungsvertrag) 1879 - 86 BON Paris 1490

dgl. 1941 - 42 (3) BON Büro UStS

dgl., mit dem Völkerbund 1936 - 39 BON Vö Länderakten; Vö Beziehungsakten China - J., Deutschland - J.

5124 Diplomatisches Korps in Tokio 1886 (5) BON Japan 7

Diplomatische Vertretungen des D R 1868 ff. BRE 2 - M.6.b.4.d.4.f.

Dt. Gesandtschaft bzw. Botschaft in Tokio 1873 - 1945 (100) BON Tokio

dgl. 1887 - 1919 (2) BON Deutschland 135 Nr. 19

dgl., Personalang. 1920 - 23 KOB NL 53/65

Diplomatische und konsularische Vertretungen des D R 1920 - 36 (5) BON Po 10

dgl. 1936 - 42 KOB R 2/11579

dgl. 1944 BON Völkerrecht, Allg. Kons. Nr 1

Dolmetscher für Tokio 1910 - 19 FRB RM 3/2939

Besteuerung von Mitgliedern der diplomatischen und konsularischen Vertretungen 1923 - 43 BON Steuern 11

Zollbehandlung von dt. Gesandtschafts- und Konsulargut 1932 - 44 BON Zoll Nr 2

Konsularverträge 1942 BON Völkerrecht, Allg. Kons. Nr 7

noch 5124 Bezüge dt. Beamter mit Wohnsitz in J. 1943 - 45 KOB R 2/22278

Oldenburgisches Konsulat zwischen 1858 und 1869 OLA 31 - XV/11, 107

Generalkonsulat Osaka - Kobe 1876 - 1945 (30) BON Osaka - Kobe

dgl., in Yokohama 1920 - 45 (100) BON Yokohama

dgl. 1927 HMA 132 - 1/II/I A 2 a/316

Besuch des dt. Generalkonsuls in Yokohama in Hamburg 1921 HMK 57.D.3.26

Dt. Konsulat in Keijo 1938 HMK 57.H.3.2.1.1010

5125 Diplomatische Vertretungen im Ausland 1886 - 1919 BON Japan 6

dgl. 1920 - 40 (6) BON Po 8

Reisen des jap. Gesandten in Argentinien in Südamerika 1910 BRE 3 - A.3.A.1/178

Mission in Berlin 1887 - 1921 (2) BON Deutschland 127 Nr. 16

Diplomatische und konsularische Vertretungen im D R 1920 - 36 (3) BON Po 8

Richtlinien des RFSS zum Verhalten gegenüber Mitgliedern der jap. Botschaft Berlin 1942 KOB NS 19/2033

Konsularische Vertreter im D R 1905 - 44 (14) BON Prot. II 108

Konsulate in D 1926 - 45 BON Prot. VIII 108

Konsulat in Bremen 1888 - 1902 BRE Dd.11.c.2.J.1

dgl. 1901 - 18 BRK K 7

Konsulat für Lippe 1905 - 31 DEA L 75 Abt.X Gr.10 Nr. 20

Generalkonsulat in Hamburg 1910 HMK 95.D.10.29

Konsulat für Württemberg 1906 (3) STH E 130 IV/155, 572, 1045

Konsulat für Baden 1909 - 42 KAG Abt. 233/26480

Generalkonsulat für Braunschweig 1912 - 14 WOA 12 A Neu Fb 13 m/37474

noch 5125 Konsulat für die Provinz Hannover 1912 - 42 HNA Hann 122 II/36

5126 Besuche von Japanern in der Fa. Krupp 1862 ff. ESK in Sac kartei E V 5; M

Besuch des Präsidenten der vereinigten Handelskammern von Japan, Raita Fujiyama in Hamburg 1923 HMK 95.D.10.16

Besichtigung deutscher Bergwerksanlagen durch Jap. 1926 - 41 BOB 15/964

dgl., der GHH 1929 - 37 (2) OBG 400 109/72 - 73

Besuche von Angehörigen der Dynastie und der Regierung in Hamburg 1927 - 34 (8) HMA 132 - 1/II/I B 1 f 5, 12, 20, 84, 85, 98, 116, 140

Aufenthalt des japanischen Prinzenpaares Takamatsu in D 1930 - 31 (2) KOB in R 43 II/1454, in R 54/178

Japanreise des Reichshauptamtsleiters Claus Selzner (Jan. 1941) sowie Staatsbesuch von Außenminister Matsuoka (März 1941) KOB R 43 II/1456 a

Besuch Oshimas bei Himmler am 5.3.1941 KOB NS 19/2801

5127 Japanische Vereine in D und umgekehrt 1924 - 34 (3) BON Po 28

Dt. Gesellschaft für Natur- und Völkerkunde Ostasiens in Tokio 1923 - 42 KOB R 57/1223 - 4

Dt.-Japanischer Verein Nichi-Doku-Kyokai in Osaka 1923 - 3 KOB R 57/1222 - 13

Deutsch-Japanische Gesellschaft.- Organisation und fachliche Arbeit zur Förderung des kulturellen Austausches, insbesondere durch Pflege der Japanologie, Veranstaltungen, Ausstellungen, wechselseitige Gastaufenthalte und Publizistik 1930 - 45 (KOB R 64 IV

dgl. (Gründung in Osaka) 1921 KOB in NL 53/66

dgl. 1933 - 36 BON Po 28

dgl. o.Dat. KOB R 57/1005 - 3

dgl. (Schriftwechsel mit Rüstungsminister Speer) 1940 - 45 KOB in R 3/1576, 1578

noch 5127 Japanisch-Dt. Kulturinstitut in Tokio 1927 - 37 KOB R 57/1222 - 21

dgl. 1927 - 28 KOB in NL 53/107

Dt. Japan-Institut Berlin 1925 - 36 (2) KOB in NL 53/107, 144

dgl. 1925 - 36 (3) BON Po 26, 28

dgl., München o.Dat. (2) KOB R 57/1033 - 66; 1043 - 23

dgl. 1927 KOB in R 43 II/1454

Dt.-japanischer Kulturausschuß o.Dat. KOB R 57/1044 - 6

Jap.-Dt. Gesellschaft, Jap.-Dt. Verein in Tokio 1939 - 40 KOB R 57/1222 - 18

5128 Internationale Gewerbeausstellung in Kioto 1873 KAG Abt. 233/11611

dgl. 1873 - 76 MCA MH 9541

dgl. 1874 FFA B 158 III/864

Industrieausstellung in Osaka 1902 - 03 STH E 46 - 48/1146

Große Ausstellung in Tokio 1912 STH E 46 - 48/1146

Weltausstellung in Tokio - Yokohama 1940 1937 - 40 BON Po 40

dgl. 1938 HMK 93.C.1.21

Deutsche Beteiligung an dem Handelsmuseum in Nagoya 1910 - 11 FFA B 158 III/203

Dt. politische und kulturelle Propaganda in J. 1924 - 37 (4) BON Po 26

5129 Agenten- und Spionagewesen 1920 - 36 BON Po 15

Handelsspionage 1921 BON Geh Ostasien Japan H 23

Dr. Richard Sorge 1941 - 42 BON Büro RAM

Dt. Abwehr 1941 - 44 (2) BON M - G R 2; Politik 15 g

5130 Militärwesen im allg. 1882 - 1920 (26) BON Japan 2; 2 adh

dgl. 1894 - 1914 FRB RM 5/5791

noch 5130 dgl. 1918 FRB RM 5/2759

dgl. 1920 - 36 (4) BON Po 13

dgl. (militärpolitischer Reisebericht des OTL Joachim Breithaupt, 1883 - 1960) 1934 - 35 FRB N 302/3

dgl. 1941 BON M - Gen.St.d

dgl. (Fremde Heere Ost) 1941 - 44 (5) FRB in RH 2

dgl. 1943 - 44 FRB RW 4/693

dgl., dt. Heeresberichte 4. - 19.2.1945 KOB R 34/413

dgl., dt. Militär; Marine- und Luftattachés 1933 - 36 (3) BON Geh. Japan II FM.25, 41, F 112

dgl., dt. Waffen-Attaché 1942 BON Büro RAM

Abrüstung 1932 - 33 BON Abt II F - Abrüstung: Abr.J.

Wehrdienst 1938 BON M 20

5131 Notizen über die jap. Armee 1895 MCK MKr. 1003

5132 Marine 1875 - 1900 FRB RM 1/2178

dgl. 1880 - 1917 (17) FRB RM 5/5748 - 5757, 5785 - 5790, 5793

dgl. (Schriftwechsel mit dem Marine-Attaché in Tokio) 1901 - 19 (16) FRB RM 3/2913 - 2927, 2982

dgl. 1901 - 11 (2) FRB RM 3/1083, 10225

dgl. 1920 - 36 (3) BON Po 14

dgl. 1940 - 45 (12) BON Tokio, Marine-Attaché

Versenkung jap. Schiffe 1919 KOB R 85/6040

Stand der Flottenrüstung 1931 BON Abt II F Abrüstung

dgl. 1936 - 38 BON M 38 - 3

dgl. 1941 - 45 (150) BON Marine-Etappe Yokohama

dgl. 1943 - 45 (40) BON Marine-Außenstelle Hakone (Gor Ashinoyó)

Sprengstoffanschlag auf im Hafen von Tokio liegende dt. Hilfskreuzer 1942 KOB NS 19/2527

5134 Errichtung und Verwaltung eines dt. Marinedepots in Yokohama und Nagasaki 1868 - 84 FRB RM 1/42

Kohlenbedarf der Marine 1887 - 1913 FRB RM 5/5759

Kohleversorgung der Schiffe im Krieg 1904 - 05 (8) BON Japan 20 Nr 7 secr.

Marinelazarett Yokohama nach 1875 - 1902 FRB RM 31/569

Lazarettschiffe 1905 - 15 (3) KOB R 85/2140, 6649 - 6650

dgl. 1942 - 44 BON Kriegsrecht 19

5135 Beziehungen von Prinz Jamashina Kikumaro zur dt. Marine 1891 - 95 FRB RM 31/104

Gesuche von Dt. um Eintritt in jap. Militärdienste 1892 ff. KOB R 85/2855

Kommandierung von Karl Haushofer als Major zur jap. Armee 1906 - 16 (2) MCK Generalstab 236, 237

dgl. 1908 - 11 KOB in NL 122/HC 917 a

Erlaubnis für Japaner zum Eintritt in das bzw. zur Information über das dt. Militär 1909 - 10 KOB R 85/2828

Erinnerungen von Alexander v. Falkenhausen an seine Kommandierung nach J. 1909 und seine Tätigkeit als Militärattaché in Tokio 1912 - 14 1909 - 14 FRB in N 246

Bericht des Majors Josef Reiss über seine Kommandierung zur japanischen Armee 1912 - 13 MCK Generalstab 235

Kommandierungen von Generalstabsoffizieren zu besonderen Zwecken bis 1915 MCK Generalstab Nr. 322

Militärische Zusammenarbeit mit D März 1941 FRB RW 4/529

Negative Eindrücke jap. Admirale von dt. Wehrkraft 1942 KOB NS 19/1644

5136 Krieg mit China 1894/95 s. 5036

Krieg mit Rußland 1904 - 05 1904 - 18 (148) BON Japan 20, 20 secr, 20 a, 20 Nr. 1 - 9

dgl. 1904 (3) BON Paris 91 a

noch 5136 dgl. 1903 - 11 (27) FRB RM 3/2593 - 2596, 4300 - 4314, 6843 - 6849, 10264

dgl. 1903 - 13 (23) FRB RM 5/1478, 5763 - 5784

dgl., Station O 1904 - 11 (97) FRB RM 31/1984 - 2080

dgl. (Kreuzerdivision) 1904 - 05 (10) FRB RM 38/148 - 157

dgl. 1904 - 18 (2) KOB R 85/6651, 6654

dgl. 1904 - 05 HMA 371 - 8 II, XIX B 7.16.23

dgl. MCK Generalstab 239

dgl. , Aufzeichnungen des Korvettenkapitäns Hopmann aus seiner Tätigkeit als Marineattaché bei der russischen Flotte in Port Arthur 1904 FRB in N 326

dgl., Aufsatz von Friedrich Trautz (1877 - 1952): "Die vorgeschobenen Stellungen vor Port Arthur und ihre Lehren" o.Dat. FRB N 508/113

dgl.,"dt. Erfahrungen" 1905 STK M 1/2 - 39

dgl., kriegswissenschaftliche Ausarbeitungen des OTL Hermann Ritter v. Giehrl 1808 FRB N 206/18

dgl., des GenLt. Wilhelm Groener o.Dat., 1920 (2) FRB in N 46/40, 56

dgl., des Bruno v. Kissling (mit Materialsammlung) 1904 - 0[illegible] MCK Generalstab 248

Jap. Aktion in Sibirien 1918 - 19 (2) BON Russland 97 Nr. 1

5137 Dt. Kriegsgefangene und Verwundete 1914 - 19 (9) KOB R 85/4810 - 4818

dgl. 1920 BON Po 13 Nr 4

Lager für dt. Kriegsgefangene und Zivilinternierte 1914 - 1[illegible] (25) KOB in R 67

dgl. 1914 - 19 (3) KOB R 85/4614 - 4616

Unterstützung dt. Kriegsgefangener und Internierter 1915 - 20 (3) KOB R 85/3927 - 3928, 4130 noch 5137 dgl. 1920 - 23 BON Kriegsgef 1

Dt. Kriegsgefangenenprot. 1915 - 20 (6) KOB in R 85/353, 367, 422 - 425

Strafverfahren gegen dt. Kriegsgefangene 1917 - 19 (2) KOB R 85/5220 - 5221

Austausch von Verwundeten mit D 1915 - 19 (4) KOB R 85/5141 - 5144

Verhandlungen über Gefangenenfragen mit D 1918 KOB R 85/4206

Heimschaffung dt. Kriegsgefangener 1919 - 20 BON Kriegsgef 2

Kriegsgefangenaustausch 1941 - 45 BON Kriegsrecht 28 a

5138 Rückkehr jap. Kriegsgefangener aus Rußland über Hamburg 1905 HMA 373 - 7 I, II E III P 31

Jap. Kriegsgefangene und Verwundete 1918 KOB R 85/4917

Kriegsgefangene in D 1942 - 45 (2) BON Kriegsrecht 26 a, 26 Nr 16

5139 Dt. Kriegsgräber 1932 - 43 BON Kriegsgräber 5

5140 Rechtspflege im allg. 1920 - 36 (5) BON R 1, 4, 7, 8, 40

dgl. 1929 - 33 HMK 95.D.10.7

dgl. 1934 - 44 (17) KOB R 22/2406, 2557 - 2567, 2801, 3040 - 3042, 3309

5142 Admiralitätsgerichtsbarkeit 1858 - 69 OLA 31 - XV/44 - 389

Prozeßordnung des dt.-jap. Gemischten Schiedsgerichtshofes 1922 - 28 HMK 44.D.4 h.14

Prisenordnung und Prisengerichtshof 1941 - 42 (3) BON Kriegsrecht 5, 5 b

5143 Strafrecht 1939 BON Str 5

5145 Patentwesen o.Dat. (13) KOB R 131/795 - 798, 800 - 805, 1264; R 85/1122, 1147

Patentschutz 1920 - 45 (12) BON Patente Nr 7

noch 5145 Patent für Hochdruckluftpumpe o.Dat. AUM XIII/22

Urheberrecht 1920 - 44 (3) BON Literatur Nr 13

Wechselrecht 1935 - 43 BON Handelsrecht Nr 3

Jap. Übergriffe auf dem Gebiete des gewerblichen Rechtsschutzes 1933 - 37 HMK 95.D.10.23

5146 Rechtshilfe und Auslieferungsverkehr 1912 - 14 KAG Abt. 233/13133

Strafverfolgung von Karl Richter wegen Entwendung von Briefen der Firma Siemens-Schuckert in Tokio 1913 - 17 (3) BON Deutschland 141 Nr. 13

Rechtsbeziehungen zu D 1920 - 36 (10) BON R 6, 15 - 18, 31, 35

Auslieferungsvertrag mit dem D R 1927 - 36 BON Auslief 24 a

dgl. 1926 - 28 HMA 132 - 1/VI A 2/33

Dt. Auslieferungsanträge, Einzelfälle 1937 - 44 BON Auslief 20

Strafverfolgung auf dt. Antrag oder umgekehrt 1938 - 43 BON Str.Verf. 1

Vertretung der Interessen des D R gegenüber feindlichen Staaten und umgekehrt 1941 - 42 BON Kriegsrecht 13 a, 14 a

5147 Verschiedene völkerrechtliche Angelegenheiten 1914 - 19 KOB R 85/5409

Verübung völkerrechtswidriger Grausamkeiten auf dem Kriegsschauplatz 1916 ff. KOB R 85/6230

Seekrieg 1939 - 42 BON Kriegsrecht 4

Regelung privater Rechte 1942 BON Kriegsrecht 3

5148 Beschlagnahme fremder Handelsschiffe 1904 - 11 (3) BON Japan 20 Nr. 5

Dt. Schadenersatzforderungen aus dem Krieg 1904 - 05 1905 - 15 (2) KOB R 85/6649, 6650

dgl. 1911 - 12 HMA 132 - 1/I/C I d/128

noch 5148 Behandlung dt. Vermögens 1914 - 16 (5) KOB R 85/ 5635 - 5638, 5691

dgl. 1920 - 25 HMK 44.H.5.12

Beschlagnahme dt. Eigentums, wechselseitige Entschädigungsforderungen und Kriegsschädenforderungen 1920 - 36 (4) BON R 19, 20, 28, 31

Dt. Kriegsschäden 1920 - 27 (2) KOB R 2/765 - 766

Abkommen über die Freigabe der dt. Liquidationserlöse in J. 1924 - 25 HMK 44.H.4 d.6

Forderungen, Beschwerden und Entschädigungsansprüche 1938 - 40 BON Po 52 - 4

Behandlung fremden Eigentums 1941 - 43 BON Kriegsrecht 20

Behandlung dt. Vermögens 1942 - 43 BON Kriegsrecht 21

5149 Dt. Prisenverfahren 1914 ff. (2) KOB R 85/5842, 5890

Zwangsverwaltung und Überwachung jap. Unternehmungen in D 1917 HMA 371 - 8 II, XXXIV 39 a

Berechnung jap. Kriegsschäden 1920 - 24 (2) KOB R 38/272, 341

Aufbringung und Versenkung von Handelsschiffen durch D 1939 - 40 BON Kriegsrecht 17

Ansprüche an das D R auf Ersatz von Kriegsschäden 1942 - 45 BON Kriegsrecht 30 a

Regelung jap. Kriegsschäden in D 1943 - 45 (2) KOB R 18/1035, 3480

5150 Parlament 1889 - 1919 BON Japan 13

Innere Politik, Parlaments- und Parteiwesen 1920 - 40 (9) BON Po 5

dgl. 1936 - 40 (3) BON Po 3

Fälschungen zu politischen Zwecken 1933 BON Po 35

Militärputsch 1936 BON Büro UStS

Erdbeben 1923 KOB in NL 53/71, 72

5151 Nationalitätenfragen 1920 - 34 BON Po 6

5152 Religionsfragen 1920 - 36 (2) BON Po 16

5153 Kommunismus 1920 - 36 BON Po 19

dgl. 1926 - 36 BON Geh Rußland P 19

Faschismus 1933 - 34 BON Po 29

Freimaurer 1933 BON Po 20

Pazifismus 1933 BON Po 18

5154 Austausch von Druckschriften der Verwaltung 1909 STH E 46 - 48/1146

Übersetzung der dt. Zeitschrift "Verwaltungsakademie" ins Japanische 1939 - 42 KOB R 43 II/1455

Innere Verwaltung 1920 - 36 (7) BON VW

Statistische Veröffentlichungen 1927 - 36 (3) BON VW 16

5156 Soziale Verhältnisse und Sozialpolitik 1920 - 36 (8) BON S 1 - 6

Streiks 1937 KOB in R 43 II/1456

Sozialversicherung 1938 BON Sozialvers. Nr. 6

5157 Siedlungs- und Wohnungswesen 1922 - 33 BON S 10

Landesplanung und Raumordnung 1937 - 43 KOB R 113/1644

5158 Rotes Kreuz 1933 - 34 BON S 15

5159 Jesuitenmission (Jahresberichte und Missionsbriefe) 1559 - 81 MCA Jesuitica 100 - 101

dgl. 1612 - 50, 1865 - 1945 KÖJ

Christentum, insbes. Beziehungen der Regierung zum Papst 1885 - 1918 (2) BON Japan 5

Jahresbericht des Apostolischen Präfekten der Mission des Fran kaner-Ordens in Sapporo 1925 KOB R 57/1222 - 14

Kirchlich-ökumenische Angelegenheiten 1929 - 43 BEZ C I

Arbeit der dt. Ostasienmission des Allg. evangelisch-protestantischen Missionsvereins in Tokio, Yokohama, Kioto, Osaka, Kobe, Otsu, Toyohashi 1885 - 1945 (150) SPK

noch 5159 dgl. BEZ I/M - 321

dgl. 1935 - 36 KOB R 57/1222 - 19

Allg. Ang. der evang. Kirche 1861 ff. (2) BEZ C VII Japan 1, EO Japan 1

Dt. evang. Gemeinde in Tokio 1886 ff. (4) BEZ C VII Japan 12, EO Japan 6

dgl. 1926 - 36 KOB R 57/1223 - 1

dgl. 1927 KOB in NL 53/14

dgl., in Yokohama 1887 ff. (2) BEZ C VII Japan 11, EO Japan 7

dgl., in Kobe 1924 ff. 1924 ff. (3) BEZ C VII Japan 13

Gemeinde unter dem Kreuz in Osaka o.Dat. KOB R 57/1222 - 12

5160 Kunst und Wissenschaft im allg. 1920 - 36 (3) BON KW 1, 2

Förderung der jap.-dt. Beziehungen auf kulturellem und wissenschaftlichem Gebiet durch Wilhelm Solf 1922 - 36 (21) KOB in NL 53, insbes. 78 - 95, 107, 144, 150

5161 Pressewesen 1887 - 1919 (18) BON Japan 11; 11 secr.

dgl. 1920 - 36 (5) BON Po 12

Gründung einer dt.-jap. Zeitung zur Förderung der beiderseitigen Geistesbeziehungen 1923 KAG Abt. 235/19300

Kontakte von Publizisten zum Amt Auslandspresse 1939 - 41 KOB NS 42/21 - 25

5162 Angelegenheiten der Rundfunkanstalten 1936 - 43 KOB in R 58/1092

5163 Unterrichtswesen 1887 - 1935 KAG Abt. 235/15501

dgl. 1920 - 36 (2) BON Po 17

Dt. Vereinsschule in Tokio 1877 KAG Abt. 235/19222

dgl. 1887 KAG Abt. 233/14211

dgl. 1887 STH E 46 - 48/1146

noch 5163 dgl. 1905 - 13 KAG Abt. 235/15492

Dt. Schule und Dt. Schulverein in Tokio 1930 - 36 KOB R 57/1223 - 10

dgl., in Kobe 1909 - 41 (2) KOB in R 57/1222 - 10, 11

dgl., in Yokohama 1913 - 14 KOB in Kl.Erw. 86/2

dgl. 1921 - 22 KOB R 57/1223 - 8

5164 Umwandlung der Tokio-Gelehrtengesellschaft in eine kaiserliche Akademie 1906 KAG Abt. 233/13112

Katholische Universität Jochi Daigaku in Tokio 1926 - 30 KOB R 57/1223 - 3

dgl. 1929 KOB in R 43 II/1454

Dt. Forschungsinstitut in Kioto 1933 - 40 KOB R 57/1222 - 7

dgl. 1934 KOB in NL 53/144

Weltingenieurkongreß und Weltkraftkongreß 1929 BON Allg

dgl. 1929 KÖF A I 9 121

5165 dgl., Briefwechsel mit dem Botaniker Josef Gerhard Zuccarini vor 1848 MCS NL Zuccarini

Unterlagen aus dem Nachlaß des Japanforschers Philipp Franz von Siebold (1796 - 1866) BOC

dgl. MBZ

dgl. ELM

Vermessung der Bucht von Jedo (Tokio) und meteorologische Beobachtungen ebda. zwischen 1858 und 1869 OLA 31 - XV/44, 191

Herausgabe des Thesaurus Japonicus 1904 - 33 (2) BEA Rep 208 A/305 - 306

Reise des Sinologen Fritz Pferdekämper (1876 - 1962) 1907 KOB in Kl.Erw. 483 - 4

Unterlagen von Friedrich Trautz (1877 - 1952), Leiter des Japanologischen Instituts an der Universität Berlin, 1934 - 38 Direktor des Dt. Forschungsinstituts und Professor an der Universität Kioto, später Privatgelehrter (Materialsammlungen, darunter Bilder, wissenschaftliche und private Aufzeichnungen, noch 5165 Handakten, Briefwechsel) 1918 - 50 (6 lfdm.) BON NL Trautz

dgl. (5 lfdm.) BOS

dgl. , v.a. Aufenthalt in J. 1909 - 10 FRB in N 508

Forschungen zur Landeskunde 1928 - 36 BON KW 3

Aufsätze von Walter Gauss, Stuttgart, zur Landeskunde 1933 - 35 BON Aufsätze

5166 Japanisches Go-Institut o.Dat. KOB R 57/1005 - 27

Hosentracht bei Japanerinnen und bayerischen Stallmägden 1939 KOB NS 19/1136

Kritik Himmlers an einem Vortrag von Prof. T. Murata über das japanische Familien- und Eheleben 1943 KOB NS 19/956

5167 Enthüllung der Büsten der Professoren Dr. Bälz und Dr. Scriba 1907 STH E 46 - 48/1146

Lektorate der Deutschen Akademie 1932 - 42 (3) KOB R 51/1180, 1183, 1184

5168 Schaffung von Professuren für Sprache und Kultur Japans 1913 - 14 (3) HMA 364 - 7, AT a 2.2; A I b 1.8; B IV b 4

Zulassung zu Abendkursen in Japanisch 1913 - 14 BEA Rep 208 A/192

Errichtung von Lehrstühlen für Japanologie an den Universitäten Berlin und Frankfurt a.M. 1943 - 44 KOB R 43 II/942 a

5169 Akademikeraustausch an der Universität Leipzig 1930 - 32 KOB NL 53/147

5170 Wirtschaftliche Lage 1893 - 1912 HMA 132 - 1/I/C I d/123

dgl. (Wirkungen des unbeschränkten U-Boot-Krieges 1918 - 19) (4) FRB RM 5/3074, 3098, 3120, 3167

dgl. 1921 - 34 BON W 1 A

dgl. (Reisebericht) 1921 - 22 ESK NL Wiedfeldt WA IV 1947 a, 1949, 2580

dgl. (Reisebericht Brunthaler, Deutz-Motoren-Gesellschaft) 1922 KÖD III 6 d

noch 5170 dgl. (wirtschaftspolitische Zirkularberichte der Reichsregierung und des AA) 1926 - 34 (3) BRE 4, 49 - 61, 62, 63

dgl. 1926 KAG Abt. 233/13157
dgl. (Reiseberichte von Ingenieuren der Phoenix AG) 1929 - 30 DÜM R 37
dgl. 1929 - 42 KOB R 2/9985

dgl. 1936 - 37 KOB in NS 43/52

dgl. 1937 - 44 (4) KOB R 24/893, 899 - 901

dgl. 1937 - 38, 1944 (4) FRB in RW 19

5171 Fischerei 1899 - 1909 FRB RM 5/5794

5172 Kohle-, Stahl-, Energiewirtschaft 1894 - 1909 HMA 132 - 1/I/C I d/124

Bergbau und Montanindustrie 1900 - 45 (4) KOB R 7/970 - 973

Kohleproduktion und Ausfuhr im Amtsbezirk des dt. Konsuls von Nagasaki 1903 KOB in R 85/1237

Industrie und Handwerk 1909 - 37 HMK 95.D.10.17

Produktion und Wertberechnung der Edelmetalle (vornehmlich Gold) 1912 - 14 KOB in: R 85/1271

Eisen- und Stahlindustrie 1928 - 33 (2) KOB R 9 I Rep/891, 892

Entwicklung der Eisenindustrie 1932 - 34 OBG 400 001/16

Chem ische Industrie 1926 - 37 (5) LUH T 52/15 c

dgl. 1926 - 45 (40) LEV 82/Japan; 191/2

5173 Plan des Aufbaus von Produktionsanlagen der Fa. Krupp 1872 ff ESK in Sachkartei E V 5

Lizenz für Fahrzeugmotoren an verschiedene Firmen von der Deutz-Motoren-Gesellschaft 1931 KÖD IV 19

5174 Finanzen 1883 - 1919 (11) BON Japan 3

dgl. 1885 - 1916 BEA Rep 109/5440

dgl. 1930 - 31 KOB R 2/13099

Staatshaushalt 1908 - 13 (2) FRB RM 5/5755 - 5756

dgl. 1931 - 32 HMK 95.D.10.15

noch 5174 Finanz- und steuerrechtliche Probleme bei Vertragsabschlüssen 1924 - 33 (2) KOB R 2/24604 - 24605

Finanzielle Beziehungen mit D 1936 - 39 BON F 4

5175 Dt. Zahlungsverbote und Zahlungsmaßnahmen 1914 - 18 HMK 44.A.25.5

Devisenbestimmungen 1931 - 41 BRK G I 22

Dt.-japanische Devisenangelegenheiten 1933 - 36 (3) BON F 16

dgl. 1934 - 44 (2) KOB in R 7/164, 239

Abkommen mit dem D R über den Devisen- und Zahlungsverkehr 1934 - 39 KOB R 2/14137

5176 Steuern 1884, 1910 (2) KOB in R 2/1480, 1489

Besteuerung von Grundbesitz im D R 1923 - 45 (3) Steuern Nr. 11, Grundbesitz 12

Regelung der Doppelbesteuerung mit dem D R 1924 - 40 BON Steuern Nr. 14

dgl. 1939 - 41 KOB R 2/19755

Steuergesetzgebung 1927 - 42 BON Steuern Nr 5

Besteuerung von Japanern im D R und umgekehrt 1933 - 34 BON Steuern Nr 9

Umsatzsteuerrecht 1937 KOB in R 2/20999

Rechtshilfeverkehr mit dem D R in Steuersachen 1938 - 41 (2) KOB R 2/19868 - 19869

5177 Verzollung nach D ausgeführter Seidenbilder sowie seidener Taschentücher 1889, 1894 (2) BRE 4, 8 D - 807, 809

Zollbehandlung von Holzbaumfächern 1898 - 1902 BRE 4, 8 D - 555

Zolltarif 1909, 1921 (2) KÖW 20/291/5; 20/535/4

Zölle und Steuern auf japanische Exportwaren 1921 ff. (8) BRK Z IV 7; Z V 13 ah, al 3 ap. ar: W I 17, 17 a, 17 b

Zollvergünstigungen 1922 - 32 BON II Generalia 370

Zollrecht 1929 - 38 (9.917) KOB R 2/9917, 9985

5178 Geplante Errichtung einer dt. Bank in J. 1901 - 16 BON Japan 3 a

5179 Anleihen 1880 - 1924 (20) FFD Paket 139, 695 - 697

dgl. 1899 - 1905 (2) FFA. Bethmann-Archiv V, 443, 572

Verzinsung jap. Gelder 1905 - 11 (6) BEA Rep 109/ 3145 - 3150

Schuldenwesen 1921 - 22 KOB R 2/1927

Ablösung dt. öffentlicher Anleihen 1925 - 27 KOB in R 2/2280

Aufnahme von Exportkrediten bzw. Garantien des D R 1932 - 45 (3) KOB R 2/16455, 16820, 17220

5180 Handel, insbes. Handelsbeziehungen mit D 1825 - 1922 STA in 80 N, Titel 121, Nr. 7

dgl. 1833 - 1912 (11) MCA MH 11077, 12170 - 12176, 12196 - 12197, 12582

dgl. 1843 - 70 KAG Abt. 233/10509

dgl. (auch Handelswerbung 1859 - 1919 HMK 95.D.10.22

dgl. zwischen 1858 und 1869 OLA 31 - XV/44, 104

dgl. zwischen 1859 und 1896 COB in A 3139

dgl. 1859 ff. (2) KÖW 1/24 b/13; 20/13/4

dgl. 1869 - 1919 HMA 371 - 8 II, XIX C 16

dgl. 1879 - 1911 (11) KOB R 2/1480 - 1490

dgl. 1881 - 1915 KAG Abt. 233/13158

dgl. 1886 - 95 MCA MH 12167

dgl. 1887 - 1927 (2) FFA B 158 III/204, 205

dgl. 1896 - 98 MCA MH 12168

dgl. (über Nagasaki) 1897 HMA 371 - 8 II, XIX B 7.4 I

dgl. 1897 - 1914 BON Paris 1410

dgl. (mit Tabak) 1898 - 1905 HMA 132 - 1/I/C I d/126

dgl. (Konsulatsfakturen, Ursprungszeugnisse) 1898 - 1930 HMK 95.D.10.1

noch 5180 dgl. 1910 - 42 KÖW 20/207/16; 523/7; 1096/5

dgl. 1911 - 28 KAG Abt. 237/32442

dgl. 1915 - 37 (2) DOR K 2/335, 561

dgl. 1918 KOB R 85/1034

dgl. 1920 - 43 (5) BRK Hp I 14; Hp II 84; Z II 13 ah

dgl. 1921 KOB R 38/95

dgl. 1922 - 33 HMA 132 - 1/III A 1 c 38

dgl. 1924 - 28 MCO III/47

dgl. 1929 - 42 (2) KOB R 2/9917, 9985

dgl. (insbes. Sojabohnenabkommen; Unterlagen des Leiters der Dt. Wirtschaftskommission für Ostasien, Dr. Otto Kiep) 1936 BON in NL Kiep

dgl. (Sammlung von Erlassen, Rundschreiben etc. des RM für Wirtschaft) 1939 - 45 KOB in R 9 I/618

dgl. 1941 - 44 (2) KOB R 7/4239, 4240

Preisbindungen im Warenverkehr mit D 1942 - 43 KOB in R 7/3015

Handelsbeziehungen zu Chile 1906 - 14 (2) BRE 3 - A.3.C.2/160, 191

Handelsbeziehungen zu dritten Staaten 1920 ff. BON Äthiopien, Albanien, Belgien, Bulgarien, Chile, Columbien, Costarica, Ecuador, Frankreich, Indien, Irak, Iran, Rumänien, Rußland, Tschechoslowakei Handel 12, mit Frankreich auch: Paris 863 a

5181 Lieferung von Kriegsmaterial 1865 ff. ESK in Sachkartei E V 5

Einfuhr von Milanostahl 1868 ff. DOR N 14, Ms. Bd 3, S. 1623

Ursprungszeugnisse für dt. Waren 1898 - 1913 HMA 371 - 8 II, XIX B 6.6

Einfuhr aus dem D R 1900 - 14 HMA 132 - 1/I/C I d/127

Einfuhr dt. Biere 1887 - 92 STH E 46 - 48/425

dgl., von Alkohol 1894 HMA 132 - 1/I/C I d/125

Brückenlieferung der Fa. G. H. Lies & Co., Hamburg 1888 - 89 OBG 304014/22 noch 5181 Lieferungen von Stahlwerksanlagen 1897 - 1925 (37) OBG 30412/10 - 36

dgl., von Industriebauten 1906 - 21 (5) OBG 304022/44, 46 - 49

dgl., von Eisenbahnanlagen 1891 - 1905 MCA MH 11616

dgl. 1902 HMA 371 - 8 II, XIX B 7.4 I

dgl., von Kabeln 1895 - 1931 (29) KÖF A I 8 Nr. 2/2 - A I 9 Nr. 107/7, 121 - 123, 125, 127, 251 - 253, 442

dgl., von Stahl 1903 ff. ESK in Sachkartei E V 5

Waffenhandel und Waffenschmuggel 1900 - 14 KOB R 85/6633

dgl., Überwachung der Ausfuhr über Bremerhaven 1900 - 03 BRE 4, 20 - 1186/134

Elektrische Geschäfte o.Dat. FFD Paket 138

Einführung einer Reparationsabgabe auf dt. Waren 1921 HMK 44.e.7.1

Dt. Reparationslieferungen 1922 - 27 FFA B 158 III/28

dgl. 1926 HMK 44.E.12 a.21

Anerkennung jap. Reklamations-Zertifikate über beanstandete Waren durch die dt. Lieferwerke 1926 HMK 11.C.3.10

Verhandlungen mit dem Schiffbaustahl-Kontor 1927 - 30 OBG 400.000.120/9

Lieferung von Walzdraht 1928 - 33 OBG 4 000 003/4

dgl., von Turbogassaugern und Kurbelwellen 1928 - 42 (7) OBG 40422/83 - 85; 40423/21 - 24

dgl., von Erzeugnissen der eisenschaffenden Industrie 1936 - 43 KOB R 9 XI/1

dgl., von Förderanlagen 1937 - 45 (13) OBG 4041301/42 46, 56 - 58, 122 - 126

dgl., von elektrisch angetriebenen Maschinen 1937 - 45 OBG 40425/17 - 21, 23

dgl., von Erzeugnissen der Gießereiindustrie 1940 - 43 KOB in R 9 XVI/4

noch 5181 Rohstoffversorgung im Vergleich zu den angelsächsischen Ländern 1941 KOB R 25/57

Einfuhr feinmechanischer und optischer Erzeugnisse aus D 1943 - 45 (2) KOB R 9 X/17, 18

Aufträge des Heeres und der Marine in D("Aktion Irma") 1943 - 44 KOB in R 9 IV/6

dgl. 1944 KOB R 7/3435

5182 Ausfuhr nach D 1880 - 89 HMA in: 314 - 1, B VI c 11, II

Einschwärzung nach D ausgeführter Seide 1898 BRE 4, 8 D - 816

Tarifierung von lackierten Pappwaren 1891 BRE 4, 8 D - 774

Ausfuhr von Baumwolle nach D zwischen 1888 - 1937 (3) BRK E X 52; W I 17 a; Hp I 14

Gründung einer amerikanisch-jap. Exportfirma in Sibirien 1919 KOB in R 85/1082

Dt. Zollerhöhungen für jap. Textilerzeugnisse 1921 - 35 BRE 4, 49 - 1244

Ausfuhr von Terpentinöl und Harzen nach D 1933 - 37 KOB in R 8 VIII/445

dgl., von Wolfram-Erzen nach D 1936 - 43 KOB in R 9 XI/1

Dt. Transitgeschäfte in jap. Butter 1939 HMK 29.K.6 C.8

5183 Dt. Handelssachverständige in Yokohama 1907 KÖW 20/172/13

Behandlung einer Auskunft des Konsulats Nagasaki durch eine Hamburger Firma 1912 HMK 57.F.6.1

"Schwarze Listen" über mit D Handel treibende Firmen neutraler Staaten 1919 KOB R 85/5663

Liquidation dt. Firmen 1920 - 21 FFA B 158 III/1313

Liste der dt. Firmen in J. 1926 KOB in R 57/474/16

Handels- und Firmenauskunftsdienst der dt. Botschaft Tokio und des dt. Konsulats Yokohama 1940 - 45 (4) KOB R 9 I Rep/573, 334, 335, 1000

Dt. Handelskammern in J. 1928 - 40 HMK 95.D.10.8

noch 5183 dgl., Jahresberichte für die Jahre 1937, 1938 DOR S 6

Dt. Handelskammer Tokio 1924 - 41 (2) KOB in R 11/ 1256, 1282 a

dgl. 1928 HMK 95.D.10.10

dgl. 1936, 1938 (2) KOB in R 9 (Rep)/24 (1), 136 (1)

dgl. 1937 - 38 KOB R 57/1222 - 17

dgl., in Kobe - Osaka (1916 - 25) KOR in K 2/661

dgl. 1927 BRK Ha I 8 Bd 3 20)

Vertretung dt. Handelsinteressen durch die IHK Hakodate 1930 - 33 DOR K 2/1413

Geschäftsverbindungen der Fa. Krupp 1859 ff. ESK in Sachkartei E V 5

dgl., Firmenvertretung 1867 ff. **ESK in Sachkartei E V 5**

Vertretung des Bochumer Vereins in Tokio 1898 - 1912, 1924 - 25 (3) BOK 56006, 56138, 56140

Geschäftsbeziehungen der MAN o.Dat. AUM NL R. Buz/ 67/1; Kasten 123

dgl., Firmenvertretung 1908 ff. AUM o.Sign.
dgl., der Phoenix AG 1911 - 15 DÜM 51061

Schriftwechsel der Pharma-Auslands-Organisation der Fa. Bayer sowie Handelsregistereintragungen 1911 - 45 (7) LEV 9/K 1.1

Vertretung der Deutz-Motoren-Gesellschaft durch die Fa. Simon Evers, Hamburg 1914, 1921, 1925 (3) KÖD III 4/30; IV/18; III 13 B

5184 Wasser- und Landverkehrswege 1889 - 1911 FRB RM 5/5796

Lenkung des Frachtverkehrs mit D über Sibirien 1939 - 41 KOB in R 9 XI/1

5185 Schiffsrechnungsbücher der Reederei F. A. Vinnen & Co. **zwischen 1873 - 97 BRE 7, 2101**

Schiffahrt und Hafenwesen 1891 - 1936 HMK 95.D.10.18

Subventionierung und sonstige Förderungsmaßnahmen zugunsten der jap. Schiffahrt 1897 - 1922 HMK 95.D.10.21

Schiffsdienste nach Mexiko, Guatemala, Peru und Chile 1903 - 0 (6) BRE 3 - A.3.C.1/101; C.2/160, 184; M.2/53; P.2/98; BRK SV5

noch 5185 Handelsflotte 1908 - 15 FRB RM 5/5758

Behinderung fremden Schiffsverkehrs 1914 ff. KOB R 85/5801

Behinderung des Schiffsverkehrs durch D 1918 KOB R 85/5745

Schiffahrtsbestimmungen 1926 HMA 132 - 1/III B 1 b 18

Einbeziehung Bremens in den Dienst der Nippon Yusen Kaisha-Linie und der KoKusai Kisen Kaiska - Linie 1936 - 37 BRE 4, 35 - 1120

Berücksichtigung dt. Reedereien bei der Verschiffung von Tabak für dt. Rechnung 1936 - 37 BRE 4, 35 - 1042

Bevorzugung britischer Dampfer durch jap. Exporteure 1939 HMA 371 - 8 II, XXI A 18.52.37

Häfen, Werften 1906 - 15 (2) FRB RM 5/5760 - 5761

Hafen von Tokio 1913 HMK 95.D.10.20

5186 Kraftfahrverkehr 1932 HMK 95.D.10.4

5187 Bau von Eisenbahnen 1872 ff. ESK in Sachkartei E V 5

Eisenbahnwesen 1884 - 1917 BON Japan 4

dgl. 1903 - 32 HMK 95.D.10.19

dgl. 1911 - 20 (4) KOB R 85/112 - 113, 178 - 179

5188 Luftfahrt 1921 - 35 (3) BON Lu 1, 2

Flugverbindungen nach D und Italien 1942 - 43 (2) FRB R L 6/4376 - 506; 4378 - 389

5189 Postverkehr mit D 1894 - 1926 BRE 5, 1/2 - 191

dgl. 1911 - 22 (4) KOB in R 85/617 - 619, 693

Telegrafenverkehr 1907 - 20 (7) KOB R 85/706 - 708, 714, 715, 773, 774

Luftschiffahrt, Brieftauben, Signal- und Rettungswesen, Kabel- und F.T.-Wesen 1912 - 15 FRB RM 5/5792

Funkentelegraphische Verbindung mit Kalifornien und Hawaii 1916 KOB in R 85/828

5190 Ein- und Auswanderung 1904 - 05 HMK 95.D.10.28

dgl. 1922 - 40 KOB R 57/26

Behandlung der Dt. in J. und der Japaner im D R 1914 - 19 (5) KOB R 85/3620 - 3624

Verhandlungen wegen gegenseitiger Freilassung von Zivilisten 1919 KOB R 85/4008

Paßverkehr mit dem D R 1926 HMA 132 - 1/VI B 5 a 48

Staatsangehörigkeitsgesetzgebung 1932 - 37 BON Sta Nr 12

5191 Auswanderung aus J. 1908 - 26 HMA 373 - 7 I, II C I 3

dgl. 1908, 1919 (2) BRE 3 - A 4/312, 412

dgl. nach Mexiko 1903 - 05 BRE 3 - A 3.M.2/53

Beschäftigung von Japanern in der GHH 1913 - 14 OBG 3001012/55

Zulassung von Japanern zum Reichsarbeitsdienst 1935 - 37 BON ArbD 7

Klärung der Staatsangehörigkeit in J. lebender Dt. 1938 - 43 BON Sta Nr 1 III

Eheschließung von Dt. mit jap. "Mischlingen" 1940 KOB in R 43 II/1456 a

Einbürgerung in das D R.- Allgemeines und Einzelfälle 1941 - 43 BON Sta Nr 1 IV

5192 Überwachung von Japanern durch die Fremdenpolizei in Bremerhaven 1914 - 20 BRE 4, 20 - 140/24

dgl., in Oldenburg 1914 OLA 136 - 3257

Reiseerlaubnis in D 1914 KOB R 85/3743

Ausweisung von Japanern aus D und ihre"Heimschaffung" 1921 - 36 (2) BON Inn Vw 13, 14

5193 Einwanderung aus D 1919 - 20 HMA 373 - 7 I, II A V 20

Einreisebestimmungen und Niederlassungsrecht 1926 - 38 HMK 90.28.1

dgl. 1939 STH E 130 IV/572

Einbürgerung von Dt. 1937 - 43 BON Sta Nr 11

5194 Dt. Niederlassungen 1921 - 36 BON Po 25

dgl., insbes. in Tokio, Yokohama, Kawasaki, Hiroshima, Kijuna, Kobe, Kioto, Nagoya, Niigata, Noborito, Osaka, Sapporo, Sendai, Magome zwischen 1933 und 1945 KOB in R 57/1271

dgl., Adressen der im Amtsbezirk des Generalkonsulats Kobe und des Konsulats Osaka wohnenden Dt. 1933 - 34 KOB R 57/1223 - 9

Dt. Vermögen im jap. Machtbereich (mit Einzelaufstellungen) 1942 - 45 KOB in R 2/442

5195 Dt. Leseverein in Tokio 1913 KOB R 57/1222 - 20

Dt. Gesellschaftshaus in Tokio 1913 - 14 BON Japan 24

Dt. Vereinigung in Yokohama 1920 - 22 KOB R 57/1223 - 5

dgl., in Tokio 1922 - 37 KOB R 57/1222 - 15

Club Concordia in Kobe 1923 - 30 KOB R 57/1222 - 8

Verein deutscher Ingenieure, Verband Japan 1929 - 39 KOB R 57/1222 - 16

Dt. Hilfsfonds in Yokohama 1932 KOB R 57/1223 - 7

Reichsdeutsche Gemeinschaft Tokio - Yokohama 1936 - 45 (21) BON

Dt. Gemeinde Tokio - Yokohama 1937 - 42 KOB R 57/1223 - 11

Dt. Klub Germania in Yokohama 1938 - 39 KOB R 57/1223 - 6

Dt. Hilfsausschuß Tokyo - Yokohama 1940 KOB R 57/1223 - 2

Auslandsorganisation der NSDAP in Kobe 1933 ff. KOB R 57/1222 - 9

Gau Ausland des NSLB 1933 ff. (2) KOB NS 12/855, 946

5197 Dt. Zivilinternierte 1941 - 45 BON Kriegsrecht 28 a, 32

5198 Heranziehung von in J. ansässigen Dt. zur Wehrpflicht im D R 1936 - 43 (4) BON M 3, 5, 22, 27

52 Korea

5211 Reisebericht von Wilhelm Mohr, Generalsekretär des Ostasiatischen Vereins 1925 KOB in NL 53/122

5212 Allg. politische Berichterstattung 1874 - 78 BON I.B.22 (Korea)

dgl. 1874 - 1900 (2) BEA III. Hauptabt II/1019, 1021

dgl. 1879 - 1910 (38) BON Korea 1

dgl. 1882 - 1926 (19) BRE 3 - A 3 K

dgl. 1885 - 1921 (7) BON London 333 - 339

dgl. 1888 - 1908 (2) BON Quirinal 244 f., 328 c

dgl. 1900 - 14 (3) FRB RM 5/5413 - 5415

dgl. ("Koreanische Frage") 1901 - 10 (10) BON Korea 10

dgl. ("Provinz Chosen") 1910 - 19 BON Japan 22

dgl. 1920 - 21 BON Paris 449 b

dgl. 1926 - 34 (3) BRE 4, 49 - 61/15, 62/16, 63/16

dgl. 1942 - 43 KOB in R 57/932, 977

5213 Reise Wilhelm Solfs nach Seoul 1923 KOB in NL 53/67

5214 Russische Besitzung Masanpho 1899 - 1902 FRB RM 5/1854

Japan. Protektorat über K. 1904 - 08 (3) BON Japan 20 Nr. 3

Chines.-japan. Abkommen vom 4.9.1909 über die Grenzregulierung zwischen C. und K. 1909 - 13 BON China 35

Annexion durch Japan 1910 (2) KOB in R 2/1488; R 85/6651

5218 Verleihung koreanischer Orden an badische Staatsangehörige 1905 - 06 KAG Abt. 233/4490

5220 Besitznahme von Port Hamilton durch die Engländer 1885 - 19[illegible] (3) BON Korea 2

5221 Handels-, Freundschafts- und Schiffahrtsvertrag mit dem D R 1883 - 84 KAG Abt. 233/14210

dgl. STH E 130 I, 1938/677

dgl. OLA 136 - 12062

dgl. HMK 95.D.11.1

5223 Beziehungen zu Rußland und China 1909 (4) BON Korea 3

Beziehungen zu Frankreich 1886 - 1903 BON Korea 5

Beziehungen zu Belgien 1900 - 03 BON Korea 9

5224 Konsulatswesen 1883 - 1902 BON Paris 181

Ausländische Vertretungen 1887 - 1910 BON Korea 7

5225 Entsendung koreanischer Missionen nach Europa und Amerika 1887 - 1906 BON Korea 8

5245 Patentwesen o.Dat. (8) KOB R 131/795 - 801; R 85/1148

dgl. 1920 - 34 BON Patente Nr. 7

Markenschutz vor 1910 MCO III a/45

5259 Christentum 1886 - 1910 BON Korea 6

Vikariat der Benediktiner-Kongregation St. Ottilien, Wonsan/ Korea 1929 KOB R 57/1224 - 41

5265 "Die Landbrücke von Korea" (Aufsatz von Friedrich Trautz) o.Dat. FRB N 508/114

5267 Projekt eines dt. Kulturinstituts, Seoul 1933 KOB R 57/1224 - 40

5270 Wirtschaftliche Lage 1904 - 06 HMA 132 - 1/I/C I d/129

dgl. 1922 - 35 (2) BON Korea, Allg 1

dgl., Reisebericht Carl Duisberg 1929 LEV 191/2; KOB in R 57/474/24

5272 Produktion und Wertberechnung von Edelmetallen 1912 - 14 KOB in R 85/1271

5273 **Jap. Wirtschaftsinteressen in K. 1904 KOB in R 2/1484**

5274 Finanzen 1886 - 1909 BON Korea 4

5280 Handel, insbes. Handelsbeziehungen zu D 1882 - 1914 HMA 371 - 8 II, XIX C 17

dgl. 1883 - 1927 (2) KOB R 2/1647, 1648

dgl. 1884 - 1909, 1927 ff. BRK Hp II 85

dgl. 1915 - 37 DOR K 2/337

Waffenhandel und Waffenschmuggel 1898 - 1914 KOB in R 85/ 6633

5283 Handelsvertretung der Deutz-Motoren-Gesellschaft 1901, 1914, 1921 (3) KÖD III 4/1, 30; III 13 B

dgl. der Phoenix AG 1911 - 13 DÜM R 51061

Dt. Firmen in K. (Aufstellung) 1926 KOB in R 57/474/16

5285 Schiffahrt und Hafenwesen 1900 HMK 95.D.11.2

5287 Eisenbahnen 1904 - 18 (2) KOB R 85/112, 185

5289 Postverkehr mit D 1905 - 14 BON R 85/698

Telegrafie 1897 - 1909 KOB in R 85/735

dgl. 1912 - 20 (4) KOB in R 85/706 - 708, 773

5291 Werbung koreanischer Arbeiter für die Auswanderung nach Hawaii 1903 BRE 3 - A 4/217

5294 Lage der Dt., insbes. in Seoul, Chosen, Wousan, Tukogen, Kwaitei zwischen 1933 - 45 KOB in R 57/1271

53 China

5310 Hydrographische Daten 1935 KOB in R 63/284

5311 Adam Brands Reise von Moskau nach China, mit einer Abhandlung von Leibniz dazu 1692 HNB Handschriften 622

Prospectus einer Unternehmung nach China über Rußland 18. Jhdt. HNB Handschriften 625

Bericht eines Missionars über China 1728 KAG Abt. 65/2462

Reiseberichte Richards von Carlowitz aus Ningpo, Schanghai und Kanton 1840, 1846 - 47 KOB in Kl.Erw. 43

Aufzeichnungen und Unterlagen des Sinologen Fritz Pferdekämper (1876 - 1972), insb. über seine Aufenthalte in Tsinanfu, Schanghai, Sianfu, der Provinz Shansi und Tsingtau 1904 ff. KOB Kl.Erw. 483

"Streiflichter aus dem Leben eines Chinakaufmanns in den Jahren 1907 - 45" 1953 KOB Kl.Erw. 56

"Eine Reise mit dem Gouverneur (von Kiautschau) in das Innere von Schantung". Vortrag von Hauptmann Gandenberger von Moisy 1911 FRB M Sg 1/34

Aufzeichnungen und Fotografien von Dr. Richard Ulrich (1876 - 1960), Offizier und Journalist, über seine Reisen in China und Zentralasien zwischen 1911 und 1914 KOB in Kl.Erw. 746

Unterlagen und Schriftwechsel des Obersten Max Bauer (1869 - 1929), u.a. mit Vertretern der dt. und chines. Regierung, Politik und Presse 1923 - 31 (19) KOB NL 22/39 - 51, 58, 62, 72

Aufzeichnungen und Schriftwechsel von Karl Haushofer 1925 - 45 (2) KOB NL 122/GD 2492, 2859

Reiseeindrücke Paul Behnckes 1925 -28, 1931 (3) FRB N 173/15, 16, 24

Reisebericht von Adam von Trott zu Solz "Streifzug durch die Provinz Kuang-Hsi" 1935 - 38 KOB in Kl.Erw. 248 - 2

5312 Allg. politische Berichterstattung 1833 - 69 FFB DB 1/I 92

dgl. 1861 - 73 (5) BON I.B.4 (China)

noch 5312 dgl. 1871 - 1900 (6) BEA III. Hauptabt II/958 - 960, 968, 981, 1059

dgl. 1874 - 78 BON I.B.15 (China)

dgl. 1875 - 1936 (350) BRE 3 - A 3 C 3; 4, 49 - 21/5; 43/10, 44/10; 261/50

dgl. 1876 - 1914 (5) BON Quirinal 244 e, 317 - 318 a, 46 b

dgl. 1879 - 1920 (121) BON China 1, China 1 adh.

dgl. 1885 - 1929 (44) BON London 262 - 305

dgl. 1886 - 1909 BON Lissabon Pol. Akten 111

dgl. 1886 - 1943 (11) BON Vatikan 919 - 929

dgl. 1900 - 05 STH E 130 I, 1931/683

dgl. 1900 - 05 KAG Abt. 233/13133

dgl. 1907 - 15 FRB RM 5/5581

dgl. 1920 - 45 (450) BON Peking

dgl. 1920 - 35 (5) BON Büro RM 37

dgl. 1920 - 39 (12) BON Paris 432 - 433 b

dgl. 1921 - 39 (5) BON Quirinal 656 b, 725 b - 726 a

dgl. 1922 - 29 HMA 135 - 1, C III 8

dgl. 1925 - 29 (4) BON Büro StS, Odu, OA

dgl. 1936 - 42 (15) KOB R 57/171/1, 193, 474/23, 474/45, 474/46, 761, 792, 809, 841, 878, 880, 901, 932, 941,10

dgl. 1939 - 42 BON Büro StS

dgl. 1940 - 42 BON Paris 1360

dgl. 1941 - 45 (20) BON Nanking

Berichte der Agenturen Nanking und Schanghai des Dt. Nachrichtenbüros 1945 (2) KOB R 34/502, 503

5313 Schriftwechsel von Max von Brandt (1835 - 1920), dt. Gesandter in Peking 1875 - 93, mit Li Hung Chang und anderen chinesische Würdenträgern sowie mit Angehörigen des AA, darunter Friedrich v. Holstein 1880 - 1909 (3) BON NL v. Brandt

noch 5313 Aufzeichnungen und Schriftwechsel des dt. Gesandten (1914 - 1917) Paul v. Hintze 1911 - 27 (19) **FRB N 536/22, 26 - 33, in 46, 86, 100 - 102, 119 - 120, 122, 149 - 150**

Aufzeichnungen und Briefe von Dr. Herbert von Borch (1876 - 1961), 1920 vorläufiger Geschäftsträger in Peking, 1925 Leiter der Ostasienabt. im AA, 1928 - 31 Gesandter in Peking 1906 - 31 BON NL Borch

Erinnerungen von Hermann Gipperich (1882 - 1959), 1921 - 45 im auswärtigen Dienst in China nach 1945 BON NL Gipperich

Schriftwechsel Wilhelm Solfs, u.a. mit dem Auslandskorrespondenten in Peking Erich von Salzmann und Richard Wilhelm 1921 - 29 (4) KOB NL 53/15, 73, 122, 129

Handakten des Gesandten Eisenlohr 1921 - 29 BON

Unterlagen von Rudolf Asmis (1879 -1945), Botschaftsrat in Peking 1924 - 25 (3) BON NL Asmis/40 XII/1, 2; 43 XIII/4

Handakten Clodius 1929 - 42 (2) BON

Die Ereignisse in Tsinan und in Nanking während des Winters 1937/38; Erlebnisberichte von in China lebenden Deutschen 1938 KOB NL 135/68

Aufzeichnungen des dt. Geschäftsträgers in Nanking Erich Kordt (1903 - 70) 1943 - 45 MCZ, NL Kordt

5314 Differenzen mit Rußland wegen Rückgabe des Kuldsche-(Ili) Distrikts an China 1878 - 1919 (12) BON China 2

Beabsichtigte Gebietserwerbungen der Großmächte 1894 - 1917 (77) BON China 20 Nr. 1 secr., Handakten

Pratas-Inseln 1907 BON China 1 Nr. 1

Japanisches Pachtgebiet Kwantung 1930 - 36 BON Kwantung, Allg 1

Parlament und Verfassung 1907 - 18 BON China 36

Wappen, Hoheitszeichen, Flagge, Nationalhymne 1943 BON Pol 3 - 5

Südchinesische Republik, Sitz Kanton 1921 - 31 (7) BON Po 5 A

Autonomie Nordchinas 1935 - 36 BON Po 5 China Nord

Internationale Niederlassungen und Konzessionen, insbes. in Shanghai 1936 - 40 (4) BON Po 58 A, 58 B

5315 Galakleidung der kaiserlichen Lakaien am Hofe zu Peking 1844 BEA Rep 109/4293

Zulassung fremder Mächte zur Audienz beim Kaiser anläßlich seiner Volljährigkeitserklärung 1873 DAR G 1, 79/33

Kaiserliche Familie 1886 - 1918 (13) BON China 9 Nr. 1

5316 Personalien von Regierungsbeamten, Politikern und Angehörigen der Auslandsvertretungen 1886 - 1913 (16) BON China 9 Nr 2

dgl. 1920 - 36 BON Po 11

dgl. 1936 - 39 BON Po 11 - 3

dgl. 1936 - 44 BON BCH Pol 3 - 1

Ministerien 1912 BON China 37

dgl. 1920 - 36 BON BCH Po 7

5317 Ausländer in der öffentlichen Verwaltung, insbes. als Zivilbeamte 1901 - 20 (5) BON China 27, 27 a

Anstellung dt. Zollbeamter bei der Seezollverwaltung 1902 - C STH E 46 - 48/1107

Tätigkeit des württ. Majors Dinkelmann als Berater des Präsidenten 1916 STH E 46 - 48/146

Deutsche Beraterschaft bei der Nationalregierung 1929 - 38 (12) FRB M Sg 160

Einsatz des Obersten Max Bauer als militär- und wirtschaftspolitischer Berater der Regierung (1927 - 29) 1925 - 34 (17) KOB NL 22/39 - 51, 58, 62, 72

Entsendung einer Studienkommission auf Veranlassung des Reichsverbands der Dt. Industrie zur Beratung der Regierung in wirtschaftl. Dingen 1930 - 32 KÖF A I 9 Nr. 0126

Tätigkeit von Wolfgang Jaenicke als Berater für Verwaltungsrefo in China (Tagebuchnotizen, Schriftwechsel, u.a. auch mit Mitgliedern der dt. Niederlassungen in Ch. 1933 - 36 (8) KOB NL 135/28, 83 - 90

5318 Ordenswesen 1888 BEA in Rep 90

5320 Fremde Niederlassungen (settlements) 1895 - 1916 BON China 26

Verhandlungen über die Integrität und Neutralität Chinas 1904 - 06 (7) **BON Japan 20 Nr. 2**

Verhalten gegenüber den Kriegführenden 1916 - 21 FRB RM 3/4510

Allgemeine auswärtige Politik 1920 - 36 (14) BON B Ch Po 1

Neutralität 1939 BON Kriegsrecht 8

5321 Handelsvertrag mit Hannover 1824 - 37 HNA Hann 92/XXX - IV - 1

dgl., auch Schiffahrtsvertrag (Stader Zoll) 1863 HNA Hann 10/China

Freundschafts-, Handels- und Schiffahrtsvertrag mit den Staaten des Dt. Zollvereins 1862 BRE 6, 40 C.6.Nr. 17

dgl. 1861 FFA N 1/1

dgl. 1858 - 64 HMK 95.D.4.34

dgl. 1862 HNA Hann 26 a/3766

dgl., auch Folgeverträge 1859 - 1934 KAG Abt. 237/ 29099 - 29100

dgl. 1859 - 65 MCA MH 11950

dgl. 1861 OLA 35 - 177

dgl. 1859 - 64 (3) STH E 33 - 34/525; E 36 - 39/129; E 100/268

dgl. 1861 WIE Abt 210/9955

dgl. 1861 WOA 142 Urk/801

Vereinbarung mit dem Norddt. Bund über die Konfiskation von Schiffen und Waren 1869 OLA 31 - XV/44, 131

dgl. 1869 STH E 36 - 39/129

Freundschafts-, Handels- und Schiffahrtsvertrag mit dem D R 1871 - 81 OLA 136 - 12053

dgl. 1872 - 86 HMK 95.D.4.5

dgl. 1876 - 80 BON Paris 18

Abkommen zwischen D u. England wegen der Handelsfreiheit für alle Nationen in den Fluß- und Küstenhäfen Chinas und der Erhaltung der territorialen Integrität Chinas vom 16.10.1900 1900 - 14 (10) BON China 24 Nr 4

noch 5321 Erneuerung der Handelsverträge mit D 1900 - 05 BON China 24 Nr. 13

dgl. 1904 - 06 FRB RM 3/7057 - 7058

Russische Anregung zu einem Abkommen mit Deutschland wegen der Integrität Chinas und Koreas; russisch-französisches Abkommen wegen China 1902 - 09 BON China 29 secr.

Französisch-japanischer Vertrag vom 10.6.07 wegen der Unabhängigkeit und Integrität Chinas sowie der Garantie des beiderseitigen Besitzstandes auf dem asiatischen Festlande 1905 - 12 BON China 31

dgl., Vertrag vom 30.7. zwischen Rußland und Japan 1907 - 10 BON China 32 Bd 1

Verhandlungen zwischen Deutschland und den USA wegen Aufrechterhaltung der Integrität Chinas 1907 - 14 (4) BON China 30 secr.

dgl., amerikanisch-japanische Abkommen vom 30.11.08 und 2.11.17 1908 - 18 (2) BON China 33

Abkommen mit D zur Wiederherstellung des Friedenszustandes 1920 - 26 (8) BON B Ch Po 2 A

dgl. 1919, 1921 (3) HMK 44.C.8.1 - 3

dgl. 1921, 1924 HMA 132 - 1/I C a 7

dgl. 1921 ff. BRE 4, 49/261

dgl., finanzielle Auseinandersetzung 1921 - 25 KOB R 2/2956

dgl. (Regelung von Gütern, Rechten und Interessen) 1940 BON V.V. Wirtsch. Nr 2

Handelsvertrag mit dem D R 1921 - 30 HMA 132 - 1/I C 2 b

dgl. 1921 - 30 BRE 4, 49/261

dgl. 1921 KÖW 20/534/5

dgl. 1922 - 35 BON H 13

dgl. 1928 HMK 95.D.4.39

dgl. 1928 - 29 STH E 130 IV/1091

noch 5321 dgl. 1936 BON in NL Kiep

Verhandlungen über den Abschluß von Staatsverträgen mit dem D R 1938 - 44 BON Völkerrecht, Staatsvertr. Verh. Nr. 1

Staatsverträge mit dem D R 1940 - 44 BON Völkerrecht, Staatsvertr. Nr. 1

Anerkennung der Nanking-Regierung durch die Achsenmächte 1941 KOB R 57/1221 - 9

5322 dgl. 1867 - 71 HMA 132 - 5/4, III 5

dgl. 1882 - 1914 (32) BON Paris 79 - 93, 370

Beziehungen mit D 1840 - 73 (3) BRE 4, 70 - 8, 1

dgl. 1885 - 1922 (16) BON China 7, 7 secr.

dgl. (Geheime R.Angelegenheiten) 1895 - 96 FRB RM 5/5915

dgl. 1900 - 13 OLA 132 - 79

dgl. (v. a. Kriegserklärung an das D R) 1917 (9) STK M 1/2 - 133 - 139, 217, 219

dgl. 1919 - 31 KOB R 43 I/56

dgl. 1920 - 36 (7) BON B Ch Po 2

dgl. 1927 - 32 HMA 132 - 1/I c 1/12

dgl. 1928 - 29 KAG Abt. 233/25785

dgl. 1934 - 45 (16) BON B Ch D Pol

dgl. 1935 - 41 KOB R 43 II/1428 c

dgl. 1936 - 39 (2) BON Po 2

Politische Rückwirkung der Anerkennung Mandschukuos durch D 1938 KOB in R 43 II/1421

5323 Politische Beziehungen mit Afghanistan 1920 ff. BON Afghanistan Pol 3

dgl., mit Belgien 1898 - 1914 BON Belgien 67

dgl. 1920 ff. BON Belgien Pol 3

dgl. mit Brasilien 1890 - 1918 BON Brasilien 18

dgl., mit Frankreich (Briefe von Otto an Ludolf Camphausen über das Verhältnis Frankreichs zu China) 1884 - 85 (2) KÖA 1023/L 1435, 1443 noch 5323 dgl. 1885 OLA 132 - 50

dgl. 1886 - 1919 BON China 13

dgl. (Haltung der Neutralen im chinesisch-frz. Kriege) 1888 - 1918 KOB R 85/6580

dgl. 1920 ff. BON Frankreich Pol 3

dgl., mit Großbritannien 1875 - 77 (4) BON I.B.19 (Asien)

dgl. 1886 - 1920 (2) BON China 12

dgl., mit Indien 1927 - 35 **BON Indien Pol 3**

dgl., mit Italien 1886 - 1908 BON China 14

dgl. 1920 ff. BON Italien Pol 3

dgl., mit den Niederlanden 1915 - 16 BON Niederlande 66

dgl. 1920 ff. BON Niederlande Pol 3

dgl., mit Österreich 1899 - 1920 BON China 23

dgl., mit Persien 1921 - 34 BON Persien Pol 3

dgl., mit Portugal 1887 - 1909 BON China 15

dgl. 1920 ff. BON Portugal Pol 3

dgl., mit Rußland bzw. der Sowjetunion 1882 HMK 95.D.4.2

dgl. **1886 - 1919 BON China 8**

dgl. 1920 - 39 BON Rußland Po 3

dgl. 1921 - 36 (17) BON B Ch Po 3 adh

dgl. ("Pekinger Zwischenfälle) 1926 - 30 (7) BON Geh Rußland Handakten 7, 44, 90 - 94

dgl. (Konflikt wegen der mandschurischen Ostbahn) 1929 - 30 (5) BON Büro StS, Ochiru

dgl., mit Siam 1888 - 1908 BON China 19

dgl., mit Spanien 1888 - 93 BON Spanien 68

dgl. 1920 ff. BON Spanien Pol 3

dgl., mit der Türkei 1900 - 03 BON China 24 Nr. 5

dgl. 1908 - 17 BON China 34

noch 5323 dgl. 1920 ff. BON Türkei Pol 3; Ankara Pol 3

dgl., mit Japan 1920 ff. (13) BON B Ch Po 3

dgl., mit den USA 1888 - 1919 BON China 18

dgl. 1920 ff. BON USA Pol 3

dgl., zum Vatikan 1920 ff. BON Vatikan Pol 3

dgl., mit verschiedenen ausländischen Staaten 1920 - 45 (22) BON China Pol 5

dgl. 1920 - 36 (42) BON B Ch Po 3

dgl., zum Völkerbund 1933 - 40 BON B Ch Pol 4 - 1

dgl. 1936 - 39 BON Vö Länderakten; Vö Beziehungsakten C. - Japan, Rußland

5324 Das diplomatische Korps in Peking 1886 - 1919 (8) BON China 11

Diplomatische und konsularische Vertretungen im sonstigen Ausland und solche des Auslands in China 1920 - 36 (58) BON Po 8; B Ch, Po 9, 10, Gg 1 - 26

"Von der chines. Gesandtschaft eingezahlte Beträge und deren Verrechnung 1882 - 84 FRB RM 1/1528

Dt. Gesandtschaft in Peking 1886 - 1902 BON Deutschland 135 Nr. 15

Konsulatswesen 1901 ff. BRK K 4, Hp II 83

Wiederherstellung des Gesandtschaftsgebäudes in Peking 1906 KOB in R 2/1857

Innere Angelegenheiten und Dienstbetrieb der dt. Botschaft und der dt. Konsulate 1920 - 45 (160) BON B Ch Pers, Prot.

Abbau der dt. Konsulate 1923 - 24 HMK 57.E.1.8

Zollbehandlung von dt. Gesandtschafts- und Konsulargut 1932 - 38 BON Zoll Nr 2

Errichtung einer deutschen Botschaft in China (Gesetz vom 16.7.1935) KOB in R 43 II/1415

dgl. HMK 57.D.2

Diplomatische Vertretungen des D R 1936 - 41 KOB R 2/11572

noch 5324 Exterritorialität, fremde Niederlassungen 1940 - 45 BON B Ch R 7

Dt. Botschaft in Tschungking 1941 (2) BON Tschungking

Konsulargerichtsbarkeit 1941 - 44 BON Völkerrecht, Allg. Kons. Nr. 4

Konsularverträge 1943 BON Völkerrecht, Allg. Kons. Nr. 7

Bezüge der dt. Beamten mit Wohnsitz in C. 1943 - 45 BON in R 2/22278

Oldenburgische Konsulate in Amoy, Kanton und Schanghai 1852, 1856 - 1869 OLA 31 - XIII/16, 15; 16, 64; 73, 252; XV/11, 27; 11, 47; 11, 190

Hanseatische Konsuln und Agenten 1856 - 69 BRE 2 - C.4. b.6.c.5

dgl., des D R 1870 ff. BRE 2 - M.6.b.4.d.4.h

dgl. 1935 BRE 4, 49 - 110/31

Dt. Konsulat in Amoy 1885 HMK 57.H.3.2.1.22

dgl., in Chefoo 1944 - 45 (3) BON Chefoo

dgl., in Futschou 1860 - 70 BRE C.24.b

dgl. 1895 - 96 HMK 57.H.3.2.1.235

dgl., in Hankau 1890 - 1945 (16) BON Hankau

dgl., in Kanton 1823 - 60 AUR Rep 21 a/812

dgl. 1829 - 69 BRE C.24.b

dgl. 1941 (5) BON Kanton

dgl., in Ningpo 1865 - 71 BRE C.24.b

dgl. 1890 HMK 57.H.3.2.1.469

dgl., in Niutschuang 1864 - 69 BRE C.24.b

dgl., in Pakhoi-Hoika 1909 - 15 HMK 57.H.3.2.1.501

dgl., in Schanghai 1851 - 68 BRE C.24.b

dgl. 1858 - 59 AUR Rep 21 a/831

dgl., in Schantou 1862 - 68 BRE C.24.b

dgl., in Takao 1865 - 67 BRE C.24.b

dgl., in Tamsui 1866 - 69 BRE C.24.b

noch 5324 dgl., in Tientsin 1863 - 67 BRE C.24.b

dgl. (nur Rechtsangelegenheiten) 1895 - 1931 (40) BON Tientsin

5325 Diplomatische Vertretungen Chinas im Ausland 1886 - 1920 (3) BON China 10

dgl. 1940 - 41 BON B Ch Pol 3 - 1 a

Mission in Berlin 1890 - 1920 (3) BON Deutschland 127 Nr. 18

Konsulate in D 1926 - 43 BON Protokoll VIII 40

Konsulat für Westdtld. 1921 KÖW 20/527/3

Konsulate in Württemberg 1922 - 35 (2) STH E 130 IV/137, 1028

5326 Besichtigung der Fa. Friedrich Krupp durch Chinesen 1875 - 1937 ESK in Sachkartei E V 3; M

Studienreise von Ministerialbeamten nach D 1888 STH E 46 - 48/1107

dgl. SIG Oberamt Laupheim Nr. 458

Besuch des Ministers Hung Seun in Hamburg 1890 HMK 95.D.4.28

Besuch des Vizekönigs Li-Hung-Chang in D 1896 - 97 FRB RM 3/116

dgl. HMK 95.D.4.42

Besuch einer chinesischen Studienkommission in Bremen 1906 BRE 4,70 - 335/15

Besuch des Prinzen Tsai Tao in D 1910 STH E 14 - 16/757

Besuche chinesischer Studienkommissionen und Regierungsmitglieder in Hamburg 1927 - 34 (4) HMA 132 - 1/II/I B 1 f 2, 31, 113, 135

Besichtigung der Gutehoffnungshütte durch Chinesen 1929 - 41 (3) OBG 400 109/72 - 73, 124

Schriftwechsel Ernst Bauers mit hohen nationalsozialistischen Funktionären über den Empfang einer chines. Delegation in D sowie vorläufiges Programm für den Besuch der chines. Verkehrskommission in D 1932, 1934 KOB in NL 22/62

noch 5326 Besuch einer Kommission Tschiang Kaischeks in D. Nov. 1935 KOB in NS 10/58

5327 China-Institut, Frankfurt a.M. 1925 - 41 BON B Ch 2 - 1

dgl. o.Dat. KOB R 57/1004 - 53, 1023 - 16, 1041 - 17

Vereinigung der Freunde des China-Instituts Frankfurt a.M., Schanghai 1932 KOB R 57/1218 - 4

Mitteilungen des China-Instituts 1941/1 - 6 (als Manuskript vervielfältigt) 1941 KOB in NL 122/HC 815

China-Studiengesellschaft 1930 - 34 (3) OBG 400 001/15 400 106/37; 400 122/13

dgl. 1931 KOB in R 2/10181

dgl. 1934 - 35 BRE 4, 49 - 261

Dt.-chinesische Freundschaftsvereinigung 1925 - 26 BON Po 28

Dt.-chinesische Freundschaftsvereine 1941 BON B Ch 2 - 1

Dt.-chinesischer Kreis e.V., Dresden o.Dat. KOB R 57/1022 - 10

Dt.-chines. Verband, Schanghai o.Dat. (2) KOB R 57/1008 - 19; R 57/1218 - 24

Dt.-chines. Kulturverband, Peking 1921 - 23 KOB R 57/1217 - 18

Chines.-dt.Kulturverband (DOES-Club) 1937 - 41 BON B Ch 2 - 1 f

Chinafonds des Dt. Flottenvereins 1900 ff. HMA 614 - 2/1 - 41

Hilfskomitee für die China-Deutschen o.Dat. KOB R 57/1043 - 13

Verein ehemaliger Afrika- und China-Krieger, Bremen o.Dat. KOB R 57/1019 - 45

Verein ehemaliger Ostasiaten und Afrikaner, Hannover o.Dat. KOB R 57/1025 - 28

Vereinigung entlassener chines. Seezollbeamter, Eisenach o.Dat. KOB R 57/1022 - 38

5328 Überreichung des Werkes "Deutschland in China"durch den Generalmajor Frhr. v. Gayl 1902 KAG Abt. 60/203

Internationale Industrieausstellung in Schanghai 1907 - 08 STH E 46 - 48/1107

Politische und kulturelle Propaganda 1922 - 29 (2) BON Po 26

dgl. 1937 - 45 (4) BON B Ch P

Sitzung des China-Ausschusses des Reichsverbandes der deutschen Industrie vom 28. Nov. 1930 über Kulturpropaganda und Bildungsfragen KOB R 2/9971

Ausstellungen und Messen 1941 - 42 BON B Ch, WA 1

5329 Agenten- und Nachrichtendienste 1897 - 1920 BON China 21L; 21 secr.

dgl. 1897 - 1913 FRB RM 5/5582

dgl. 1902 - 14 FRB RM 3/6836

dgl. 1921 - 36 BON Po 15

Maßnahmen gegen spionageverdächtige Reichsdeutsche 1917 KOB R 85/2452

5330 Angelegenheiten von Militär und Marine im allg. 1885 - 1919 (33) BON China 5, 5 adh.

dgl. 1891 - 1914 FRB RM 5/5626

dgl. 1917 - 18 STK M 1/4/1065

dgl. 1920 - 36 (12) BON Po 11 Nr. 4, Po 13

dgl. 1935 - 36 BON Geh Ostasien: China P 13

dgl. 1936 - 38 BON Po 13

dgl. 1943 - 44 FRB RW 4/693

dgl. (Berichte und Meldungen des KO - China) 1944 BON M - G.R.2

Wehrdienst 1935 - 36 BON M 20

5331 Eingeborenen-Truppen 1899 - 1908 FRB RM 3/9792

Chines. Manöver (Berichte dt. Militärs aus Kiautschou 1901 - 10 (3) FRB RM 3/7082, 7085, 7089

Gliederung der chinesischen Armee 1910 MCK Generalstab Nr. 264

noch 5331 Heeresreformen, waffentechnische Modernisierung 1927 - 29 (5) KOB NL 22/40 - 42 a, 43, 47

5332 Marine im allg. 1880 - 1917 (12) FRB RM 5/5583 - 5589, 5622 - 5625, 5629

dgl. 1881 - 95 (5) FRB RM 1/2179 - 2183

dgl. 1895 - 98 FRB RM 3/1089

dgl. (Jahresdenkschriften) 1900 - 21 (40) FRB RM 3/6796 - 6821, 7120 - 7133

dgl. 1920 - 36 (2) BON Po 14

dgl. 1944 BON B Ch Pol 3 - 3 b

Überführung der Panzerkorvette Ting Yuen oder Cheng Yuen 1883 - 87 FRB RM 31/265

Flotten und Kohlenstationen 1895 - 99 (6) FRB RM 5/5928 - 5933

Chines. Marinekommission 1909 -10 (2) FRB RM 3/2601 - 2602

5334 Geländeerwerb zur Errichtung eines Marinedepots für die ostasiatische Station 1869 - 76 FRB RM 1/401

Errichtung eines Marinemagazins in Amoy 1875 - 76 (2) FRB RM 1/41, 1732

Kohlenversorgung 1886 - 1913 FRB RM 5/5590

Tätigkeitsbericht des nach Tsinanfu kommandierten Marinestabsarztes 1904 - 14 (2) FRB RM 3/7010 - 7011

5335 Aufzeichnungen des Admirals Ernst Kretschmar aus seiner Tätigkeit als Militärberater bei der chines. Marine 1884 - 9 (8) FRB N 522

Anwerbung dt. Instrukteure für die chines. Marine 1897 - 190 FRB in RM 2/905

Briefe des späteren Vizeadmiral KaptLt. Hopmann (1865 - 1942) aus der Zeit seines Einsatzes 1901 und aus Port Arthur 1904 - 05 FRB in N 326

Einsatz von Dt. in chines. Militärdiensten 1902 - 16 BON China 27 b

Erlaubnis für Chinesen zum Eintritt in das bzw. zur Unterrichtung über das dt. Militär 1909 - 10 KOB R 85/2826 - 2827 noch 5335 Bericht von Karl Danzer über chines. Manöver und Reise nach C. 1910 MCK MKr. Handschriften 909 - 913

Gesuche von Reichsangehörigen zum Eintritt in chines. Militärdienste 1911 - 14 KOB R 85/2854

Aufzeichnungen des Kapitäns z.S. Wilhelm Taegert aus der Zeit seiner Stationierung am Jangtsekiang 1913 - 14 (2) FRB N 284

Geplante Berufung von General Ludendorff 1928 KOB in NL 53/77

Seeckts Tätigkeit als Chef der dt. Militärberater (1933).- Manuskript des Generals Friedrich von Rabenau 1933, 1940 FRB N 62/9, 66

Entlassung des Generals Wetzell und Berufung des Generals v. Seeckt durch Tschiang-Kaischek 14.2.1934 KOB in NL 22/40

s. a. 5318

Aufzeichnungen und Schriftwechsel des Generals Alexander v. Falkenhausen aus und nach seiner Tätigkeit als Generalberater Hankau bei der Nationalregierung (1934 - 38) 1934 - 45 FRB in N 246

Kommando des GenLt. Hermann Starke zur Kampfzone I (Mittelgruppe der Nordfront) 1937 FRB N 218/1, 3

5336 Blockade von Kanton (Akten der Bundesgesandtschaft) 1857 DAR Konv. 38, Fasz. 15

dgl. 1857 - 58 OLA 31 - XIII/12, 50

Politische Verhältnisse der ostasiatischen Station 1895 - 98 (2) FRB RM 38/28 - 29

Entsendung eines Detachements nach Ostasien 1897 - 98 FRB RM 3/9408

"Unterbringung einer Garnison in Ostasien" 1897 - 1926 (2) FRB RM 3/9090, 9405

Boxeraufstand, insbes. Entsendung und Einsatz des Ostasiatischen Expeditionskorps 1900 ff. (163) BON China 24, 24 secr noch 5336 dgl. 1900 - 20 (66) FRB RM 3/2589 - 2590, 4271 - 4285, 4690, 4745 - 4777, 6783 - 6795, 7595 - 7596

dgl. 1900 ff. (4) FRB RM 4/106 - 109

dgl. 1900 - 01 (22) FRB RM 5/5599 - 5620

dgl. 1900 - 02 FRB RM 31/515 - 519

dgl., Akten des Kreuzergeschwaders 1900 - 02 (35) FRB RM 38/51 - 85

dgl. (Aufzeichnungen des Admirals Wilhelm Souchon, Chef des Stabes) 1904 - 06 FRB N 156/28

dgl., Kriegsarchiv des Großen Generalstabes 1900 - 01 (6) FRB RM 38/86 - 91

dgl. 1900 - 09 MCK MKr. 815

dgl., Kriegstagebücher 1900 - 01 MCK MKr. B-Akten

dgl. 1900 - 01 STH E 14 - 16/756

dgl. 1900 - 03 HMA 371 - 8 II, XIX B 7.16.22

dgl. 1900, 1904 - 10 DEA L 75 Abt. VIII Gr. 8 Nr. 13

dgl., Ausgaben 1900 - 16 (4) FRB RM 3/3612 - 3615

dgl., Beschaffungen 1900 - 02 FRB RM 3/8230

dgl., Logistik 1901 - 03 (18) STK M 1/4 - 368, 428, 529 - 535; M 1/6 - 233, 244, 358, 453, 527, 528, 722, 743, 813

dgl., Truppentransport 1900 - 03 (3) BRE 4 - 14/1 II Z 4, 20 - 1019, 1020/112

dgl., Chinesisch-Unterricht für die zur China-Expedition kommandierten Offiziere 1900 - 01 BEA Rep 208 A/325

dgl., Zollabfertigung der Angehörigen des Ostasiat. Expeditionkorps 1900 - 01 (4) BRE 4, 8/172, 181, 1252, 1809

dgl., Indemnität 1900 KÖA 1006/116

dgl., bundesstaatliche Hoheitsrechte 1900 STK M 1/2 - :

dgl., Hilfskomitee für Ostasien 1900 - 02 KAG Abt 233/13

dgl., Verleihung der China-Denkmünze 1901 - 18 (5) FRB RM 3/3559 - 3563

dgl. 1901 STK M 1/6 - 3

dgl., Ordensverleihungen 1900 STK M 1/2 - 10

dgl. STH E 46 - 48/1108

dgl. 1900 - 10 KAG Abt. 233/4400

noch 5336 dgl., alphabetisches Register der gefallenen und verwundeten Marineangehörigen 1900 - 01 FRB RM 3/4346

dgl., Unterstützung der Angehörigen und Hinterbliebenen des Ostasiatischen Expeditionskorps 1900 - 18 (10) FRB RM 3/7546 - 7555
dgl. 1901 KAG Abt 233/13825

dgl., Wahrnehmung fremder Interessen in China durch D Juni - Okt. 1900 BON China 24 Nr. 1

dgl., Überwachung des telegraphischen Schriftwechsels der chines. Gesandtschaft in Berlin 1900 - 01 (3) BON China 24 Nr. 2

dgl., aufgefundene Originaltelegramme fremder Vertretungen in Peking aus der Zeit des Boxeraufstandes Febr. - März 1901 BON China 24 Nr. 8

dgl., Chines. Sühnemission nach Berlin, Punkt 2 der Friedensverhandlungen Sept. 1900 - Febr. 1903 (3) BON China 24 Nr. 10

dgl., angebliche Grausamkeiten der deutschen Soldaten (Hunnenbriefe) Nov. 1900 - Juli 1905 BON China 24 Nr. 14

dgl., Briefe des französischen Generals Voyron über Plünderungen in C. 1901 - 05 BON China 24 Nr. 15

dgl., Schadenersatzansprüche und Kriegskostenentschädigung 1900 - 19 (30) BON China 24 Nr. 3

dgl., Protest in Peking gegen den Abschluß von Sonderverträgen seitens Chinas zur Erfüllung der Friedensbedingungen 22.3.1901 - Mai 1901 (4) BON China 24 Nr. 6 secr.

dgl., Protokolle der Gesandten-Konferenzen in Peking Jan. 1901 - Juli 1904 (5) BON China 24 Nr. 7, Nr. 7 adh.

dgl., Max Bauers Schriftwechsel mit Coermann aus Tientsin 1901 KOB in NL 22/10

dgl., Einsatz von Franz Ritter von Epp (1868 - 1946) als Leutnant 1900 - 01 KOB in NL 101/1, 2

dgl., Erinnerungen des spät. Gen. d. Inf. Alexander von Falkenhausen 1900 - 01 FRB in N 246

noch 5336 dgl., Unterlagen und Schriftwechsel des GenLt. v. Förster (1856 - 1934) aus seiner Tätigkeit als Bataillonskommandeur im 2. Ostasiatischen Infanterie-Regiment 1900 FRB in N 383

dgl., Erinnerungen von Leo Freund aus seinem Einsatz im II. See Bat. 1950 KOB Kl.Erw. 28

dgl., Unterlagen von Otto Fulda 1900 - 01 (4) FRB N 27/1 - 4

dgl., Aufzeichnungen des Hauptmanns Gandenberger von Moisy über Operationen des I. Seebat. im Gebiet Peking - Schantung um 1902 FRB M Sg 1/35

dgl., Aufzeichnungen des Hauptmanns i. G. Gerold v. Gleich (1869 - 1938) 1900 - 01 (2) STK M 660 v. Gleich/51, 54

dgl., Aufzeichnungen des Generals Arnold Lequis (1861 - 1949) über Kämpfe und Intendantur der 1. Komp. Ostasiat. Pionier-Bat 1900 - 06 FRB N 38/2 - 3, 29 - 32

dgl., Aufzeichnungen des Adjutanten im GenSt der 1. Ostasiat. Inf.-Brig. Paul v. Lettow-Vorbeck 1900 - 01 (7) FRB N 103/25 - 26, 31 - 32, 43 - 44, 66

Bericht des württemb. Obersten von Normann als Kommandeur des 1. ostasiatischen Reg. 1900 STK M 1/2 - 37, 38

dgl., Unterlagen von Theodor Richelot 1900 - 01 (2) FRB N 151/2 - 3

dgl., Erinnerungen von Paul Wülfing von Ditten zum Einsatz der dt. Marine 1900 - 02 FRB N 166/1

dgl., Besetzungen von Schanghai durch fremde Detachements und Kasernenbau für die dortige deutsche Besatzungstruppe 1900 - 03 (8) BON China 24 Nr. 9, 9 adh.

Internationale Besatzungstruppen 1901 - 14 FRB RM 5/5621

Besatzungsbrigade 1902 - 06 FRB RM 3/6834

dgl. 1903 - 10 FRB RM 31/808

Zollablösung der aus der Besatzungsbrigade ausscheidenden Mannschaften 1904 - 07 (2) BRE 4, 35 - 52, 53 noch 5336 Admiralsstabswerk "Chinawirren" 1903 - 04 FRB RM 3/3157

Ostasiatische Station 1905 - 14 (19) FRB RM 5/5984 - 6002

Das ostasiatische Detachement 1907 - 09 FRB RM 3/4690

Abwicklung der Etappe Schanghai 1922 FRB RM 5/2224

5337 Dt. Kriegsgefangene und Verwundete 1917 - 19 (3) KOB R 85/4807 - 4809

Internierung des Ostasiatischen Marine-Detachements im Lager Haidien 1919 - 20 FRB RM 3/7118

Offiziere der Schantung-Armee in Gefangenschaft des Marschalls Feng Yuhsiang 1928 KOB NL 22/50 a

Dt. und andere Kriegsgefangene 1939 - 44 BON Kriegsrecht 27, 27 a

5339 Dt. militärische Denkmäler 1919 - 21 KOB R 85/1922

Dt. Kriegsgräber 1932 - 44 (4) **BON Kriegsgräber** 5

Österreichische Kriegsgräber 1938 - 39 BON Kriegsgräber 15

5340 Rechtspflege 1920 - 36 (20) BON R 1 - 40

dgl. 1934 - 43 (10) **KOB R 22/2474 - 2477, 2976 - 2980,** 3304

dgl. 1941 - 44 (2) BON B Ch,R 1, 3

5341 Kauf chines. Gesetzessammlungen 1913 STH E 46 - 48/1107

Gesetzgebung 1942 - 44 BON B Ch, R 1 - 1

5343 Strafrecht 1937 BON Str 5

5344 Zivilrecht 1939 - 44 (10) BON B Ch, R 3

Zivilprozeßrecht, Rechtsanwaltsordnung im allg. 1943 - 45 (11) BON B Ch, 3 - 5 a, c

Arbeits- und Gewerberecht 1936 - 45 BON B Ch R 4

Handelsrechtliche Fixierung der Vereinbarung "Verladung August - September von China" 1915 HMK 11.C.12.7

dgl., "Verschiffung ab China" 1927 HMK 11.C.18.2

Wechselproteste 1921 - 37 BON B Ch R 3 - 7 d

5345 Patentwesen o.Dat. (8) KOB R 131/694 - 700; R 85/1122

dgl. 1920 - 43 (5) BON Patente 7

Dt.-japan. Abkommen zum Schutz des gewerblichen und geistigen Eigentums in C. 1914 KAG Abt. 233/13114

Handelsmarken, Warenzeichen, Musterschutz 1898 BON Paris 1581

dgl. 1932 (2) HMK 95.D.4.11,12

dgl. 1942 - 44 (2) BON B Ch W/5 - 2, 3

Urheberrecht 1921 - 41 (2) BON Literatur Nr. 13

dgl. 1941 - 43 (2) BON B Ch R 7 - 15

Wechselrecht 1927 HMK 95.D.4.43

5346 Rechtsbeziehungen zu D. 1922 - 45 BON B Ch DR

Auslieferungen und Vertrag mit dem D R (Einzelfälle) 1913 STH E 130/IV, 491

Auslieferung an das D R 1926 - 28 HMA 132 - 1/VI A 2/33

Auslieferungsvertrag mit dem D R 1927 - 36 BON Auslief. 2

Rechtshilfe in Strafsachen mit dem D R 1937 - 41 BON Str Rh 2

5347 Völkerrechtliches Verhalten im 1. Weltkrieg 1914 - 19 (2) KOB R 85/6692 - 6693

Kriegsrecht - Allg. 1941 - 43 BON Kriegsrecht 1

5348 Schadenersatzforderungen aus D 1898 HMA 132 - 1/I/C I d/ 121

Zwangsverwaltung, Überwachung und Zahlungsverbot gegenüber Unternehmungen in D 1914 - 19 HMA 371 - 8 II, XXXIV 39 p, 64 a

Behandlung von Dt. und dt. Eigentums 1917 ff. KOB R 85/5693

Beschlagnahme dt. Schiffe und Schiffsgüter 1917 ff. KOB R 85/5418

Behandlung dt. Vermögens 1918 ff. (3) KOB R 85/5632 - 5(

dgl. 1920 - 38 HMK 44.H.5.7

Dt. Kriegsschäden 1920 - 35 (6) KOB R 2/725, 735 - 739

noch 5348 Regelung wechselseitiger dt.-chines. Entschädigungsansprüche und Kriegsschädenforderungen (Allgemeines und Einzelfälle) 1920 - 36 (50) BON R 19 - 31

Entschädigungsansprüche der Fa. Haeslop & Laub für Verluste in Swatow 1920 - 31 BRE 4, 49 - 1283

Liquidierung dt. Eigentums innerhalb der englischen Interessenspäre in C. 1920 - 32 KOB R 2/988 - 990

Kriegsschäden dt. Eigentums in C. durch Frankreich 1921 - 24 KOB R 2/991

Privatforderungen des Ostasiatischen Vereins an C. 1924 - 31 (2) KOB R 2/837, 838

Dt. Forderungen 1936 - 45 (9) BON B Ch R 3 - 5 d - 9

Behandlung dt. Vermögens 1941 - 43 BON Kriegsrecht 21

s. a. 5379

5349 Dt. Prisenverfahren 1918 KOB R 85/5845

Berechnung chines. Kriegsschäden in D 1920 - 23 KOB R 38/330

Regelung chines. Kriegsschäden in D 1941 - 44 KOB in R 18/3480

dgl. 1942 BON Kriegsrecht 20

5350 Polit. Unruhen 1902 - 11 FRB RM 5/5624

Evolution 1914 (10) FRB RM 5/5635 - 5644

Innere Politik, Parlaments- und Parteiwesen 1920 - 36 (26) BON Po 5

Räuberunwesen 1922 - 35 (3) BON Po 5 B

Bürgerkrieg 1924 - 33 (7) BON Po 23 A

Innenpolitische Lage 1924 - 26 (3) KOB in NL 53/73 - 75

dgl. 1936 - 40 (9) BON Po 5

Wiederaufbau 1929 BRE in 4, 49/261

dgl. 1929 - 31 HMK 95.D.4.48

5351 Nationalitätenfragen 1922 - 36 BON Po 6

5352 Stellung der Regierung zur christlichen Kirche 1885 - 1916 (59) BON China 6

dgl. 1938 - 44 (7) BON B Ch Kult 4

Religionsfragen 1920 - 39 (7) BON Po 16

5353 Sozialismus und Kommunismus 1926 - 36 (6) BON Po 19; Geh Rußland P 19

Grüne Internationale 1926 - 27 BON Po 24

Jugendbewegung, Jugendorganisationen 1932 - 42 BON B Ch Kult 7

Pazifismus 1933 BON Po 18

Faschismus 1934 - 35 BON Po 29

5354 Innere Verwaltung 1920 - 36 (25) BON VW 1 - 16

Statistische Veröffentlichungen 1921 - 36 (4) BON VW 16

Recht zur Besichtigung von Sehenswürdigkeiten 1922 - 44 BON B Ch R 5 - 6

Volkszählungen 1922 - 44 BON B Ch, Pol 3 - 9

Polizei 1927 KOB in NL 22/40

dgl. 1943 - 44 BON B Ch R 5 - 7

Verwaltungsreform, Beratungstätigkeit Wolfgang Jaenickes, insbe zu Problemen der Einführung von Präfekturen in der Provinz Schantung und des Projekts einer chines. Beamtenversicherung 1933 - 35 (2) KOB NL 135/82, 87

Die Provinzial-und Hsien (Kreis)-Verwaltung in China (Denkschrift von W. Jaenicke) **1934 KOB NL 135/27**

Feiertage 1940 - 43 BON B Ch Pol 3 - 6

5355 Gesundheitswesen im allg. 1881 - 1925 HMK 95.D.4.41

dgl., auch dt. Ärzte, Apotheker und Krankenhäuser 1938 - 45 BON B Ch Kult 11 - 5

Auftreten und Bekämpfung der Lungenpest 1897 - 1911 BON Paris 1626

dgl. 1910 - 13 BRE 4, 41 - 22

noch 5355 International Opium Commission Shanghai 1909, Report of the proceedings 1910 FRB RM 3/7091

Veterinärwesen 1937 - 40 BON B Ch Kult 11 - 7

Teilnahme an den Olympischen Spielen 1936 - 37 BON B Ch Kult 12 - 6 b

Sport 1941 - 42 BON B Ch Kult 12 - 6

5356 Soziale Verhältnisse, Sozialpolitik 1920 - 35 (12) BON S 1 - 6

dgl. 1933 KOB in NL 135/83, 84

dgl. 1936 - 45 BON B Ch R 4

Sozialversicherung 1937 - 43 BON Sozialvers. Nr. 6, 11

Sozial- und Fürsorgewesen 1941 BON R 6 - 1

5357 Shanghai-Straßenbahn o.D. FFD Paket 371

Bodenreform, Siedlungs- und Wohnungswesen 1921 - 35 BON S 10

Kommunale Angelegenheiten 1922 - 44 BON B Ch Pol 3 - 9

Genossenschaftswesen 1941 BON B Ch R 3 - 7 a

5358 Rotes Kreuz 1920 - 35 BON S 15

dgl. 1942 BON B Ch R 7 - 6

Anregung einer Hilfsaktion für die Hungernden in Chensi durch Albert Einstein 1930 KOB in NL 53/101

Hospital der Rheinischen Missionsgesellschaft in Tungkun.- Jahresberichte 1907 - 14 KOB R 57/1221 - 8

s. a. 5359

Dt.-amerikanisches Hospital - Tientsin, gegr. 1926 1927 - 32 KOB R 57/1220 - 3

dgl. 1931, 1933 (2) KOB in Kl.Erw. 86/4, 7

5359 Jesuitenmission 1581 - 1740 (8) MCA Jesuitica 189, 587, 590, 591, 593, 607 - 609

dgl. 1604 - 1766 MCM Kl.Fasc. 459 Nr. 11

dgl. 1619 - 1762, 1851 - 57 KÖJ

noch 5359 dgl. (Bericht des Jesuiten Franciscus Futard an den Papst) 1639 HNB Handschriften 1811

dgl. 1654 - 1812 MCM Gr. Fasc. 1256 Nr. 5

dgl. (Briefe) 1655 - 1700 EIC Akt ff 5

dgl. (Briefe von Antoine Thomas und Jean François Gerbillon) 1706 WOB 45 Blankenburg 114 v

dgl. (Verbleib der zu Verhandlungen über den Ritenstreit nach Rom gereisten Jesuitenpatres, offener Brief des Kaisers K'ang-Hsi) 1716 WOB 310 Blankenburg

dgl. (Abschrift eines Schreibens des Kaisers von China an den Papst) um 1730 WOB 103 nov 39

dgl., Briefwechsel von Maria Theresia Gräfin Fugger, insbes. mit Florian Bahr in Peking 1737 - 62 DIL F.A.1.2.148

Steyler Mission im südlichen Schantung.- Pfarrbücher über Taufen, Firmungen, Trauungen, Bestattungen, Waisenkinder sowie Inventare der Missionsstationen Lini, Kikiashan, Wangchwang, Chüchow, Ishni, Tsing Wangchwang, Tachangwang, Chühsien, Kwangchiao, Twohsien, Yenchowfu 1884 - 1948 (60) SAM

dgl. 1890 - 91, 1900 - 01 (5) KÖA 1006/157, 958 - 961

Schutz der katholischen Missionen 1887 - 1894 BON Quirinal 1615

Tätigkeit dt. Missionare in Schantung 1902 KOB in R 85/1236

Franziskaner-Mission, Tsinanfu 1921 - 22 KOB R 57/1220 - 13

Rosenkranz-Mission der Dt. Dominikaner, Apostolische Präfektur in Tingchow (Fukien), Jahresbericht 1929, und Rheinisch-Westfälische Kapuziner Ordensprovinz, Apostolisches Vikariat Tsinchow (Ost-Kansu), Jahresbericht 1930 KOB R 57/1221 - 1

Zerstörung der katholischen Missionsanlagen in Lantchou durch Explosion eines Munitionslagers 1936 - 41 KOB in R 43 II 1428 c

Berliner (evang.) Missionsgesellschaft 1829 - 1943 (13) BEZ I/Ges 5

Arbeit der Rheinischen Mission in den Stationen Hongkong (1897 - 1910), Fukwing (1899 - 1920), Kangpuk (1899 - 1935), Taipeng (1899 - 1946), Tongtauha (1899 - 1945), Tungkun (1899 - 1932), noch 5359 Tailung (1922 - 38), Kanton (1931 - 34), allg. Schriftwechsel, Chroniken, Manuskripte, Nachlässe von Missionaren, auch zum Schul- und Krankenhauswesen, der Frauenarbeit, zum Dt. Hilfsbund evang. Missionen in Schanghai 1847 - 1945 (59) WUP Sign. H; A/w 2 a, c, e, f, i, 8 w

s. a. 5358

Evang. Missions-Verein für China, Berlin 1850 - 1873 BEZ I/Ges 10

Arbeit der dt. Ostasienmission, des Allg. evang.-protestantischen Missionsvereins in Schanghai, Peking, Tientsin, Tsinangschu, Schantung 1885 - 1945 (100) SPK

dgl. BEZ I/M - 3 - 21

Evang.-Ostasiatischer Hilfsverein, Peking, Jahresberichte 1926 - 28 KOB R 57/1217 - 22

Evang.-lutherische Breklumer Mission in Pakhoi, Limchow, Namhong (Hoppo-Distrikt) 1920 - 45 (4) BRAM

Dt. China-Allianz-Mission, Barmen o.Dat. KOB R 57/1039 - 25

Allg. Ang. der evang. Kirche 1913 ff. (2) BEZ C VII China 1, EO China 1

Dt. Kirchengemeinden und Friedhöfe 1925 - 45 BON B Ch Kult 4

Evang. Gemeinde Schanghai 1883 ff. (4) BEZ EO China 8, C VII China

dgl. 1886 ff. KOB in Kl.Erw. 110

dgl., Bau einer Kirche 1897 - 98 KAG Abt. 60/698

dgl. 1914 - 41 (2) KOB R 57/1218 - 29, 30

dgl., Gemeindechor 1933 (2) KOB R 57/1218 - 15, 20

Evang. Gemeinde Hankau 1909 ff. (2) BEZ EO China 9, C VII China 11

dgl., Tientsin 1914 ff. (5) BEZ C VII China 13

dgl., Jahresberichte 1916 - 17, 1935 - 39 KOB R 57/1220 - 4

noch 5359 dgl., Peking 1924 ff. (3) BEZ C VII China 16

dgl. 1922 - 32 KOB R 57/1217 - 21

dgl. 1941 KOB in Kl.Erw. 86/4

dgl., Tsiningchow 1927 ff. BEZ C VII China 17

dgl., Kanton 1930 ff. BEZ C VII China 20

Verteidigung der nationalsozialistischen Kirchenpolitik durch einen Missionar der evang. Liebenzeller Mission in Changscha 1935 KOB in R 18/6006

5360 Kunst und Wissenschaft im allg. 1918 - 35 (6) BON KW 1 - 3

Kulturpolitische Beziehungen zu dritten Staaten, insbes. Japan 1932 - 45 BON B Ch Kult 2 - 2, 3

Allg. Kulturpolitik 1941 - 45 (3) BON B Ch Kult 1

5361 Presse 1888 - 1917 (27) BON China 17, 17 secr.

dgl. 1920 - 36 (11) BON Po 12

dgl. 1937 - 45 (26) BON B Ch P

Gründung der Zeitschrift "Ostasiatischer Lloyd" in Schanghai 1887 KAG Abt. 233/11633

Unterstützung des "Ostasiatischen Lloyd" 1939 - 44 KOB R 55/277

Vertretungen der Nachrichtenagentur Transocean GmbH 1934 - 38 KOB R 55/283

5362 Europasender Schanghai, Eröffnung 1940, Sendepläne Jan. und Apr. 1941 KOB R 57/1218 - 13

Bericht der Interradio AG über den Dt. Sender Schanghai o.Dat. KOB in R 55 DC/333

5363 Unterrichtswesen 1902 - 14 KAG Abt. 235/15497

dgl. 1919 - 36 (8) BON Po 17

dgl., insbes. dt. Schulen 1924 - 45 (18) BON B Ch Kul

Verein für chinesische Schulen 1911 - 16 OBG 300125/1

Kaiser-Wilhelm-Schule bzw. Dt. Schule Schanghai (Jahresberich Schriftwechsel, Berichte u.a.) 1895 - 1940 KOB R 57/1219

noch 5363 dgl. 1905 - 13 KAG Abt. 235/15492

dgl. 1931 KOB in Kl.Erw. 86/4

dgl. 1938 KAG Abt. 235/35337

dgl. 1940 KOB R 57/1218 - 11, 14

Dt. Sprachschule Schanghai 1941 KOB R 57/1218 - 18

Dt.-chines. Schule Tientsin 1908 HMK 95.D.4.6

dgl. 1913 - 49 KOB in Kl.Erw. 86

dgl. 1924 - 37 KOB R 57/1220 - 5

Dt. Schule und Dt. Schulverein Tsinanfu 1922 - 37 (3) KOB R 57/1220 - 11, 12, 14

Dt. Schule und Dt. Schulverein Hankau 1913 - 39 KOB R 57/1217 - 2

dgl. 1928 - 29 KOB in Kl.Erw. 86/6

Dt. Schule und Dt. Schulverein Peking 1927 - 37 (2) KOB R 57/1217 - 16, 25

Dt.-chinesische Mittelschule (Reformrealgymnasium) Kanton 1931 - 37 KOB R 57/1217 - 13

Dt. Schule Nanking 1937 KOB R 57/1217 - 15

5364 Tung-Chi-Universität in Woosung, Technische Fakultät (Deutsche Ingenieurschule) 1912 - 37 KOB R 57/1218 - 32; 1220 - 1, 2

dgl. 1912 - 37 (2) OBG 400 106/44, 400 1010/34

dgl. 1912 ff. KOB in Kl.Erw. 110

dgl. 1915 -38 KAG Abt. 235/5192

dgl. 1924 KOB in Kl.Erw. 86/7

dgl. 1940 - 42 (5) BON B Ch Kult 10 - 12

dgl. sowie dt. technisches Schulwesen in China, Denkschrift des Vereins Dt. Ingenieure 1941 BON in NL Betz

Dt. Medizinschule, Schanghai 1910 - 41 KOB R 57/1218 - 32

dgl. 1910 - 12 KOB in Kl.Erw. 86/1

dgl. 1942 - 44 BON B Ch Kult 10 - 12 g

s. a. 5365

noch 5364 Instrumente der Pekinger Sternwarte 1900 - 20 BON China 24 Nr. 12

Pathologisches Institut der Sun Yatsen Universität, Kanton 1931 KOB R 57/1217 - 12

Hochschulen 1940 - 44 (12) BON B Ch Kult 10

Katholische Universität Peking 1942 BON B Ch Kult 10 - 8

Wiss. Institute 1942 - 44 BON B Ch Kult 11 - 4

Wissenschaftliches Orientinstitut, Peking o.Dat. KOB R 57/1217 - 19

Ärztekongresse 1938 - 43 BON B Ch Kult 11 - 4 d, 5 a

5365 Aufzeichnungen und Schriftwechsel der Sinologen Etienne Fourmo (1683 - 1745) und Nicolas Freret (1688 - 1749) o.Dat. MCS 13 Faszikel

Aufzeichnungen des Sinologen Karl Friedrich Neumann (1793 - 18 Professor in München insbes. über seine Reisen nach C. 1830 - 63 (3) MCS

Nachlaß des Sinologen Paul von Moellendorff (1848 - 1901) BEB

Aufzeichnungen von Joseph Maria Schedel (1856 - 1943), Naturforscher und Apotheker in Peking BAS

Aufzeichnungen und Schriftwechsel des Sinologen Carl Hentze (1883 - 1975) o.Dat. (5 Schachteln) MCS

Reisen Dr. Müller-Wismar 1900 - 14 (3) BEV I B 37, 86

Aufsätze, Vorträge, Fotografien, geomorphologische Beschreibungen, Karten des Geographen Georg Wegener insbes. zu Schantung und Kiang-si 1901 - 36 BEB

Aufzeichnungen des Professors der Physiologie an der dt. medizinischen Schule in Schanghai Claude du Bois Reymond 1907 - BEB

Ermordung der dt. Forschungsreisenden Dr. Robert Brunhuber (1878 - 1909) und Dr. Karl Schmitz (1873 - 1909) in Yünnan durch Nu-Barbaren 1909 KÖA 1143

Forschungsreise von Dr. Wilhelm Filchner (auch nach Tibet) 1928 - 29 FFA S 35/2798

noch 5365 dgl., Prof. Dr. Lessing 1930 - 37 (2) BEV I B 113, 114

dgl., Prof. Dr. E. Boerschmann 1932 - 35 BEV I B 119

dgl., Dr. Eberhard nach Mittelchina 1933 - 40 BEV I B 121

dgl., Filchner und Sven Hedin 1937 - 42 (3) BON B Ch Kult 11 - 3

Landeskunde 1918 - 35 (3) BON KW 3

Klimatische Verhältnisse 1942 BON B Ch Kult 11 - 8

5366 Sammlung von "Raritäten" des Jesuiten Ferdinand Orban, Ingolstadt vor 1732 **MCA GL 1489/19**

Erwerb der Sammlung Pander 1888 - 93 BEV I B Litt G

Ankauf eines Stupa von O'Brien 1901 - 03 BEV I B 49

Erwerbung der Sammlung Heger aus Peking 1902 - 05 BEV I B 42

Verbot des Ankaufs und der Ausfuhr chines. Altertümer 1910 - 14 STH E 46 - 48/1107

Schenkung einer Nachbildung des nestorianischen Inschriftensteines von Sianfu 1922 - 25 BEV I B 104

Erwerbungen Karbecks 1934 - 35 BEV I B 122

Kunstausstellungen 1938 - 44 BON B Ch Kult 12 - 1 a

Filmwesen 1940 - 44 (4) BON B Ch Kult 12 - 4

Musikwesen 1942 BON B Ch Kult 12 - 3

5367 Dt. Kulturpolitik im allg. 1940 - 41 BON B Ch D Kult 1

Deutschland-Institut, Peking 1933 - 41 KOB R 57/1217 - 24

Lektorate der Dt. Akademie in Changsha, Itsinking, Kaifeng, Nanking, Peking, Schanghai 1935 - 43 (13) KOB R 51/27, 40, 41, 47, 60, 76, 104, 353, 1029, 1178, 1181, 1182

Dt. Büchereien und Buchhandlungen 1936 - 45 (3) BON B Ch Kult 3 - 4; 11 - 10 b, c

Wiss. Vorträge und Veröffentlichungen 1938 - 45 BON B Ch Kult 11 - 4 a, b, d

Dt. Sprachunterricht 1940 - 45 (2) BON B Ch Kult 9

Übersetzungen ins Dt. und aus dem Dt. 1943 - 44 BON B Ch 2 - 1 j

5368 Einschreibebuch für den chinesischen Privat-Unterricht 1900 - 06 (3) BEA Rep 208 A/191, 319, 325

Schaffung einer Professur für Sprache und Geschichte Chinas 1909 - 16 (3) HMA 364 - 7, A I b 1.3; B IV b 4; E II 10.5

Kulturpolitische Beziehungen zu D 1939 - 45 (2) BON B Ch 2 - 1

5369 Ernennung eines chines. Aufsichtsbeamten für die in D studierenden Chinesen 1909 STH E 46 - 48/1107

Chinesische Studierende in D 1925 - 41 BON B Ch Kult 10 - 3 a

dgl. 1928 - 36 (7) BON Po 17 A

The manifesto of the Chinese student's union in Japan 1924 KOB in NL 73

Pekinger Verein zur Fürsorge für die chines. Studenten in D zwischen 1927 - 34 KOB in R 57/1217 - 16

5370 Allg. wirtschaftliche Lageberichterstattung 1878 - 1913 (5) KOB R 2/1451, 1637, 1640

dgl. 1894 - 1912 HMA 132 - 1/I/C I d/120

dgl. (durch Vertreter der Fa. Krupp) 1907 - 39 ESK in E V 3; NL Wiedfeldt IV 2054

dgl. 1918 FRB RM 5/2693

dgl. 1920 - 34 (3) BON W.1 A

dgl. (Reisebericht Brunthaler, Deutz-Motoren-Gesellschaft) 1922 KÖD III 6 e

dgl. (wirtschaftspolit. Zirkularberichte der Reichsregierung und des AA) 1922 - 23, 1926 - 34 (2) BRE 4, 49 - 43, 4

dgl. 1923 KAG Abt. 233/13135

dgl. (Vertreterberichte der GHH) 1924 ff. (3) OBG 404 700 3/0, 2, 5

dgl. (Wirtschafts-, Finanz- und Handelsstatistik) 1927 - 40 (3) KOB R 24/14, 895, 896

dgl. (insbes. Chemie) 1926 - 45 (10) LEV 82/China; 191/2

dgl. (Reiseberichte von Ingenieuren der Phoenix AG) 1929 - 30 DÜM R

dgl. 1929 - 41 (2) KOB R 2/9895, 9971

noch 5370 dgl. (Vorträge von Vertretern des auswärtigen Dienstes in China über die wirtschaftlichen Verhältnisse ihres Amtsbezirks in Berlin) 1935 - 43 KOB R 9/83

dgl. (Entwicklung der Privatwirtschaft nach Schaffung der "Vertragshäfen") 1935 LUH T 52

dgl. 1937 KOB in NS 43/52

dgl. 1938 - 39 (3) FRB in RW 19

dgl. 1940 - 45 (7) BON B Ch W 1

Wirtschaftsgeographische Beschreibung von P. Gluschakow, Moskau 1940 (Übersetzung 1942) FRB RH 5/119

5371 Fischerei 1903 FRB RM 5/5628

Seidengewinnung und Handel 1928 HMK 95.D.4.9

Landwirtschaft. 1941 - 45 (2) BON B Ch WL

Forstwirtschaft 1941 - 42 BON B Ch WL 5

5372 Bergbau (Briefe des Bergassessors Dr. Karl Vogelsang, 1860 - 1920) 1898 ff. DOR N 13, Kopierbuch

Bergbau und Montanindustrie 1900 - 45 (5) KOB in R 7/ 970 - 973, 979

Industrie und Handwerk 1905 HMK 95.D.4.31

dgl. 1930 - 45 (20) BON B Ch W I

Kohlenfelder in Nord-Anhui, Südschantung und den Provinzen Hunan und Kiangsi (Untersuchungen von Bergassessor H. Kipper) 1931 - 34 (18) OBG 40103/6 - 11; 40104/0 - 11

Rohstoffe 1938 - 44 (20) BON B Ch WR

5373 Schantung Bergbau-Gesellschaft und Schantung-Eisenbahn-Gesellschaft.- Geschäftskorrespondenzen, Berichte, Satzungen, Karten, Pläne 1898 - 1914 BOB 55/16420

Schantung-Bergbau-Gesellschaft, Berlin 1899 ff. FFD Paket 328

dgl. 1899 - 1919 (11) KOB R 85/1234 - 1244

dgl., Beteiligung der Gutehoffnungshütte 1898 - 1913 (12) OBG 300 115/1; 304 032/2; 304 130/43 - 45, 3285/0 - 6

dgl., Beteiligung der Phoenix AG 1899 - 1908 DÜM P 1 2649

Schantung Handels AG, Berlin.- Schriftwechsel zwischen Aufsichtsrat und Vorstandsmitgliedern sowie mit Behörden 1899 - 1933 (4) KOB Kl.Erw. 623

noch 5373 dgl., Schutzvereinigung o.Dat. FFD Paket 332

dgl., Überblick über die China-Ansprüche 1899 - 1922 1940 BON in NL Betz

Wirtschaftsbeziehungen zu D 1921 - 41 (2) BON B Ch DW

Austauschgeschäfte und Wirtschaftsabkommen: Projekte Endrucks und Klein 1934 - 36 (2) BON Geh Ostasien China: H 11 Mo 3

Anmeldungen von Wirtschaftsprojekten dt. Firmen 1937 - 43 (3) BON B Ch W 3

Wirtschaftsbeziehungen zu dritten Staaten 1937 - 44 (5) BON B Ch W 2

5374 Finanzen und Finanzreform 1884 KOB in R 2/1451

dgl. 1884 - 1920 (45) BON China 3, 3 adh.

Budget 1896 - 1902 FRB RM 5/5387

Finanz- und Währungsreform 1910 - 11 KOB R 85/1264

Finanz-, Bank- und Börsenwesen 1931, 1942 KOB R 2/13087

Finanzen, Bank- und Geldwesen 1934 - 45 (15) BON B Ch WF

Finanzbeziehungen zu D 1935 - 45 (7) BON B Ch DWF

5375 Münzverhältnisse und Währungsfragen, Münzreform 1909 - 14 (2) KOB R 85/1264, 1265

Währungsverhältnisse 1923 HMK 95.D.4.1

Devisenverkehr mit D 1933 - 36 BON F 16

dgl. 1935 - 44 KOB in R 7/228

dgl. 1935 - 41 KOB in R 8/VIII/27

dgl. BRK G I 22

Einführung eines Zwangskurses in Nordchina 1938 HMK 29.K.14.14 a

5376 Einführung einer Reparationsabgabe auf dt. Waren 1921 HMK 44.E 6.1

Besteuerung von Mitgliedern der diplomatischen und konsularischen Vertretungen 1925 - 44 BON Steuern 11 noch 5376 Abschluß von Doppelbesteuerungsabkommen mit dem D R 1926 - 27 KOB R 2/19632

dgl. 1936 BON Steuern Nr. 14

Besteuerung von Chinesen im D R und umgekehrt 1926 - 41 BON Steuern Nr. 9

Besteuerung von Grundeigentum im D R 1926 - 42 BON Steuern Nr 12

Steuergesetzgebung 1927 - 41 BON Steuern Nr 5

Umsatzsteuerrecht 1931, 1937 KOB R 2/21017

Steuern, Monopole 1937 - 44 (6) BON B Ch W St

5377 Tarifierung lackierter Pappwaren 1891 BRE 4, 8 D - 774

Zollbehandlung des Talgbaums (Stillingia-Samen) 1895 BRE 4, 8 D - 520

dgl., von Holzfächern 1898 - 1902 BRE 4, 8 D - 555

Zollverhältnisse 1911 - 28 KAG Abt. 237/32442

Zolltarife 1921, 1930 - 37 (2) KÖW 20/535/24; 20/1132/5

Zollvergünstigungen 1922 - 32 BON II Generalia 370

Zollvertrag mit D 1928 KOB R 43 I

Zoll 1929 - 38 KOB in R 2/9895

dgl. 1930 - 45 (7) BON B Ch WZ

Zollbeziehungen mit D 1937 - 42 (3) BON B Ch DWZ

s.a. 5317

5378 Bankgeschäfte im allg. 1895 - 1931 FFD Asien

Dt.-Asiatische Bank, Sitz Schanghai, Filialen in Hankau, Kanton, Peking, Tientsin, Tsingtau, Kobe, Berlin, Hamburg 1887 - 1890 BEA Rep 109/5363

dgl. 1888 STH E 130/I, 1931/727
dgl. 1889 - 1904 FFA Bethmann-Archiv V/64
dgl. 1890 (2) KAG Abt. 237/12227, 29393

dgl. 1899 - 1939 (2) FFD
dgl. 1929 (2) KOB R 57/1218 - 1; 1041 - 6
dgl. 1930 - 34 KOB R 2/14937

noch 5378 Banque Industrie de Chine 1921 - 28 BON Paris 735 a

Kriegsrisikoversicherung bei China-Geschäften 1938 HMK 29.K.6 g.10

5379 Allg. Bankgeschäfte, insb. Anleihen 1884 - 1932 (30) FFD Paket 656 - 661

Verhandlungen mit der Preußischen Staatsbank wegen Übernahme einer Anleihe von 1.000.000 Pfund 1894 BEA Rep 109/5345

Anleihen 1895, 1913 FFA Bethmann-Archiv V, 236, 366

Anleihe der Provinz Schantung 1912 HMA 132 - 1/I/C I e/1

Schuldenwesen 1921 - 39 (2) KOB R 2/1912, 4227

Ablösung dt. öffentlicher Anleihen 1924 - 27 KOB in R 2/839, 2280

Aufnahme von Exportkrediten und Reichsbürgschaften des D R 1930 - 45 (78) KOB R 2/16441 - 16443, 16620, 16622 - 16694, 17220

Anleihen 1934 - 43 (3) BON B Ch WF 1 - 2, 6 - 2 a

5380 Ernennung von Daniel Krüger zum Superkargo der Kgl. Preußische Asiatischen Kompagnie in Kanton 1752 AUR Rep 1/1063 a

Handelspolitik, insbes. Handelsbeziehungen mit D 1825 - 1922 STA in 80 N, Titel 121 Nr. 7

dgl. 1843 - 1914 (5) **MCH** MH 11943 - 11946, 11951

dgl. 1843 - 46 MSA Oberpräsidium/190

dgl. 1845 MCO RA Fasc. 1397 Nr. 21047

dgl. 1846 MAR 27 a II 106

dgl. 1851 - 1940 (5) BRK Hp I 14; Hp II 83

dgl. 1859 (2) KÖW 1/24 b/13; 20/13/4

dgl. STH E 36 - 39/73

dgl. 1869 - 1919 HMA 371 - 8 II, XIX C 15

dgl. 1878 COB in A 3145

dgl. 1878 - 1913 (5) KOB R 2/1451, 1637 - 1640

dgl. 1887 - 1927 (2) FFA B 158 III/202, 205

dgl. (Personalnachrichten, Mitteilung des Handelsvertragsvereins) 1910 - 14 MCA MH 11948

noch 5380 dgl. 1911 - 28 KAG Abt. 237/32442

dgl. 1911 KÖW 20/208/2

dgl. 1915 - 37 DOR K 2/335

dgl. (Ausarbeitung des Ostasiatischen Vereins, Hamburg) 1918 KOB R 85/979

dgl. 1918 - 19 KOB R 85/998

dgl. 1920 - 40 (2) KÖW 20/522/13; 20/1092/4

dgl. 1924 - 27 MCO III/46

dgl. 1924 - 45 (35) BON B Ch WH; DWH

dgl. 1928 - 32 HMA 371 - 8 III, H V e 110; 132 - 1/ III A 1 c 41

dgl. 1929 - 32 KOB R 2/10181

dgl. 1936 - 40 (2) BON Po 46

Schutz dt. Handelsinteressen in Schanghai 1906 BRE 4, 70 - 45/2

Warenaustausch-und Kompensationsverkehr 1931 - 41 HMK 29.K.14.14

dgl. 1935 BON H 11 Nr 3

Handel der Neutralen 1860 (2) DAR Konv 20, Fasz 11; Konv 79, Fasz 13

Dt.-belgische Handelskonkurrenz im Kwantung-Pachtgebiet (Bericht des Dt. Konsulats in Dairen) 1936 KOB in R 2/9967

Handelsbeziehungen mit den Philippinen (gedruckte Berichte der Kaufleute Jacob und Grupe) 1861 - 62 DEA L 75 Abt. IV, Gruppe 15, Nr. 10

dgl., mit Frankreich 1886 - 96, 1923 - 39 BON Paris 1409

dgl., Belgien, Chile, Frankreich, Kanada, Rumänien, Schweiz, Tschechoslowakei **BON USA Handel 12**

5381 Einfuhr von Wollfabrikaten aus dem südlichen Westfalen 1822 - 23 MSA Reg Arnsberg/B 39

Lieferung von Kriegsmaterial 1863 ff. (4) ESK in Sachkartei E V 5 noch 5381 Bau schwerindustrieller Produktionsstätten 1874 ff. ESK in Sachkartei E V 3

Import aus D 1883 DEA L 75 Abt. IV, Gr. 15 Nr. 38

Errichtung eines deutschen Ausfuhrlagers in Schanghai 1889 STH E 46 - 48/422

Waffenlieferungen aus D 1895 HMA 375 - 8 II, XIX B 7,16.2

Eisenbauten der Gutehoffnungshütte 1896 - 1900, 1913 - 22 (2) OBG 30400/24; 304032/1

Bau von Kriegsschiffen für die chines. Marine auf deutschen Werften 1897 - 1909 FRB RM 2/905

Lieferung von Berbaufördermaschinen durch die GHH 1899 - 1911 (8) **OBG 304032/1 - 2; 304130/42 - 47, 61**

Verbot der Einfuhr von Waffen und Waffenschmuggel 1900 - 14 (4) BON China 24 Nr. 16

dgl. 1900 - 14 (2) KOB R 85/6632, 6633

dgl. 1900 - 03 MCA MH 11947

dgl. 1900 HMK 95.D.4.10

dgl. 1920 - 36 BRE 4, 49 - 852/163

dgl. 1928 HMK 95.D.4.20

dgl. 1928 KAG Abt. 233/26739

dgl. (Unterlagen Dr. Emil Helfferichs, Vorsitzender des Ostasiatischen Vereins Hamburg - Bremen e.V., Kopien) 1935 - 38 (2) HMF 225 - 2

Einfuhr aus dem D R nach Amoy und Kanton HMA 371 - 8 II, XIX B 7, 4 II 5, 6

Schutz dt. Handelsinteressen in Schanghai 1906 HMA 371 - 8 II, XIX B 7.7 II 9

Bau von Eisenbahnbrücken über den Hoangho der Linie Tientsin - Pukow und Tsao - Ngo 1908 - 20 (3) OBG 304014/23 - 25

Schmuggel von Kokain und Morphium 1913 - 14 HMA 132 - 1/ I/C I d/118

Dachkonstruktion für die Dt.-Chinesische Ingenieurschule, Schanghai 1921 OBG 304024/17 noch 5381 Lieferung von 12 Brücken an die Schantungbahn-Gesellschaft 1924 - 25 OBG 404114/10

Einfuhr von Rüstungsgütern 1926 - 29 (9) KOB NL 22/41 - 49
Gefahren des direkten dt. Exportgeschäfts unter Ausschaltung des Zwischenhandels 1926 MCO in III/46
Lieferung von Brücken für die Kiautschou-Tsinan-Eisenbahn 1927 - 33 (2) OBG 404114/305 - 306

Lieferung von Brücken für die Tientsin-Pukow- und die Peking-Hankau-Bahn 1928 - 44 (6) OBG 404114/26 - 28, 35, 295 - 296

Lieferung der Kaokong-Zechenanlage, des Stahlwerks Mahanshan sowie Anlagen für die Pehan-Bahn (Kennwort "Induna") durch die GHH 1929 - 39 (32) OBG 40402/22 - 27, 44 - 46, 56, 61, 107 - 109 ; 404140/8 - 13, 30 - 32, 45 - 49, 57 - 60

Einfuhr dt. Industriegüter 1929 ESK FAH IV E 94

dgl. 1929 - 34 (2) HMK 78.A.4.13, 24, 27; 78.B.1.8 a

dgl., Bericht von Direktor Meismer, Collet & Engelhard 1930 KÖD V 15

5382 Alteisengeschäfte, Ausfuhr von Messerschmiedewaren nach D 1882 - 87 DOR in: K 1/46

Ausfuhr von Baumwolle nach D zwischen 1888 und 1937 BRK E X 52

Einschwärzung nach D ausgeführter Seide 1898 BRE 4, 8 D - 816

Ausfuhr von Eiern nach D 1921 - 36 (2) **HMK** 11.B.72.3.3; 11.D.44.3

Ausfuhrerschwerung durch dt. Zollerhöhungen für Textilerzeugnisse 1921 - 35 BRE 4, 49 - 1244

dgl., allg. 1930 ff. (3) BRK Z II 13 e, Z V 13 al 3; W I 17 a; E X 52

5383 Geschäftskorrespondenz von Albert Kesselkaul, Resident der kaiserl. Handelskompagnie für Indien und Ostasien, aus Kanton 1779 - 87 AAC Schmitz-Kesselkaul, Kasten 4

Geschäftsverkehr der Hamburger Firma H. J. Merck & Co. mit der Firma Edmund Moller, Kanton 1846 - 47 HMA 621 - 1, Merck & Co./A V 90 noch 5383 Geschäftsbuch der Nadelfabrik Gotthard Pastor Peters Sohn zu Warenlagern in Schanghai 1847 - 73 AAC Pastor-Seyler/2

Vertretung der Fa. Krupp 1869 ff. ESK in Sachkartei E V 3

Geschäftsbeziehungen der Fa. Felten & Guillaume 1885 - 1932 (11) KÖF A I 9 Nr 84, 121 - 123, 126, 127, 251- 53; 1/34; A II 1 Nr 316

Vertretung der MAN 1900 ff. AUM o.Sign. NL R. Buz/252

Handelsvertretungen der Deutz-Motoren-Gesellschaft 1901 - 27 KÖD III 3/38, 39; III 5/12, 15, III/ 3 B

"Gründung einer Industrie-Exportgesellschaft am Beispiel Chinas" 1917 AUM IX 5 b, Kasten 1

Vertretung des Bochumer Vereins in Schanghai 1922 - 24 BOK 56066

Eröffnung dt. Handelsniederlassungen 1922 HMK 95.D.4.45

Liste der dt. Firmen in China 1922 - 24 HMK 95.D.4.46

Korrespondenz der Pharma-Auslands-Organisation der IG Farben 1925 - 45 (2) LEV 9/K 1.1

Handel in Chemikalien, Verkaufssystem der IG Farben in China 1828 - 29, 1937 (2) LUH T 22/4; T 52/15 a

Dt. Handelssachverständige in Schanghai 1913 KÖW 20/172/16

Handels- und Firmenauskunftsdienst des dt. Generalkonsulats Schanghai 1940 - 42 KOB R 9 I Rep/331 - 333

Dt. Handelskammer Schanghai 1923 - 39 HMK 95.D.4.27

dgl. 1923 - 41 KOB R 57/1218 - 31

dgl., Jahresberichte 1926 - 29, 1927 - 28, 1930 - 31, 1931 - 3[illegible] 1934 - 35, 1936 - 37 DOR

dgl. 1931 - 32 BRK Ha I 8 Bd 3 21)

dgl. 1934 - 41 (2) KOB R 11/in 1256, 1282 e

dgl., Tientsin 1915 - 29 HMK 95.D.4.30

dgl. 1923 - 40 KOB R 57/1220 - 7

dgl. 1932 KOB in Kl.Erw. 86/6

noch 5383 dgl. 1937 - 39 KOB R 9 (Rep)/140

dgl. 1938 - 40 KOB R 11/in 1256, 1282 f

dgl., Hankau 1922 - 34 KOB R 57/1217 - 3

dgl. 1922 HMK 95.D.4.8

dgl. (Jahresberichte) 1927 - 28 DOR S 6

dgl. 1938 - 41 KOB R 11/1282 c

dgl., Kanton 1925 - 28 KOB R 57/1217 - 11

dgl. 1937 - 39 KOB R 9 (Rep)/140

dgl. 1938 - 41 KOB R 11/1282 b

dgl., Tsingtau 1925 HMK 95.D.4.38

dgl. 1927 - 32 KÖW 20/1113/13

dgl. Tsinanfu 1929 HMK 95.D.4.16

5384 Land- und Wasserwege 1892 - 1913 FRB RM 5/5630

Chines. Studienkommission für das Verkehrswesen 1934 - 35 BRE in 4, 49 - 261

Verkehrswesen 1937 - 44 (7) BON B Ch WV

5385 Tagebücher der Schiffe "Preußischer Adler", "Kronprinz von Preußen, "Mentor" und "Prinzessin Louise" über Fahrten nach Kanton 1822 - 47 (7) BEA Rep 109/915, 917, 1048, 3523, 3537, 3538, 6220

Kaperei und Kaperbriefe 1850 - 1914 KOB R 85/6565

Verwendung der Oldenburgischen Bark Fanny Kirchner zum Transport chines. Kulis zwischen 1858 und 1869 OLA 31 - XV/44 - 315

Piraterie 1866 HMK 95.D.4.4

Schiffahrt und Hafenwesen 1884 - 1930 HMK 95.D.4.3

Schiffsverkehr 1886 - 96, 1902 (2) HMA 371 - 8 II, XXI C 2.4.1; 9

Ostasiatischer Lloyd Schanghai 1887, 1899 HMK 95.D.4.19

Strandungswesen 1888 HMK 95.D.4.33

Schiffs- und Warenverkehr mit D 1891 - 95 HMA in 314 - 1, B VI c 12, IV

Dt. Schiffahrt in chines. Gewässern 1893 - 95 HMA in 314 - 1, B VI c 11, III

noch 5385 Handelsflotte 1895 - 1917 FRB RM 5/5589

Schanghai-Linien 1899 BON Paris 1445

Schiffsdienst nach Mexiko und Peru 1903 - 05 (2) BRE 3 - A.3.M.2/53; P.2/98

Beschäftigung chines. Matrosen auf dt. Schiffen 1911 - 34 (2) HMK 63.C.5.5, 6

Gesetz zur Beseitigung von Schiffahrtshindernissen 1916 HMK 95.D.4.32

Verpflegung chines. Seeleute in Hamburg 1917 HMA 371 - 8 II, XXXIV 205

Weiterbeschäftigung von 13 Chinesen bei der Rickmerslinie 1917 HMA 371 - 8 II, XXXIV 1.70.283

Schiffahrtsbestimmungen 1926 - 27 HMA 132 - 1/III B 1 b

Beteiligung deutscher Reedereien an der Reorganisation der chines. Seeschiffahrt (Projekt Ulderup) 1930 KOB R 2/21438

Schiffahrtskongresse, Seerechtskonferenzen 1930 KOB R 2/23172

Chinafrachten des Norddt. Lloyd 1934 - 35 BRE in 4, 49 - 261

See- und Binnenschiffahrt 1936 - 45 (13) BON B Ch W S WV 5

dgl. 1937 - 39 BON Po 54

Schiffahrtsbeziehungen mit D 1940 - 42 (4) BON B Ch DW Sch

Hafenabgaben 1871 HMK 95.D.4.24

Hafen von Tschifu 1897 HMK 95.D.4.25

Hafen von Schanghai 1907 HMK 95.D.4.26

Häfen, Werften 1905 - 20 (2) FRB RM 5/5591 - 5592

Hafen von Hankau 1909 HMK 95.D.4.7

Internationale Flußkorrektionsbehörde 1900 - 08 BON China 24 Nr. 11

Kanalprojekte 1901 - 13 FRB RM 3/6839 - 6840

noch 5385 Regulierung des Hwang-Pu-Flusses bis zum Hafen von Schanghai 1902 - 03 BRE 4, 70 - 59/3

Binnenschiffahrt 1903 HMK 95.D.4.22

5386 Kraftfahrverkehr 1929 HMK 95.D.4.21

Straßenwesen 1938 - 43 BON B Ch WV 4

5387 Eisenbahnbau 1872 ff. ESK in Sachkartei E V 3

Eisenbahnen im allg. 1884 - 1919 (33) BON China 4

Eisenbahnbauten (Konsortium der Preußischen Staatsbank für asiatische Geschäfte) 1896 - 1914 BEA Rep 109/5347

Eisenbahn-Unternehmungen 1898 - 1920 (29) BON China 4 Nr. 1 secr.

Schantung-Eisenbahn-Gesellschaft, Berlin 1898 - 1929 (22) FFD Pakete 327 - 331

dgl. 1899 - 1924 (4) KOB in Kl.Erw. 623
dgl. 1900- 20 (11) KOB R 85/1223 - 1233
dgl. (Beteiligung der GHH) 1898 - 1909 OBG 300 115/0

dgl. 1921 - 29 ESK WA IV 1936
vgl. 5373
Bau der Tientsin-Chinkiang und der Tientsin-Pukow-Eisenbahn (Akten der Dt. Gesandtschaft Peking) 1898 - 1916 (15) G - 9, in der Harvard University, Baker Library, Boston/Mass.,USA

Errichtung einer Eisenbahn in Yünnan durch Frankreich (Bericht über die Reise des Geh. Baurats Kapp, Stuttgart) 1903 KOB in R 2/24499

Eisenbahnbau 1903 - 13 HMA 132 - 1/I/C I d/122

dgl. 1907 - 14 BON Paris 373

Die Tientsin-Pukow Eisenbahn und ihr Einfluß auf die dt. Handelsinteressen in Schantung und Tsingtau (Ausarbeitung des Dolmetschers Holzhauer) 1913 (2) KOB in Kl.Erw. 86; in R 85/1217
Eisenbahnwesen 1913 - 20 (6) KOB in R 85/108, 109, 111, 112, 178, 179

dgl. 1923 - 29 KOB in R 2/1912

Ausbau der Eisenbahnen 1925 - 29 (22) KOB in NL 22/ 41, 42 a noch 5387 Errichtung einer Handelsagentur der Ostchinesischen Eisenbahn in Hamburg 1928 HMK 95.D.4.44

Eisenbahnwesen 1936 BON Po 2

Eisenbahnen 1937 - 45 (4) BON B Ch WE 1, 2

5388 "Das erste Flugzeug in China", 1913, Erinnerungen von Carl Nim: 1953 KOB in Kl.Erw. 56

Luftfahrt, Luftverkehrswesen 1920 - 36 (10) BON LU 1, 2

dgl. 1920 - 36 (6) BON Ostasien

Einrichtung der Fluglinie Königsberg - Moskau - Peking 1922 - 35 (6) BON Ostasienlinie, Transeurasia

Eurasia Aviation Corp. o.Dat. KÖL

Luftverkehrsprojekte 1927 KOB NL 22/42 b

Luftfahrt 1935 - 45 (5) BON B Ch W Lu

Dt. Lufthansa 1941 BON B Ch DW Lu 1 - 1

vgl. 5088

5389 Posttarif für Briefe nach D 1862 REG in: Postakten 136

Paketverkehr mit D, Dt.-Neuguinea und Suez 1893 - 1925 BRE 5, 1/2 - 190

dgl., zwischen Schanghai, Tientsin und Tsingtau BRE 5, 1/2 193/1894 - 1924

dgl., zwischen Schanghai und Brit.-Indien 1897 - 1924 BRE 5, 1/2 - 193

Dt. Postanstalten, insbes. in Schanghai 1896 - 1914 (6) BRE 5, 1/2 - B II g/1265 - 69, 1279

Dt. Feldpost 1900 - 01 BRE 5, 1/2 - 846

Postverkehr mit D 1910 - 26 BRE 5, 1/2 - 62

dgl. 1911 - 20 (6) KOB R 85/604, 617 - 619, 694, 695

dgl. 1915 KÖW 20/358/8

dgl. 1942 BON B Ch DWP 1

Post, Rundfunk im allg. 1936 - 45 (10) BON B Ch WP

Luftschiffahrt, Brieftauben, Signal- und Rettungswesen, Kabel- und Fernsprechwesen 1897 - 1916 FRB RM 5/5627 noch 5389 Telegrafie, Bau von Kabel- und Funkverbindungen 1902 - 20 (13) KOB R 85/706 - 708, 714, 715, 744, 745, 753, 755, 773, 774, 776, 832

Fernsprechwesen 1912 - 20 (3) KOB in R 85/706 - 708

Drahtlose Funkverbindungen 1930 - 32 KÖF A I 9 Nr 126

5390 Behandlung der Dt. in C. und der Chinesen im D R 1914 - 18 (2) KOB R 85/3618, 3619

Verhandlungen wegen gegenseitiger Freilassung von Zivilisten 1917 - 19 (4) KOB R 85/4004 - 4007

Staatsangehörigkeitsgesetzgebung 1932 - 35 BON Sta Nr 12

Staatsangehörigkeitsfragen, insbes. Ein-, Weiter- und Rückwanderung von Dt. 1934 - 45 (5) BON B Ch R 3 - 1; DR 3 - 2; D Kult 5

Paß- und Reisevorschriften 1936 - 45 (5) BON B Ch R 5

dgl. 1937 - 39 BON Po 56 - 2

Aus- und Einwanderung im allg., Stellenvermittlung 1937 - 45 (4) BON B Ch Kult 5

5391 Auswanderung nach Mexiko 1903 - 05 BRE 3 - A.3.M.2/53

Reiseerlaubnis im D R 1915 - 18 KOB R 85/3655

Überwachung von Chinesen durch die Fremdenpolizei in Bremerhaven 1914 - 20 BRE 4, 20 - 140/24

dgl., in Oldenburg 1917 OLA 136 3264

Zulassung chines. Kleinhändler in D zwischen 1921 - 39 BRK in Kl. 8

Einreisevorschriften nach D 1921 - 45 (4) BON B Ch DR 5

Liga für Vaterlandsverteidigung der Chinesen in D, Frankfurt a.M. o. Dat. KOB R 57/1023 - 32

Einbürgerung in das D R, Allgemeines und Einzelfälle 1937 - 43 BON Sta Nr 1 IV

5392 Landeverbot für Chinesen in Costarica 1887 BRE A.3.C.1/44

Ausweisung von Chinesen aus D und Heimschaffung 1921 - 37 (5) BON VW 13, 14

Zivilgefangene im D R 1942 - 44 BON Kriegsrecht 28, 28 Nr 8

5393 Auswanderung aus dem Regierungsbezirk Aachen 1843 - 46 KOL 403/479

Anerkennung der "Land Regulations" für die oldenburgischen Staatsangehörigen in Schanghai zwischen 1858 - 69 OLA 31 - XV/44, 116

Einreisebestimmungen und Niederlassungsrecht 1924 - 38 HMK 90.11.1

Einwanderung aus D 1931, 1939 HMA 373 - 7 I, II C II 30

Klärung der Staatsangehörigkeit in C. lebender Dt. 1932 - 42 BON Sta Nr. 1 III

Erwerb der Staatsangehörigkeit durch Dt. 1936 - 43 BON Sta Nr 1 VII

5394 Dt. Niederlassungen in Tientsin und Hankau 1898 HMA 132 - 1/I/C III g/2

Deutschtum, insbesondere in Tientsin, Tsingtau, Schanghai, Hankau (Sammlung von Aufzeichnungen, Broschüren etc.) 1908 - 50 (7) KOB Kl.Erw. 86

Dt. Niederlassung in Hankau 1908 - 10, 1934 KOB R 57/1217 - 4

dgl., in Tientsin 1909 - 11, 1941 (2) KOB R 57/1220 -

dgl., in Tsinanfu (3) KOB R 57/1220 - 11, 12, 14

Denkschrift zur Förderung des Deutschtums in China 1913 MCA MH 11956

Übergabe der dt. Niederlassung Tientsin an Japan 1917 BON NL Hintze 2/1

Fremdenniederlassungen 1920 - 36 (8) BON B Ch Po 1 A

Deutschtum 1920 - 36 (6) BON Po 25

Rußlanddeutsche Flüchtlinge in C. 1933 KOB R 57/474/40

Emigrierte Juden dt. Staatsangehörigkeit, Einzelfälle BON B Ch Pol 4 - 5 a

Adressenliste der im Außenbezirk des Generalkonsulats Tientsin (Tientsin, Peking, Urga, Hopei, Shansi, Kansu, Turkestan) ansässigen dt. Behörden, Firmen, Vereine und Reichsangehörigen 1933 KOB R 57/1220 - 15

noch 5394 Lage der Dt., insbes. in Peking, Changsha/Hunan, Chefoo, Chungking, Hangchow/Chekiang, Hankau, Hinghwa/Kiangsu, Hungkiang/Hunan, Kanton, Kawjin, Kiautschau, Nanfong, Nangking, Schanghai, Tientsin, Tsinanfu, Tsingtau, Tsingyen, Tsining, Tungkun/Kanton, Yenchowfu 1933 - 45 KOB in R 57/1271

Dt. Emigration in Schanghai (Aufzeichnungen von Ludwig Lazarus, 1900 - 70) 1936 - 45 MCZ NL Ludwig Lazarus

Dt. Niederlassungen o.Dat. KOB NS 26/666

dgl. 1940 - 45 BON B Ch Kult 3 - 1

Dt. Niederlassung in Peking 1940 - 45 BON B Ch 3 - 3

dgl., Schanghai 1940 (2) KOB R 57/1218 - 11, 14

Geschichte des Deutschtums in Schanghai, Darstellung von Pfarrer A. J. Ewald Krüger 1954 KOB KL.Erw. 110

Russische Niederlassungen 1899 - 1903 (2) FRB RM 3/6837 - 6838

5395 Dt. Vereine 1936 - 45 (4) BON B Ch Kult 3 - 2, 3, 4, 7

Dt. Seemannsheim in Schanghai 1889 FRB RM 3/9370

dgl. 1889 ff. KOB in Kl.Erw. 110

dgl. 1907 HMK 95.D.4.40

Club Concordia, Schanghai, gegr. 1901 1902 - 04 KOB R 57/1218 - 9

Dt. Reiter-Verein Schanghai (Statuten) 1921 KOB R 57/1218 - 16

Dt. Theater-Verein, Schanghai 1927 - 33 KOB R 57/1218 - 28

Dt. Frauenhilfe, Schanghai 1930 - 33 KOB R 57/1218 - 23

Dt. Gesellschaft für Natur- und Völkerkunde Ostasiens (Ostasiatische Gesellschaft) Ortsgruppe Schanghai 1931 - 41 (2) KOB R 57/1218 - 26, 27

Dt. Gartenklub, Schanghai 1933 - 41 KOB R 57/1218 - 6

Dt. Ruderklub, Schanghai 1941 KOB R 57/1218 - 17

Dt. Klub, Hankau 1925 - 29 KOB R 57/1217 - 1

Dt. Klub, Peking 1927 - 28 KOB R 57/1217 - 20

noch 5395 Bund der Auslanddeutschen, Abt. China o.Dat. KOB R 57/1004 - 4

dgl., Ortsgruppe Schanghai 1920 - 22 KOB R 57/1218 - 5

Auslandsorganisation der NSDAP 1934 - 41 BON B Ch D Pol 3 - 7 c

dgl., auch Ortsgruppe Schanghai 1933 - 41 (4) KOB R 57/1218 - 2, 3, 19, 21

Ortsgruppe Kanton, Bericht über Erntedankfest 1940 KOB R 57/1217 - 10

Gau Ausland des NSLB 1933 ff. KOB NS 12/855

Nichtdt. Vereine von Ausländern 1925 - 36 BON Po 28

Dt.-Japanisch-Italienische Freundschaftsvereinigung, Tientsin 1941 KOB R 57/1220 - 10

Italienischer Klub, Schanghai, gegr. 1941 KOB R 57/1218 -

5396 Hinterlassenschaft eines in Kanton verstorbenen hannoverschen Untertanen 1763 HNA Hann 92/LXXXV - R - 6

Ehrengerichtsverfahren gegen Major a.D. Pauli, ehemals Lehrer an der dt. Militärschule in Tientsin 1888 - 94 **KOB** in R 85/6580

Schadenersatzforderung des Korvettenkapitäns a.D. Sebelin gegen die chinesische Marine 1895 KOB in R 85/6580

Zivilprozesse Dt. vor chines. Gerichten, Einzelfälle 1892 - 1939 (12) BON Schanghai

Heimatschein für die Korrespondentin Charlotte Mayer in Schanghai 1910 SPA H 43/61

Ausschuß "Hilfsfonds 1914", Schanghai 1914 KOB R 57/1218 - 22

Kaiser-Wilhelm-Spende 1914 - 18 KOB R 85/2583

Sammlungen für dt. Kriegsverletzte 1915 KOB R 85/2326

Liebesgaben an dt. Militärs 1915 - 18 KOB R 85/2543

Zivile Rechtsverhältnisse, insbes. Nachlaßangelegenheiten 1922 - 45 (25) BON B Ch DR 3

Nachlaß Alexander Ottomeier, gestorben 1928 in Peking DEA L 75 Abt. X Gr. 11 Nr. 1, Band IV noch 5396 Dt. Hilfe, Tientsin 1931 - 32 KOB R 57/1220 - 8

Gehalts- und Pensionsansprüche von Dt. 1940 BON 1940 Beamtenrecht Nr 39

Dt. Hilfswerk 1945 BON B Ch Kult 3 - 3 b

5397 Internierung von Dt. 1917 ff. (7) KOB R 85/3917 - 3923

Dt. Zivilgefangene 1939 - 45 (4) BON Kriegsrecht 29, 29 Nr 13 a, 15, 19

Schanghaier Kriegsverbrecherprozeß (Zeitungsausschnitte) 1945 - 46 BON NL Weyers

Konzentrationslager für Deutsche in Kiangwan bei Schanghai Herbst 1945 - Sommer 1946 und die Liquidierung des Schanghai-Deutschtums (Fotokopie eines Typoskripts von Klaus Mehnert) 1946 KOB Kl.Erw. 214

5398 Wochenbericht für die aus China ausgewiesenen Deutschen Nr. 43 1920 KOB Kl.Erw. 86

Heranziehung von in C. ansässigen Dt. zur Wehrpflicht im D R 1935 - 44 (3) BON M 3, 22, 27

54 Mandschukuo (bis 1932: Mandschurei)

5 412 Allg. politische Berichterstattung 1900 - 16 (33) BON China 25

dgl. 1905 - 14 FRB RM 5/5631

dgl. 1930 - 36 (38) BON Mandschurei, Allg 1

dgl. 1933 - 38 BON Vatikan 933

dgl. 1934 - 38 BON Paris 453 b

dgl. 1939 BON Quirinal 748

dgl. 1940 - 42 (5) KOB R 57/171/2, 809, 841, 880, 941

5413 Reise Wilhelm Solfs nach Mukden und Dairen 1923 KOB in NL 53/67

Schriftwechsel, Protokolle, Berichte, Fotos von Heinrich Schnee als Mitglied der Mandschurei-Kommission des Völkerbundes 1932 (15) BEA Rep 92, NL Schnee/6, 21, 74 - 76, 80 -81, 84, 88 - 89, 92 - 94, 99 - 100

Handakten Clodius und Wiehl 1934 - 41 (3) BON

5 414 Russ. Besitzungen 1898 -1914 (3) FRB RM 5/5851 - 5853

Japanische Besitzung Liantung 1905 - 14 FRB RM 5/5798

Anerkennung Mandschukuos 1932 BON Ostasien Allg 1 Geh

Verfassungsfragen 1934 - 36 BON VW 2 Nr 1

5 416 Ministerien 1935 BON Po 7

Personalien von Staatsmännern 1936 BON Po 11 Nr 3

5 420 Verträge zwischen Rußland und Japan vom 4.7.1910 und 3.7.1916 über die Eisenbahn und den status quo in der M. 1910 - 19 (2) BON China 32

Stellung Chinas, Japans und Rußlands in der mandschurischen Eisenbahnpolitik 1925 KOB in NL 53/74

Neutralität 1939 BON Kriegsrecht

5421 Handelspolitische Abkommen mit dem D R 1938 - 39 BON Ha - Pol XII a

Staatsverträge mit dem D R 1939 - 42 BON Völkerrecht, Staatsvertr Nr 1

Verhandlungen über den Abschluß von Staatsverträgen mit dem D R 1942 - 43 BON Völkerrecht, Staatsvertr. Verh. Nr. 1

5422 Politische Beziehungen zu D 1933 - 40 (3) KOB in R 43 II/1420 - 1422

dgl. 1935 BON Po 2

"Mandschurische Freundschaftsmission" 1938 BON Po 2 A

5423 Politische Beziehungen zu sonstigen Staaten 1934 ff. BON Po 3; Belgien, Frankreich, Rußland, Vatikan, Ankara Po 3

dgl., zum Völkerbund 1937 - 39 BON Vö Länderakten

5424 Dt. Konsulat in Port Arthur 1904 - 14 HMK 57.H.3.2.1.536

dgl., in Dairen 1933 HMK 57.H.3.2.1.888

dgl. HMA 132 - 1/II/I A 2 a/449

Diplomatische und konsularische Vertretungen des D R und im D R 1934 - 36 BON Po 9, 10

dgl. 1937 - 38 KOB R 2/11593

Konsularverträge 1939 BON Völkerrecht, Allg. Kons. Nr. 7

Zollbehandlung von dt. Gesandtschafts- und Konsulargut 1935 - 43 BON Zoll Nr 2

Besteuerung von Mitgliedern der diplomatischen und konsularischen Vertretungen 1936 - 44 BON Steuern 11

Bezüge dt. Beamter mit Wohnsitz in M. 1943 - 45 KOB in R 2/22278

5425 Diplomatische und konsularische Vertretungen im Ausland 1934 - 36 BON Po 8

Konsulate im D R 1932 - 44 BON Prot. VIII 121

Konsularische Vertreter im D R 1938 BON Prot. II 121

Konsulat für die Provinz Hannover 1938 HNA Hann 122 a II/47

dgl., für Braunschweig 1938 - 40 WOA 12 A Neu Fb 13 m/ 37479

dgl., für Württemberg 1938 - 40 STH E 130 IV/161

dgl., für Baden 1938 - 40 KAG Abt. 233/26491

5426 Besuch des Präsidenten der Schwerindustriegesellschaft Aikawa in D 1940 KOB in NS 10/90

5427 Verein zur Förderung der dt.-mandschurischen Wirtschaftsbeziehungen, Hamburg o.Dat. KOB R 57/1025 - 16

5430 Militärpolitischer Reisebericht des OTL Joachim Breithaupt (1883 - 1960) 1934 - 35 FRB N 302/3

5436 Krieg 1904 - 05 s. 5136

Sowjetisch-chinesischer Konflikt wegen der mandschurischen Ostbahn 1929 - 30 (5) BON Büro StS Ochiru

Chinesisch-japanischer Konflikt um die Mandschurei 1931 - 35 (36) BON China Po 3 adh

dgl. 1932 BON Abt II F - Abrüstung: Völkerbunds-Angelegenh.

dgl. 1931 HMK 95.D.4.17

dgl. 1931 - 32 (2) KOB in R 43 I/57; R 43 II/1454

dgl., Denkschrift von Viktor Spielmanns 1934 KOB R 18/6008

dgl., Schriftwechsel von Wilhelm Solf 1932, 1935 - 36 (2) KOB NL 53/88, 95

5440 Rechtspflege 1934 - 43 (5) KOB R 22/2619, 3088 - 3091

dgl. 1934 - 36 (5) BON R 8, 15, 28, 31, 40

5443 Strafrecht 1937 BON Str 5

5445 Patentwesen o.Dat. (4) KOB R 131/829 - 830, 1172 - 117

dgl. 1933 - 43 (2) BON Patente 7

Warenzeichenschutz 1933 HMK 95.D.4.14

Privatversicherungsrecht 1941 - 43 BON Handelsrecht 24

5448 Behandlung dt. Vermögens 1942 - 44 (2) BON Kriegsrecht 20 a, 21

5450 Innere Politik im allg. 1935 - 36 BON Po 5

5454 Polizeiwesen 1935 BON Inn Vw 6

Statistische Veröffentlichungen 1935 BON Inn Vw 16

5455 Auftreten der Lungenpest.- Ergebnisse der im April 1911 in Mukden abgehaltenen internationalen Pestkonferenz 1910 - 13 BRE 4, 21 - 22

dgl. 1911 BON Paris 1620

5457 Bodenreform, Siedlungs- und Wohnungswesen 1933 - 36 BON S 10

5459 Evang. Gemeinden in Muden und Dairen 1927 ff. BEZ C VII China 18

dgl., in Charbin 1925 ff. (3) BEZ C VII China 19

dgl. 1925 - 38 KOB R 57/1217 - 7

Tiroler Kapuziner-Mission, Jahresbericht 1935 aus Ilan BON R 57/1217 - 26

5463 Unterrichtswesen 1935 - 36 BON Po 17

Dt. Schule in Charbin 1926 - 33 KOB R 57/1217 - 6

dgl., in Mukden 1937 KOB R 57/1217 - 13

5470 Wirtschaftliche Lage 1904 - 06 HMA 132 - 1/I/C I d/129

dgl. 1937 - 38 KOB in R 2/9991

dgl. 1939 - 42 (4) FRB in RW 19

dgl. 1941 - 42 KOB in R 24/897

5472 Vorkommen von Lithographiegestein um 1926 MCO III/47

Bergbau und Montanindustrie 1941 - 44 (2) KOB in R 7/971; 974

5475 Devisenangelegenheiten, insbes. im Verkehr mit D 1934 - 42 (2) KOB in R 7/165, 236

dgl. 1935 - 41 BRK G I 22

dgl. 1936 BON F 16

Abkommen mit dem D R über den Devisen- und Zahlungsverkehr 1936 - 41 KOB R 2/14145

5476 Steuergesetzgebung 1934 BON Steuern Nr 5

Besteuerung von Grundeigentum im D R 1938 - 44 BON Steuern Nr. 12

5477 Zollrecht 1936 KOB R 2/9925

Dt. Zollsatz für Sojaöl aus M. 1939 KOB R 2/10228

5479 Exportkredite des D R 1929 - 45 (29) KOB R 2/16459, 16941 - 16947, 17241 - 17261 .

5480 Handel, insbes. Handelsbeziehungen mit D 1902 KOB in R 2/451

dgl. 1915 - 37 DOR K 2/337

dgl. 1922 (2) KOB R 57/474/5; 1708

dgl. 1922 - 33 HMA 132 - 1/III A 1 c 38

dgl. 1932 ff. BRK Hp I 14, Hp II 83

dgl. 1936 - 38 (2) KOB R 2/9925, 9991

dgl. 1940 KOB in R 43 II/1422

dgl. 1941 - 44 KOB in R 7/4239

Warenaustausch- und Kompensationsverkehr 1933 - 36 BON H 11 Nr 3

dgl. 1935 - 41 HMK 29.K.14.44

Austauschgesellschaft für den Handel mit Sojabohnen gegen Industrieerzeugnisse 1933 - 34 HMK 11.B.135.a.1.11

5481 Importe für das Sungari-Kraftwerk aus D 1937 - 43 KOB R 7/3549

5483 Dt. Außenhandelskammer in Mukden 1924 - 41 (2) KOB in R 11/1256, 1282 d

dgl. 1928 HMK 95.D.4.15

dgl. 1936 - 40 (2) KOB R 9 I (Rep)/139, in 140

dgl., in Charbin 1931 BRK Ha I 8 Bd 3, 23

Mandsch. Firmenvertretung der MAN 1904 ff. AUM o.Sign.

dgl., der Deutz-Motoren-Gesellschaft 1921, 1929 - 30 (3) KÖD III 5/31, 35; III 13 B

dgl., der Gutehoffnungshütte, Vertreterberichte aus Mukden 1924 - 41 (4) OBG 4047003/1, 3 - 4, 6

Vertretung der Leipziger Messe in Mukden 1936 HMK 3, A.2 c.7

noch 5483 Handelsbeziehungen mit Chile 1936 - 37 BON H 12

dgl., mit Böhmen-Mähren 1939 BON H 12

5484 Transit von dt. Waren nach China 1891 - 95 DOR K 1/48

5485 Freihäfen in Dairen und Port Arthur 1910 KOB in R 2/1488

Schiffe aus M. in dt. Häfen 1934 HMA 371 - 8 II, XXI D 1.22.1

5487 Lieferungen für die südmandschurische Bahn (Bericht des Generalkonsulats Yokohama) 1907 - 09 MCA MH 12171

Eisenbahnen 1909 - 22 (5) KOB R 85/108 - 111, 182

"Aus einer Tätigkeit bei der South Manchurian Railway Co. bis zum Jahre 1924" KOB R 57/474/17

s. a. 5420, 5436

5488 Luftfahrt 1934 - 36 (2) BON Lu 1, 2

5490 Staatsangehörigkeitsgesetzgebung 1943 BON Sta Nr 12

5491 Einbürgerung in das D R 1940 - 43 BON Sta Nr 1 IV

5493 Klärung der Staatsangehörigkeit in M. lebender Dt. 1942 - 43 BON Sta Nr 1 III

5494 Dt. Niederlassungen, insbes. in Dairen, Charbin und Futschin 1926 - 41 (4) **KOB R 57/1271, 1709, 1711, 1712**

dgl. 1933 - 35 BON Po 25

5495 Reichsdeutsche Vereinigung in Charbin **1922, 1929 KOB R 57/1217 - 5**

Satzungen des dt. Klubs in Mukden 1927 KOB in Kl.Erw. 86/4

5496 Gehalts- und Pensionsansprüche Deutscher 1940 - 41 BON Beamtenrecht Nr 39

5498 Heranziehung von in M. ansässigen Dt. zur Wehrpflicht im D R 1936 - 43 (2) BON M 3, 7

Freiwillige Meldung von Dt. aus M. zum Reichsarbeitsdienst 1936 - 39 BON ArbD 8

55 Formosa

5512 Allg. polit. Berichterstattung 1896 - 1914 (5) BON Japan 18

dgl. 1899 - 1914 FRB RM 5/5797

dgl. 1930 - 35 BON Formosa Allg 1

5536 Blockade von Formosa 1884 HMA 371 - 8 II, XIX B 7.16.1

5387 Eisenbahnen 1914 KOB in R 85/112

56 Macao

5611 Reiseberichte Richards von Carlowitz 1840 KOB in Kl.Erw.4

5612 Allg. polit. Berichterstattung 1920 - 39 (2) BON Lissabon Po 56; Pol 3 Nr 16

dgl. 1921 - 22 BON Macao Po 1

5624 Hannoversches Konsulat 1823 - 60 AUR Rep 21 a/812

Oldenburgisches Konsulat OLA 31 - XV/11, 126

Dt. Konsulat 1874 - 93 HMA 111 - 1/VI/7/4 b/15

5656 Streiks, Aussperrungen 1922 BON Macao S 3

5683 Geschäftsverkehr der Hamburger Firma H. J. Merck & Co. mit Edmund Moller 1842 - 43 HMA 621 - 1, Merck & Co. IV 170 AU/170

57 Hongkong

5711 Reisesberichte Richards von Carlowitz 1840 KOB Kl.Erw.43

5712 Allg. polit. Berichterstattung 1890 - 1916 (4) BON Engl.Bes. in Asien 5

dgl. 1911 - 14 (2) BON London 382, 383

dgl. 1926 - 39 (6) BON London 31 - 32

dgl. 1937 - 38 BON Hongkong

dgl. 1940, 1942 (2) KOB R 57/807, 941

5713 Briefwechsel des Admirals Otto v. Diederichs (1843 - 1918) mit Angehörigen des dt. Konsulats 1898 - 1900 FRB N 255/9 - 10

Erinnerungen von Hermann Gipperich, 1936 - 39 Generalkonsul in Hongkong nach 1945 BON in NL Gipperich

5716 Personalien von Politikern 1935 BON Po 11 Nr 3, 5

5722 Polit. Beziehungen zu D 1920 - 36 BON Po 2

5723 Polit. Beziehungen zu China BON China Po 3

5724 Konsularische Vertretungen im Ausland und umgekehrt 1930 - 33 BON Po 8

Hannoversches Konsulat 1856 AUR Rep 21 a/790

Oldenburgisches Konsulat 1857 - 69 OLA 31 - XV/11, 99

Dt. Konsulat 1871 - 93 HMA 111 - 1/VI/2/4 c/2 a/2

dgl. 1911 HMA 132 - 1/I/A III d/16

dgl. 1920 - 35 BON Po 10

dgl. 1933 HMA 132 - 1/I/I A 2 a/453

5730 Militärangelegenheiten 1935 - 36 BON Geh Ostasien Hongkong P 13

5732 Marine 1927 - 34 BON Po 14

5737 Lager für dt. Kriegsgefangene und Zivilinternierte 1914 - 19 (2) KOB in R 67/824, 1193

dgl. KOB R 85/3078

5740 Rechtspflege 1920 - 26 BON R 1, 31, 35 Nr. 1

5745 Patentwesen o.Dat. (2) KOB R 131/1073 - 74

Patente für Dieselmotoren o.Dat. AUM XIII/3

5748 Beschlagnahme dt. Eigentums während des 1. Weltkrieges und daraus herrührende Entschädigungsansprüche 1920 - 35 (2) BON R 19, 28

Behandlung dt. Eigentums 1943 KOB R 22/2456

5750 Innere Politik 1926 - 35 BON Po 5

5752 Religionsfragen 1923 - 26 BON Po 16

5754 Innere Verwaltung 1922 - 35 (4) BON Inn. Vw 1, 2, 6, 12

5756 Soziale Verhältnisse 1921 - 36 (3) BON S 1 - 3

5759 Finanzielle Angelegenheiten des Missionars Gutzlaff und der Gesellschaft zur Beförderung der evangelischen Mission unter den Heiden 1844 BEA Rep 109/4270

Evang. Gemeinde 1880 ff. (2) BEZ EO China 7; C VII China 12

s. a. 5359

5760 Verein für Kunst und Wissenschaft 1923 KAG Abt. 235/5900

5761 Pressewesen 1926 - 36 (3) BON Po 11 Nr 5, Po 12

Vertretung der Nachrichtenagentur Transocean GmbH 1934 - 38 KOB R 55/283

5763 Unterrichtswesen 1921 - 28 BON Po 17

5765 Forschungen zur Landeskunde 1932 BON KW 3

5781 Sortimente für den Import zwischen 1859 und 1896 COB in A 3139

5783 Vertretung der Leipziger Messe 1924 - 35 (2) HMK 39.A.2 a.1; 39.A.2 c.5

Firmenvertretung der MAN 1925 ff. AUM o.Sign.

Wirtschaftsstelle und dt. Kaufmannschaft Hongkong 1938 KOB in R 11/1282 b

5785 Tagebuch über eine Fahrt des Schiffs "Preußischer Adler" nach Hongkong 1845 - 46 BEA Rep 109/6220

Hafen 1875 HMK 95.D.4.18

Schiffahrt und Hafenwesen 1910 HMK 95.D.4.49

5787 Eisenbahnen 1889 HMK 95.D.4.50

5788 Luftfahrt 1932 - 35 BON Lu 1

5789 Paketverkehr mit dem D R 1886 - 1914 BRE 5, 1/2 - 187

Telegrafie 1913 - 14 KOB in R 85/773

5793 Einreisebestimmungen und Niederlassungsrecht 1928 - 38 HMK 90.22.a.23

Einbürgerung von Ausländern 1935 KOB R 22/2455

5794 Dt. Niederlassung 1926 - 35 BON Po 25

dgl. zwischen 1933 und 1945 KOB in R 57/1264

5795 Dt. Klub 1933 KOB R 57/1217 - 8

5798 Ausweisungen 1932 BON Inn Vw 12

58 Kiautschou, dt. Pachtgebiet 1899 — 1914

5810 Gesamtkarte 1 : 50 000 1904 (2) FRB RM 3/7075

Pläne von Tsingtau 1 : 2 000 1913 - 14 FRB RM 3/7095

Pläne und Zeichnungen des Gesamtgebietes o.Dat. FRB RM 3/7134 - 7136

5812 Allg. polit. Berichterstattung 1897 - 99 (5) FRB RM 38/30 - 34

dgl. 1897 - 1923 FRB RM 3/6698

dgl. 1897 - 1910 BON Paris 196

dgl. 1899 - 1922 (32) BON China 22

dgl. 1899 - 1915 (11) FRB RM 5/5651 - 5661

dgl. 1903 - 15 BRK Ko 13

dgl. 1919 - 36 (2) BON Geh Ostasien Kolonien K 2

Denkschriften über die Entwicklung von K. 1898, 1900 STH E 14 - 16/765

dgl. 1898 - 1918 (2) WOA 12 A Neu Fb 5/121, 122

Liquidationsmaßnahmen von D und Japan 1921 - 32 BON Kol - Po 2 Chi

5813 Unterlagen des Admirals und Gouverneurs von K. Oskar v. Truppel 1894 - 1931 (90) FRB N 224

Berichte des Admirals Otto v. Diederichs über die Besetzung 1897 - 1908 (3) FRB N 255/23 - 24 D, 36 - 37, 45 - 46

Briefe des Majors Ludwig v. Ploennies 1898 - 1901 (6) DAR 059 Ploennies, 10 - 15

Unterlagen des Lt.z.S. Friedrich Fauth über seine Verwendung in K. 1902 - 08 (2) FRB N 378

5814 Gebietsverhältnisse in K. 1899 - 1900 KAG Abt. 237/17227

Rechtsstellung der Chinesen 1912 HMA 364 - 7, E II 9 a II 8

5815 Wilhelm II. und K. 1907 KÖA in 1006/268 b

5824 Dt. Konsulat in Tsingtau 1901 - 45 (500) BON Tsingtau

5826 Reise des Vizeadmirals Heinrich Prinz von Preußen nach Ostasien, insbes. K. (Briefe des Prinzen an den dt. Kaiser sowie Berichte des Korvettenkapitäns Müller 1897 - 1900 (2) FRB RM 2/121, 403

5827 Chinafonds des Dt. Flottenvereins 1901 - 16 FRB RM 3/7412

Dt.-chines. Verband 1913 - 19 FRB RM 3/7070

5828 Maschinen-Lehrausstellung in Tsingtau 1912 - 14 OBG 3001012/47

5830 Organisation der Besatzung 1900 - 07 MCK MKr. 760

Festungsanlagen (Pläne und Skizzen) 1901 - 14 (6) FRB 7073, 7074, 7077, 7079, 7080, 708

dgl. 1904, 1909 - 13 (3) FRB RM 3/7137 - 7139

5832 Marine 1897 - 1910 (4) FRB RM 31/513 - 514, 806 - 807

Signalstationen 1898 - 1908 FRB RM 3/6715 - 6716

5836 Belagerung von Tsingtau 1914 - 15 (10) FRB RM 3/60 - 66, 7103, 7104, 7111

dgl., Kriegstagebuch 1914 KOB in Kl.Erw. 86/5

dgl., Berichte des OTL z.S. Plüschow 1915 FRB RM 3/7096

5841 Gesetze und Verordnungen 1898 - 1920 (7) FRB RM 3/ 6708 - 6714

5842 Kaiserliches Gericht 1905 - 14 (28) BON

Überweisung des Ref. Dr. Klugmann 1907 - 10 HMA 132 - 1/ I/C III g/38

Gerichtsgebäude 1909 - 14 FRB RM 3/7002

5847 Behandlung geflüchteter russischer Kriegsschiffe in neutralen Häfen, insbes. in Tsingtau 1904 - 06 (10) BON Japan 20 Nr. 6

Verwendung des D R für die unter dem Schutz der Genfer Konvention stehenden Personen 1915 - 19 KOB R 85/2237

5850 Allg. Ang. der Gouvernementsverwaltung 1897 - 1921 (20) FRB RM 3/3946 - 3950, 6699 - 6707, 6717 - 6722

dgl. 1903 - 21 FRB RM 2/136

noch 5850 dgl., Telegrammwechsel zwischen Reichsmarineamt und Gouvernement 1900 (5) FRB RM 3/7105 - 7109

5855 Lungenpest 1911 - 12 (2) FRB RM 3/7012 - 7013

Verein "Faber-Krankenhaus", Tsingtau 1928 - 29 KOB R 57/1221 - 4

5857 Elektrizitätswerk 1899 - 1914 (7) FRB RM 3/7003 - 7009

Gaswerk 1913 - 14 FRB RM 3/7069

Wasserwerk Litsun 1906 - 21 (2) FRB RM 3/6999 - 7000

5859 Arbeit der dt. Ostasienmission des Allg. evangelisch-protestantischen Missionsvereins 1898 - 1945 (80) SPK

Dt. evang. Gemeinde Tsingtau 1898 ff. (4) BEZ EO Schutzgebiete Asien 2; C VII

dgl. zwischen 1913 und 1938 KOB in R 57/1221 - 2

dgl., Errichtung eines Kirchengebäudes 1915 - 40 (3) BEZ C VII China 14

5861 "Der Ostasiatische Lloyd" mit Beiblatt "Nachrichten aus Kiautschou" sowie "Wochenblatt für die Angehörigen der ostasiatischen Besatzungsbrigade" 1899, 1902 - 05 DAR 059 Ploennies, 10 - 15

5863 Chines. Mädchenschule der Berliner Missionsgesellschaft in Tsingtau 1904 KOB R 57/1221 - 6

Technische Schulen in Kaumir und Kiautschou 1907 KAG Abt. 235/19206

Dt. Schule in Tsingtau 1928 - 41 KOB R 57/1221 - 7

5864 Observatorium 1902 - 30 (2) FRB RM 3/6997 - 6998

Dt.-Chines. Hochschule in Tsingtau 1909 STH E 46 - 48/1107

dgl. 1911 - 30 KOB R 57/1211 - 5

dgl., Lehrplan der Unterstufe 1912 KOB Kl.Erw. 86/2

dgl., Baumaßnahmen 1907 - 14 FRB RM 3/7001

5867 Deutschlandbuch für Chinesen 1912 - 19 (2) FRB RM 3/7067 - 7068

5870 Wirtschaftliche Entwicklung 1897 - 98 (2) BON China 20 Nr. 1 a

dgl. 1898 MSA Oberpräsidium 5459

dgl. 1900 - 19 (19) KOB R 85/1205 - 1222, 1255

dgl. 1912 KÖW 20/314/8

5871 Hochseefischerei 1912 - 20 (2) FRB RM 3/7065 - 7066

5872 Bergbau 1898 - 1916 (16) FRB RM 3/7014 - 7027, 7040, 7078

Salzgewinnung 1909 - 14 FRB RM 3/7064

Zuckerraffinerie 1905 - 11 FRB RM 3/7056

Seidenindustrie 1912 - 14 FRB RM 3/7052

Baumwollpresse 1913 - 14 FRB RM 3/7071

Lagerhausbetrieb 1905 - 21 FRB RM 3/7059 - 7061

5873 Kolonialgesellschaften im allg. 1904 - 18 (3) FRB RM 3/7046 - 7048

dgl. 1906 KOB in R 85/1239

s. a. 5373

Dt. Gesellschaft für **Bergbau** im Auslande, Tsingtau - Berlin 1900 - 19 (11) KOB R 85/1245 - 1255

Dt.-chines. Seidenindustrie-Gesellschaft 1902 - 12 (5) FRB RM 3/7049 - 7053

dgl. 1905, 1907 (2) KOB in R 85/1210, 1214

5876 Steuern 1899 - 1914 KOB R 2/24512

5877 Zollwesen 1899 - 1914 (9) KOB in R 2/1451, 24512; in R 85/1205, 1209 - 1213, 1216

5878 Hypothekenbank 1904 - 14 FRB RM 3/7054 - 7055

Chines. Projekt der Errichtung eines Bankinstituts ("Zollbank") in Tsingtau in Konkurrenz zur Dt.-Asiatischen Bank 1906 KOB in R 85/1212

5880 Handel, insbes. mit D 1899 - 1913 (2) KAG Abt 237/29101 - 29102

dgl. 1899 - 1915 (5) DOR K 1/112 - 114; K 2/123, 186

dgl. 1905 - 13 (2) KÖW in: 5/19/6, 15, 22

5881 Im Hafen lagernde dt. und österr.-ung. Kaufmannswaren 1916 HMA 371 - 8 II, XXXIV 1.70.26

5883 Verzeichnis der im Handelsregister eingetragenen Firmen 1899 - 1911 BRK Ko 14

dgl. 1909 - 14 HMK 85.B.5.4

Dt. Handelskammer Tsingtau 1911, 1927 - 29 KOB R 57/1221 - 3

5885 Betrieb und Verwaltung von Werft, Hafen, Befestigungsanlagen 1899 - 1922 (108) FRB RM 3/6889 - 6996

dgl. 1905 - 06 HMA 371 - 8 II, I A 1.9.8

dgl. 1905 - 06 BRK Ko 15

dgl. 1906 HMK 95.D.4.23

dgl., Baumaßnahmen 1898 - 1915 (8) FRB RM 3/4131, 7041 - 7042, 7097 - 7101

dgl., Lieferung eines Schwimmdocks 1902 - 09 OBG 304040/16 - 30

dgl., Einschränkung des Freihafengebiets 1905 HMK 95.D.4.13

dgl., Umwandlung der Werft in ein Privatunternehmen 1905 - FRB RM 3/7086

Dampferverbindungen mit chines. Häfen 1903 - 04 (2) KOB in R 85/1207, 1208

5887 Eisenbahnbau und -betrieb 1898 - 1922 (21) FRB RM 3/7014 - 7022, 7028 - 7039

s. a. 5387

5888 Bericht Plüschows über seinen Flug um Tsingtau 1915 FRB N 253/142

5889 Dt. Post 1900 - 01 KOB in R 85/1205

Postfrachtverkehr mit den dt. Postanstalten in China 1901 - 22 BRE 5, 1/2 - 204

Dt. Postagentur Tsingtau 1902 - 06 (3) BRE 5, 1/2 - B II g s/1275, 1279

5895 Dt. Vereine in Tsingtau 1911 - 14 (3) KOB in Kl.Erw. 86/2, 6, 7

dgl. 1913 - 38 (2) KOB in R 57/1221 - 2, 8

5896 Stiftung des Rentners Ferdinand Heinrich Mörsel in Tsingtau zur Bekämpfung der Krebskrankheit 1912 - 38 (2) KAG Abt. 235/3542, 3933

59 Zentralasien: Tibet, Sinkiang (auch Hsinkiang; Mongolei Chinesisch-Turkestan),

5910 Militärgeographische Unterlagen Sinkiang 1936 FRB RH 5/120

Sin-Kiang. Von P. J. Fessjenko, Moskau 1936 (Übersetzung) 1942 FRB RH 5/120

5911 Mitteilungen über das Mongolenreich von Henricus de Piro 15. Jhdt. KÖA GB f° 132,79r - 84v

5912 Allg. politische Berichterstattung über Tibet 1886 - 1925 (3) BON London 368 - 370

dgl. 1887 - 1916 (16) BON China 16

dgl. 1894 -1906 BON Quirinal 372 a

dgl. 1905 FRB RM 5/5439

dgl. 1931 - 36 BON Allg 1

dgl., über die Mongolei 1922 - 23 BON Paris 458

dgl. 1930 - 36 (4) Mongolei, Allg 1

dgl., über Chines.-Turkestan 1930 ff. BON Allg 1

5923 Russisch-chines. Deklaration über die Mongolei 1913 KOB in R 85/6651

Politische Beziehungen Tibets und der Mongolei zur Sowjetunion 1923 BON Rußland Po 3

Die sowjetische Durchdringung Sinkiangs.- Vernehmung eines Kriegsgefangenen 1944 FRB RL 2 II/475

5930 Verteilung der Interalliierten Streitkräfte in der Mongolei 1918 STK M 1/2/210

5959 Tiroler Kapuzinermission, Jahresbericht 1937 aus Sinkiang KOB R 57/1217 -2

5965 Unterlagen des Philologen Bernhard Julg über mongolische Sprachen um 1850 BEB

Geographische und meteorologische Untersuchungen sowie Schriftwechsel der Forschungsreisenden Hermann (1826 - 82), Adolf (1829 - 57) und Robert (1833 - 85) Schlaginweit über "Hochasien" 1854 - 58 MCB

Aufzeichnungen und Materialsammlungen des Tibetologen Albert Grünwedel (1856 - 1935) (10 Schachteln) MCB

Turfan-Expedition 1899 - 1918 (21) BEV Ind.Abt. I B 38

noch 5965 Nachlaß des evang. Missionars in Tibet und Professors für Tibetologie in Berlin August Hermann Francke (1870 - 1930).- Manuskripte, u.a. zur Geschichte zwischen 1900 und 1930 (20) BEB

dgl., Vertrag in Hamburg 1913 HMA 364 - 7, E II 9 a II 11

Forschungsreisen nach Tibet und Turkestan 1906 - 14 (2) MCA MK 11791 - 11792

"Problem der Tibetforschung". Von Robert Brunhuber 1908 KÖA 1143

Forschungsreisen von Sven Hedin insbes. nach Sinkiang. Schriftwechsel mit der Deutschen Lufthansa (Milch und von Schröder) 1927 - 31 (2) KOB Kl.Erw. 372

Forschungsreise von Ernst Schäfer nach Tibet 1939 - 44 (3) KOB NS 19/171, 1053, 2709

dgl. KOB in R 135

dgl. BEV E 84/43

5966 Erwerb der Sammlung Schlagintweit über Tibet 1866 - 99 BEV IB 6

5980 Handelsbeziehungen Tibets mit D 1904 BRK Hp II 93

6081 Einfuhr von dt. Milanostahl nach Singapur, Manila, Java 1868 ff. DOR N 14, Ms. Bd 3, S. 1623

dgl., von dt. Baumwollzeug für die Bevölkerung Südostasiens 1888 HMA 371 - 8 II, XIX B 7, 4 II 9

6082 Einfuhr "indischer Artikel" nach D 1589 WOA 2 Alt 3470, Bl 97

60 Hinterindien, Südostasien insgesamt

6011 Reisebericht von Carl Duisberg 1929 KOB R 57/474/23

6012 Allg. politische Berichterstattung 1884 - 91 BON Paris 87 a

dgl. 1885 - 1913 (5) BON London 363 - 367

dgl. 1886 - 1914 (3) BON Hinter-Indien Generalia 1

Japanisch besetzte Gebiete 1941 - 42 (3) KOB R 57/901, 941, 946

6027 Ostasiatischer Verein: siehe 5027

6062 Sendungen des dt. Rundfunks für Südasien (Manuskripte in dt. Sprache) 1940 - 41 (26) KOB R 78/1866 - 1886, 1996 - 2000

6065 Reise von C. W. Rosset nach Hinterindien 1886 - 95 BEV IB Litt O

dgl., von Prof. Schlee nach Hinterindien und Java 1912 - 14 HMA 364 - 7, E XVIII 1 b 17

Dt. Anteil an der geographischen Erforschung Südostasiens (Typoskript) 1941 KOB R 57/1087 - 11

6066 Erwerbung der Sammlung Jacobsen über den Indischen Archipel 1887 - 1929 (3) BEV I B Litt W

dgl., der Sammlungen G. Meißner 1888 - 1924 BEV I B Litt L

6070 Statistiken zur Wirtschaft Ost und Südostasiens 1930 - 43 KOB R 24/893

6071 Produktion von Kautschuk um 1914 (3) Paket 153 - 155

6072 Zinnindustrie 1941 FRB RW 19/504

6080 Korrespondenz mit Behn, Meyer & Co. in Singapur über den ostasiatischen Handel 1841 - 47 BEA Rep 109/3039

Handelsbeziehungen mit D 1845 **MCA** RA Fasc. 1397 Nr. 21047

dgl. 1918 KOB in R 85/979

61 Thailand (bis 1939: Siam)

6111 Reisebericht von Wilhelm Mohr, Generalsekretär des Ostasiatischen Vereins 1925 - 26 KOB in NL Solf/122

6112 Allg. politische Berichterstattung 1874 - 78 BON I. B. 18 (Siam)

dgl. 1874 - 75, 1888 - 90, 1893 BEA III. Hauptabt II/1077

dgl. 1875 - 1940 (32) BRE 3 - A 3 S. 5; 4, 49 - 96/27

dgl. 1879 - 1919 (35) BON Siam 1

dgl. 1884 - 1914 (5) BON Paris 87 a - 90, 93

dgl. 1890 - 1915 (2) FRB RM 5/5436 - 5437

dgl. 1891 - 1908, 1914 BON Quirinal 49 a, 351 a

dgl. 1920 - 37 (4) BON Paris 483 a

dgl. 1923 - 35 BON Büro RM 80

dgl. 1926 - 39 BON Quirinal 764 b

dgl. 1940 - 44 (2) BON Paris 1363, 2387

dgl. 1941 - 42 (3) KOB R 57/925, 950, 977

6113 Unterlagen von Dr. Rudolf Asmis, Gesandter in Bangkok 1925 - 32 (8) BON NL Asmis/41 - 48
Handakten Eisenlohr und Clodius 1927 - 39 (3) BON
Briefe von Legationsrat R. O. Hertz (1898 - 1961) aus Bangkok 1928 - 29 BON in NL Zoelch

6115 Thronwechsel 1911 KAG Abt. 233/9910

dgl. WOA 12 A Neu Fb 5/339

Personalien der königlichen Familie und führender Staatsmänner 1920 - 36 (4) BON Po 11

6116 Ministerien 1921 - 36 BON Po 7

6118 Verleihung siames. Orden an badische Staatsangehörige 1887 - 1909 KAG Abt. 22/4569

6120 Allgemeine auswärtige Politik 1921 - 36 BON Po 1

Neutralität 1939 - 41 BON Kriegsrecht 8

6121 Handels- und Schiffahrtsvertrag mit den Hansestädten
1856 - 59 HMK 95.D.14.6

dgl. 1860 - 61 BRE 6, 40 - C.6.Nr 14

dgl., mit den Zollvereinsstaaten 1859 - 65 MCA MH 11950

dgl. 1859 - 64 (2) STH E 36 - 39/129; E 100/270

dgl. 1859 - 1934 (2) KAG Abt. 237/29099 - 29100

dgl. 1861 WOA 142 Urk/808

dgl. 1862 - 64 (2) HNA Hann 10/Siam;Hann 26 a/3766

dgl. 1862 - 69 OLA 31 - XV/44 - 104; 35 - 180

dgl. 1862 FFA N 1/4

dgl. 1864 WIE Abt 210/9961

dgl., mit dem D R 1882 - 99 HMK 95.D.14.5

dgl. 1884 - 1928 STH E 130 IV/1132

dgl. 1921 - 30 HMA 132 - 1/I C 2 b 8

dgl. 1923 - 28 BRE 4, 49 - 310/64

dgl. 1924 - 25 (2) KÖW 20/534/16; 20/1128/7

dgl. 1927 - 31 HMK 95.D.14.3

dgl. 1928 - 29 KOB in R 43 I/1083

Finanz- und steuerrechtliche Probleme bei Vertragsabschlüssen
1922 - 37 (2) KOB R 2/24634 - 24635

Auslieferungsvertrag mit dem D R 1927 - 36 BON Auslief 24a

Verhandlungen über den Abschluß von Staatsverträgen mit dem
D R 1937 BON Völkerrecht, Staatsvertr. Vertr. Nr. 1

Staatsverträge mit dem D R 1937 - 42 BON Völkerrecht,
Staatsvertr. Nr 1

6122 Beziehungen zu den Hansestädten 1856 - 61, 1866 (2)
BRE C.33 a; Dd.2.S.11

dgl. 1868 HMA 132 - 5/4, III 13

dgl., zu D 1917 - 20 BON Siam 4

dgl. 1920 - 36 (13) BON Po 2

noch 6122 dgl. 1924 - 38 KOB in R 43 I/45; R 43 II/1420, 1421

6123 Polit. Beziehungen zu China 1888 - 1918 BON China 19

dgl. 1923 - 35 BON China Po 3

dgl. 1935 - 43 BON B Ch Pol 5 - 27

dgl., zu Japan 1888 - 1916 BON Japan 12

dgl. 1920 ff. BON Japan Po 3

dgl., zu Frankreich (frz. Vorgehen der Provinz Battambang) 1903 HMA 371 - 8 II, XIX B 7.7.II 5

dgl. 1920 ff. BON Frankreich Po 3

dgl., zu Indochina 1922 - 31 BON Po 3 Frz.-Hinterindien

Politische Beziehungen zu dritten Staaten 1920 ff. (11) BON Po 3; Dänemark, Italien, Norwegen, Schweden Po 3

6124 Dt. Ministerresidentur in Bangkok 1902 BON Deutschland 135 Nr. 28

Dt. diplomatische und konsularische Vertretungen 1920 - 35 BON Po 9

dgl. 1920, 1924, 1936 BRE 4, 49 - 121

Dt. Generalkonsulat Bangkok 1912 - 17 (30) BON Bangkok

dgl. 1926 HMA 132 - 1/II/I A 2 a/289

Besteuerung von Mitgliedern der diplomatischen und konsularischen Vertretungen 1925 - 34 BON Steuern 11

Zollbehandlung von dt. Gesandtschafts- und Konsulargut 1932 - 45 BON ZollNr 2

Bezüge dt. Beamter mit Wohnsitz in T. 1943 - 45 KOB in R 2/22278

Gehalts- und Pensionsansprüche von Dt. 1944 BON Beamtenrecht Nr 39

Diplomatische Vertretungen in dritten Staaten und umgekehrt 1920 - 36 BON Po 8

6125 Diplomatische Vertretung in D, insbes. den Hansestädten 1858 - 1902 BRE 2 - C.33.b; 2 - M 6 b 4 d 4 ee

dgl. 1920 - 36 BON Po 8

dgl. 1926 - 43 BON Prot. VIII 184

Konsularische Vertreter in D 1925 - 42 (10) BON Prot. II 184

Konsulat in Bremen 1901 - 18 zwischen 1901 - 18 BRK K 7

dgl. 1920 - 36 BRE 4, 49 - 121/31

Konsulat für die Provinz Hannover 1904 - 39 HNA Hann 122 a II/65

dgl., für Lippe 1905 - 31 DEA L 75 Abt.X Gr 10 Nr.20

dgl., in Frankfurt a.M. 1926 ff. FFA R 6/282

dgl., in Württemberg 1926 - 44 (2) STH E 130 IV/180; 1072

dgl., in Baden 1929 - 32, 1943 - 44 (2) KAG Abt. 233/ 26511, 26515

dgl., für Braunschweig 1926 - 39 WOA 12 A Neu Fb 13 m/ 37496

dgl., in Hamburg 1933 DEA L 80 I a Gr. I Titel 4 Nr. 38

6126 Audienz von Papst Innozenz XI. für eine siamesische Gesandtschaft (Bericht) 1688 KRO Akten Nr. 1102

Besuche des Königs und anderer Siamesen bei der Fa. Krupp 1896 ff. ESK in Sachkartei EV 8; M

dgl., von Angehörigen der Dynastie und der Regierung in Hamburg 1927 - 34 (4) HMA 132 - 1/II/I B 1 f 16, 55, 83, 138

dgl., des Verkehrsministers, Prinz Purachatra, in Hamburg 1929 HMA 135 - 1, C II 53

dgl., von zwei Angehörigen der Royal State Railways bei der Deutz-Motoren-Gesellschaft, Köln 1930 KÖD IV 19

dgl., von Prinz Damrong in D 1930 KOB in NL 53/122

Beschwerde der Marineleitung Hamburg über die Fa. B. Grimm & Co. wegen Umgehung des siamesischen Generalkonsuls, aus Anlaß des Besuchs siamesischer Marineoffiziere in Hamburg 1931 HMK 95.D.14.4

noch 6126 Staatsbesuch des Königspaares in D. 1933 - 34 KOB in R 54/259

6130 Allg. Ang. des Militärs 1914 - 17 BON Siam 2

dgl. 1914 - 33 BON Po 13

dgl. 1934 - 36 BON Geh Ostasien Siam P 13

6132 Marine 1922 - 36 BON Po 14

6135 Erlaubnis für Siamesen zum Eintritt in das bzw. Unterrichtung über das dt. Militär 1912 ff. KOB R 85/2830

Einstellung von siamesischen Offizieren und Kadetten in die dt. Marine 1914 FRB in RM 2/1221

6137 Dt. Kriegsgefangenenpost 1915 - 20 (4) KOB in R 85/422 - 425

6140 Rechtspflege im allg. 1920 ff. (3) BON R 1, 4, 40

dgl. 1936 - 42 (4) KOB R 22/2683 - 2684, 3162, 3164

6142 Prozeßordnung des dt.-siamesischen Gemischten Schiedsgerichtshofes 1921 HMK 44.D.4 h.19

6143 Strafrecht 1937 - 38 BON Str 5

6145 Patentwesen o.Dat. (3) KOB R 131/1114 - 15; R 85/1165

dgl. 1920 - 43 BON Patente Nr 7

Urheberrecht 1927 - 31 BON Literatur Nr. 13

6146 Rechtsbeziehungen zu D 1920 - 36 (8) BON R 6, 8, 17, 20, 28, 31, 35

6147 Völkerrechtliches Verhalten im 1. Weltkrieg 1915 - 17 KOB R 85/6811

Kriegsrecht im allg. 1942 BON Kriegsrecht 1

6148 Zwangsverwaltung, Überwachung und Zahlungsverbot gegenüber Unternehmungen im D R 1914 - 19 HMA 371 - 8 II, XXXIV 39 p, 64 a

Beschlagnahme dt. Schiffe und Schiffsgüter 1917 ff. KOB R 85/5417

Behandlung dt. Vermögens 1917 ff. (2) 1917 ff. KOB R 85/5643 - 5644 noch 6148 dgl. 1923 - 25 HMK 44.H.5.21

Dt. Kriegsschäden 1920 - 33 (3) KOB R 2/806 - 808

Dt. Ansprüche auf Ersatz von Kriegsschäden 1941 BON Kriegsrecht 31 Nr 1

6149 Dt. Prisenverfahren 1917 ff. KOB R 85/5844

Berechnung siames. Kriegsschäden 1921 - 23 KOB R 38/279

Aufbringung und Versenkung von Handelsschiffen durch D 1939 - 40 BON Kriegsrecht 17

Behandlung des Privateigentums in D 1943 BON Kriegsrecht 20

6150 Innere Politik, Parlaments- und Parteiwesen 1921 - 36 (3) BON Po 5

6152 Religionsfragen 1926 - 29 BON Po 16

6153 Sozialismus und Kommunismus 1933 BON Po 19

6154 Innere Verwaltung 1921 - 36 (9) BON Inn. Vw.

6156 Soziale Lage und Sozialpolitik 1920 - 31 (4) BON S 1, 2, 6

6159 Allg. Ang. der evang. Kirche 1861 ff. (2) BEZ E O Siam 1; C VII Siam

6160 Kunst und Wissenschaft im allg. 1921 - 32 (2) BON KW 1, 2

6161 Presse 1915 BON Siam 3

dgl. 1923 - 36 BON Po 12

Hitlerkarikatur im Siam Review Weekly vom 30.5.1936 KOB in R 43 II/1421 a

6163 Unterrichtswesen 1921 - 35 BON Po 17

6165 Forschungsreise von Dr. Stönner 1902 - 11 BEV I B 40

Forschungen zur Landeskunde 1926 - 32 BON KW 3

6166 Erwerb von Kunstgegenständen durch Frau Major Upatet (Yaam) in Bangkok 1902 - 09 BEV I B 73

Schenkungen des Dr.-Ing. Karl Döring, Bangkok 1910 - 34 BEV I B 89

6167 Lektorat der Deutschen Akademie in Bangkok 1935 - 40 (2) KOB R 51/9, 1179

6170 Wirtschaftliche Lage 1894 - 1911 HMA 132 - 1/I/C I d/114

dgl. 1918 KOB R 85/6992

dgl. (wirtschaftspolit. Zirkularberichte der Reichsregierung und des AA) 1926, 1929 - 30 BRE 4, 49 - 96

dgl. 1932 - 40 KOB in R 2/10005

dgl. 1934 - 41 (4) FRB in RW 19

Wirtschafts-, Landwirtschafts- und Außenhandelsstatistik 1913 - 40 KOB R 24/900

6172 Bergbau und Montanindustrie 1941 - 44 KOB in R 7/976

6173 Besitzverhältnisse und Betrieb von Wolfram-Gruben 1918 ESK WA IV 2242

6174 Finanz-, Bank- und Börsenwesen 1931 KOB R 2/13116

Finanzielle Beziehungen zu Kolumbien 1936 ff. BON Columbien F 4

6175 Devisenverkehr mit D 1932 - 44 KOB in R 7/257

dgl. 1936 BON F 16

6176 Steuergesetzgebung 1933 - 34 BON Steuern Nr 5

Besteuerung von Thailändern in D und umgekehrt 1935 - 43 BON Steuern Nr 9

Besteuerung von Grundeigentum in D 1939 - 44 BON Steuern Nr. 2

s.a. 6124

6177 Dt. Zoll auf Reis 1885 ff. BRK Z IV 2

Zollvergünstigungen 1926 - 32 BON II Generalia 370

6178 Geschäfte der Dt.-Asiatischen Bank 1904 - 07 FFD Asien

Bankkonsortium für "Siamesische Geschäfte" o.Dat. FFD Paket 355

6179 Aufnahme von dt. Exportkrediten und Reichsbürgschaften 1934 - 39 (3) KOB R 2/17189 - 17191

6180 Handel, insbes. Beziehungen zu D 1843 - 70 KAG Abt. 233/10509

dgl. 1857 - 1941 (2) BRK Hp II 91

dgl. 1859 (2) KÖW 1/24 b/13; 20/13/4

dgl. 1888 - 94 HMA 371 - 8 II, XIX C 18

dgl. 1891 - 1905 (3) MCA MH 11618; 12639 - 12640

dgl. 1894 - 96 STH E 46 - 48/425

dgl. 1911 - 28 KAG Abt. 237/32442

dgl. 1912 KÖW 20/208/4

dgl. 1913 - 27 FFA B 158 III/201

dgl. 1918 - 19 KOB in R 85/979

dgl. 1925 - 37 KÖW 20/1101/4

dgl. 1937 KOB R 9 I/1261

Warenaustausch- und Kompensationsverkehr 1936 - 38 HMK 29.K.14.65

Handelsbeziehungen zu Frankreich 1906 - 08 BON Paris 1411

dgl. 1925 - 39 BON Paris 871 c

dgl., zur Tschechoslowakei 1921 BON H 12

dgl., zu Belgien 1926 - 27, 1938 BON H 12

dgl., zu Schweden 1936 - 38 BON H 12

dgl., zu Kolumbien 1936 BON H 12

dgl., zur Schweiz 1936 - 38 BON H 12

dgl., mit den USA 1937 - 38 BON H 12

Handel mit alkoholischen Getränken 1884 - 87 (2) BON Paris 63

dgl. 1884 KAG Abt. 233/14213

Waffenhandel und Waffenschmuggel 1897 - 1913 KOB R 85/6637

Handel mit Stocklack 1923 HMK 11.D.86.15

6181 Einfuhr aus D 1881 HMA 371 - 8 II, XIX B 7, 4 II 5

dgl. 1891 - 95 DOR K 1/48

Lieferung von Kriegsmaterial 1873 ff. ESK in Sachkartei E V 8

Lieferungen zum Bau der Eisenbahnlinie Bangkok - Korat 1890 - 92 ESK WA IV 1083

Aussichten der dt. Industrie bei den Eisenbahnbauten 1896 HMA 371 - 8 II, XIX B 7.4 I

6183 Geschäftsbeziehungen der Fa. Krupp 1872 ff. ESK in Sachkartei E V 8

Geschäftsverkehr der Siam Electricity Co., Bangkok 1905 KÖF A I 9 Nr 1/35

Firmenvertretung der Phoenix AG 1909 - 14 DÜM R 5 1061

dgl. des Bochumer Vereins 1924 - 25 BOK 56117

dgl., der MAN 1926 ff. AUM NL R. Buz/247; o.Sign.

Schriftwechsel der Pharma-Auslands-Organisation der IG Farben 1937 - 45 LEV 9/K 1.1

6185 Schiffahrt und Hafenwesen 1904 - 27 HMK 95.D.14.7

Erweiterung der Häfen Bangkok und Songkhla und Regulierung des Chow-Phraya-Flusses (Menam) 1938 ff. (6) BRE 7, 134, Mappen V, VII A - B, VIII

6187 Eisenbahnen, insbes. Eisenbahnbau 1894 BON Paris 88

dgl. 1896 - 1929 HMK 95.D.14.8

dgl. 1907 - 15 KOB R 85/156

dgl. 1926 - 29 ESK FAH IV C 147

6188 Luftfahrt 1921 - 35 BON Lu 1

6189 Postverkehr mit D 1883 - 1914 KOB R 85/697

dgl., Paketverkehr 1887 - 1901 BRE 5, 1/2 - 1053

Telegrafie 1913 - 15 **(3) KOB in R 85/773 - 774, 884**

Funkstation von Telefunken 1916 KOB in R 85/753

6190 Behandlung der Dt. in Siam und der Siamesen im D R 1917 - 19 (2) KOB R 85/3626 - 3627

Ein- und Auswanderung 1931 - 33 HMA 371 - 8 II, XXI A 12.29.6

6191 Reiseerlaubnis im D R 1914 - 19 KOB R 85/3811

Überwachung von Siamesen durch die Fremdenpolizei in Bremerhaven 1914 - 20 BRE 4, 20 - 140/14

dgl., in Oldenburg 1917 OLA 136 - 3265

6193 Einreisebestimmungen 1929 HMA 132 - 1/VI B 5 a 39

Staatsangehörigkeitsgesetzgebung 1932 - 42 BON Sta Nr 12

Klärung der Staatsangehörigkeit in T. lebender Dt. 1938 - 43 BON Sta Nr 1 III

Einbürgerung von Dt. 1939 - 43 BON Sta Nr 11

6194 Dt. Niederlassungen 1921 - 35 BON Po 25

dgl., insbes. in Bangkok zwischen 1933 und 1945 KOB in R 57/1271

6195 Dt. Vereinswesen 1925 - 33 BON Po 28

Dt. Klub in Bangkok 1916 - 30 KOB R 57/1224 - 1

6196 Liebesgaben von Dt. in Siam an dt. Militär 1915 - 18 KOB R 85/2544

Sammlungen für dt. Kriegsverletzte 1919 KOB R 85/2338

6197 Internierungslager für dt. Zivilisten 1917 - 18 (3) KOB R 67/1326, 1386, 1600

62 Frz.-Indochina

6212 Allg. politische Berichterstattung 1874 - 95 (4) BEA III. Hauptabt. II/981, 988, 992, 1077

dgl. (Bulletin mensuel du Comité de l'Asie française) 1908 - 16 BON Franz.Bes. in Asien 1 adh.

dgl. 1905 - 14 (2) FRB RM 5/5728 - 5729

dgl. 1928 - 42 BON Vatikan 934

dgl. 1929 - 39 (3) BON Paris 851 b

dgl. 1936 - 40 (3) BON Frz-Hinterindien

dgl. 1940 - 43 BON Büro StS

dgl. 1940 - 41 BON Büro UStS

dgl., über Annam (insbes. über den Handelsvertrag mit Frankreich) 1875 - 95 (7) BON Paris 20 a, 79, 87 b, 88, 89, 93, 370

dgl. 1887 - 1919 BON Annam 1

dgl., über Tongking 1879 - 1919 (41) BON Frz. Bes. in Asien 1

dgl., über Kambodscha 1885 - 1919 BON Kambodscha 1

6213 Handakten des VLR Windel 1929 BON

6215 Personalien der königlichen Familien und von Staatsmännern 1922 - 35 (2) BON Po 11 Nr 1, 3

6216 Ministerien 1933 BON Po 7

6220 Außenpolitik im allg. 1929 BON Po 1

Frz.-chines. Konvention vom 16. Mai 1930 über Indochina 1930, 1935 KOB in R 2/9895

6222 Politische Beziehungen mit D 1922 - 31 BON Po 2

dgl., speziell mit den rheinischen besetzten Gebieten 1924 BON Verschiedene Akten über besetzte Gebiete, Indochina

Schriftwechsel des RFSS mit Huynk van Khoa, stellv. Vorsitzendem der geheimen nationalsozialistischen Partei Indochinas 1943 - 45 KOB NS 19/2821

6223 Beziehungen zu China 1920 - 31 BON China Po 3

dgl. 1920 - 45 BON B Ch Pol 5 - 12

dgl., zu Japan 1921 - 32 BON Japan Po 3

dgl., zu Siam 1931 BON Siam Po 3

dgl., zu sonstigen Staaten 1922 - 34 BON Po 3

6224 Konsularische Vertretungen im Ausland und umgekehrt 1922 - 35 BON Po 8

Dt. konsular. Vertretungen 1894 - 1912 HMA 132 - 1/I/ A III d 21

dgl. 1920 - 35 BON Po 10

Dt. Konsulat in Saigon 1865 - 1912 (6) BON Paris 408 a, b, 1405

dgl. 1866 - 1920 (30) BON Saigon

dgl. 1866 - 89 HMA 111 - 1/VI/5/5/24

dgl. 1894 - 97 HMK 57.H.3.2.1.596

dgl. 1928 - 34 BON Paris 1838

dgl., in Haiphong 1912 HMK 57.H.3.2.1.267

dgl. 1928 - 39 BON Paris 1838, 2294

6230 Militärgeographische Beschreibung der Provinz Baclieu 1941 FRB RH 5/118

Militär 1921 - 31 BON Po 13

6232 Marine 1931 - 33 BON Po 14

6236 Frz. Krieg in Tongking 1885 HMA 371 - 8 II, XIX B 7.16.3

Geplante jap. Unternehmungen gegen die frz. Besitzungen in Ostasien (Denkschrift des jap. Generals Kodoma) 1905 BON Japan 20 Nr. 9

6237 Lager für dt. Kriegsgefangene und Zivilinternierte in Tongking 1914 - 19 (2) KOB R 67/571, in 1055

6240 Rechtspflege und Justizverwaltung 1922 - 36 (4) BON R 1, 4, 31, 40

dgl. 1937 (2) KOB in R 22/2516 - 2517

6250 Innere Politik 1921 - 34 (3) BON Po 5

6252 Religionsfragen 1920 BON Po 16

6253 Sozialismus, Kommunismus 1922 - 34 BON Po 19

6254 Innere Verwaltung 1921 - 33 (3) BON Inn. Vw. 1, 2 Nr. 2, 16

6256 Lage der Arbeiterschaft 1926 - 30 BON S 2

6257 Bodenreform, Siedlungs- und Wohnungswesen 1933 BON S 10

6259 Jesuitenmission in Cochinchina (Briefwechsel mit Maria Theresia Gräfin Fugger) 1737 - 62 DIL F.A.1.2.148

6260 Kunst und Wissenschaft 1922 - 25 BON KW 1

6261 Pressewesen 1921 - 34 BON Po 12

6263 Unterrichtswesen 1922 - 23 BON Po 17

6265 Reise von Dr. Stönner nach Annam 1902 - 11 BEV I B 40

Forschungen zur Landeskunde 1923 BON KW 3

6270 Wirtschaftliche Lage 1894 - 1911 HMA 132 - 1/I/C I d/114

dgl. 1938 - 41 (3) FRB RW 19/305, 522, 1517

6272 Bergbau und Montanindustrie 1942 - 43 KOB R 7/978

6273 Industrielle Unternehmungen Frankreichs in Tongking und Cochinchina 1886 BON Frz.Bes. in Asien 2

6277 Erhöhung des Ausfuhrzolls auf Reis in Saigon 1881 OLA 132 - 36

6280 Handel, insbes. Beziehungen von D mit Annam 1874 - 76 BRK Hp II 81

dgl., mit Saigon 1870 - 88 BRK Hp II 90

dgl., mit Indochina 1888 HMA 371 - 8 II, XIX B 7.7 I

dgl. 1912 KÖW 20/212/8

dgl. (Opium- und Salzmonopol) 1914 KOB in R 2/24499

dgl. 1926 ff. BRK Hp I 14

dgl. 1929 - 39 KOB R 2/10211

6281 Lieferung von Brücken der GHH 1927 - 29 OBG 404114/9

6283 Handelsvertretung der Deutz-Motoren-Gesellschaft durch die Fa. Poinsard & Veyret, Saigon 1932 KÖD III 13 c

Nachweise dt. Firmenvertreter und Handelswaren 1934 - 39 KOB in R 9 I Rep/428

6285 Schiffsrechnungsbücher der Reederei F. A. Vinnen & Co. zwischen 1873 und 1897 BRE 7, 2101

6287 Eisenbahnen 1914 KOB in R 85/158

6288 Luftfahrt 1921 - 34 BON Lu

6289 Postverkehr 1912 - 20 KOB R 85/704

Telegrafie 1913 KOB in R 85/773

6293 Einwanderung 1911 - 20 HMA 132 - 1/I/C III c/36

6294 Dt. Niederlassungen 1930, 1933 BON Po 25

63 Straits Settlements

6311 Reiseberichte Richards von Carlowitz aus Singapur 1840, 1845 KOB in Kl.Erw. 43

Briefe von Karl Alexander Anselm Reichsfrhr. v. Hügel aus Singapur vor 1868 FFB in FN 8

dgl., von Alexander Frhr. von Rössing aus Singapur 19. Jahrh. (100 Briefe) HMB in NL Klopstock

dgl., des Majors Ludwig v. Ploennies aus Singapur 1898 - 1901 DAR 059 Ploennies, 10 - 15

dgl., von Edgar Tizk aus und mit Partnern in Brit.-Nordborneo, insbes. Sandakan 1908 - 14 HMB NL Tizk

Reise von Wilhelm Mohr, Generalsekretär des Ostasiatischen Vereins 1925 - 26 KOB in NL 53/122

dgl., von Wolfgang Jaenicke über Penang und Singapur 1928 - 29 (3) KOB NL 135/52 - 54

dgl., von Carl Duisberg nach Penang und Singapur 1929 KOB in R 57/474/23

6312 Allg. polit. Berichterstattung über die Straits Settlements 1879 - 1919 (11) BON Engl. Bes. in Asien 1

dgl., über Sarawak, Brunei, Nordborneo 1887 - 1917 BON Engl.Bes. in Asien 3

dgl., Brit.-Malakka allg. 1940 - 42 (7) KOB R 57/807, 830, 895, 896, 901, 940, 941

6313 Tätigkeit von Arnold Otto Meyer (1825 - 1913), Kaufmann und Konsul der Hansestädte und Mecklenburgs sowie anderer Mitglieder der Familie Lorenz-Meyer 1855 - 1915 HMA 622 - 1

Brief von Legationsrat R. O. Hertz aus Singapur 1931 BON NL Zoelch

6315 Personalien von Staatsoberhäuptern, deren Familien und von Politikern 1922 - 35 BON Po 11 Nr 1, 3

6320 Auswärtige Politik 1928 BON Po 1

6322 Beziehungen des Rajahs von Sarawak mit den Hansestädten 1857 BRE C.35

Politische Beziehungen zu D 1925 - 35 BON Po 2

6323 Politische Beziehungen der Straits Settlements zu Japan 1924 - 35 BON Japan Po 3

dgl., zu Niederl.-Indien 1926 - 35 BON Niederl.-Indien Po 3

dgl., zu Siam 1926 BON Siam Po 3

dgl., zu sonstigen Staaten 1926 - 35 (3) BON Po 3

6324 Dt. konsular. Vertretungen 1893 - 1913 HMA 132 - 1/I/A III d 18

dgl. 1920 - 29 BON Po 10

Konsulat von Hamburg in Singapur 1844 - 67 (2) HMA 111 - 1/VI/2/4 b/2 b/1, 4

dgl., von Hannover 1858 - 63 AUR Rep 21 a/830

dgl. 1858 - 69 (4) OLA 31 - XIII/16, 65; XV/11, 191

dgl., des Norddt. Bundes bzw. DR 1869 - 99 (5) HMA 111 - 1/VI/2/4 c/2 a/3

dgl. 1869 AUR Rep 21 a/842

dgl. 1923 - 26 HMK 57.H.3.2.1.662

dgl. 1924 - 26 HMA 132 - 1/II/I A 2 a/200

dgl. (Generalkonsulat) 1925 - 39 (3) BON Singapur

dgl. 1936 - 39 BON London Bündel 41

Hanseatisches Konsulat in Penang 1857 - 67 HMA 111 - 1/VI/2/4 b/2 b/9

dgl. 1859 - 68 BRE 2 - C.4.b.6.c.7

dgl., von Oldenburg zwischen 1858 und 1869 (2) OLA 31 - XV/11, 62

dgl., des D R 1871 - 92 HMA 111 - 1/VI/2/4 c/2 a/7

dgl. 1897 - 1913 HMK 57.H.3.2.1.513

6325 Konsularische Vertretungen im Ausland 1926 BON Po 8

6328 Dt. politische und kulturelle Propaganda 1926 BON Po 26

6329 Agenten- und Spionagewesen 1934 - 35 BON Po 15

6330 Militär 1926 - 36 BON Po 13

6332 Marine 1920 - 35 (2) BON Po 14

6337 Lager für dt. Kriegsgefangene und Zivilinternierte, Ipoh (Malaya) und Tenom (Nordborneo) 1914 - 19 (2) KOB in R 67/1197, 1643

dgl., auf Nordborneo 1914 ff. KOB R 85/3037

6340 Rechtspflege 1925 - 36 (7) BON R 1, 4, 6, 17, 31, 35

dgl. 1933 - 40 (3) KOB R 22/2456 - 2457, 2459

6341 Gesetzgebung in den Straits Settlements 1873 - 1914 HMA 371 - 8 II; XIX C 1.1.1 a, 14

6342 Strafgerichtsbarkeit über Seeleute fremder Handelsschiffe 1873 - 75 OLA 136 - 11930

6345 Patentwesen o.Dat. KOB R 131/864, 1106, 1116 - 17

6348 Beschlagnahme dt. Eigentums anläßlich des 1. Weltkrieges 1921 - 32 BON R 19 Nr 1

6350 Innere Politik 1921 - 36 BON Po 5

6351 Nationalitätenfragen 1926 - 33 BON Po 6

6353 Sozialismus, Kommunismus 1921 BON Po 19

6354 Innere Verwaltung 1920 - 33 (3) BON Inn. Vw 1, 2, 6

Statistische Veröffentlichungen 1927 - 28 BON Inn Vw 16

6355 Pathologisches Institut zu Kuala Lumpur 1902 KAG Abt. 233/11886

6356 Soziale Lage, Sozialpolitik 1922 - 33 (2) BON S 1, 2

Streikbewegung in Singapur und Johore 1936 - 37 KOB in R 43 II/1421 a

6360 Kunst und Wissenschaft 1926 BON KW 1

6361 Presse 1924 - 33 (2) BON Po 11 Nr 5, Po 12

6363 Unterrichtswesen 1921 - 27 BON Po 17

6365 Aufenthalt des Sinologen Karl Friedrich Neumann (1793 - 1870) in Singapur 1831 **MCS** Neumanniana, 2 VI

Forschungen zur Landeskunde 1922 - 33 BON KW 3

6370 Wirtschaftliche Lage in Straits Settlements 1897 - 1912 HMA 132 - 1/I/C I d/116

dgl., in Singapur (Reisebericht Visser, Deutz-Motoren-Gesellschaft) 1926 KÖD III 11 b

dgl. 1937 - 42 (11) FRB in RW 19

6372 Erdölfunde in Nordborneo 1900 - 11 KOB in R 2/24503

Bergbau und Montanindustrie 1941 - 42 KOB in R 7/971,**976**

6373 Straits und Sunda Syndikat mbH, Hamburg und Soengei Langka o. Dat. (20) FFD Paket 395 - 400

6375 Devisenverkehr mit D 1933 - 44 KOB in R 7/226

6377 Zollverhältnisse 1935 DOR K 2/1349

s. a. 6385

6379 Tramway Singapore-Anleihe 1889 FFA Bethmann-Archiv V, 345

6380 Handel, insbes. Beziehungen zu D 1841 - 47 BEA Rep 109/3039

dgl. 1843, 1845 (2) MCA MH 11951; **RA Fasc. 1397 Nr 21047**

dgl. 1900 - 32 BRK Hp II 92

dgl. 1937 KOB R 9 I Rep/1262

dgl., Warenaustausch- und Kompensationsgeschäfte 1937 - 39 HMK 29.K.14.9.2

6382 Ausfuhr von Waffen nach D 1887 - 1905 HMA 371 - 8 II, XIX C 1.10.4

6383 Geschäftsbücher der Nadelfabrik Gotthard Pastor Peters Sohn zu Warenlagern in Singapur und Penang (auch wirtschaftliche Informationen) 1829 - 1906 (3) AAC, in Pastor-Seyler/20, 21, 23

Firmenvertretung der Phoenix AG 1909 - 14 DÜM R 51061

Geschäftsbeziehungen der Fa. Krupp 1924 - 31 ESK WA IV 1943

noch 6383 Tätigkeit der Firma Behn, Meyer und Co., Singapur, gegr. 1841 1941 KOB R 57/1224 - 7

Vertretung der Leipziger Messe in Singapur 1937 HMK 39.A.2 c.9

6385 Schiffsrechnungsbücher der Reederei F. A. Vinnen & Co. über Reisen nach Singapur zwischen 1873 - 97 BRE 7, 2101

Verbindung Manila - Singapur 1891 (2) HMA 371 - 8 II, X C 2.100; BRE 3 - A 3.S.6/101

Umladung von Waren nach Indochina, auch Zollbehandlung o.Dat. BRK Hp I 14

Schiffahrt und Hafenwesen 1900, 1927 HMK 95.D.15.1

Schiffahrtsgesetzgebung 1905 - 12 HMK 95.D.15.2

6388 Luftfahrt 1926 - 34 BON Lu 1

6389 Postverbindung Europa - Singapur 1902 - 08 HMA 371 - 8 II XXI C 2.4.14

Paketverkehr mit D 1886 - 1914 BRE 5, 1/2 - 187

dgl., mit Neuguinea BRE 5, 1/2 - 188

Telegrafie 1913 - 14 KOB in R 85/773

6392 Heimschaffung von aus D ausgewiesenen Angehörigen der Straits Settlements 1929 - 30 BON Inn Vw 13, 14

6393 Einreisebestimmungen und Niederlassungsrecht 1930 - 35 HMK 90.22.a.10

6394 Dt. Niederlassungen 1925 - 35 BON Po 25

dgl., in Singapur zwischen 1933 - 45 KOB in R 57/1264

6396 Ersatz verabreichter Unterstützungen an Württemberger durch das Konsulat in Penang 1877 - 79 STH E 146 III/(neu) 1587

Erbschaftsangelegenheiten preuß. Staatsangehöriger in Singapur 1885 DEA M 1 I L Nr. 224 - 226

6397 Internierung von Dt. 1921 BON Straits Settlements R 17

64 Niederländisch-Indien

6411 Tagebuch der Reise Friedrich von Gagerns nach Java und Sumatra 1845, 1846 FFB FN 7

Reiseberichte Richards von Carlowitz aus Batavia 1845 KOB in Kl.Erw. 43

3 Briefe von Friedrich Gerstäcker aus Batavia 1851 - 52 BRA G IX 23/33

Reise von Eduard Lorenz Lorenz-Meyer nach Java und Sumatra 1882 HMA 622 - 1

Vortrag von Karl Haniel, GHH, über die Sunda-Inseln 1922 OBG 3001902/5

dgl., von Wilhelm Mohr, Generalsekretär des Ostasiatischen Vereins 1925 - 26 KOB in NL 53/122

dgl., von Wolfgang Jaenicke nach Batavia, Padang, Medan 1928 - 29 (3) KOB NL 135/52 - 54

dgl., von Carl Duisberg nach Java und Bali 1929 KOB in R 57/474/23

6412 Allg. politische Berichterstattung 1874 - 76, 1884 - 1900 (2) BEA III. Hauptabt. II/1027 - 1028

dgl. 1877 - 1925 (30) BRE 3 - A 3 N 2

dgl. 1885 - 1920 (20) BON Niederl. Bes. in Asien 1

dgl. 1940 - 42 BON Büro StS

dgl. 1940 - 42 BON Büro UStS

dgl. 1940 - 42 (7) KOB R 57/842, 843, 901, 907, 908, 941, 945

Kolonialpolitik der Niederlande im allg. 1920 - 28 BON K 1

6413 Unterlagen von Aernoult van Lier Gysels (1593 - 1694), Admiral und Gouverneur der Ostindischen Kompanie in Amboina (Molukken) KAL

Briefe von Dr. Rudolf Asmis, dt. Gesandter in Bangkok, aus Java und Sumatra 1926, 1930 - 31 BON NL Asmis/46 XIII/12, 47 XIII/22, 23

6414 Niederländische Expedition gegen das Sultanat von Atchin 1879 - 80 BON I.B.14

6415 Sultan Taha Seif el dive von Djambi (Sumatra) 1906 KÖA in: 1006/244

6416 Ministerien 1932 BON Po 7

6420 Auswärtige Politik 1920 - 36 BON P

6421 Abkommen über den Warenverkehr mit dem D R vom 13.6.1934 BON V Niederlande Nr. 13

6422 Geheime RAngelegenheiten 1898 - 1902 FRB RM 5/5922

Politische Beziehungen zu D 1920 - 36 BON Po 2

Wolfgang Jaenicke, Der holländische Kolonialbesitz (unter bes. Berücksichtigung Sumatras) 1940 KOB NL 135/67

6423 Handelsvertrag mit Frankreich 1902 - 03 BON Paris 1413

Beziehungen zu China 1920 - 34 BON China Po 3

dgl. 1941 BON B Ch Pol 5 - 20

Politische Beziehungen zu sonstigen Staaten 1920 - 36 (9) BON Po 3; Finnland, Japan Po 3

6424 Dt. konsularische Vertretungen 1868 ff. BRE 2 - M.6.b. 4 d.44

dgl. 1893 - 1913 HMA 132 - 1/I/A III d 18

dgl. 1920 - 36 BON Po 10

Dt. Konsulate in Batavia 1834 - 93 (11) HMA 111 - 1/VI/3/4 e

dgl. 1834 - 66 AUR Rep 21 a/749

dgl. 1839 - 67 HMA 132 - 6/5

dgl. 1855 - 58 (3) OLA 31 - XIII/16,5; 73, 182; 73, 26

dgl. 1863 FFA Rechnei n.1816 22/140

dgl. 1884 - 1921 HMK 57.H.3.2.1.55

dgl. 1912 - 40 (39) BON Batavia

dgl. 1931 HMA 132 - 1/II/I A 2 a/428

dgl., in Surabaja 1834 - 66 AUR Rep 21 a/778

noch 6424 1858 - 93 (5) HMA 111 - 1/VI/3/4

dgl. 1860 - 73 DAR 61, 94/4, 109/5

dgl. 1922 HMA 132 - 1/II/I A 2 a 4/108

dgl., in Padang 1860 - 73 DAR in 61, 94/4, 109/5

dgl. 1891 HMA 111 - 1/VI/3/4

dgl. 1920 - 27 HMA 132 - 1/II/I A 2 a/19

dgl., in Semarang 1860 - 73 DAR in G 1, 94/4, 109/5

dgl. 1861 - 93 (2) HMA 111 - 1/VI/3/4 n

dgl. 1920 - 25 HMA 132 - 1/II/I A 2 a 4

dgl. 1935 HMK 57.H.3.2.1.898

dgl., in Indramaju 1860 HMA 111 - 1/VI/3/4 k

dgl., in Makassar 1873 - 87 HMA 111 - 1/VI/3/40

dgl. 1897 - 1927 HMK 57.H.3.2.1.387

dgl. 1921, 1927 HMA 132 - 1/II/I A 2 a/80

dgl., in Belawan, Deli 1889 - 90 HMA 111 - 1/VI/3/4 r

dgl., in Medan 1897 - 1935 HMK 57.H.3.2.1.418

dgl. 1922, 1935 - 36 HMA 132 - 1/II/I A 2 a/111

dgl., in Manado (Celebes) 1922 HMA 132 - 1/II/I A 2 a/130

Besuche des Generalkonsuls und des Vizekonsuls in Batavia sowie des Konsuls in Surabaja in Hamburg 1919 - 20, 1923 (3) HMK 57.D.3.13, 20, 41

6425 Konsularische Vertretungen im Ausland und umgekehrt 1920 - 36 BON Po 8

6426 Besuch der Schule in Holzminden durch einen holländischen Agenten in Nagatpatnam 1777 - 83 WOA 2 Alt 15981

Geplante Berichtigung der Fa. Krupp, Essen, durch Javanese Ismangoon 1872 ESK WA II B 61

6428 Messen und Ausstellungen 1892 - 1914 HMK 95.D.12.1

Kolonialausstellungen in Samarang 1913 HMA 364 - 7, B VII 713 noch 6428 Jahresmesse in Bandung 1938 - 41 KOB in R 55/320

Dt. politische und kulturelle Propaganda 1928 - 35 BON Po 26

6429 Agenten- und Spionagewesen 1921 - 22 BON Po 15

6430 Stationierung des württembergischen Kapregiments auf Java, Celebes und Amboina 1789 - 1808 STH A 33

Militär 1920 - 36 BON Po 13

6432 Marine 1902 - 17 (5) FRB RM 5/4156, 5737 - 5739, 5742

dgl. 1920 - 35 BON Po 14

6434 Abwicklung der Etappen Batavia 1920 - 22 FRB RM 5/2222

6437 Dt. Kriegsgefangene 1941 BON Kriegsrecht 27 Nr 19

6440 Rechtspflege 1922 - 34 (7) BON R 1, 4, 6, 15, 35, 40

dgl. 1940 - 41 (7) KOB R 22/2624, 2627 - 2628, 2726, 2772, 3100 - 3101

6445 Patentschutz 1920 - 44 BON Patente Nr 7

6447 Kriegsrecht im allg. 1941 BON Kriegsrecht 1

dgl., private Rechte 1940 BON Kriegsrecht 3

6448 Forderungen und Entschädigungsansprüche an und von D 1920 - 36 (5) KOB R 27, 28, 31

dgl. 1940 - 43 BON Kriegsrecht 31

Behandlung dt. Vermögens 1939 - 42 (2) BON Kriegsrecht 21

dgl. 1941 - 42 KOB R 87/193

6449 Behandlung des Privateigentums im D R 1940 - 42 BON Kriegsrecht 20

6450 Innere Politik 1920 - 36 (4) BON Po 5

Personalien führender Vertreter des öffentlichen Lebens 1920 - 36 (3) BON Po 11 Nr 3, 4, 6

6451 Nationalitätenfragen 1926 - 33 BON Po 6

6452 Religionsfragen 1920 - 31 BON Po 16

6453 Sozialismus, Kommunismus 1920 - 31 (2) BON Po 19

noch 6453 Bolschewismus 1922 BON in Geh Rußland Po 19, Mittelasien

Faschismus und Antikommunismus 1935 - 36 BON Po 29

6454 Innere Verwaltung 1920 - 36 (4) BON Inn Vw 1, 2, 6, 10

Statistische Veröffentlichungen 1922 - 36 BON Inn Vw 16

6455 Krankenblätter aus dem Plantagenkrankenhaus Tanjong Morawa bei Medan/Sumatra 1880 - 87 FFV NL B. Hagen

Aufnahme und Verpflegung geisteskranker Kolonialsoldaten in der Irrenanstalt Buitenzorg 1894 KAG Abt.233/4226

Studienreise von Dr. v. Provaczek nach Sumatra zur Erforschung der Granulose 1910 HMA 364 - 7, E XVIII 1 b 5

Missionskrankenhaus Blora/Java (Jahresbericht 1926) KOB R 57/1087 - 18

Ärztliche Mission bei den Bataks mit Hospitälern in Balige und Pearadja-Tarcetoeng, Hilfskrankenhäusern 1930 - 38 KOB R 57/1087 - 30

vgl. 6459

6456 Soziale Lage, Sozialpolitik 1921 - 35 (4) BON S 1 - 4

6458 Wohltätigkeit, Rotes Kreuz 1920, 1924 BON S 6, S 15

6459 Missionsarbeit der evang. Rheinischen Mission auf Borneo (13 Stationen), insbes. Missionskonferenzen, Inspektionsreisen, Schulwesen, Ndjuli-Bewegung, Rheinisch-Borneischer Handelsverein, Schriftwechsel, Chronik, Übergabe der Missionsarbeit an die Basler Mission) 1836 - 1925 (46) WUP D

dgl., von der Station Mengkatip, Jahresbericht des Missionars Karl Braun für 1929 KOB R 57/1087 - 27

dgl., auf Sumatra (54 Stationen), auch Batak- und Simalungun-Kirche 1861 - 1940 (100) WUP F

dgl., Manuskripte und Nachlässe von Missionaren 1861 - 1940 (50) WUP A/w 4, 5 b, 8 b, i, k, o, 15, 19

dgl., auf Nias (26 Stationen) 1865 - 1940 (60) WUP E

dgl., Manuskripte und Nachlässe von Missionaren (4) WUP A/w 40, 6 d, 7, 8 e noch 6459 dgl., auf Mentawei (Station Sikakap), den Batu-Inseln, Enggamo und Pulo-Tello, auch Blutgruppen-Untersuchung durch Dr. Johannsen 1890 - 1940 (10) WUP E

Allg. Ang. der evang. Kirche 1928 ff. (3) BEZ C VII Java, C VII Sumatra

6460 Kunst und Wissenschaft im allg. 1920 - 34 BON KW 1

6461 Presse 1915 (3) BON Niederl.Bes. in Asien 3

dgl. 1920 - 35 BON Po 12

6462 Reichsrundfunkgesellschaft, Sendungen des dt. Rundfunks (Manuskripte in niederländischer Sprache, mit Spiegel zum Ostasiengespräch) 1940 - 41 (35) KOB R 78/1620 - 1654

6463 Unterrichtswesen 1920 - 31 BON Po 17

Dt. Schule und Schulheim in Kaban Djahe, Sumatra 1932 - 38 KOB R 57/1087 - 20

vgl. 6426

6465 Aufzeichnungen und Unterlagen des Linguisten Eduard Buschmann (1805 - 80) über javanische Sprachen BEB

8 Vortragsmanuskripte über Sumatra von Bernhard Hagen, Arzt und Begründer des Frankfurter Museums für Völkerkunde 1900 FFV NL B. Hagen

Expedition von Anna Hagen in Java und Sumatra in Begleitung ihres Gatten Bernhard (Tagebuchkladden, Briefe) 1905 FFV NL A. Hagen

Überreichung ihres Werkes "Reisen in Celebes" durch die Brüder Paul und Fritz Sarrasin aus Basel 1905 KAG Abt.60/319

Reise H. v. Zenzen 1904 - 09 BEV I B 65

Reisen von Dr. Müller-Wismar nach den Molukken 1910 - 34 BEV I B 88

Aufzeichnungen von G. Krause über Bangli/Bali 1912 - 14 MCV As. 5308

Aufenthalt von Wilhelm Müller-Wismar auf den südmolukkischen Inseln (Aufzeichnungen und Notizbücher) HMV A 76 noch 6465 Anthropologische Meßblätter der Insassen des Gefängnisses in Noesakambangan (Java) 1924 HMV A 102

Forschungen zur Landeskunde 1923 - 35 BON KW 3

6466 Verzeichnis der von SMS "Gazelle" auf Timor und Ambon gesammelten ethnographischen Gegenstände 1875 HMV A 101/8

Erwerbungen auf der Kolonial-Ausstellung in Amsterdam 1883 BEV I B 15

Erwerbungen von Vaugham Stevens 1888 - 1925 (7) BEV I B Litt R

Erwerb der Sammlung Palm Siemsen 1844 - 95 BEV I B 27

Erwerb der Sammlung Prillwitz 1905 - 26 BEV I B 63

6470 Wirtschaftliche Lage 1897 - 1912 HMA 132 - 1/I/C I d/116

dgl. (wirtschaftliche Entwicklung und Arbeiterfrage des Plantagengebiets Peti/Sumatra) 1912 HMA 364 - 7, E II 9 a II 4

dgl. 1920 - 21 BON W 1 A

dgl. (Reisebericht Carl Duisberg) 1929 (2) LEV 191/2

dgl. 1934 - 39 KOB R 9 I Rep/758
dgl. 1937 - 42 (3) BON Handakten v. Maltzahn, Schnurre
dgl. 1938 - 42 (7) FRB in RW 19

dgl. (auch Zoll- und Steuerverhältnisse, handelspolitische Lage) 1938 - 40 KOB in R 2/9992

Gedanken über tropische Wirtschaftsgestaltung am Beispiel Niederl.-Indiens. Von E. Helfferich, Berlin 1940 DOR K 2/642

6471 Internat. Kautschuk-Kongreß in Batavia 1914 HMA 364 - 7, B VII 7.15

Landwirtschaftsstatistik 1925 - 29, 1935 - 40 KOB R 24/894

6473 Erwerb von Eisenerzfeldern auf Sumatra durch die GHH 1913 - 14 OBG 30 d 1153/0

Abbau von Bodenschätzen durch die Dt. Südseephospat AG und die Phönix Handel- en Cultur Maatschappij in Amboina und West-Neuguinea 1923 - 31 (7) BRE 7, 2017/7 - 13 noch 6473 Niederländische Neuguinea-Compagnie 1926 (3) FFD Paket 217

Aktien der Exploratie Maatschappij "Doda" in Surabaja (Nachlaß Hans Focke) 1929 - 30 DEA M 1 I L Nr. 237

6474 Finanzwesen 1937 - 43 BON Ha Pol II a, F 3

6475 Devisenverkehr mit D 1933 - 44 (4) KOB in R 7/162, 245 - 248

6476 Doppelbesteuerung im D R 1928 - 42 KOB R 2/19763

Abschluß von Doppelbesteuerungsabkommen mit dem D R 1935 - 3 KOB R 2/19670

6478 Bankgeschäfte auf Java 1895 - 1938 FFD o.Sign.

Niederländisch-Indische Handelsbank, Amsterdam o.Dat. FFD Paket 217

6479 Ablösung dt. öffentlicher Anleihen 1925 - 27 KOB in R 2/2280

6480 Handelsstatistiken 1830 - 62 (2) BRK Hp II 86

Handel, insbes. Beziehungen zu D 1843, 1845 MCA MH 1195

dgl. 1845 MCA RA Fasc 1397 Nr 21047

dgl. 1884 KÖW 5/19/2

dgl. 1889 COB in A 3145

dgl. 1909 - 20, 1924 ff. BRK Hp II 86

dgl. (mit Sumatra) 1913 MCA MH 12675

dgl. 1918 KOB in R 85/979

dgl. 1920 - 23 KÖW 20/523/4; 20/525/7

dgl. 1936 - 37 BON H 11 - 1

Waffenhandel und Waffenschmuggel 1889 - 1919 KOB in R 85/6610

Warenaustausch- und Kompensationsverkehr 1935 - 37 HMK 29.K.14.48.4, 5

6481 Lieferungen nach Batavia 1805 EMD II - 1022 a

Importsortimente für Batavia und Cheribon zwischen 1859 und 1866 COB in A 3139 noch 6481 Lieferung von Eisenbahnschienen nach Java 1878 ESK WA IV 38

Einfuhr aus dem D R, den Niederlanden, Großbritannien und Frankreich (Eingabe der Firma Langen & Co., Batavia, an den dt. Reichskanzler) 1885 - 87 KÖW in: 5/16/2

Bau von Drahtseilbahnen auf Java, Sumatra, Borneo und Celebes (Konstruktionszeichnungen des Ing. Lui Born) zwischen 1890 - 1910 DOR F 40

Lieferung von 14 Brücken durch die GHH 1902 - 05 OBG 304014/34 - 36

Lieferung von Industriebauten nach Surabaja 1907 - 08, 1921 - 22 (2) OBG 304022/50; 304024/14

Lieferung von Kabeln 1904 - 33 (3) KÖF A I 4 Nr 10/32; A I 9 Nr 295, 127

Bau von Dieselmotoren für die Fa. Tin.-Maatschappij, Singkep durch die MAN, Werk Nürnberg 1910 - 13 AUM o.Sign.

Lieferung von Gitterwaren für Java 1926 - 29 (3) OBG 40124/12 - 14

Eisenbauten der GHH 1927 - 39 OBG 40410/43

Lieferung von Bohrrohren für die Bataafsche Mij 1927 - 34 DÜM R 52062; M 33108

6482 Kaffeehandel 1883 - 1904 HMA 371 - 8 II, XIX C 10.5

Versteigerung von Kaffee auf Java 1891 - 1904 HMA 132 1/I/C I d/115

6483 Verzeichnis niederländischer Exportfirmen 1914 - 16 KÖW in 5/19/24

Reklame für einzelne Firmen in den Berichten des dt. Generalkonsuls in Batavia 1922 HMK 57.F.3.1

Dt. Handelskammer in Batavia 1936 - 37 KOB in R 9 (Rep)/24 (3)

Geschäftsbücher der Nadelfabrik Gotthard Pastor Peters Sohn zu Warenlagern in Batavia und Semarang 1829 - 70 AAC Pastor-Seyler/20, 21

Geschäftsverkehr der Hamburger Firma H. J. Merck & Co. mit der Firma Metzendorf & Wilms, Batavia 1858 HMA 621 - 1, Merck & Co./ A V 87 noch 6483 Handelsvertretung der Deutz-Motoren-Gesellschaft 1868 - 1929 (3) KÖD III 3/1, 40; III 5/2, 22; III 13 C

dgl. der Phoenix AG 1909 - 14 DÜM R 51061

dgl. der MAN 1914, 1924 AUM o.Sign.; NL R. Buz/46 a

Geschäftsbeziehungen der Fa. Krupp 1923 ESK WA IV 1397

dgl., mit Sumatra 1924 - 31 ESK WA IV 1943

Schriftverkehr der Pharma-Auslands-Organisation der IG Farben 1923 - 40 (2) LEV 9/K 1.1

Geschäftsinteressen der Fa. K. G. Rexhäuser & Co. sowie der Mij^{n}bouw Maatschappij Redjang-Lebong, Batavia 1935 - 38 KOB in R 25/188

6485 Reise eines Schiffsbauers aus Mainz auf der niederländischen Fregatte Phaenomene nach Java 1839 - 40 DAR C 1 Nr 343

Tagebücher der Schiffe "Preußischer Adler" und Kronprinz von Preußen" über Fahrten nach Batavia 1845 - 47 (3) BEA Rep 109/1047, 1048, 6220

Projekt einer Steam Navigation Company zwischen Batavia und der Ostküste von Australien zwischen 1858 - 69 OLA 31 - XV/44 - 257

Schiffsverbindungen mit Japan und Europa 1899 - 1901 HMA 371 - 8 II, XXI C 2.4.19

Dampfschiffverbindungen mit D 1922 - 25 HMA 374 - 6 I, B III a 63

Batavia als Freihafen. Von O. Bodde 1866 OLA 31 - XV/7,

Hafen, Lotsen- und Schiffahrtswesen 1890 - 1919 HMA 371 - 8 II, XIX C 10.5; 6; a 10

dgl. 1906 - 29 HMK 95.D.12.2

6487 Eisenbahnen 1914 - 20 KOB in R 85/158

6488 Luftfahrt 1920 - 34 KOB Lu 1, 2

6489 Postverkehr mit D 1918 - 19 (2) KOB in R 85/617, 618

Paketverkehr mit D 1893 - 1938 (2) BRE 5, 1/2 - 189, 2215 - 2

Telegrafie 1901 - 19 (6) KOB R 85/749, 774, 792, 794 - 796

noch 6489 Telegrafenverbindung zwischen Batavia und Amsterdam 1940
KOB R 9 I Rep/1214

6490 Ausweisung von Ausländern, Heimschaffung und Unterstützung von Inländern 1922 - 35 BON Inn Vw 12, 14, 15

Austausch von Zivilgefangenen mit dem D R 1941 - 44 BON Kriegsrecht 28 Austausch

6493 Einwanderung von Dt. aus der Pfalz 1748 - 1900 SPA B 2/1346/7, in 2755 - 1769, C 38/1303, H 35/43, H 42/136, H 45/2442

dgl., eines Apothekers und Drogisten nach Batavia und dessen betrügerische Werbung für den holländischen Dienst in N.-I. um 1850 DEA M 1 Pr. Nr. 126

dgl., Paßregister für pfälzische Auswanderer nach Sumatra 1870 - 82 SPA H 35/51 - 6

dgl., Werbung zu Kriegsdiensten 1785 - 1899 STA 80 P, Titel 85, Nr. 6

dgl., Feststellung der seit 1740 nach N. I. Ausgewanderten 1842 - 45 MAR 180 Landratsamt Hanau Nr. 171

dgl., aus Bayern 1854 AMB Reg.K.d.I.11349

dgl., Werbung für den Militärdienst 1875 - 96 OLA 132 - 22

dgl., eines Schumachergesellen aus dem Landkreis Neuburg/Donau 1885 NEB BA Neuburg 3432

dgl. 1911 - 20 HMA 132 - 1/I/C III c/36

dgl. 1917 - 20 KOB in: R 57/22

dgl. 1919 - 20 HMA 373 - 7 I, II C II 22

dgl. 1920 - 21 HMA 132 - 1/III D 2/13

Einreisebestimmungen und Niederlassungsrecht 1926 - 39 HMK 90.39.3

Paßvorschriften 1933 STH E 130 IV/572

Vorschriften über Einreise, Aufenthalt und Ansiedlung 1938 BRE 3 - A 4/666

6494 Deutsche Ansiedler auf den Key-Inseln 1886 - 92 BON Niederl.Bes. in Asien 2

Deutsche Niederlassungen im allg. 1919 - 24 KOB in: R 57/77, 474 - 23

dgl. 1920 - 36 (2) BON Po 25

dgl. o. Dat. KOB NS 26/680

dgl. 1942 KOB R 57/256

6495 Verein und Handelskammer "Dt. Bund", Batavia 1917 - 36 KOB R 57/1087 - 16

Dt. Verein Medan, Sumatra 1918 - 32 KOB R 57/1087 - 26

Dt. Männerchor, Batavia 1922 - 24 KOB R 57/1087 - 15

Dt. Verein Surabaja 1926 - 27 KOB R 57/1087 - 28 a

Dt. Gesangverein, Medan 1929 KOB R 57/1087 - 25

Dt. Hilfsgenossenschaft Oost-Java, Malang 1933 KOB R 57/1087 - 24

Handelsvereinigung Bandjermasin, Borneo, Jahresbericht 1937 KOB R 57/1087 - 19

Dt. Verein, Batavia 1938 KOB R 57/1087 - 14

Nationalsozialistische dt. Arbeiterpartei, Ortsgruppe Surabaja 1932 - 33 KOB R 57/1087 - 28

dgl., Landesgruppe Niederl. Indien 1934 KOB R 57/1087 -

6496 Erbschafts- und Nachlaßangelegenheiten von Dt. 1669 - 1743 (5) FFA Bürger wider Fremde Ugb

dgl. 1692 KOL 655, 80/497

dgl. 1748 - 84 (5) SPA in C 47/64, F 11/126, 164, F 12/7, F 17/65

dgl. (von Johann Nicolaus Dona (1721 - 54) in Samarang/Java) KOL 642/257

dgl. 1784 SPA in C 47/64, F 11/126, 164, F 12/7, F 17/65

dgl. (des 1770 in Batavia verstorbenen Moritz Theodor Hilger, Rats von Indien) 1830 - 31 KOL 441/5273 noch 6496 dgl. 1850 HNA Hann 80 Hildesheim A/90

dgl. (von preuß. Staatsangehörigen in Serang, Oenarang, Tjeribon) 1874 - 89 DEA M 1 I L Nr. 223 - 227, 229 - 230; Pantch-Penck, 1878; M 1 I L Nr. 224

dgl. (in Sockaboemi) 1883 - 89 DEA M1 I L Nr 228

dgl. (Nachforschungen über den Verbleib von Bernhard Preuß, gest. 1884 in Padang) DEA L 75 Abt. X Gr. 11 Nr. 3

dgl. (der Gebrüder Dieckmann in Batavia) 1899 - 1911 MSA Reg Münster/4279

dgl. 1931 HMA 132 - 1/II C 1/14

6497 Dt. Zivilgefangene 1939 - 44 (21) BON Kriegsrecht 29, 29 a, 29 Nr 8 - 27

dgl. 1940 - 41 (3) KOB R 57/1087 - 9, 10, 12

6498 Erlebnisberichte von Mitgliedern des Interessenverbandes Übersee e.V. über ihre Vertreibung 1940 - 42 1949, 1953 KOB Kl.Erw. 126

65 Philippinen

6511 Briefe von Karl Alexander Anselm Reichsfrhr. v. Hügel (1795 - 1870) aus Manila vor 1868 FFB in FN 8

Briefwechsel von Edgar Tizk aus und mit Partnern auf den Ph., insbesondere aus Zamboanga 1908 - 14 HMB NL Tizk

Reiseeindrücke Paul Behnckes 1925 - 28, 1931 (3) FRB N 173/15, 16, 24

6512 Allg. Berichterstattung 1875 - 93 (15) BRE 3 - A 3 S 6

dgl. 1882 - 99 (15) BON Span. Bes. in Asien 1; 1 secr.; 2 (Sulu Archipel)

dgl. 1886 - 95, 1899 - 1900 BEA III. Hauptabt II/1044

dgl. 1899 - 1920 (22) BON Philippinen 1; 1 secr; Sulu Archipel 1 secr.

dgl. 1901 - 14 (2) BON Vatikan 935 - 936

dgl. 1910 - 23 BON London 255

dgl. 1930 - 43 BON Vatikan 945

dgl. 1938 BON London Bündel 37

6514 Beziehungen zu den USA 1936 ff. BON USA Pol 3

6516 Personalien von Politikern 1922 - 33 BON Po 11 Nr 3

6520 Auswärtige Politik im allg. 1922 - 33 BON Po 1

6522 Geheime R-Angelegenheiten 1897 - 98 FRB RM 5/5923

Politische Beziehungen zu D 1927 BON Po 2

6523 Beziehungen mit Japan 1921 - 36 BON Po 3 Japan

dgl., mit China 1927 - 28 BON Po 3 adh China

dgl. 1943 BON B Ch Pol 5 - 24

dgl., mit sonstigen Staaten 1922 - 32 (2) BON Po 3

6524 Dt. konsularische Vertretungen zwischen 1868 - 98 BRE 2 - M 6 b 4 d 4 ff. 2

dgl. 1920 - 34 BON Po 10

Zollbehandlung von dt. Gesandtschafts- und Konsulargut 1940 BON Zoll Nr 2

noch 6524 Hanseatisches Konsulat in Manila (3) 1852 - 68 HMA 132 - 6; BRE 2 - P.7.c.2, M. 11; BRK K 1

dgl., dt. Konsulat 1909 - 11 HMA 57.H.3.2.1.403

dgl., in Cebu 1888 - 1910 (2) HMK 57.H.3.2.1.135; BRK K 6 E/525

6525 Konsularische Vertretungen im Ausland 1920 - 31 BON Po 8

6527 Dt.-Philippinische Vereinigung, Manila 1937 KOB R 57/1224 - 44

6528 Dt. politische und kulturelle Propaganda 1927 BON Po 26

Vertretung der Leipziger Messe in Manila 1934 HMK 3.A.2 c.6

6531 Militär 1921 - 35 BON Po 13

6532 Abwicklung der dt. Etappe Manila 1920 - 22 FRB RM 5/2223

Marine 1926 BON Po 14

6536 Entsendung dt. Kriegsschiffe 1889 - 99 FRB RM 3/2999 - 3003

Krieg zwischen Spanien und den Vereinigten Staaten 1898 - 1901 (7) FRB RM 38/43 - 49

dgl., Briefwechsel des Admirals Otto v. Diederichs mit Manuel Ariaon Rodriguez, Manila, sowie eigene "Darstellung der Vorgänge vor Manila von Mai bis August 1898" 1898 (6) FRB N 255/20, 25, 39 - 41, 46

dgl., Schriftwechsel und Sammlungen des Konteradmirals v. Hintze 1898 - 1923 FRB N 536/8

6540 Rechtspflege 1920 - 31 (3) BON R 1, 6, 35

6545 Patentwesen o.Dat. (2) KOB R 131/1016 - 1017

6548 Beschlagnahme dt. Eigentums während des 1. Weltkrieges und daraus herrührende dt. Forderungen 1920 - 35 (3) BON R 19, 28, 31

dgl. 1922 - 23 KOB R 2/788

dgl. (2. Weltkrieg) 1942 - 44 (2) BON Kriegsrecht 21, 31

6549 Behandlung des Privateigentums im D R 1942 - 44 BON Kriegsrecht 20

6550 Innere Politik, Parteien 1920 - 40 (7) BON Po 5

6551 Nationalitätenfragen 1926 BON Po 5

6552 Religions- und Kirchenfragen 1920 BON Po 16

6553 Kommunismus 1926 - 36 BON Geh Rußland P 19

dgl., auch Sozialismus 1929 - 30 BON Po 19

6554 Innere Verwaltung 1921 - 35 (4) BON Inn Vw 1, 2

Statistische Veröffentlichungen 1921 - 35 BON Inn Vw 16

6555 Einführung des spanischen Sanitätsgesetzes 1880 BRE 3 - A.3.S.6 / 35

6556 Soziale Lage 1928 - 31 (2) BON S 2, 3

6557 Siedlungs- und Wohnungswesen 1929 BON S 10

6559 Mission der Jesuiten 1594 - 1763 KÖJ

dgl. 1686 MCA Jesuitica 614

dgl. der Beschuhten Augustiner 1740 - 66 EIC K 16

Geistliche Betreuung der evang. Dt. in Manila 1908 ff. BEZ C VII Philippinen 8

6560 Kunst und Wissenschaft 1929 - 34 BON KW 1

6561 Presse 1915 BON Philippinen 2

dgl. 1927 - 35 BON Po 12

6563 Unterrichtswesen 1925 - 33 BON Po 17

6564 Universität der Philippinen 1911 KAG Abt. 235/5221

6570 Wirtschaft im allg. 1942 KOB R 57/941

6572 Produktion und Wertberechnung von Edelmetallen 1912 - 14 KOB in R 85/1271

Bergbau und Montanindustrie 1940 - 43 KOB R 7/977

6573 Dt. Firmen in Manila 1898 - 99 MCA MH 11549

dgl. 1941 (2) KOB R 57/1224 - 42, 43

6574 Finanz-, Bank- und Börsenwesen 1931 KOB R 2/13118

6575 Devisenverkehr mit D 1933 - 43 KOB in R 7/253

6576 Abschluß von Doppelbesteuerungsabkommen mit dem D R 1926 - 28 KOB R 2/19729

Besteuerung von Filipinos im D R und umgekehrt 1935 BON Steuern Nr 9

Steuergesetzgebung 1941 - 43 BON Steuern Nr 5

6577 Abänderung des spanischen Zolltarifs 1875 (2) BRE 3 - A.3. S.6, Nrn. 4, 13

6579 Kreditliste der Reichsbankstelle Kaiserslautern von philippinischen Firmen 1940 - 41 KOB in R 28/122

6580 Errichtung einer spanischen Kompanie der ph. Inseln 1753 MAR 4 (Frankreich) f.Nr.1607

Handel, insbes. Beziehungen mit D 1843 - 46 (3) MCA MH 11951; RA Fasc. 1397 Nr. 21047; NÜA Rep D 4/1023

dgl. 1858 - 88 BRK Hp II 34

dgl. zwischen 1859 - 96 COB in A 3139

dgl. 1888 - 1912 KAG Abt. 233/13272

dgl. 1910 - 38 BRK Hp II 89

dgl. ("Ausrottung des dt. Handels") 1919 HMK 95.D.13.2

dgl., Beziehungen mit China 1843 - 54 MCA MH 11949

dgl. 1846 MAR 27 a II 106

dgl. (gedruckte Berichte der Kaufleute Jacob und Grupe) 1861 - 62 DEA L 75 Abt. IV, Gruppe 15, Nr. 10

dgl., mit den USA 1936 - 41 BON A 12

6581 Waffenhandel und Waffenschmuggel 1896 - 1916 KOB R 85/6637

Einfuhr von dt. Waffen und Sprit in den Suluarchipel 1897 HMA 371 - 8 II, XIX B 7.16.9

6582 Einfuhr von Manila-Hanf nach Baden 1898 - 1903 KAG Abt. 233/11673

Handelsrechtliche Fixierung des Begriffs "Manilarohr" 1934 HMK 11.D.103.3

6583 Dt. Handelskammer in Manila 1928 - 38 HMK 95.D.13.1

dgl. 1936 - 40 (3) KOB in R 9 (Rep)/25 (1), 137, 140

Handelsregistereintragungen 1942 - 44 LEV 9/K 1.1

Geschäftsbuch der Nadelfabrik Gotthard Pastor Peters Sohn über Warenlager in Manila 1847 - 73 AAC Pastor-Seyler/21

Firmenvertretung von Siemens 1894 ff. MCW 68/Li 156

dgl. von Karl Fressel & Cie. sowie Wusinski & Cie. 1898 f. MCA MH 11659

dgl. der Phoenix AG 1909 - 14 DÜM R 51061

dgl. der MAN 1912 - 25 AUM o.Sign.; NL R. Buz/247

dgl. der Deutz-Motoren-Gesellschaft durch die Germann & Co.mbH, Hamburg 1912 KÖD noch 6583 Geschäftsbeziehungen der Fa. Krupp 1924 - 31 ESK WA IV 19

Schriftwechsel der Pharma-Auslands-Organisation 1942 - 44 LEV 9/K 1.1

6585 Journal des Schiffs "Prinzessin Louise" über eine Fahrt nach Manila 1844 BEA Rep 109/3538

Umladen von Waren in den Häfen der Ph. 1875 BRE 3 - A.3. S.6.Nr.4

Schiffahrt 1888 - 91 (2) BRE 3 - A.3.S.6 Nr 101; HMA 371 - 8 II, XXI C 2.100

"Deutschfeindliches" Verhalten der Reederei Rickmers in Manila 1916 HMA 371 - 8 II, XXXIV 99

6587 Eisenbahnen 1902 - 22 KOB R 85/194

Syndikat für die Neuordnung der Manila-Railway Comp. 1906 - 09 FFA Bethmann-Archiv V, 260

6588 Luftfahrt 1921 - 35 BON Lu 1, 2

6589 Postverkehr mit D 1899 - 1927 (6) BRE 5, 1/2 - 194 - 1

dgl. 1902 - 12 KOB R 85/703

Telegrafie 1913 - 16 (3) KOB in R 85/750, 773, 774

6590 Staatsangehörigkeitsgesetzgebung 1940 BON Sta Nr 12

6591 Einbürgerung in das D R (Allgemeines und Einzelfälle) 1937 - 43 BON Sta Nr 1 IV

6593 Einreisebestimmungen und Niederlassungsrecht 1926 - 38 HMK 90.58.3

Klärung der Staatsangehörigkeit auf den P. lebender Dt. 1935 - 43 BON Sta Nr 1 III

dgl., Erwerb der Staatsangehörigkeit 1937 - 43 BON Sta Nr 1 VII, 11

6594 Dt. Niederlassungen 1921 - 36 BON Po 25

dgl. zwischen 1933 - 1945 KOB in R 57/1264

6597 Dt. Zivilgefangene 1942 (4) BON Kriegsrecht 29, 29 Nr 16, 19

6598 Heranziehung von auf den P. ansässigen Dt. zur Wehrpflicht im D R 1937 - 41 BON M 3

66 Portugiesisch-Timor

6612 Allg. Berichterstattung 1888 - 1905 BON Lissabon Pol Akten 110

dgl. 1920 - 38 BON Lissabon Pol 56

dgl. 1939 BON Lissabon Pol 3 Nr 5

dgl. 1941 - 43 BON Lissabon Pol 2 Nr. 4

70 Australien und Ozeanien insgesamt

7012 Ozeanien im allg. 1940 (3) KOB R 57/801, 811, 941

7020 Abkommen zwischen Japan und den USA vom 30.11.1908 über die Aufrechterhaltung des status quo in den Gebieten des Stillen Ozeans 1908 - 18 BON China 33

7030 Militärpolitische Ang. 1918 FRB RM 5/2776

7032 "Laufende Marine-Politik" 1918 FRB RM 5/2737

7036 Entsendung dt. Kriegsschiffe nach Australien und den Südsee-inseln 1889 - 99 FRB RM 3/2999 - 3003

Kriegerische Ereignisse in Neu-Guinea und Australien zu Beginn des 1. Weltkrieges (Geh. ORR Haber an das Reichskolonialamt und das AA) 1914 - 15 KOB Kl.Erw. 411

7048 Schäden Dänemarks im Krieg in der Südsee 1848 - 77 BRK Hp II 17

Klage der Bremer Südsee GmbH gegen Johns Garrison wegen erlittener Kriegsschäden 1926 - 29 HMK 44.D.4 h.25.53

Klage der Dt.-australischen Dampfschiffahrtsgesellschaft gegen Brandeis, Goldschmidt & Co. 1925 - 27 HMK 44.D.4 h.25.3

7065 Ethnographische Berichte von der Fahrt mit SMS "Ariadne" durch Polynesien und Melanesien 1877 - 79 HMV A 99

Unterlagen des Linguisten Eduard Buschmann (1805 - 80) über ozeanische Sprachen (8) BEB

dgl., des Volkskundlers und Sprachforschers Otto Karl August Dempwolff (1871 - 1956) (22) HMB NL Dempwolff

Wörterverzeichnis der westaustralischen Sprachen sowie ethnographische Aufzeichnungen über die Eingeborenen von Gustav Antze o.Dat. HMV A 105/2

7066 Erwerbung ethnologischer Gegenstände durch die Preußische bzw Kaiserliche Marine 1852 - 1907 (3) BEV I B 46

7068 Unterricht in Südseesprachen 1911 - 13 HMA 364 - 6, C I a 6 g

dgl., auch in malayischen Sprachen an der Universität Hamburg 1925 HMK 30.6.4.2

7073 Südseeunternehmungen Eduard Hernsheims 1874 - 85 HMA 622 - 1 Hernsheim/3

Deutsche Handels- und Plantagen-Gesellschaft der Südsee-Inseln, Hamburg (Gründung, Aufsichtsratsitzungen, Bilanzen, Geschäftsberichte) 1878 - 1917 (5) HMA 621 - 1

7080 Samoa- und Südseehandel (Nachlaß des Gründers des Norddeutschen Lloyds H. H. Meier) 1878 - 80 BRE 7, 16 - 32/7

Waffenhandel und Waffenschmuggel 1893 - 1911 KOB R 85/6631

Jahresumsätze der dt. Glasindustrie im Handel mit Australien und Ozeanien 1939 - 41 KOB R 9 XV/24, 25

7085 Hanseatische Walfischfänger in der Südsee 1836 - 45 BRE 2 - R 11 ii

Südseefischereicompagnie in Hamburg 1844 - 49 (2) HMA 621 - 1, Tiedgens & Robertson/11 - 12

Briefkonzepte des Kapitäns Dallmann von seinen Walfangfahrten in der Südsee, insbesondere um Neuguinea und die Antarktis 1881 - 87 (11) BRV

Instruktionen, Segelordres, Reiseberichte 1886 - 91 (5) FRB RM 38/5 - 7, 21 - 22

Konzession zur Beförderung von Auswanderern für die Dt.-Australische Dampfschiffahrts-Gesellschaft und die Dt. Dampfschiffahrtsgesellschaft "Kosmos" 1905 - 24 HMK 54.B.2.3

dgl., an The Pacific Steam Navigation Company 1935 - 36 HMK 54.B.3.31

7089 Postverkehr mit D 1912 - 19 KOB R 85/699

Lieferung und Auslegung von Telegrafenkabeln Menado - Jap - Guam Shanghai - Jap 1904 KÖF A I 9 Nr 30, 65 - 77

Telegrafenverbindung mit England 1886 - 1919 (2) KOB R 85/728, 759

Drahtlose Telegrafie 1913 - 18 KOB R 85/777

71 Australien

7111 Briefe von Karl Alexander Anselm Reichsfrhrn. v. Hügel aus Sydney vor 1868 FFB in FN 8

Briefe von Ruth Koeltzsch aus Sydney 1932 BON NL Zoelch

7112 Allg. politische Berichterstattung 1888 - 1900 BEA III. Hauptabt. II/939

dgl. 1885 - 87 (6) BON London 371 - 375, 378

dgl. 1888 - 1929 (9) BON London 566 - 574

dgl. 1898 - 1914 BON Paris 1 a

dgl. 1898 - 1908 BON Quirinal 309 d

dgl. 1932 - 42 BON Vatikan 942

dgl. 1934 - 39 BON Quirinal 309 d

dgl. 1935 - 39 BON London 42

dgl. 1936 , 1940 - 42 (8) KOB R 57/474/46, 791, 801, 870, 878, 884, 935, 1392

dgl. 1938 - 39 BON Paris 425

7113 Reise des Geh. Regierungsrats Dr. Oskar Hintrager (1871) nach dem südöstlichen A. 1914 KOB in NL 37/6

Unterlagen von Dr. Rudolf Asmis, dt. Generalkonsul in Sydney 1932 - 39 1932 - 43 (3) BON NL Asmis/49 - 51

Handakten Clodius 1934 - 42 (2) BON

7114 Staatsrechtliche Fragen 1923 BON R 4

Beziehungen der australischen Bundesstaaten untereinander 1926 BON Pol 22

7115 Staatsoberhaupt und Familie 1930 - 36 BON Pol 11 Nr 1

7116 Ministerien 1927 - 36 BON Pol 7

Personalien von Vertretern der Regierung, des auswärtigen Dienstes und des Militärs 1920 - 36 (2) BON Pol 11 Nr 3, 4

dgl., von Journalisten und anderen Angehörigen des öffentlich Lebens 1921 - 35 (2) BON Pol 11 Nr 5, 6

7120 Auswärtige Politik im allg. 1921 - 36 (3) BON Pol 1

7121 Handelsverträge mit dem D R 1903 - 37 HMK 95.E.1.1

dgl. 1907 KÖW 20/292/9

dgl. 1928 - 35 BON H 1.3

dgl. 1934 - 36 DOR K 2/1100

Staatsverträge mit dem D R 1935 BON Vertr.

dgl. 1943 BON Völkerrecht, Staatsvertr. Nr 1

7122 Politische Beziehungen zu D 1920 - 39 (2) BON Po 2

7123 Politische Beziehungen zu dritten Staaten 1920 - 35 (6) BON Pol 3

dgl., mit Japan 1926 - 35 BON Japan Po 3

dgl., mit dem Völkerbund 1936 - 39 BON Vö Länderakten

7124 Hanseatische Konsuln und Agenten in Adelaide, Sidney, Melbourne und Brisbane 1842 - 68 BRE C.4.b.6.e

Oldenburgische Konsulate in Melbourne, Sydney und Brisbane 1854 - 64 (4) OLA 31 - XIII/16, 42; 16, 63; 31 - XV/11, 41; 11, 95

Diplomatische und konsularische Vertretungen des D R 1868 ff. BRE M.6.b.4.d.4.q.6

dgl. 1920 - 32 BON Pol 10

Zollbehandlung von dt. Gesandtschafts- und Konsulargut 1936 BON Zoll Nr 2

Dt. Konsulat in Melbourne 1855 - 66 AUR Rep 21 a/780

dgl. 1858 - 68 HMA 132 - 6

dgl. 1909 - 11 HMK 57.H.3.2.1.420

dgl., in Adelaide 1859 - 67 AUR Rep 21 a/734

dgl. 1892 - 1929 HMK 57.H.3.2.1.8

dgl., in Brisbane 1900 - 31 HMK 57.H.3.2.1.92

dgl., in Hobart 1901 - 05 HMK 57.H.3.2.1.287

dgl. 1902 - 04 BON Hobart

dgl., in Sydney zwischen 1901 und 1919 BRK K 16

7125 Diplomatische und konsularische Vertretungen im Ausland 1924 - 30 BON Pol 8

Wiedererrichtung des Konsulats in Bremen zwischen 1919 - 39 BRK K 6

7126 Besuch einer Wirtschaftskommission in D zwischen 1925 - 40 BRK Pr I 5

7128 Weltausstellung in Melbourne 1871 WOA 19 b Neu/128

dgl., in Sydney 1878 - 79 ESK in Sachkartei N II 1

dgl. 1879 - 87 KÖF A I 9 Nr 23, 24; A I 13 b - Nr 1/2729 4/3, 2/7

dgl., auch in Melbourne 1879 - 90 WOA 12 A Neu Fb 5/6766

Aufzeichnungen von Franz Reuleaux (1829 - 1905), Reichskommissar bei den Weltausstellungen in Sydney und Melbourne 1879 - 81 MCT Nachlaß Reuleaux

Weltausstellung in Melbourne 1879 - 80 ESK in Sachkartei N II 1

dgl. 1880 - 81 KÖF A I 9 Nr 24; Schub 9, B/4

dgl. 1880 KÖW 1/28/5

dgl. (Plan einer gemeinsamen Ausstellung der Bielefelder Leinen- und Wäscheindustrie) 1880 DOR K 3/829

dgl. 1879 - 80, 1888 - 89 HMK 95.E.1.4

dgl., in Brisbane 1897 KÖF A I 11 b, Nr 1/31; Schub 9, B/4

Dt.politische und kulturelle Propaganda 1923 - 36 BON Pol 26

7130 Allg. militärische Ang. 1901 - 16 (7) FRB RM 5/3662, 5702 - 5703, 5706 - 5709

dgl. 1922 - 36 BON Pol 13

7132 Marine 1903 - 14 (2) FRB RM 5/5704 - 5705

dgl. 1922 - 35 BON Pol 14

7134 Lazarettschiffe 1939 - 43 BON Kriegsrecht 19

7136 Einsatz australischer Streitkräfte in Sinai und Palästina.- Aufzeichnungen von Ritter Mertz von Quirnheim (1866 - 1947) 1914 - 18 FRB NL 42/11

7137 Lager für dt. Kriegsgefangene und Zivilinternierte 1914 - 19 (10) KOB in R 67

dgl., in Berrima und Melbourne 1914 ff. (2) KOB R 85/3032, 3122 a

dgl., in Liverpool/Neu-Süd-Wales 1914 KOB R 57/1216 - 12

Dt. Kriegsgefangene 1939 - 44 (13) Kriegsrecht 27, 27 Nr 6- 20, 27

7138 Kriegsgefangene im D R 1941 - 44 BON Kriegsrecht 26, 26 Nr 16

7139 Dt. Kriegsgräber 1926 - 41 BON Kriegsgräber 5

Dt. Gräberkommission für Australien, Sydney 1929 - 30 KOB R 57/1216 - 24

7140 Rechtspflege und Justizverwaltung im allg. 1934 BON R 40

dgl. 1934 - 44 (5) KOB R 22/2438 - 2441, 2955

7141 Gesetzgebung 1920 - 30 BON R 1

dgl. 1927 - 35 BON Inn Vw 2

7143 Strafrecht 1937 - 40 BON Str 5

7145 Patentwesen o.Dat. (24) KOB R 131/842 - 845, 902 - 903, 968 - 970, 1018 - 1021, 1075 - 1076, 1094 - 1101, 1247; R 85/1114

dgl. 1920 - 42 BON Patente Nr 7

Patente für Dieselmotoren o.Dat. (7) AUM XIV/3, 8, 9, 13; Allg. Arch/325, 327; Allg. Reg/V 55

Urheberrecht 1920 - 36 BON Literatur Nr 13

Privatversicherungsrecht 1937 - 44 BON Handelsrecht Nr.24

7146 Fahndung nach F. C. Klemm aus Melbourne 1874 SPA H 1/1197

Strafverfolgung und Begnadigung von Deutschen 1921 BON R 15

Auslieferungsverträge mit dem D R 1927 - 43 (2) BON Str 24 a

7147 Regelung von Gütern, Rechten und Interessen im Versailler Vertrag 1937 - 42 BON V.V.Wirtsch. Nr 2

Prisenordnung 1940 - 42 BON Kriegsrecht 5

Behandlung dt. Handelsschiffe 1940 BON Kriegsrecht 25

Kriegsrecht im allg. 1941 BON Kriegsrecht 1

7148 Dt. Eigentumsforderungen und Entschädigungsansprüche 1920 - BON R 28

Beschlagnahme dt. Eigentums aus Anlaß des 1. Weltkrieges 1926 - 30 BON R 19 Nr 1

Behandlung dt. Vermögens 1939 - 45 BON Kriegsrecht 21

Dt. Ansprüche auf Ersatz von Kriegsschäden 1940 - 42 BON Kriegsrecht 31 Nr 1

7149 Eigentumsforderungen und Entschädigungsansprüche an das D R 1921 - 27 BON R 27

Beschlagnahme austral. Eigentums im D R 1927 BON R 20

dgl. 1939 - 44 (2) BON Kriegsrecht 20

7150 Innere Politik, Parlaments- und Parteiwesen 1920 - 28 (3) BON Pol 5

7152 Religions- und Kirchenwesen 1920 - 21 BON Pol 16

7151 Rassen- und Nationalitätenfragen, Fremdvölker 1927 - 35 BON Pol 6

7153 Sozialismus und Kommunismus 1922 - 35 BON Pol 19

Kommunismus 1927 - 36 BON Geh Rußland P 19

Faschismus und Nationalsozialismus 1934 - 36 BON Pol 29

7154 Innere Verwaltung im allg. 1926 - 36 (3) BON Inn Vw 1,

Verwaltungsreformen 1926 - 28 BON Inn Vw 2 Nr 2

Statistische Veröffentlichungen 1921 - 35 BON Inn Vw 16

7155 Bekämpfung des Alkoholmißbrauchs 1928 BON S 12

7156 Soziale Verhältnisse und Sozialpolitik im allg. 1920 - 26 BON S 1

Arbeiterfragen im allg. 1925 - 29 BON S 2

noch 7156 Tarifverträge 1925 - 31 BON S 5

Sozialversicherung 1937 - 39 BON Sozialvers. Nr. 6

7157 Bodenreform, Siedlungs- und Wohnungswesen 1935 BON S 10

7158 Wohltätigkeit 1924 BON S 6

7159 Evang.-lutherische Eingeborenenmission auf den Stationen Hermannsburg, Lobethal, Mandowadana, Opunake, Tankomarana 1864 - 1939 (70) HER

dgl. 1930 - 32 KOB R 57/1216 - 11

Allg. Ang. der evang. Kirche BEZ C VII Australien 1, EO Australien 1

dgl., in Queensland 1892 ff. (19) BEZ C VII Australien 10, 12; EO Queensland 1, 6 - 18

dgl., in Neusüdwales 1913 ff. (4) BEZ EO Neusüdwales 1

Evang.-lutherische Synode von Victoria 1907 - 32 KOB R 57/1216 - 13

Evang.-lutherische Immanuel-Synode in Australien 1912 KOB R 57/1216 - 19

dgl., Mitarbeit der evang. Missionsanstalt Neuendettelsau sowie Missionsstation Elien-Hope Valley in Queensland o.Dat. NEU

Vereinigte Evang.-lutherische Kirche Australiens, Adelaide 1929, 1934 KOB R 57/1216 - 7

Dt. evang. Kirchenleben, insbes. in den Gemeinden Brisbane, Bundsberg, Charters Towns, Highfields, Hobart, Maryborough 1875 - 1936 (7) BON K 1, 10

Dt. Evang. Gemeinde in Melbourne 1902 ff. (3) BEZ EO Victoria 6; C VII Australien 16

dgl. 1936 - 39 (2) KOB R 57/1216 - 17, 18

dgl., in Sydney 1928 ff. (3) BEZ C VII Australien 14

dgl. 1931 - 39 KOB R 57/1216 - 29

dgl., in Loxton 1930 ff. BEZ C VII Australien 15

dgl., in Tanunda/Südaustr. 1935 KOB R 57/1216 - 31

7160 Kunst und Wissenschaft 1935 - 36 BON KW 1

7161 Pressewesen 1929 - 33 (2) BON Pol 12

7163 Dt. Schulvereine von Victoria 1909 KOB in R 57/1216 - 14

7164 Technologisches Museum in Sydney 1883 - 84 WOA 12 A Neu Fb 5/6704

7165 Schriftwechsel Heinrich Barths über einen Australienforscher 1865 HMA 622 - 2 Barth/I c 28

Schenkungen und Stiftungen 1935 BON KW 2

7170 Wirtschaftliche Lage 1920 - 27 BON W 1 A

dgl. 1929 - 30 (2) LEV 83/Australien

dgl. 1933 - 36 KOB R 9 I Rep/1023

dgl. 1938 - 43 KOB R 24/903

7171 Hopfen- und Biererzeugung 1919 - 28 in MCO III/16

7172 Goldminen (Briefe des Bergassessors Dr. Karl Vogelsang, 1860 - 1920) 1897 ff. DOR N 13, Kopierbuch

Herstellung von Lokomotiven 1903 HMK 95.E.1.7

Produktion und Wertberechnung von Edelmetallen 1912 - 14 KOB in R 85/1271

Kohlenbezirk von Newcastle/Neu-Süd-Wales 1913 KOB in R 85/1191

Bergbau in den Jahren 1910 - 12 1914 KOB in R 85/1192

7175 Devisenverkehr mit D 1936 - 38 BRK G I 22

dgl. 1937 - 44 KOB in R 7/222

7176 Regelung der Doppelbesteuerung mit dem D R 1927 - 43 BON Steuern Nr 14

Besteuerung von Australiern im D R und umgekehrt 1929 - 39 BON Steuern Nr 9

Steuergesetzgebung 1929 - 43 BON Steuern Nr 5

7177 Zollgesetzgebung 1903 BRE 4, 8 E - 1935

Tätigkeit austral. Zollamtsagenten 1908 - 39 HMK 95.E.1

Zolltarife 1909, 1922 (2) KÖW 20/291/5; 20/535/21

dgl. 1922 - 35 DOR K 2/1404

7179 Schuldenwesen 1925 KOB R 2/1905

Ablösung dt. öffentlicher Anleihen 1925 - 27 KOB in R 2/2287

7180 Informationen zu Wirtschaft und Handel aus Sydney 1846 - 1906 AAC Pastor-Seyler 23

Handel, insbes. Beziehungen mit D 1878 - 1913 (7) KOB R 2/1724, 1724 a, 24490 - 24494

dgl. 1889 - 1927 (3) FFA B 158 III/168 - 169, 573

dgl. 1890 - 1911 DOR K 1/49 - 51

dgl. 1903 - 14 FRB RM 5/5710

dgl. 1905 - 12 (4) KÖW in: 5/19/6, 8, 10; 20/208/5

dgl. 1919 - 28 MCO III/16

dgl. 1921 - 22 KÖW 20/522/7

dgl. 1924 ff. BRK Hp I 14, Hp II 110

dgl. 1926 - 39 KÖW 20/1091/3

dgl. 1929 - 37 (2) KOB R 2/9887, 9966

dgl. 1936 - 42 (5) FRB in RW 19

Dt.-australische Wirtschaftsverhandlungen 1934 - 36 BON H 11 Nr. 3

dgl. 1935 BRE 4, 4 a/254

Handelsbeziehungen zu den USA 1936 - 43 BON H 12

7181 Absatzmöglichkeiten dt. Waren in A. 1896 - 1926 HMK 95.E.1.8

Dt. Ursprungsbezeichnungen 1919 - 28 MCO III/16

7182 Wollausfuhr 1874 - 1914 HMK 95.E.1.3

Ankauf der Zinkerzproduktion durch Großbritannien 1918 KOB R 85/981

Lebensmittelchemische Überprüfung ausgeführter Äpfel in D 1924 - 31 (2) HMK 32.B.8.2, 4

7183 Handelsregistereintragungen 1899 - 1939 LEV 9/K 1.1

Dt. Handelssachverständige in Sydney 1906 - 14 KÖW 20/172/12

noch 7183 Dt.-Australische Handelskammer in Sydney 1924 - 41 KOB in R 11/1256

dgl. zwischen 1925 und 1933 DOR in K 2/166

dgl. 1930 KOB R 57/1216 - 23

dgl. 1930 KÖW 20/1113/10

Dt.-australische Handelskammer zwischen 1930 und 1943 BRK Ha I 8

dgl. 1935 - 39 (2) KOB in R 9 (Rep)/23 (2), 1003 (1)

Geschäftsbuch und wirtschaftliche Informationen der Nadelfabrik Gotthard Pastor Peters Sohn zu Warenlagern in Melbourne und Sydney 1846 - 1906 AAC Pastor-Seyler/21

Geschäftsverkehr der Hamburger Fa. Merck & Co. mit Firmen in Melbourne und Sydney 1857 - 58 (3) HMA 621 - 1, Merck & Co./A V 65, 66, 173

Geschäftsbeziehungen der Fa. Krupp 1865 ff. ESK in Sachkartei E VI

dgl., Firmenvertretung 1888 ff. ESK in Sachkartei E VI

Geschäftsbeziehungen der Carlswerk AG 1879 - 1938 (2) KÖF A I 7 Nr 4/1 - 2

Firmenvertretung der Deutz-Motoren-Gesellschaft 1904, 1912 KÖD III 4/3, 22

dgl., des Bochumer Vereins für Feldbahnen 1905 - 06 BOK 56137

dgl., der Phoenix AG für Bergbau- und Hüttenbetrieb 1922 - 23 DÜM P 52583

dgl., der MAN 1913 ff. AUM NL R. Buz/181/2; o. Sign.

Vertretung der Leipziger Messe in Adelaide und Brisbane 1934 - 35 (2) HMK 3.A.2 e.l, 2

7184 Verkehrswege 1903 - 14 FRB RM 5/5713

7185 Schiffsrechnungsbücher der Reederei F. A. Vinnen & Co., Bremen zwischen 1873 und 1897 BRE 7, 2101

Schiffahrtsgesetze 1889 - 1914 HMK 95.D.1.2

Häfen, Werften 1904 - 14 (2) FRB RM 5/5711 - 5712

Dt.-Australische Dampfschiffahrts-Gesellschaft 1923 - 24 BRE 4, 49 - 476/93

7187 Eisenbahnen 1913 - 18 KOB R 85/152

7188 Luftverkehr 1926 - 36 (3) BON Luftschiffahrt 1; Abt II X - Luft Australien

7189 Posttarif für Korrespondenz mit Deutschland 1862 REG in: Postakten 136

Portoauslagen für Briefe an frühere Angehörige des Amtes Liebenburg in A. 1864 HNA Hann 80 Hildesheim I B/518

Postverkehr mit D 1888 - 1926 BRE 5, 1/2 - 57

dgl. 1926 - 37 (2) BRE 5, 1/2 - 2215 - 2, 2463 - 2

Postverbindung mit San Francisco über Samoa durch die Oceanic Steamship Company 1912 KOB in R 85/666

7190 Staatsangehörigkeitsgesetzgebung 1932 - 45 BON Sta Nr 12

7191 Einbürgerung in das D R (Einzelfälle) 1937 - 43 BON Sta Nr 1 IV

7192 Ausweisung von Australiern aus dem D R 1928 - 30 BON Inn Vw 13

Zivilgefangene im D R 1939 - 43 (7) BON Kriegsrecht 28; 28 Austausch, 28 Nr. 12, 16, 19, 21, 25

Einwanderung aus dem südlichen Rheinland und der Rheinpfalz 1833 - 1939 KOL 441/5086, 23837; SAB St. Ingbert/2, Illingen/1773; (20) SPA H 3/7705, H 31/81, H 32/39, 41, H 33/314, H 35/43, H 36/99, 107, 148, H 38/340, 376, H 42/136, H 43/28, 570, H 45/254, 430

Einwanderung aus D 1878 - 1928 (9) BRE 3 - A 4/21, 26, 29, 173, 204, 313, 327, 363, 597

dgl. 1922 - 40 KOB R 57/26

Klärung der Staatsangehörigkeit in A. lebender Dt. 1932 - 44 BON Sta Nr. 1 III

Einbürgerung von Dt. 1937 - 43 BON Sta Nr 11

7194 Dt. Volksgruppe im allg. 1925 - 36 BON Pol 25

dgl. 1927 - 36 BON K, Deutschtum, Allg.

noch 7194 dgl. 1930 - 42 (6) KOB R 57/474/42; 1216 - 1, 1264, 1366, 1643, 1677

dgl. o.Dat. (2) KOB NS 26/661, 697

Dt. Niederlassung in Sydney 1904 - 35 KOB R 57/1216 - 20

dgl., in Klemzig/Südaustralien 1936 - 38 BON R 57/1216 -

7195 Vereinswesen im allg. 1931 - 34 BON Pol 28

Dt. Verein von Victoria, Melbourne 1885 - 1909 KOB R 57/1216 - 14

Dt. Club, Sydney 1887 - 92 KOB R 57/1216 - 27

Kaiser-Wilhelm-Spende, Sydney (Wohltätigkeitsverein) 1891 - 9 KOB R 57/1216 - 21

Frauen-Hilfs-Verein von Neu-Süd-Wales, Sydney 1895 KOB R 57/1216 - 26

Dt. Verein Concordia, Sydney 1905 - 34 KOB R 57/1216 - 22

Südaustralischer Allgemeiner Deutscher Verein, Adelaide 1913 - 37 KOB R 57/1216 - 8, 3

Goethe-Bund, Brisbane 1929 KOB R 57/1216 - 10

Dt. Turnverein, Brisbane 1929, 1934 KOB R 57/1216 - 9

Club Tivoli (Dt. Verein), Melbourne 1932 - 33 KOB R 57/1216 - 15

Bund des Deutschtums in Australien, Sydney 1933 - 36 KOB R 57/1216 - 28

Dt.-austral. Jahrhundertfeier-Ausschuß, Adelaide 1936 (2) KOB R 57/1216 - 4, 6

Südaustralische Dt. Geschichtliche Gesellschaft, Adelaide 1936 - 39 KOB R 57/1216 - 5

Dt. Frauenverein, Sydney 1937 KOB R 57/1216 - 25

Dt. Fortbildungsverein, Tanunda/Südaustralien 1937 KOB R 57/1216 - 30

Organisationen des Nationalsozialismus in A. 1936 (2) KOB R 43 II/1411, 1422 a

7196 Nachlaß- und Erbschaftsangelegenheit in Australien Verstorbene 1881 - 1914 WOA 133 Neu/2038

Unterstützungen 1921 - 24 BON Inn Vw 16

7197 Internierung von Dt. 1920 - 23 BON R 4

Dt. Zivilgefangene 1931 - 45 (18) BON Kriegsrecht 29, 29 a, 29 Nr 5 - 28

7198 Ausweisung von Dt. 1920 - 36 (4) BON Inn Vw 12, 14

Heranziehung von in A. ansässigen Dt. zur Wehrpflicht im D R 1935 - 39 BON M 3

72 Neuseeland

7210 Naturkatastrophen 1931 BON W 22

7212 Allg. Berichterstattung zwischen 1875 - **1937** BRE 3 - 1362, 4, 49 - 72/18
dgl. 1936, 1940 - 41 KOB R 57/474/46, 801, 878, 884

7213 **Handakten Wiehl und Clodius 1926 - 39 (3) BON**
Reiseberichte 1934 BON Vk 12

7214 Staatsrechtliche Fragen 1936 BON R 4

7215 Personalien des Staatsoberhauptes und seiner Familie 1935 BON Pol 11 Nr 3

7216 Personalien von Vertretern der Regierung und des diplomatische Dienstes 1928 BON Pol 11 Nr 3

Ministerien 1931 BON Pol 7

7220 Auswärtige Politik im allg. 1925 - 31 BON Pol 1

7221 Handelsvertragsverhandlungen 1927 - 39 HMK 95.E.2.5

Auslieferungsvertrag mit dem D R 1938 - 43 BON Str 24 a

Staatsverträge 1940 BON Völkerrecht, Staatsvertr. Nr. 1

7222 Politische Beziehungen zum D R 1924 - 33 BON Pol 2

7223 Beziehungen zu Australien 1926 - 27 BON Australien Pol 3

dgl., zum Völkerbund 1936 - 37 BON Vö Länderakten

7224 Diplomatische und konsularische Vertretungen im Auslande und umgekehrt 1927 - 28 BON Pol 8

Dt. diplomatische und konsularische Vertretungen 1923 - 35 BON Pol 10

Zollbehandlung von dt. Gesandtschafts- und Konsulargut 1938 - 43 BON Zoll Nr 2

Dt. konsularische Vertretung in Christchurch 1885 - 1910 HMK 57.H.3.2.1.148

dgl., in Auckland 1894 HMK 57.H.3.21.38

Dt. Konsulat in Wellington 1935 - 39 BON London 43

7228 Messen und Ausstellungen 1905 - 25 HMK 95.E.2.2

dgl. 1925 - 28 BON As 2

7229 Handels- und Wirtschaftsspionage 1933 - 36 BON H 23

7230 Militärwesen 1933 - 34 BON Pol 13

7232 Marine 1927 - 33 BON Pol 14

7237 Lager für dt. Kriegsgefangene und Zivilinternierte 1914 - 19 (4) KOB in R 67

dgl. 1914 ff. KOB R 85/3123

7240 Rechtspflege im allg. 1939 - 43 (2) KOB R 22/2442 - 2443

7245 Patentwesen o.Dat. (6) KOB R 131/836 - 841

Patente für Dieselmotoren o.Dat. AUM XIV/7

Urheberrecht 1928 - 31 BON Literatur Nr. 13

7246 Zivilrechtliche Beziehungen zum D R 1928 BON R 6

Rechtsanwälte und Sachverständige zur Wahrung dt. Interessen 1928 BON R 35 Nr 1

7248 Beschlagnahme dt. Eigentums aus Anlaß des 1. Weltkrieges 1923 - 31 BON R 19 Nr 1

Forderungen, Beschwerden und Entschädigungsansprüche aus D 1926 BON R 28

7250 Innere Politik, Parlament, Parteien 1925 - 36 BON Pol 5

7254 Innere Verwaltung im allg. 1925 - 26 BON Inn Vw 1

Statistische Veröffentlichungen 1924 - 30 BON Inn Vw 16

7255 Gesundheitswesen 1927 - 34 BON G 1

Veterinärwesen 1928 - 32 BON Vt 1

Sport und Spiel 1935 BON G 10

7258 Wohltätigkeit 1925 - 26 BON S 6

7259 Evang.-lutherische Maori-Mission der Norddeutschen Missionsgesellschaft auf den Stationen Ruapuki, Motukaramu, Jacobs River, Taranaki, Otaku 1840 - 1901 (12) BRE 7, 1025 - 1, 2

Evang.-lutherische Hermannsburger Eingeborenen-Mission auf den Stationen Maxwelltown und Reu-Resaran/Nelson, Rangilikei, Manton, Weitutara 1866 - 93 (5) HER

Evang. Gemeinde Christchurch 1873 ff. BEZ EO Neuseeland 7

7260 Kunst und Wissenschaft 1935 BON KW 1

7261 Personalien von Journalisten 1929 BON Pol 11 Nr 5

7265 "Moewai", ethnographische Aufzeichnungen über einen Aufenthalt unter den Maori von W. Dittmer um 1900 HMV A 28

7270 Wirtschaftliche Lage 1922 - 32 (3) BON W 1, 1 A

dgl. (wirtschaftspolitische Zirkularberichte der Reichsregierung und des AA) 1926, 1930 BRE 4, 49 - 72

7271 Landwirtschaft 1926 BON La 1

Ernährungspolitik 1925 BON La 26

Schädliche Tiere und Pflanzen 1925 BON La 16

Jagdwesen 1927 BON La 40

7272 Produktion und Wertberechnung von Edelmetallen 1912 - 14 KOB in R 85/1271

Industrie im allg. 1925 - 27 BON I 1

Elektrische Industrie, Wasserkraft 1925 BON I 10

Bergbau, Hüttenindustrie 1926 - 28 BON I 6

Metallindustrie 1926 BON I 7

Chemische Industrie 1926 BON I 9

7273 Lizenz für Fahrzeugmotoren an die Langguth & Co. Ltd., Auckland, von der Deutz-Motoren-Gesellschaft 1931 KÖD IV 19

7274 Staatsfinanzen 1930 BON F 10

7275 Währung, Valuta, Devisenpolitik 1926 - 36 (2) BON F 16

Münzwesen 1935 BON F 14

Devisenverkehr mit D 1936 - 44 (3) KOB in: R 7/165, 222, 244

dgl. 1936 - 38 BRK G I 22

7276 Steuergesetzgebung 1929 - 43 BON Steuern Nr. 5

Besteuerung von Neuseeländern im D R und umgekehrt 1930 - 39 BON Steuern Nr 9

Regelung der Doppelbesteuerung mit dem D R 1930 - 43 BON Steuern Nr 14

7277 Zollwesen 1922 - 35 (9) BON Z 4 - 15

s. a. 7224

7278 Banken, Kreditinstitute 1925 BON F 20

7279 Ablösung dt. öffentlicher Anleihen 1925 - 27 KOB in R 2/2287

7280 Handel, insbes. Beziehungen mit D 1878 - 1913 (7) KOB in R 2/1724, 1724 a, 24490 - 24494

dgl. 1921 KÖW 20/523/15

dgl. 1922 - 36 (27) BON H 1 - 50

dgl. 1925 - 38 (3) KOB R 2/1656, 9927 a, 10229

dgl. 1927 ff. (2) BRK Hp I 14, Hp II 108

dgl. 1937 - 38 KOB R 9 I Rep/1026

dgl. 1937 - 38 (2) FRB in RW 19

Austauschgeschäfte, Wirtschaftsabkommen 1934 - 36 BON H 11 Nr 3

"Schwarze Liste" zum Boykott des Wirtschaftsverkehrs mit D 1943 - 44 KOB in R 9 I Rep/398

Handelsbeziehungen mit Belgien 1936 - 38 BON H 12

dgl., mit Kanada 1936 - 39 BON Kanada H 12

7281 Geschäftschancen für dt. Firmen der Elektrizitätswirtschaft 1905 KOB in R 85/183

Verbot der Einfuhr deutscher Waren 1922 - 23 HMK 95.E.2.3

7282 Ausfuhr von Textilrohstoffen nach D 1936 - 38 KOB in R 8 I/250

7283 Importers, Exporters and Manufacturers (Druck) 1924 KÖW 5/19/46

Vertretung der Leipziger Messe in Wellington 1935 - 36 HMK 39.A.2 e.3

7285 Schiffahrtsgesetze 1909 - 13 HMK 95.E.2.1

Schiffahrt 1940 - 42 KOB Ha Pol II b, Sf 17

7286 Kraftfahrwesen 1935 - 36 BON Kf 1

7287 Eisenbahnen 1925 - 26 (4) BON E 1, 3, 9, 19

7289 Post-, Telegrafen- und Fernsprechverbindungen zu anderen Staaten 1928 - 35 BON Post 4

7290 Ein- und Ausreise; Aufenthalt 1924 - 31 BON Vk 11

Staatsangehörigkeitsgesetzgebung 1932 - 45 BON Sta Nr 12

Heimschaffung von Dt. und Übernahme von ausgewiesenen Neuseeländern 1929 - 32 BON Inn Vw 14

7291 Einbürgerung in das D R.- Einzelfälle 1937 - 43 BON Sta Nr 1 IV

7293 Bedingungen für die dt. Auswanderung durch die Vermittlung der Generalagentur der Neuseeland-Kompanie in Hamburg 1843 WOA 133 Neu/2030

Einreisebestimmungen und Niederlassungsrecht 1920 - 39 HMK 90.22.a.18

Klärung der Staatsangehörigkeit in N. lebender Dt. 1932 - 44 BON Sta Nr 1 III

Einbürgerung von Dt. 1937 - 43 BON Sta Nr 11

7294 Lage der Dt., insbes. in Auckland, Wellington, Dunedin zwischen 1933 und 1945 KOB in R 57/1264

7295 Dt. Klub - German Club, Auckland 1932 KOB R 57/1216 - 34

Dt. Verein, Wellington 1932 KOB R 57/1216 - 35

73 Britisch-Ozeanien

7312 Allg. Berichterstattung 1885 - 1906 BON London 575 - 601

dgl. 1903 - 14 (3) FRB RM 5/5716 - 5718

dgl., für Tonga 1895 - 1900 FRB RM 5/5440

Annual Reports to Parliament für Brit.Neu-Guinea und Papua sowie Government Gazette für Brit.-Neu-Guinea (1903 - 06) 1886 - 1941 KOB Kl. Erw. 637 F - 1 - 6

dgl., für Papua 1933 - 34 KOB in R 9 I Rep/1023

Aufsatz über Fidji und Tonga von Dr. Robert Schachner, Jena 1909 KOB NL 53/31

7313 Reisebericht Wilhelm Solfs über die Tonga-Inseln 1901 KOB in NL 53/23

7321 Freundschaftsvertrag zwischen Tonga und dem D R 1877 - 1902 OLA 136 - 12070

7344 Verfahren in Ehesachen in Papua - Neuguinea 1939 KOB R 22/2462

7366 Verzeichnis der von SMS "Gazelle" auf Fidji und Tonga gesammelten ethnographischen Gegenstände 1875 HMV A 101/8

7370 Wirtschaft der Salomon-Inseln im allg. 1927 - 29 KOB R 9 I Rep/1024

dgl., der Fidschi-Inseln 1927 - 36 KOB R 9 I Rep/1058

dgl., der Neuen Hebriden 1927 - 31 KOB R 9 I Rep/1064

7373 Geschäftsverkehr der Pacific Islands Company Ltd. mit der Firma H. J. Merck & Co. 1902 - 05 HMA 621 - 1, Merck & Co./ IV 223, A VI 114

Geschäftsberichte der Pacific Phosphate Company Ltd., London 1903 - 09 HMA 621 - 1, Merck & Co./A VI 15

7382 Ausfuhr der Gilbert- und Ellice-Inseln 1936 - 38 FRB RW 19/555

dgl., Papuas 1936 - 38 FRB RW 19/561

dgl., der Fidji-Inseln 1937 - 38 FRB RW 19/554

dgl., der Neuen Hebriden 1937 - 38 FRB RW 19/558

noch 7382	dgl., der Salomon-Inseln 1937 - 39 FRB RW 19/562
	dgl., Tongas 1937 - 38 FRB RW 19/563
7389	Paketverkehr zwischen Tongatubu und D 1886 - 1914 BRE 5, 1/2 - 187
	Telegrafie zwischen Fidji und Samoa 1907 KOB in NL 53/28

74 Frz.-Ozeanien

7412 Allg . politische Berichterstattung 1879 - 94 (7) BON Paris 68

dgl. 1904 - 14 FRB RM 5/5734

dgl., für Tahiti 1880 BON Paris 25 b

dgl., für die Neuen Hebriden 1898 - 1914 BON Paris 1 a

7424 Dt. Konsulat in Papeete (Tahiti) 1868 - 89 (3) BON Paris 412 c, 1400

dgl. 1881 - 92 HMA 111 - 1/VI/5/5/25 b

7437 Frz. Lager für dt. Kriegsgefangene und Zivilinternierte, insbesondere auf Tahiti 1914 - 19 (3) KOB in R 67

7472 Mineral- und Nickelvorkommen auf Neu Kaledonien 1941 - 42 BON Paris •

7483 Handel der Aktiengesellschaft "Société commerciale de l'Océanie", Hamburg, insbes. mit Tahiti 1876 - 1935 (24) HMA 621 - 1

7493 Einwanderung aus D nach Tahiti 1935 BRE 3 - A 4/638

75 Amerikanisch-Ozeanien einschl. Hawaii (auch: Sandwich-Inseln)

7512 Allg. polit. Berichterstattung über Hawaii, ab 1898 die amerikan. Besitzungen 1848 - 68 (4) BRE 2 - C. 29 a; 2 - Dd.2.H.2

dgl. 1875, 1887 - 89 BEA III.Hauptabt. II/1003

dgl. 1876 - 1925 (10) BRE 3 - A 3 H 2

dgl. 1887 - 1900 FRB RM 5/5403

dgl. 1893 - 1914 (4) FRB RM 5/5495 - 5498

7513 Reiseaufzeichnungen Wilhelm Solfs aus Hawaii und Tutuila (Samoa) 1907 KOB in NL 53/27

7515 Die mit dem Schiff "Prinzessin Louise" abgesandten Geschenke für den Beherrscher der Sandwich-Inseln 1830 - 31 BEA Rep 109/3034

7521 Handel- und Schiffahrtsvertrag zwischen Hamburg und Hawaii 1848 HMK 95.D.5.1

dgl., mit Bremen 1852 BRE 6, 40 - C.6.Nr 4

dgl., mit Oldenburg zwischen 1850 und 1866 OLA 31 - XV/44, 104; 44, 119

dgl., mit dem Norddt. Bund/D R 1868 - 80 OLA 136 - 12058

7524 Hanseatisches bzw. dt. Konsulat in Honolulu 1842 - 1900 (3) BRE 2 - C.29 b - c

dgl. 1934 BRE 4, 49 - 116/31

Tätigkeit von Johann Heinrich Gossler als Charge d'affaires und Generalkonsul von Hawaii 1853, 1869, 1874 HMA 622 - 1 Berenberg/64 - 3 e

Hannoversches Konsulat in Honolulu 1856 AUR Rep 21 a/788

Oldenburgisches Konsulat in Honolulu 1856, 1858 OLA 31 - XIII/16, 31; 73, 259; XV/11, 100

7525 Konsulat in Oldenburg zwischen 1858 und 1869 OLA 31 - XV/10, 34

7537 Dt. Militärinternierte auf Guam 1915 ff. KOB R 85/4949

noch 7537 Dt. Kriegsgefangenenpost.- Postverkehr mit dt. Kriegs- und Zivilgefangenen 1915 - 20 (4) KOB in R 85/422 - 425

7545 Patentwesen o.Dat. (3) KOB R 131/770 - 772

7546 Auslieferungsverträge mit dem D R 1933 - 36 BON Auslief. 24 a

7559 Katholische Mission auf Hawaii 1921 - 23 BON Vatikan

7577 Zölle 1876 HMK 95.D.5.2

7580 Handel von Hawaii, insbes. Beziehungen mit D 1830 - 99 BRK HP II 111

dgl. 1878 - 98 FFA B 158 III/212

Schutz dt. Handelsinteressen bei der Annexion Hawaiis durch die USA 1898 - 99 BRE 4, 70 - 39/2

7585 Tagebücher über Fahrten des Schiffs "Prinzessin Louise" nach Oahu 1830 - 39 BEA Rep 109/3034, 3531, 3537

7589 Kabelverbindungen, insbes. Manila - Guam - Honolulu - San Francisco, Guam - Yokohama und Manila - Schanghai 1903 - 12 KOB R 85/750

s. a. 7537

7593 Einwanderung nach Hawaii 1881 - 1903 (5) BRE 3 - A 4/ 40 a, 58 a, 217, 230; 4, 70 - 110/5

Einreisebestimmungen und Niederlassungsrecht in Hawaii 1936 HMK 90.58.2

76 Dt. Schutzgebiete und deren Nachfolgemandate in der Südsee insgesamt

7612 Allg. Berichterstattung 1879 - 1919 BRK Ko 12

dgl. 1884 - 1928 (11) OLA 132/40 - 49, 59

dgl. 1898 - 1914 (10) BRE 3 - R 1 g

dgl. 1900 - 16 (4) FRB RM 5/5662 - 5665

dgl. 1920 - 24 BON Kol.Pol.2

Amtliche Denkschriften über die deutschen Interessen in der Südsee 1884 HMK 95.E.4.2

7632 Ablösung der Besatzung der in der Südsee stationierten Avisos 1881 - 1902 FRB RM 31/389

Australische Station 1904 - 14 (11) FRB RM 5/6003 - 6012, 6255

Allg. Ang. der Marine 1906 - 20 FRB RM 3/6853

7634 Errichtung eines Kohlenlagers in der Südsee 1901 - 13 FRB RM 3/3663

7645 Patentwesen o.Dat. (3) KOB R 131/810, 811, 815

7646 Verwendung des D R für die unter dem Schutz der Genfer Konvention stehenden Personen 1916 - 18 KOB R 85/2236

7659 Allg. Ang. der evang. Kirche 1883 ff. BEZ Schutzgebiete Südsee 1

7665 Südsee-Expedition von F. Fülleborn, P. Hambruch, F. Hellwig, A. Krämer, W. Müller-Wismar, O. Reche, E. Sarfert nach Neuguin und die dt. Inselgruppen außer Samoa.- Aufzeichnungen, Fotografien und Bilder,insbes. zur Anthropologie und Ethnographie, Wortverzeichnisse, navigatorische und meteorologische Beobachtungen, Landkarten 1908 - 10 (rd. 300) HMV

7670 Wirtschaftsstatistische Gesamtübersicht 1912 - 39 KOB R 24/902

Die wirtschaftliche und politische Bedeutung der dt. Kolonialgebiete in der Südsee (Druckschrift der Vereinigung der Südseefirmen, Eingaben) 1918 KOB in R 85/886

Wirtschaftsberichte 1930 HMK 95.E.4.5

7680 Handel, insbes. mit D 1878 - 80 BRE 7, 16 - 32

dgl. 1899 - 1917 DOR K 1/112 - 114

7681 Öffentliche Ausschreibung von Aufträgen für Samoa und Dt.-Neuguinea 1910 - 12 HMK 85 A.3.9

7689 Dt. Postagenturen, Postämter, Posthilfsstellen u.a. in Angaur, Apia, Berlinhafen (Eitape), Finschhafen, Friedrich-Wilhelmshafen, Herbertshöhe, Jaluit Yan (Jap), Nauru, Palau, Ponape, Rabaul, Samoa, Stephansort, Trik 1888 - 1914 (75) BRE 5, 1

dgl. 1885 - 1920 KOB R 85/702

Funkentelegraphische Verbindung mit D und den dt. Kolonien in der Südsee über die Osterinsel 1914 KOB R 85/in 810

77 Dt.-Neuguinea

7712 Entwicklung von Dt.-Neuguinea (Missionsbericht) 1907 KOB in NL 37/13

Government Gazette der brit. Verwaltung (Mikrofilme) 1510, 1914 - 27.11.1919 KOB Kl. Erw. 637 F - 7

Allg. Berichterstattung 1929 - 36 BON Allg 1

dgl. 1927 - 37 KOB R 9 I Rep/1046

dgl. 1936 KOB R 57/187

7716 Ernennung Heinrich Schnees zum stellvertretenden Gouverneur in Herbertshöhe 1899 BEA Rep 92 Schnee/24

7724 Dt. konsularische Vertretung in Rabaul 1930 HMK 57.H.3.2.863

7732 Errichtung einer Flottenstation FRB RM 1/83

7737 Lager für dt. Kriegsgefangene in Rabaul 1914 ff. (2) KOB R 85/3136 - 3137

7742 Ernennung Heinrich Schnees zum kommissarischen Richter im Bismarck-Archipel 1898 BEA Rep 92 Schnee/22

7748 Behandlung des dt. Eigentumes in Neu-Guinea 1922 HMK 44.H.5.16

7755 Tätigkeit von Ludwig **Kohl-Larsen** als kaiserl. Regierungsarzt 1914 in Jap 1914 - 28 LAN NL Kohl-Larsen

7759 Arbeit der evang.-lutherischen Hermannsburger Mission in Finschhafen 1878 - 1939 HER

dgl., der evang. Missionsanstalt Neuendettelsau 1891 - 1942 (rd. 200) NEU

dgl., Berichte und Briefwechsel von Johann Flierl (1858 - 1947) Begründer der Missionsstation in Finschhafen 1886 - 1930 NEU in NL Flierl

dgl., der evang. Rheinischen Mission auf 9 Stationen und 10 Pflanzungen 1887 - 1932 (29) WUP G, A/W 5 e

Dt. evang. Gemeinde auf der Gazelle-Halbinsel 1909 ff. BEZ C VII Australien 13

dgl., in Rabaul 1912 ff. BEZ

noch 7759 Allg. Ang. der evang. Kirche 1936 ff. BEZ C VII Neu-Guinea

Katholische Missionsarbeit im allg. 1885 - 1914 (4) BON Vatikan 937 - 40

dgl., der Mission vom Hl. Geist 1901 KÖA 1006/139

dgl., der Herz-Jesu-Missionare (MSC) im Bismarck-Archipel (New Britain, New Ireland, Manus) 1882 - 1945 (500) MSH

7765 Völkerkundliche Feldnotizen und 150 Fotos von Ludwig Cohn über die Salomonen 1908 - 09 und die Admiralitätsinseln 1912 BRÜ

Reise Dr. Moszkowskis nach Neuguinea 1909 - 13 BEV IB 84

Erforschung des Kaiserin-Augusta-Flusses in Dt.-Neuguinea 1910 - 15 (5) BEV I B 79 a

Sepik-Expedition 1912 - 13 HMV SS 1 Bd VI

Beschreibung von Sippenabzeichen und 2 Holzschnitzereien. Von St. Lehner, Finschhafen 1931 - 32 HMV SS 3

7766 Verzeichnis der von SMS "Gazelle" gesammelten ethnographischen Gegenstände 1875 HMV A 101/8

Erwerbung der Sammlungen Dr. Finsch 1877 - 1906 (3) BEV I B 16

7773 Neu-Guinea Compagnie 1897 KÖA 1006/83

7775 Muschelgeldarten des Bismarck-Archipels . Von F. E. Hellwig o.Dat. HMV SM 5

7782 Ausfuhr von Bergbauprodukten nach D 1936 - 37 FRB RW 19/321, 557

7789 Paketverkehr mit den Straits Settlements 1891 - 1914 BRE 5, 1/2 - 188

dgl., mit Schanghai und Tientsin 1893 - 1914 BRE 5, 1/2 - 190

dgl., mit Brit.-Indien, Ceylon und Ägypten 1897 - 1924 (2) BRE 5, 1/2 - 193, 207

dgl., mit den USA 1901 - 11 BRE 5, 1/2 - 207

7793 Einwanderung von Dt. 1878 BRE 3 - A 4/30

dgl. 1879 - 1890 (5) SPA H 38/340, H 42/136, H 45/430, H 46/424, H 51/58/2 noch 7793 dgl. 1879 AMB Reg K.d.I.11356

Einreisebestimmungen und Niederlassungsrecht 1928 - 38 HMK 90.22 a.19

7794 Lage der Dt. zwischen 1933 und 1945 KOB in R 57/1264

7795 Dt. Klub in Rabaul 1930 KOB R 57/1216 - 37

78 West-Samoa

7810 Fotografische Ansichten von Samoa vor 1914 (2) KOB NL 53/153, 154

7811 Nachlaß des 1900 in Apia verstorbenen v. Wolffersdorf (= Tulafale Falepoumaa): Erinnerungen 1894, handgezeichnete Karte des Hafens und der Umgebung von Apia, "Stimmungsbilder in Samoa", private Aufzeichnungen (1895 - 99) 1883 - 1900 KOB NL 53/161

7812 Allg. Berichterstattung 1889 - 97 (4) BRE 3 - A 3 S 7

dgl. 1891 - 94 (2) FRB RM 5/5433, 5438

dgl. 1907 - 08 BON Quirinal 368 c

dgl. (Missionsbericht) 1907 KOB in NL 37/13

dgl. (Berichte von H. C. Moors) 1921 KOB in NL 53/66

dgl. 1927 - 36 KOB R 9 I Rep/1251

Amtliche Denkschrift über die Verhältnisse auf S. 1899 - 1900 HMK 95.E.4.3

7813 Unterlagen und Aufzeichnungen von Wilhelm Solf, 1899 Munizipalpräsident, 1900 - 11 Gouverneur 1899 - 1916 (17) KOB NL 53/8, 18 - 32, 132

dgl. (Materialsammlung) 1899 - 1900 (9) BON in "NL Solf"

7814 Freundschaftsvertrag mit dem D R 1879 - 1907 KAG Abt. 233/13233

dgl. 1879 - 1900 OLA 136 - 12072

Dt. Kriegserklärung an König Malietoa 1887 FRB in N 159/2

Geheime R.Angelegenheiten 1894 - 99 FRB RM 5/5909

Besitzergreifung durch das D R 1899 - 1900 HMK 95.E.4.4

7815 Absetzung des Königs von Samoa Laupepa und Einsetzung von Tamasese als König durch dt. Einfluß 1886 KOB Kl.Erw.431

7816 Ernennung von Heinrich Schnee zum Stellvertreter Solfs 1900 - 02 BEA Rep 92 Schnee/73 a

7824 Dt. konsularische Vertretung in Apia 1882 - 85 HMK 57.H.3.2.1.28

7850 Petitionen des Handelsvereins und des Pflanzervereins in Dt.-Samoa zur Besserung der dortigen Verwaltungs- und Wirtschaftsverhältnisse 1910 HMK 95.E.4.1

7855 Erforschung der Granulose durch Dr. v. Provaczek 1910 HMA 364 - 7, E XVIII 1 b 5

7859 Dt. evangelische Gemeinde in Apia 1895 ff. (3) BEZ Schutzgebiete Südsee 2; C VII Samoa

7863 Dt. Schule in Apia 1938 - 39 KOB in R 57/1216 - 36

7865 Unterlagen von Dr. Otto Tetens, Leiter des Observatoriums, insbes. zur Topographie, zu Meerpflanzen, Heilmitteln, Beschreibung seiner Fischsammlung, wissensch. Tagebücher 1902 (6) BRÜ

7870 Allg. wirtschaftl. und handelspolitische Lage 1902 - 21 KOB R 2/24529

7882 Ausfuhr 1937 - 38 FRB RW 19/564

7883 Dt. Handelskammer 1938 - 39 KOB R 57/1216 - 36

7889 Paketverkehr mit D 1886 - 1914 BRE 5, 1/2 - 187

dgl., mit Brit.-Indien, Ceylon und Ägypten 1897 - 1924 (2) BRE 5, 1/2 - 193, 207

Postverbindungen mit D, Anlaufen von Apia durch amerikanische Postschiffe 1912 - 14 KOB R 85/666

7895 Dt. Verein "Concordia" in Apia 1938 - 39 KOB R 57/1216 - 36

7896 Erbschaftsangelegenheiten preuß. Staatsangehöriger 1883 - 89 DEA M 1 I L Nr.224 - 228

79 Marianen, Karolinen, Palau, Marshall-Inseln, Nauru

7912 Allg. Berichterstattung über Nauru 1930 - 31 KOB R 9 I Rep/1025

7914 Briefwechsel zwischen Otto und Ludolf Camphausen über die Besetzung der Karolinen durch D 1885 (2) KÖA 1023/1463, 1464

"Karolinensache" 1893 KÖA 1006/66 c

Erwerb der Karolinen-, Marianen- und Palau-Inseln durch das D R 1899 WOA 12 A Neu Fb 5/123

dgl. OLA 132 -75

7936 Operationen auf Ponape zur Unterdrückung des Aufstandes 1911 - 12 (2) FRB RM 5/5666 - 5667

7940 Verbrechen und Strafverfahren auf den Palau-Inseln. Von J. S. Kubary 1885 HMV A 21

7950 Unruhen, Aufstände und konfessionelle Streitigkeiten auf Ponape 1890 - 1911 HMV A 22

7956 Die soziale Einrichtung der Palauaner. Von J. S. Kubary 1885 HMV A 21

7959 Mission der Jesuiten auf den Karolinen und Marianen 1594 - 1763 KÖJ

dgl., auf den Marianen 1686 MCA in Jesuitica 614

Missionsarbeit der Herz-Jesu-Missionare (MSC) auf den Marshall-Inseln 1882 - 1945 MSH

Missionsarbeit der Kapuziner auf Gayaba, Yap, Mortlock, Palau, Ponape, Rota, Saipau und Truck 1901 - 19 (127) MSK

7965 Geographische Notizen über die Ruk-Inseln. Von J. S. Kubary 1879 HMV A 21

Stabkarten auf den Marshall-Inseln. Von A. Schuck um 1900 HMV SE 4

Ethnographische Beobachtungen über die Marshall-Insulaner von Antonie Brandeis o.Dat. HMV A 104

7971 Kaffeeanbau und -export auf den Karolinen (Bericht des dt. Konsuls in Manila) 1885 - 89 BEA III. Hauptabt. II/928

7972 Abbau von Bodenschätzen durch die Dt. Südseephosphat AG in Yap Angaur, Feis, Pililju 1908 - 21 (3) BRE 7, 2010; 7, 20

7973 Jaluit Gesellschaft, Hamburg (Aufsichtsratssitzungen und Jahresberichte) 1887 - 1914 (3) HMA 621 - 1

dgl., Karolinen-Syndikat 1894 - 1909, 1922 - 25 (2) FFD Paket 137

dgl., Kopierbuch der Briefe von Janssen 1908 - 13 HMV A 103

Dt. Südseephosphat AG Aktien-Syndikat o.Dat. FFD Paket 2

Geschäftsinteressen der Hamburger Firma H. J. Merck & Co. an Südsee(Nauru)-Phosphat 1903 - 09 HMA 621 - 1, Merck & Co./A V 226

7982 **Ausfuhr** Naurus 1937 - 38 FRB RW 19/556

7989 Paketverkehr zwischen Jaluit und Aden 1896 - 1924 (2) BRE 5, 1/2 - 205, 206

dgl., zwischen Tonape, Saipan, Jap, Jaluit und Suez, Neapel 1899 - 1922 BRE 5, 1/2 - 203

Funkstationen der Dt. Südseegesellschaft für drahtlose Telegrafie in Jap und Nauru 1913 KOB in R 85/752

Telegrafie auf Nauru 1913 - 14 KOB in R 85/773

7993 Einreisebestimmungen und Niederlassungsrecht auf Nauru 1928 - 38 HMK 90.22 a.19